# 海洋空间规划与海岸带管理

刘大海　李彦平　主编

科 学 出 版 社

北 京

## 内 容 简 介

海洋与海岸带是未来我国经济高质量发展的潜力所在。本书作者基于多年研究与实践，立足海洋与海岸带空间管理的现实问题和长远挑战，分别从国土空间规划体系、国土空间用途管制制度、“自然资源基本利用区”与“基本养殖区”制度、海岸带综合管理、基于生态系统的海洋功能区划、海域管理与保护、海岛保护规划制度、陆海统筹、围填海管理及其他研究等几方面，详尽地介绍了新时期国土空间规划体制改革进程中海洋与海岸带空间管理的新思路、新方法与新理念。

本书主要供从事海洋与海岸带管理研究的科研人员和高校师生使用，也可供相关行业的管理与技术人员使用。

**图书在版编目（CIP）数据**

海洋空间规划与海岸带管理/刘大海，李彦平主编. —北京：科学出版社，2021.3

ISBN 978-7-03-067586-6

Ⅰ. ①海… Ⅱ. ①刘… ②李… Ⅲ. ①海洋-空间规划 ②海岸带-管理 Ⅳ. ①P7

中国版本图书馆CIP数据核字（2020）第260841号

责任编辑：朱 瑾 习慧丽 / 责任校对：严 娜
责任印制：吴兆东 / 封面设计：无极书装

科学出版社 出版
北京东黄城根北街 16 号
邮政编码：100717
http://www.sciencep.com
北京建宏印刷有限公司 印刷
科学出版社发行 各地新华书店经销
*
2021年3月第 一 版 开本：787 × 1092 1/16
2021年4月第二次印刷 印张：21
字数：498 000

**定价：298.00元**

# 《海洋空间规划与海岸带管理》编委会

**主　编**　刘大海　李彦平

**编　委**（按姓氏汉语拼音排序）

安晨星　陈　烨　陈　勇　陈康源
陈小英　程天麒　代京伟　高俊国
宫　伟　关丽娟　管　松　郭　越
胡国斌　纪瑞雪　姜　伟　李　飞
李　森　李　峥　李晨钰　李先杰
李晓佳　李晓璇　李彦平　林河山
刘　洋　刘大海　刘芳明　刘伟峰
马林娜　马雪健　马云瑞　欧阳慧敏
王　晶　王春娟　魏先昌　吴桑云
邢文秀　徐　伟　徐文鹏　徐艺玮
许斯琪　杨　帆　于　莹　张　铂
张金轩　张志卫

# 前　言

海洋对人类社会生存和发展具有重要意义，海洋孕育了生命、联通了世界、促进了发展。海洋是高质量发展战略要地。随着经济全球化和城市化进程的加快，海洋在国家经济发展格局和对外开放中的作用更加重要，在维护国家主权、安全、发展利益中的地位更加突出，在国家生态文明建设中的角色更加显著，在国际政治、经济、军事、科技竞争中的战略地位也明显上升。

目前，我国沿海地区以13%的国土面积，承载了40%以上的人口，创造了约60%的国内生产总值，实现了90%以上的进出口贸易，海岸带地区已经成为我国对外开放和经济发展的前沿阵地。不过，经过几十年的高强度开发，海岸带环境质量明显下降，生态功能不断退化，资源约束愈加趋紧，成为经济社会持续发展的重大隐忧。在未来，全球化和城市化发展将推动人口和产业进一步向沿海地区聚集，海岸带地区资源环境承载压力将进一步加大，对新时期海洋与海岸带空间治理体系和治理能力现代化提出了更高要求。

国土空间规划是谋划空间发展和空间治理的战略性、基础性、制度性工具。《中共中央国务院关于建立国土空间规划体系并监督实施的若干意见》明确提出，新时期国土空间规划体系改革要“坚持陆海统筹”“坚持‘多规合一’”“坚持生态优先、绿色发展，尊重自然规律、经济规律、社会规律和城乡发展规律”。因此，进入生态文明新时代，海洋与海岸带空间管理要立足陆海空间的互联性、资源的互补性、生态的互通性，深刻认识其空间演进规律和发展趋势，不断完善空间管理制度，以高质量空间供给保障经济高质量发展。要高度重视海洋生态文明建设，加强海洋环境污染防治，保护海洋生物多样性，实现海洋资源有序开发利用，为子孙后代留下一片碧海蓝天。

本书以生态文明建设理念为指导，重点关注新时期国土空间规划改革中海洋与海岸带空间的管理困境和改革方向、空间利用定量评估、空间规划编制技术、管理制度设计与立法研究等内容，具体包括：国土空间规划体系、国土空间用途管制制度、“自然资源基本利用区”与“基本养殖区”制度、海岸带综合管理、基于生态系统的海洋功能区划、海域管理与保护、海岛保护规划制度、陆海统筹、围填海管理及其他研究等10个主题。

本书主要由自然资源部第一海洋研究所海岸带科学与海洋发展战略研究中心团队参与研究与编写，研究领域涵盖了空间规划、海洋环境、海洋生物、海洋经济、海洋工程等相关专业。近年来，团队承担了大量海洋与海岸带空间规划、海域和海岛管理政策、海洋生态保护、海洋生态文明建设等领域的研究任务，并出版了多部涉及海洋与海岸带管理的专著，积累了较为丰富的研究成果，为本书的出版奠定了一定的学术基础。尽管如此，由于能力有限，本书的研究还有很多不够深入的地方，一些认识和观点可能还不够成熟，难免存在不足，希望各位读者不吝赐教，批评指正！

本书编写组

2021年2月

# 目　录

# 第1章　国土空间规划体系

## 1.1　空间规划体系改革的“立”与“破”

把握好“立”与“破”的承接顺序和辩证关系是机构改革的基本要求。“立”的工作要做在“破”前，没有“立”之前，不要急于“破”。一方面，“立”得住，才能“破”得好；另一方面，只有彻底“破”，才能为更好地“立”创造条件。

空间规划体系构建工作难度大且牵涉利益主体众多，规划权的统一并不意味着马上能够实现各规划的融合与协调，而是需要一个“破与立”的长期过程。新体系的构建既要考虑合理沿承现行体系，又要在新的时代背景下大胆改革创新。对此，笔者认为新体系没推出之前不可轻易破除旧体系，空间规划体系的构建与实施管理要符合科学客观规律，坚决贯彻“先立后破、不立不破”原则，处理好生态与经济、陆地与海洋、供给与需求等关系，避免破旧立新过于仓促而导致新体系先天不足。

### 1. 生态与经济：走出以往偏重经济要素的局限，以生态文明建设理念引领规划

长期以来，我国秉持以经济效益为导向的传统发展模式，注重生产要素的空间集聚与扩散、人口与产业的空间分布，对于生态环境要素对系统空间的影响考虑有限。新时代构建统一的空间规划体系，必须克服传统规划偏重经济要素，忽略社会、环境、生态等要素的局限，顺应生态文明建设大势，以尊重自然、顺应自然和保护自然的生态文明建设理念为规划灵魂，牢固树立节约集约循环利用的资源观，通过控制开发强度，调整空间结构，科学划分城镇空间、农业空间和生态空间，在时空尺度上统筹协调人与自然、人与人、经济与社会的平衡。

规划编制须以资源承载力和环境容量作为前置条件与依据，对国土资源的综合调查与对资源环境承载力的综合评价可为开展国土空间规划提供准确的资源环境基础数据，对做好空间布局、产业布局、结构调整具有重要的支撑作用。与此同时，通过空间规划实施综合整治与修复，增加资源环境的承载能力。

### 2. 供给与需求：“共抓大保护、不搞大开发”，科学有序配置空间资源

党的十九大提出，要深化供给侧结构性改革、加快建设创新型国家、实施乡村振兴战略、实施区域协调发展战略，这些都离不开自然资源（国土空间）的合理规划布局和供应。构建空间规划体系要牢固树立新发展理念，以“共抓大保护、不搞大开发”为导向，通过目标指标设置、空间管制分区等方式科学有序配置空间资源。

一方面，要摸清国土资源家底，了解国土空间自然资源及其承载力的分布和使用情况，分析空间资源的供给规模、质量和潜力，探索增强空间服务功能和有效供给的方式

方法。另一方面，要科学研判空间形态和结构的需求变化，协调新型城镇化、新型工业化、农业现代化的空间矛盾，研究城镇结构、产业集群、新兴业态的布局及空间结构，研究生产、生活、生态空间的形态和结构及经济、居住、生态复合发展对空间结构的需求，探索培育和构建协调发展的网络型空间格局的有效途径与方法。

3. 陆地与海洋：构建陆海统筹的空间治理体系，统一行使用途管制职责

我国现行规划体系是一个由纵向逐层规划和横向并行规划组成的网状体系，原则上可以实现陆海全方位系统管理。但实际上，我国的海洋规划体系经历了从无到有，从附属于陆域到自身独立的复杂变革，如今的海洋与陆域规划是一对并联的体系，海洋规划与陆域规划分离独立后，各自依赖于不同的法律规定和政策要求，网状结构并未完全覆盖陆海空间。

建立统一的空间规划体系，要下好陆海统筹协调发展这盘大棋，综合考虑陆域子系统与海洋子系统的承载能力和整体资源条件，在整个系统内进行资源配置。海岸带地区是陆海联系的前沿阵地，是陆域和海域空间开发强度最大、经济最发达、开发保护矛盾最集中的区域，也是生态最为敏感的地带。

因此，现阶段需要着重从海岸带这一敏感生态系统入手，深度剖析陆海关系，开展专题研究和精细化管理，创新国土空间发展模式，逐步实现空间规划的陆海全覆盖，构建陆海统筹的国家空间治理体系，统一行使所有空间用途管制职责。

4. 政府与市场：规划权高度统一后，仍应重视市场的主体作用

2018年机构改革虽然实现了规划权的高度统一，但依然应该充分重视和调动市场的主体作用。空间规划要通过整合要素、空间、制度和经济社会活动来为经济发展延伸架构；市场则通过资本深化、企业培育和创新驱动来为经济发展提供动力。

在政府基于生态文明加强空间管控和约束的同时，要结合当前“放管服”改革，推动政府向市场放权、向社会放权，在“集约优先、保护优先”的原则下，加快引入市场化手段，推进要素市场化配置，使政府与市场优势互补，优化空间规划解决方案，实现共同治理。

5. 中央与地方：在国家、省和市县三级进行责、权、利的科学划分

《生态文明体制改革总体方案》提出，“空间规划分为国家、省、市县（设区的市空间规划范围为市辖区）三级。”在规划权变更后，实现三级规划内容设计，中央与地方对空间规划编制与实施方面的责、权、利进行科学划分，十分关键。

国家级规划是中央政府干预与协调省际和区域关系的最重要行政管理手段之一，应突出战略性和政策导向，在统一“底数”、分类标准以及完善法律体系的基础上，收严“三区三线”边界管理权限，强化各类空间用途转用管理；省级空间规划是落实国家空间战略与目标任务、统筹省级宏观管理和市县微观管控需求的规划平台，具有承上启下的作用，应发挥干预与协调的综合作用；市县级空间规划则应突出实效性和操作性，重点落实用途管制。

### 6. 总体与专项：强化国土空间规划对各专项规划的指导约束作用

国家层面对构建空间规划体系已经有了清晰的目标导向，《中共中央关于深化党和国家机构改革的决定》提出，要“强化国土空间规划对各专项规划的指导约束作用，推进‘多规合一’，实现土地利用规划、城乡规划等有机融合”。

据此，国土空间规划作为顶层总体空间规划，统筹引领各类空间性专项规划，两者之间的统分关系要处理好。国土空间规划的“统”首先是所有空间资源规划事权的统一，其规划范围涵盖山水林田湖草所有国土空间；其次是各类空间性规划的统一，需基于生态文明建设理念构建“一张蓝图”；最后是规划技术方法的协同，基于统一的空间管制分区方法，实现空间规划底图的一致性。专项规划的“分”则是在“统”的基础上，发挥各部门在有关空间资源调配方面的专业性与能动性，使总体规划与专项规划实现有机统一，最终形成层次分明、衔接紧凑的协同发展空间规划体系。

### 7. 增加与削减：实现规划体系从庞杂不全向清晰完善的转变

在明确总体规划与专项规划相互关系的前提下，还应着重关注专项规划的增减问题。削减空间规划数量是大趋势，但规划绝对数量的削减不代表不能建立新的空间专项规划。对此，应立足于机构整合撤并、规划体制机制完善等配套改革，从空间规划体系框架构建的角度，梳理剖析现有空间性规划，取消不合时宜、管理支撑作用不大的规划，整合管理职能交叉大、规划内容重复多的相关空间规划，科学合理新增有关专项规划，最终实现空间规划体系从庞杂不全向清晰完善的转变。

## 1.2　基本理念、总体构想与保障性改革措施

党的十九届三中全会通过的《深化党和国家机构改革方案》提出，组建自然资源部，统一行使所有国土空间用途管制和生态保护修复职责。“思深方益远，谋定而后动”，规划先行、科学制规是实现国土空间有序开发、科学管理的根本前提[1]。此次改革，将发展改革委的主体功能区规划、住房和城乡建设部的城乡规划、国土资源部①的土地利用规划以及国家海洋局②的海洋功能区划等空间性规划编制管理职能进行整合，划归自然资源部，由其负责建立统一的空间规划体系。我国空间规划体系重构工作复杂性高、难度大、牵扯广，难以一蹴而就，将是一个“破与立”协同推进的长期过程，是一个合理沿承、科学发展与改革创新不断深化的复杂过程。

重构空间规划体系应当以何种理念作为支撑和引导，如何搭建体系框架，通过哪些改革措施确保改革目标实现等重要问题亟待明确。为此，本研究在梳理我国现行规划体系存在的问题并阐明重构空间规划体系重要意义的基础上，剖析重构空间规划体系的基

① 2018年机构改革不再保留国土资源部。

② 2018年机构改革不再保留国家海洋局，自然资源部对外保留国家海洋局牌子。

本理念，初步明确空间规划体系的总体构想，并进一步提出相关保障性改革措施，以期为改革提供有益参考。

### 1.2.1　现行规划体系存在的问题

我国现行规划体系紊乱庞杂且不完善，规划管理又各自为战，尚未形成严格意义上权责分明、边界清晰、衔接有序、对流辅助的国家空间规划体系[2]。从横向看，2018年机构改革之前，空间管理条块分割、各管理系统运行相对封闭，各职能部门就不同空间问题和领域，分头制定各自管理技术标准和分区管制措施，继而编制了大量部门规划，致使部门规划自成体系。加之各部门在行政审批中互为前置、串联审批，致使审批效率低下，从而影响重大项目落地速度。同时，空间管理条块分割下的分头规划在应对经济社会发展复杂性和不确定性时带有明显的局限性，各职能部门多采用超出部门事权范围的规划延展方法来应对，导致部门规划内容和深度不断扩张，交叉重叠又相互冲突。基于自利性价值取向，各职能部门在空间管理过程中存在有利相争、无利推诿的行为，难以引导空间资源有序开发和高效利用。

从纵向看，在我国规划实践中，中央和地方政府在财权、事权及空间发展权确立上存在矛盾，致使规划责任落实不足，主要体现在两方面：一是地方规划空间发展目标偏离上级既定目标。国家级规划多以可持续发展、人与自然和谐发展为根本出发点，基于国家利益和社会公共利益对空间资源进行优化配置，并要求各级地方政府层层分解落实。地方政府在央地事权不清、分税制财政缺口、现行土地制度和政绩考核压力等多重因素影响下，势必过度依赖土地财政和规模增长，导致上下级目标不一致[3]。二是上级规划战略性不足与地方规划操作性不强并存。由于中央与地方政府事权的不确定、财权与事权的不匹配，上级政府容易过度干预地方性事务、过度承担地方建设支出责任，上级部门对长期性、战略性和政策性问题研究不够深入，难以把握空间发展底线。而地方政府是地方性事务的直接管理者，在处理纷繁复杂地方性事务的同时，还困于上级的层层细节审查和监督，易导致地方规划更多地模仿迎合上级规划而非公众需求，致使规划可操作性不强，在一定程度上也造成了地方发展面貌大同小异。

### 1.2.2　重构空间规划体系的重要意义

#### 1. 自然资源开发与保护的基本需求

经济发展是一个自然资源持续“投入—产出”的过程，自然资源开发与保护之间的平衡很大程度上依赖于资源开发利用的效率，即推动资源集约节约利用。而自然资源以国土空间为载体，合理利用和保护各类自然资源就等同于合理利用和保护国土空间，即有效地在不同国土空间进行资源的时空安排和配置，进而产生对空间规划的需求。新时代实现自然资源开发与保护的平衡，解决局部或单一问题，必须从更大范围、更综合的角度来考虑。因此，重构空间规划体系，应基于人与自然和谐共生的原则，依据资源环境承载力，对所有国土空间进行整体构思和统筹谋划。

2. 国家意志导向的重要体现

党的十九大指出，要深化供给侧结构性改革，加快建设创新型国家，实施乡村振兴战略，实施区域协调发展战略，加快完善社会主义市场经济体制，推动形成全面开放新格局，这些都离不开国土空间的合理布局和供应。条块分割的部门规划，如城市、土地、海洋、林业、农业等，都起到重要作用，但都无法单独完成这一历史任务。建设小康社会、建设现代化经济体系，须从更高更广的层面统筹考虑国家和地方的发展，需要更为全面的空间规划体系。因此，应当高位统筹重构空间规划体系，使空间规划成为统筹城乡发展、陆海发展的重要抓手，成为建设生态文明、保障永久基本农田、促进国土资源节约集约高效利用等国家意志导向的重要体现[4]。

3. 供给侧结构性改革的应有之意

规划为政府履行职责提供依据，为市场主体指明方向[5]。空间规划是一种由政府提供的公共产品，目前政府的规划供给出现诸多问题，重复性、反复性规划造成规划资源、行政资源及建设资源的极大浪费，规划打架在一定程度上影响了经济社会发展和生态环境保护。要解决我国各类空间规划自成体系、缺乏衔接协调的问题，改变政府“疲于应对”的局面，必须全力推进规划供给侧结构性改革，建立统一的空间规划体系，明确中央政府和地方政府之间、自然资源部和其他相关部门之间的职责与事权，消除规划间的重复、矛盾甚至冲突，增强规划的系统性、规范性、实用性和权威性[6]，有效改善政府规划供给，提升政府公信力。

4. 提升空间治理效能的根本保障

重构国土空间规划体系，是推进以治理体系和治理能力现代化为保障的生态文明建设的客观要求与重要路径。《中华人民共和国国民经济和社会发展第十三个五年规划纲要》提出建立由空间规划、用途管制、差异化绩效考核等构成的空间治理体系。其中，空间规划无疑是空间治理体系的基础，其基于生态文明建设理念构建覆盖山水林田湖草所有国土空间的“一张蓝图”，实现了空间战略和目标的统一，为空间用途管制提供依据，为差异化绩效考核提供衡量标准，是提升空间治理效能的根本保障。

### 1.2.3　重构空间规划体系的基本理念

中华人民共和国自成立以来，可以说已经摸索出一整套非常有价值且具有中国特色的空间治理理论和技术。现阶段，真正切实提升政府空间治理能力既要在空间治理体系的顶层设计方面避免推倒重来，又要避免重复建设。“多规合一”无疑是过渡阶段促进空间规划体系改革的有效途径和基本理念。

2014年8月，发展改革委、国土资源部、环境保护部、住房和城乡建设部四部委联合下发《关于开展市县“多规合一”试点工作的通知》；2015年和2016年海南、宁夏先后被列为全国省域“多规合一”改革试点地区；2017年1月，《省级空间规划试点方案》印发，标志着省级空间规划试点工作正式全面开展。有关地方政府在中央明确授权式改革大背景下，勇于创新、先行先试，积极在规划体制机制领域开拓出广阔的探索空间，为中央全面深化改革积累了有益经验、创造了良好条件。但由于规划改革方向尚不明朗，国际经验对中国适用性有限，致使试点成果多种多样。例如，海南、浙江开化[7]、广东将土地利用规划、城市总体规划、环境保护规划等空间性规划合成一个空间综合规划，直接指导各部门专项规划[8]，规划体系特征为“1+$N$”；江苏句容[9]、广西贺州将国民经济和社会发展规划进一步扩容提升为包含经济发展和空间布局的综合规划，以指导各部门专项规划，规划体系特征为“1+3+$N$”；浙江嘉兴[10]、山东桓台[11]、福建厦门、江苏姜堰等城市则在不影响现有各类规划独立性的基础上另行编制了一个空间综合或战略规划，以指导现行各类规划，规划体系特征为“1+4+$N$”。“多规合一”共识的缺位、预期的差异，在各部门规划主导权的博弈下，势必导致不同的规划行为选择。因此，推进空间规划改革，建立统一的空间规划体系，亟须明确“多规合一”理念。

1. “多规合一”的对象是空间性规划

现阶段对于发展规划与空间规划的关系认知，是重构空间规划体系的重要前提。从长远看，空间因素与非空间因素将日益相互影响，空间规划与发展规划将逐渐寻求融合，这也是市县试点阶段“多规合一”对象既包括经济与社会发展规划，也包括空间规划的原因所在。但与发展规划相比，我国空间规划相关工作起步较晚，尚缺乏对空间政策的系统思考，短期内难以实现发展规划和空间规划的有机融合。因此，各方倾向于在近期遵循沿承、发展与创新相结合的原则，在科学调整和完善发展规划的同时，先行开展空间规划的“多规合一”，实现发展规划和空间规划两大体系并行共存。空间规划基于资源环境承载力和开发适宜性建立空间发展框架与原则，指导发展规划合理确定物质性开发的目标、任务与建设区位；与此同时，社会经济发展目标和要求也对合理优化国土空间开发与保护格局具有指导意义。因此，我国近期规划改革的重点应放在统一空间规划体系的建立以及空间规划与发展规划的协调上面[12]。

2. “多规合一”需兼顾专业性管理

中央旨在通过“多规合一”来提升政府空间治理效能，为生态文明建设和经济社会全面协调可持续发展提供有力支撑。而生态系统的多样性、经济社会发展的复杂性及政府公共管理的规范性，必然要求各项职能专业分工、科学管理，不是目前一本形式上的总体规划能够包揽和解决的。即使在空间规划相对成熟的德国，仍存在许多空间专业规划，如自然保护、林业、环保产业、农业结构等规划[13]。我国规划发展至今，各部门规划均建立了其理论导向、技术体系及标准规范，如果空间治理尚不能实现各专业领域的归并管理，目前就难以用一本空间规划代替所有的空间性规划，同时也在一定意义上降低了一本规划因缺乏博弈制衡而存在的决策失控风险。

3. “多规合一”应突破原有的规划体制

“多规合一”并不是在保持规划现状的基础上，通过理念优化、图斑比对、标准统一等手段，新增一个规划来统领各类规划；也不是简单将现行某一规划扩容提升为龙头规划。一方面，新增或扩容后的空间规划编制实施协调难度大，将在未削减规划数量和规划成本的基础上进一步增加改革负担，这绝非空间规划改革的正确导向；另一方面，新增或扩容方式不触及现有空间规划体制，无法从根本上解决空间分散决策、部门事权交叉重叠的问题，难以有效理顺空间体系，发挥管控约束作用。

综上，“多规合一”的要义应以提升空间治理能力为核心，在明确新时代经济社会发展愿景和国土空间蓝图的前提下，优化重构多部门规划及其上下位关系，建立全国统一、相互衔接、分级管理的空间规划体系，促使各空间性规划摆正位置，各司其职，构建稳定、协调的国土空间秩序。

### 1.2.4　空间规划体系总体构想

空间规划体系的重构需符合科学客观规律，有效处理好沿承与创新、资源与环境、陆地与海洋、政府与市场、中央与地方、总体与专项等诸多关系，避免理想化、程式化、简单化、表面化重构空间规划体系的尝试。2018年机构改革已初步形成关键事权统一集中、其他事权分散配置的政府治理体系[14]。在空间规划领域，由自然资源部统筹主要空间资源的规划事权，各部门具有在特定领域和特定空间资源调配方面的专业性规划事权。因此，新时期重构空间规划体系应树立全局思维，立足国家机构职能体系改革，有效分析原有各类空间规划的共性和差异，加强顶层设计，整合相关空间性规划，建立统一的空间规划体系，统筹国土空间全局发展。

国家对于空间规划改革的目标导向已逐步清晰。《生态文明体制改革总体方案》提出，“空间规划分为国家、省、市县（设区的市空间规划范围为市辖区）三级。”《中共中央关于深化党和国家机构改革的决定》提出，“强化国土空间规划对各专项规划的指导约束作用，推进‘多规合一’，实现土地利用规划、城乡规划等有机融合。”因此，我国应按横向分类和纵向分级相结合的方式来架构空间规划体系（图1.1）。

1. 横向分类

横向上，空间规划可分为总体规划、专项规划、详细规划3类。总体规划是指国土空间规划。国土空间规划是统筹山水林田湖草系统治理的基础性、战略性、约束性和总控性规划，是空间规划体系的最顶层规划，也是最核心的一层，是其他层规划制定时必须遵循的大逻辑、大方向、大框架。从我国整个规划体系来看，国土空间规划与国民经济和社会发展规划处于同一层级，两者相互指导和衔接，并行成为我国规划体制的基础和主干。推动国土空间规划地位的进一步明确，还有赖于主体功能区规划、海洋主体功能区规划、土地利用规划、城镇体系规划、环境功能区划、生态功能区划、海洋功能区划等空间性规划的合一，其核心内容和主要价值完全可以有机融合、内化吸收进国土空

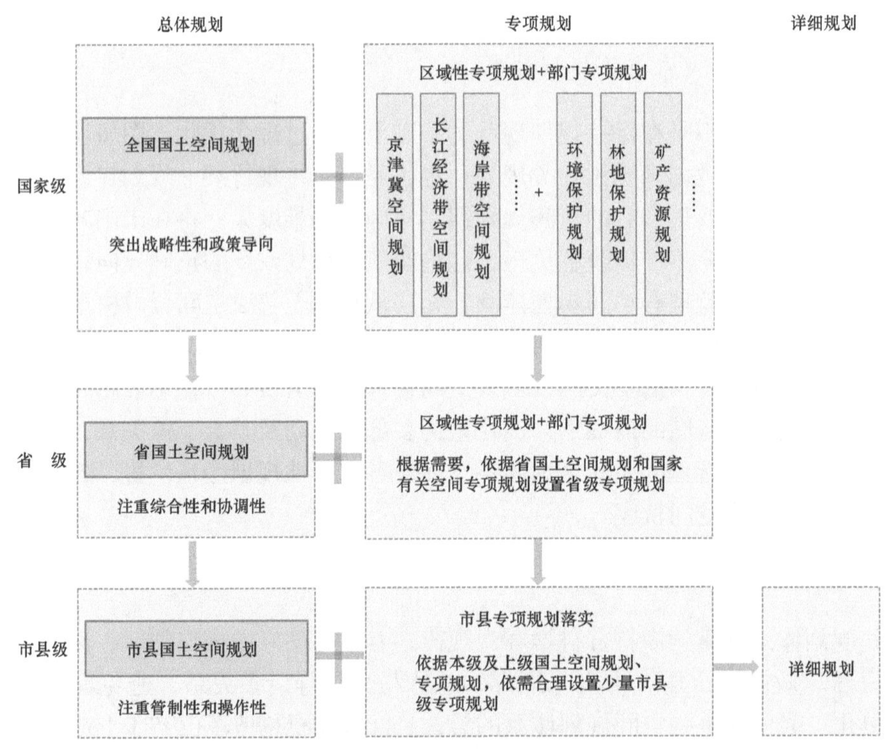


图1.1 我国空间规划体系总体构想

间规划，用一个规划去落实空间战略和制度，推动国土空间开发、保护和整治工作的统筹部署与有序开展。

专项规划是在国土空间规划框架约束下，更加注重专业领域，对国土空间规划中需要具体体现的内容或者某一专门问题而进行的空间性规划，是总体规划在特定领域的延伸和细化。区域性专项规划是针对区际或区内系统区域做出的总体部署，是总体规划在特定空间尺度的落实，应是专项规划的一种特殊类型。例如，京津冀空间规划、长江经济带空间规划以及海岸带空间规划等。2018年机构改革后，按照调整后的部门设置将形成新的专项规划体系。可与部门职责和事权相应，从这些规划中选择具有空间性特点的规划，纳入空间规划体系。需注意的是，政府编制专项规划的领域要严格限定在必须通过规划进行调节，单纯靠市场会产生“市场失灵”的领域[15]，且其编制必须符合总体规划的要求，与总体规划形成“对流辅助”的关系，规划内容要基于部门事权，专注于规划对象本身，规划范围要窄且明确。

详细规划则是直接对更小空间利用及其配套设施做出更详细、更具体安排的空间性规划，是解决总体规划和专项规划空间管控内容不完善问题的有效途径，其作用主要在市县及以下微观层面体现。新时代背景下，详细规划的编制实施需逐渐向法治化、民主化方向改进，强化公众参与。

2. 纵向分级

纵向上，空间规划体系分为国家、省、市县三级，根据一级政府、一级事权的分级管理要求，明确职权划分，区分各级规划管控内容及措施，才能保障各级政府在享有和使用某种权力的同时承担起应有的责任，才能确保在不影响整体利益的前提下释放局部活力。

国家层面的国土空间规划是中央政府协调经济社会与资源环境、干预和协调省际与区域关系的重要行政管理手段[16]，应突出战略性和政策导向，针对国家宏观性、长期性、战略性重大空间问题进行调控。规划应侧重国土空间开发与保护大格局和大方向的建立，制订空间保护与发展目标，划定涉及国家利益和社会公共利益的刚性空间控制线，合理布局生态空间与国土开发适宜性空间。在统一“底数”、分类标准的基础上，收严边界管理权限，强化各类空间用途转用管理。国家层面的相关专项规划在各自事权范围内细化落实空间政策。

省国土空间规划是贯彻落实国家意志和空间战略，并统筹传导至市县规划的关键环节，具有承上启下的重要作用。因此，省级国土空间规划应与省级政府事权相匹配，以保护管控和引导发展并重，注重综合性和协调性，划定省域空间尺度政策分区和管控边界，重点开展跨行政区协调，促进区域协同发展。省级政府可根据需要编制针对专门问题或特定空间的专项规划，但数量不宜过多，规划内容与省级事权相对应，不应是国家同类规划的简单重复。

市县国土空间规划是引导县域空间可持续发展的“一张蓝图”，其编制要以上级国土空间规划为主要依据。但随着空间层次的降低、地域空间的变窄、规划问题的细化，客观上要求市县国土空间规划注重管制性和操作性，体现地方特色，以引导发展为主，重点是落实用途管制。市县政府可依据本级国土空间规划及上级空间规划，依需科学合理设置少量专项规划，更多微观层面的空间利用则通过空间详细规划予以具体安排。

由此构建以三级国土空间规划为主线，统领各级不同类型的专项规划，相互之间职权清晰、层级明确的空间规划体系，既实现国土空间规划的空间总控性，又充分发挥有关职能部门的专业性，既保障上级规划精神的刚性传导，又保留下级规划调控空间发展的活力与弹性。

### 1.2.5　保障性改革措施

#### 1. 启动空间规划立法

重构国家空间规划体系，确保发挥国土空间规划的指导约束作用并监督规划实施，需大力推动规划工作走向法治化。立足规划体制机制改革要求，在全面审查与梳理现行法律、法规和部门规章的基础上，制定、修订甚至废止相关空间规划法律、法规和部门规章，赋予各层级空间规划相应的法定规划地位，并进一步规范规划的编制、审批、实施、修改等行为主体的程序要求，明确有关责任追究规定，为加快构建层次分明、功能清晰、运作高效的空间规划体系奠定法律基础。

#### 2. 健全国土空间调查监测体系

空间规划须依据客观性、准确性极高的数据资源，按照自然资源部统一调查职责要求，构建统一的自然资源调查监测体系和技术标准体系。结合资源环境承载力和国土空间开发适宜性评价，在现有工作基础上，开展自然资源数量、质量、生态“三位一体”综合调查，全面、准确、实时掌握各类自然资源的开发利用状况，为国土空间统一规划、有序开发、集约利用、有效保护、综合整治、精准监管提供支撑。

3. 建立统一的空间规划信息平台

推动建立空间规划“数据驱动”管理模式，科学构建国土空间规划数据库，有机整合各级各类空间性规划和基础地理信息、项目审批信息、空间用途信息等，建立基础数据共享、监督管理同步、审批流程协同、统计评估分析、决策咨询服务的统一空间规划信息平台，为规划编制和行政审批提供辅助决策支持，逐步形成“一表填报、并联审批、限时办结”的项目审批新机制，使空间规划成果转化成空间管理的重要载体，加快推进政府职能转变。

4. 强化空间规划理论储备

我国空间规划应用基础研究明显滞后于空间管理的实际进程和客观需求，还存在诸多认识、理论和方法上的误区，在人与自然相互作用的机理，空间规划目标、内容和行为选择，以及空间规划与市场机制、公平正义、陆海统筹、资源环境、空间管制的关系问题等方面还存在诸多不清楚的认识，这些成为我国空间规划体系科学重构的主要障碍。在这种形势下，迫切需要多学科整合，推动空间规划理论研究和方法创新，构建适合中国实际、具有中国特色的空间规划研究框架和理论体系。

### 1.2.6　结语

在机构改革背景下，重构空间规划体系涉及体制架构、事权划分等诸多问题，难以一蹴而就。按照“先立后破、不立不破”的思路，在尚未推出一套新体系、新制度、新法规之前，不可轻易破除旧体系，避免破旧立新过于仓促而导致新体系先天不足。改革过渡期自然资源部可由特定司局或者成立专门规划协调委员会，依据现行法规和规划，尽快正常运转履行职责。该机构在统筹推进空间规划体系重构工作的同时，负有统筹协调相关空间性规划利益冲突的职责，以确保空间规划管理的平稳过渡、顺利衔接、执行到位。待2020年现有多数规划实施结束后，部制改革相对成熟，上下级沟通衔接无碍、各级部门磨合程度较高时，初步完成空间规划体系的重构工作。

## 参考文献

[1] 樊杰. 我国空间治理体系现代化在“十九大”后的新态势. 中国科学院院刊, 2017, 32(4): 396-404.

[2] 许景权, 沈迟, 胡天新, 等. 构建我国空间规划体系的总体思路和主要任务. 规划师, 2017, 33(2): 5-11.

[3] 石坚, 车冠琼, 董继红. 我国生态文明建设中空间规划体系构建的几点建议. 生态经济, 2017, 33(3): 193-196.

[4] 严金明, 陈昊, 夏方舟. “多规合一”与空间规划: 认知、导向与路径. 中国土地科学, 2017, 31(1): 21-27, 87.

[5] 杨伟民. 我国规划体制改革的任务及方向. 宏观经济管理, 2003, (4): 4-8.
[6] 迪力沙提·亚库甫, 严金明. 构建统一空间规划体系的理论支撑、障碍分析与对策建议. 公共管理与政策评论, 2017, 6(3): 58-66.
[7] 王立军, 郑彦. 开化县开展“多规合一”改革的经验与启示. 党政视野, 2016, (6): 18-22.
[8] 何冬华. 空间规划体系中的宏观治理与地方发展的对话——来自国家四部委“多规合一”试点的案例启示. 规划师, 2017, 33(2): 12-18.
[9] 叶如婧, 冯朝柱. “多规合一”试点背景下“十三五”发展对策研究——以江苏省句容市为例. 决策咨询, 2017, (1): 86-89.
[10] 詹国彬. “多规合一”改革的成效、挑战与路径选择——以嘉兴市为例. 中国行政管理, 2017, (11): 33-38.
[11] 林坚, 乔治洋, 吴宇翔. 市县“多规合一”之“一张蓝图”探析——以山东省桓台县“多规合一”试点为例. 城市发展研究, 2017, 24(6): 47-52.
[12] 王向东, 刘卫东. 中国空间规划体系: 现状、问题与重构. 经济地理, 2012, 32(5): 7-15, 29.
[13] 谢敏. 德国空间规划体系概述及其对我国国土规划的借鉴. 国土资源情报, 2009, (11): 22-26.
[14] 黄征学. 构建空间规划体系需要处理好四个关系. 中国发展观察, 2017, (18): 44-45.
[15] 段进. “十二五”深入开展国家级空间整体规划的建言. 城市规划, 2011, 35(3): 9-11.
[16] 刘大海. 未“立”之前莫急于“破”. 中国自然资源报, 2018-06-29(005).

## 1.3　基于陆海统筹的国土空间分区体系

2019年5月印发实施的《中共中央 国务院关于建立国土空间规划体系并监督实施的若干意见》（以下简称《意见》）指出，“将主体功能区规划、土地利用规划、城乡规划等空间规划融合为统一的国土空间规划，实现‘多规合一’，强化国土空间规划对各专项规划的指导约束作用，是党中央、国务院作出的重大部署。”其中，国土空间规划分区是各类资源空间协调布局的总体框架，体现了国家国土空间治理的逻辑，也是空间规划体系建立与空间用途管制工作的基础内容。

### 1.3.1　新时期国土空间分区的基本思路

针对目前空间性规划重叠等问题，根据《意见》强调的科学性、战略性、协调性的功能需求，未来国土空间规划应从全局视角出发，统筹当前与长远、陆域与海域、需求与供给、发展与保护的关系，贯通各类规划的规划方法和编制体系，建立能够完全覆盖不同层级的国土空间分区体系。

科学布局重要国土空间，严格分区管理。目前我国空间分区管控的主要依据是主体功能区与“三区三线”制度。在国家与地方层面，城镇发展、农业生产、生态保护三大类主体功能地位也已形成共识，以重点用途为分类依据的三类空间，构成了我国当前和未来国土空间规划与功能分区的主要框架。在此基础上，新的国土空间分区应结合新时代人民对生产空间、生活空间、生态空间高质量发展的需要，整合现行空间分区管控的优势，丰富各类分区内涵，描绘更科学适用的主体功能区蓝图。

系统协调，陆海统筹，融合各类空间规划。海洋与陆地自然生态空间都是“山水林田湖草生命共同体”的重要组分，海陆国土空间相依、命脉相连、功能相融，根据海陆一体化、陆海联动发展战略，统筹陆地和海洋国土保护、开发与管理规划，实现各类自然资源统筹管理、统一监管和规划，是实现国家山水林田湖草整体保护、系统修复、综合治理的关键环节。在此基础上，要建立能够完全覆盖不同层级的国土空间分区体系，重要任务之一是保障其系统协调。因此，新的空间分区要进一步涵盖各类国土空间，形成更协调合理的一级分区，不能有大规模交叉，尤其要搞清楚农业区与生态区、海洋与陆地空间的关系，通过合理分区完成不同空间、不同规划间的有机融合。

继承各区类空间规划优势，改进不足。十九大报告指出“完成生态保护红线、永久基本农田、城镇开发边界三条控制线划定工作”“完善主体功能区配套政策”，表明建立新的国土空间规划体系的本意不是完全颠覆现行体系，而是对现有主体功能区规划和“三区三线”制度的优化和升级。因此新的国土空间规划体系建立过程中，要充分吸收和借鉴现有规划思想的优势，以问题为导向，发现和弥补现行规划体系的不足，丰富空间功能分区思想内涵，为构建国土空间开发保护制度打好基础。

### 1.3.2 建议搭建“四区三线”为框架的全域国土空间分区体系

贯彻中央文件中关于“坚持陆海统筹，加快建设海洋强国”“建立国土空间规划体系”“科学布局生产空间、生活空间、生态空间”的要求，遵循重构国土空间规划体系和建立健全陆海统筹下“两统一”的工作初衷，按照“两空间内部一红线”的指示精神，借鉴国外空间规划经验并集成各类空间规划分区分类成果，建议建立以自然保护地、基本自然资源利用区、城镇发展区和其他发展区4个一级分区为主体的国土空间分区体系。

#### 1. 以“自然保护地”一级分区进一步整合陆地和海洋的各类保护区

为解决各类自然保护区重叠交错、保护对象重复、保护目标混乱等问题，十九大报告强调要“建立以国家公园为主体的自然保护地体系”，2019年1月23日，中央全面深化改革委员会第六次会议审议通过了《关于建立以国家公园为主体的自然保护地体系的指导意见》（以下简称《指导意见》），明确了党中央推动建设自然保护地体系的总体思路。在此背景下，通过“自然保护地”一级分区进一步整合陆地和海洋的各类保护区，为国土空间规划体系和自然保护地体系有机融合提供借鉴。

自然保护地是由各级政府依法划定或确认，具有明确界定的地理空间，对重要的自然生态系统、自然遗迹、自然景观及其所承载的自然资源、生态功能和文化价值实施长期保护的陆域或海域。该区域的建设要以《指导意见》为行动纲领，从空间上，要归并整合、优化调整，解决边界不清、交叉重叠的问题；从分类上，构建科学合理、简洁明了的自然保护地分类体系，形成以国家公园为主体，自然保护区、自然公园共同发展的新自然保护地分类系统。从管控要求上，自然保护地核心区域属于全国主体功能区规划中的禁止开发区域，纳入全国生态保护红线区域管控范围，实行最严格的保护。

### 2. 建立“基本自然资源利用区”制度，以基本自然资源红线来保障中华民族永续发展对自然资源的底线需求

为进一步理顺农业区与生态区、环境质量安全底线与自然资源利用上线的关系，基于统筹自然资源开发利用和保护的角度，贯彻“共抓大保护、不搞大开发”和“绿水青山就是金山银山”等重要发展理念，提出“基本自然资源利用区”的概念，以此强化对生产、生态功能兼具的国土空间资源的严格保障与管控力度。“基本自然资源利用区”是指为保障人口增长和社会经济发展对农产品、木材等基础性自然资源产品的可持续利用需求，在维护我国自然资源战略安全底线的前提下，基于生态文明发展要求和区域资源禀赋条件，科学合理地选划兼具生产功能和生态功能的国土空间，主要包括基本农田、基本草原、基本林地和基本养殖区等。

功能定位上，“基本自然资源利用区”区别于以生态保护为主的自然保护空间和以开发利用为主的城乡建设空间，注重生态和生产功能的共同维持，建议将基本自然资源归类为特殊的经营性资产，从自然资源的数量、质量和功能等方面实施严格的空间用途管控。原则上不得更改“基本自然资源利用区”的用途，不得以任何形式占用、损毁基本自然资源，采取措施保障基本自然资源总量不减少、质量不下降、用途不改变。其中，基本养殖区是国家按照一定时期人口和社会经济发展对水产品的需求，根据相关制度确定的不得占用的养殖水域，包括基本海水养殖区与基本淡水养殖区。基本海水养殖区是最优质的养殖海域，实施严格管理和分类管控，可分为水产品功能区、重要经济品种保育区等类型。

### 3. 以“城镇发展区”打造现代产业集聚发展和经济高质量发展空间

“城镇发展区”是指满足生态保护、自然资源利用空间需求之后，为保障国家城镇发展建设需求、优化城镇发展格局、提高产业发展质量而选划的经济社会建设与产业集聚空间，是满足城镇生产、生活及特殊发展需要的集中连片区域。

各省（区、市）可根据当地地理条件和发展情况，在海岸线向海一侧划定“海洋城镇开发边界”。划定方法由省人大或省政府确定，如3n mile以内、6n mile以内或水深6m以浅。从管控角度，应强调陆海统筹，关注潮间带和海岸线的保护与利用。

### 4. 以“其他发展区”兼顾分区的弹性适应和空间留白，形成陆地与海洋开放合作和协调一致的规划分区机制

“其他发展区”是指自然保护地、基本自然资源利用区、城镇发展区之外的其他国土开发空间。在管理措施制订上，应把握可持续发展和高质量发展的原则。该方案从陆海统筹的角度将其他发展区暂分为特殊利用区、发展预留区及其他空间，海洋领域的其他发展区包括特殊用海区、保留区和其他用海区。

# 1.4　海洋国土空间新布局理论框架

## 1.4.1　引言

当前，国际海洋形势正在发生深刻变化[1]，我国经济已经成为高度依赖海洋的开放型经济，海洋对于国家、社会的发展承担着越来越重的责任，同时也承受着越来越大的压力。在这种背景下，海洋空间布局的必要性、重要性和紧迫性日益凸显：一是海洋空间布局作为沿海政府调控区域发展和建设行为的重要手段，具有效果显著且直接的特征，可为区域战略空间拓展、区域社会经济持续发展创造良好的条件；二是我国海洋空间低效粗放利用现象依然严重，海洋空间矛盾日益尖锐，强化了海洋空间优化布局的紧迫性；三是我国的市场机制目前还很难发挥在空间布局上的决定性作用，而所需依托的空间布局规则和秩序还远未能建立，这使得海洋空间布局体系的建立显得异常迫切；四是海洋强国和区域发展战略要求沿海政府提供海洋空间开发的稳定预期与发展指引，以应对发展的不确定性，保障战略规划的顺利实施；五是海洋空间的深化开发在要素统筹、生态环保、立体利用、集中集约等方面提出了更高的要求，而满足这些要求的根本着手点便是海洋空间优化布局。

海洋空间布局是否合理，在很大程度上决定了海洋经济发展的质量、效益与高度能否达到理想水平，也进一步影响着我国社会经济的发展前景。近年来，关于海洋空间布局的研究持续增多，但多集中在对区域海洋或沿海陆域开发的宏观指导、开发对策的探讨上，对于海洋空间布局的理论和方法研究则不够系统，尚未形成完整体系[2]。因此，有必要及时对国内外海洋空间布局理论进行梳理和分析，结合当前海洋经济发展特征，发展我国海洋空间新布局理论，这对于推进海洋经济持续健康发展、实现海陆一体化具有重要而深远的意义。

## 1.4.2　海洋空间布局理论的发展历程

布局是指对事物进行全面的规划与安排。在经济、军事、建筑、文化等领域，布局均为高度智慧的体现。布局规划的思想早在中国古代就已出现，军事上有“运筹帷幄之中，决胜千里之外”的军事布局，棋局上有各种复杂的开局流派，建筑上有风水布局的讲究等。国外对于布局理论有更为深刻的研究，尤其在经济领域形成了较为系统完整的经济布局理论体系。

经济布局理论的诞生以冯·杜能（Von · Thünen）的农业区位理论的提出为标志。此后，经济布局理论发展过程中出现了以运费和劳动力费用等成本为研究核心的阿尔弗雷德·韦伯（Alfred Weber）的工业区位理论，以地理位置为核心的瓦尔特·克里斯泰勒（Walter Christaller）的中心地理论，以市场导向为核心的奥古斯特·勒施（August Losch）的市场区位理论，以及增长极理论、点轴理论、梯度转移理论等经典的经济布局理论[3]，布局理论体系得到进一步完善。然而，上述理论绝大部分是针对陆域经济布局的研究。随着社会经济发展空间逐渐向海洋拓展，经济布局理论的研究也不断向海洋领域延伸。

海洋经济布局理论的研究正式开始的标志是高兹（E. A. Kautz）海港区位理论的提出。埃德加·M. 胡佛（Edgar M. Hoover）具体考查了运输成本问题并提出了转运点区位理论。之后，伯德（Bird）提出了“任意港”（anyport）模型，里默（Rimmer）建立了关于港口体系演化的Rimmer模型，维尔纳·桑巴特（Werner Sombart）提出了生长轴理论，巴顿（Patton）和摩根（Morgan）等对港口与腹地关系等进行了深入研究等，这些多集中于对港区经济布局的研究和实证分析[4]。国内海洋经济布局理论研究则主要集中在产业经济学、区域经济学等学科领域[2, 4]。例如，韩立民和都晓岩[5]对海洋产业布局理论进行了研究，提出了海洋产业合理布局动力模型；于瑾凯和刘炎[6]、于瑾凯和曹艳乔[7]基于产业经济学相关模型对区域内海洋产业结构进行了研究。

### 1.4.3　新形势下传统海洋经济布局理论研究的局限

近年来，我国海洋经济增长速度减缓，但海洋产业不断优化升级，海洋经济结构日趋合理，海洋经济正在向质量效益型转变[8]。现有海洋经济布局理论在海洋经济发展新背景下，面临着新的改变，其局限性也随之凸显。

#### 1. 研究对象的改变

目前，海洋经济布局的研究对象已逐渐由港口经济、临海经济进一步向深远海方向延伸和转变。回顾传统的经济布局理论，几乎全部集中于陆域经济布局。虽然部分陆域经济布局理论经优化调整后可用于指导海洋经济布局，但是其运行机制与表现形式并不完全相同[9]。

与陆地相比，海洋具有多种特殊属性及特征，且其属性及特征随时间推移不断发生变化。从空间属性上来说，陆域经济布局的基础为陆地，经济活动多集中于地表，地下也有少许分布。而海洋经济活动在空间上具有明显的圈层性和立体性。核心圈层为海洋，连接圈层为海岸带，外圈层为沿海地区；从立体性来看，涵盖海上、海面、海水水体、海床和底土。从资源属性来说，海洋具有丰富的空间资源、生物资源、海水资源、矿产资源、可再生能源等多种资源，是复合型的资源系统[10]。从环境条件来说，海洋经济布局往往要考虑更多环境因素，包括水文、气候、生物和初级生产力等，海洋环境承载力限制着海洋经济活动的强度及规模，复杂而独特的环境增加了海洋经济布局的难度。从生态关系来说，海洋生物种群总量庞大且海洋生物间摄食关系更为复杂，加之海洋生态环境的立体性、流动性和兼容性等特征，海洋生态系统各因素之间的相互作用关系更为繁杂。

综上，海洋与陆地相比具有显著的特殊性，因此将陆域经济布局理论应用于海洋时会具有明显的局限性。

#### 2. 核心议题的改变

不同时代的经济布局理论的核心议题是有差异的。在社会生产力及生产关系发生变化时，经济布局理论研究的重心随之转移，核心议题随之改变[11]。例如，在生产力水平较低的封建时代，农业生产是最重要的经济活动。

经济布局理论以冯·杜能1826年提出的农业区位理论为开端，之后的经济布局理论多为对其理论的发展和完善。农业区位理论服务于当时经济布局理论的核心议题——获取最大化的利润收入。18世纪60年代，第一次工业革命促进了各类经济学理论的形成与快速发展，也推动了经济布局理论的新发展。以第一次工业革命后大工厂的出现为开端，人们开始了对工业经济布局的关注，阿尔弗雷德·韦伯于1909年提出了工业区位理论。经济布局理论继续发展与完善，至20世纪中叶经济布局理论体系已初步形成，形成了成本学派、市场学派、成本—市场学派、社会学派、行为学派等侧重点不同的经济布局理论派系[3]。总的来说，上述经济布局理论皆以经济效益作为其最关注的核心议题。数次技术革命使经济高速腾飞，而经济布局理论的发展则显得比较滞缓。科学技术的发展增强了人类对自然的改造和利用能力，信息传递方式、交通方式等的转变突破了原有经济布局理论所受到的限制，同时人们对于自然资源的有限性、自然环境的脆弱性以及人与自然的关系有了更为深入的认识，人类有了可持续发展的新诉求。经济理论发展到现在，要以人为本，更加关注人类的可持续发展，即经济空间布局理论的核心议题应当由过度追求经济效率向人与自然和谐发展转变。在海洋经济布局理论研究方面，也存在一些亟待研究的新问题。例如，如何正确认识人海关系及其时空演进过程、驱动因素、协调发展模式；如何通过多种手段全面调整人海相互作用的机制、促进人海关系和谐发展[12]等。

综上，现有海洋经济布局理论是由传统经济理论延伸发展而来的，在核心议题上并没有及时转变，在对海洋经济布局进行指导时具有一定局限性。

### 3. 理性人假设的改变

理性人假设是传统经济理论最基本的前提假设之一，然而近年来学界围绕理性人假设的讨论越来越多，诸多知名专家学者都提出了新的观点。首先，一些学者认为，现实中的经济活动参与者不可能掌握完全信息，即所谓“理性人”在现实中一般是掌握不完全信息的有限理性人。事实上，普雷德（Pred）曾就所谓“理性人”不可能掌握完全信息提出了行为矩阵理论，用来作为解释决策者和经济布局关系的一般描述模式。这类观点不仅在冲击传统经济学理论，还在冲击传统的海洋经济理论。

其次，并非所有海洋经济活动的参与者都把实现自身经济利益最大化作为目标。随着沿海地区社会经济的不断发展，相当一部分经济人开始把环境成本作为经济活动的重要考量指标。经济活动参与者逐渐倾向于与自然和谐相处而不是为了发展经济不计一切生态环境所要付出的代价。

最后，经济活动参与者的社会责任感正在逐渐增强。在政府规制、宣传教导和社会约束下，个人思想水平普遍提高，经济活动参与者将规范自己的经济行为，降低自身对社会造成的负外部性。

综上，一旦传统海洋经济布局理论的基本假设发生了深刻的变化，其适用性或者说其指导作用必然会大打折扣。可以看到，现有海洋经济布局理论的局限性逐渐凸显。基于这三点，可以归纳现有海洋经济布局理论的局限性主要体现在：海洋经济相关领域缺乏科学适用的海洋空间布局理论指导；现有海洋经济布局理论尚未对核心议题、基本假设等做出及时调整，存在不同程度的滞后。应该看到，当前海洋经济发展确实需要一套科学系统、与时俱进的新海洋空间布局理论方法来指导。

### 1.4.4　海洋空间新布局理论框架

由上可知，现有海洋经济布局理论局限性日益凸显，构建海洋空间新布局理论不但必要，而且迫切。应尽快在前人研究的基础上，探讨海洋空间新布局的概念、基本原则与基本方式，发展海洋空间新布局理论。

#### 1. 海洋空间新布局理论概念的界定

海洋空间新布局理论是在继承发展传统海洋经济布局相关理论的基础上，以海洋空间资源环境属性为核心切入点，充分吸收产业经济学、区域经济学、海洋经济学、生态学等多学科精髓，从平面布局、立体挖掘、数量规模、时间次序、生态系统五个角度出发，优化海洋空间布局，提高海洋资源配置效率，推进海洋经济向质量效益型转变，实现人海可持续发展的一套系统海洋空间布局思想和方法。

海洋空间新布局理论与传统海洋经济布局相关理论的关系，可以概括为继承发展与集成创新的关系，具体表现在以下几个方面。

（1）从研究方向看，传统的海洋经济布局理论主要关注产业布局和区域布局，以实现海洋经济效益最优化；而海洋空间新布局理论则依托海洋空间资源环境属性，结合社会经济发展阶段特征，通过平面布局、立体挖掘、数量规模、时间次序、生态系统等角度进行空间调整和优化，实现经济、社会和生态整体效益最优化，以实现人海和谐的发展目标。

（2）从学科基础看，传统海洋经济布局理论多是产业经济学、区域经济学等传统陆域经济理论向海洋的延伸；而海洋空间新布局理论是在继承发展传统海洋经济布局相关理论的基础上，充分集成海洋学、生态学、工程学和生态系统理论等多学科精髓，形成系统的海洋空间优化布局和资源优化配置理论方法体系。

（3）从实际应用看，海洋空间新布局理论将突破传统海洋经济布局理论侧重海洋产业宏观指导的局限性，将在项目用海布局、区域性围填海布局、海洋功能区划等具体操作层面上发挥理论指导作用。该理论将直接用于我国海洋管理实践，能为我国海域综合管理、区域海洋经济发展等国家战略和政策制定提供理论基础与技术支撑。

#### 2. 海洋空间新布局理论的基本原则

发展海洋空间新布局理论，应该遵循以下几点基本原则。

（1）坚持统筹兼顾。进行海洋空间布局要坚持从大局出发，全面统筹兼顾近海空间布局与远海空间布局、浅海空间布局与深海空间布局；统筹兼顾国际、国内形势，应对国际环境变化，满足国家战略需求；统筹兼顾短期效益与长期效益、经济效益与生态效益，合理确定海洋经济活动强度及规模，使海洋经济发展与资源环境保护相协调。

（2）坚持创新引领。在海洋经济新常态下，海洋科学技术对于海洋空间布局的作用空前增强。海洋科学技术对于正确认知海洋、开发利用海洋、统筹兼顾海洋经济活动中的各种复杂关系具有重要作用。在进行海洋空间布局时，要通过科学技术手段对相关海域进行全面了解，科学评估布局方案，充分发挥海洋科技创新引领作用。

（3）坚持人海和谐。人类在通过开展海洋经济活动满足自身可持续发展的同时，要遵循海洋生态规律，尽可能保全海洋生态系统服务功能。人类要发挥自身的智慧和能动性，调整自身的需求和行为，按照自然规律对海洋自然界进化进行合理引导，减少对海洋自然界进化的危害，加速人类所需海洋可再生资源迟缓的自发进化过程，实现人海和谐共处、协同进化[13]。

### 3. 海洋空间新布局的基本方式

基于以上分析，海洋空间新布局理论拟通过平面布局、立体挖掘、数量规模、时间次序[14]和生态系统等角度对海洋空间进行配置。

（1）从平面角度开展优化布局。即借鉴现有的海洋经济布局理论，从整体上把握海洋区域布局，综合考虑海洋经济活动及其产生的经济、社会等影响，从平面视角进行合理优化布局。从大尺度来讲，平面布局优化是指基于经济、社会、环境等多影响因素的考量，通过用海结构调整、布局整理和海域储备，合理确定或改进海域开发利用活动的平面分布情况；从小尺度来看，平面布局优化是指用海主体着力优化海域使用的平面布局安排与用海平面设计。

（2）从立体角度进行空间尺度的挖掘。某些海洋经济活动可以同时进行并且互不影响，甚至不同的海洋经济活动之间能够产生正效应，如相近立体层次之间存在产业链上下游的关系，则此相近层次间物质循环、能量传递与信息交流将具有更高的效率。因此，在平面平行布局的基础上，通过三维多层的空间挖掘技术，向海上、海面、海水水体、海床和底土进行立体兼容的海洋经济布局，根据不同海洋经济活动的特征形成立体化利用格局，可以对海洋空间进行更加充分的利用，发挥其独特的空间价值。

（3）从数量规模角度进行数量与强度的优化。这里的数量规模包括区域海洋经济活动的数量以及具体海洋经济活动的强度。一方面，海洋与其他任何事物一样存在承载极限，当海洋经济活动的数量规模超过一定限度时将会使海洋原有的生态和资源禀赋遭到破坏。另一方面，由于经济活动具有集聚效应和辐射效应，其布局阶段数量规模不同往往会导致未来效益不同。因此，海洋空间新布局理论应以数量规模作为重要研究方向，综合考虑数量和规模引起的各种效应，并通过具体模型对海洋经济活动的数量规模进行合理约束，提高海洋经济发展的质量和效率。

（4）从时间次序角度对开发活动进行时间顺序的优化。时间次序包括不同海洋经济活动开展的先后次序，以及海洋经济活动进行的时长与频度。各项海洋经济活动都会不同程度地对邻近海域产生影响，并进一步影响在该海域进行的海洋经济活动，因此必须合理安排各项海洋经济活动的时间次序，科学调整海洋经济活动进行的时长与频度，从而实现海洋经济发展的整体最优目标。

（5）从生态系统角度进行海洋空间布局的整体优化，这里的生态不仅表示生物学上生物及其周围生物与非生物因素之间相互作用的概念，也表示各细分系统之间相互融合、嵌套等的复杂关系。海洋作为一个复杂而独特的生态系统，其内部生态关系及作用机制复杂，有必要正确认识这些复杂的生态关系和作用机制，加强对海洋生态系统规律与海洋生态关系的认知研究，科学合理规划海洋经济活动，在满足海洋经济发展的同时最大化生态效益，实现双向促进。

### 1.4.5 结语

当前，我国经济面临战略转折期，呈现出经济新常态，而我国海洋经济的发展也面临重大机遇和严峻挑战。必须正确把握国内外局势，处理好海洋经济发展中的各种关系。针对现有海洋经济布局理论局限性凸显的情况，有必要以“平面布局—立体挖掘—数量规模—时间次序—生态系统”的海洋空间新布局理论框架为指导，全面深化海洋空间布局理论研究，并用最新海洋空间布局理论指导海洋管理工作实践，从政策法规、区划规划、用海方式、生态环保、开发协作等方面保障海洋空间布局战略整体推进，助推我国海洋经济发展及海洋强国建设迈上新台阶。

## 参考文献


[1] 刘堃. 扩大开放加强合作推进海洋经济转型. 中国海洋报, 2014-08-04(001).

[2] 马仁锋, 李加林, 赵建. 中国海洋产业的结构与布局研究展望. 地理研究, 2013, (5): 902-914.

[3] 简新华, 李雪. 新编产业经济学. 北京: 高等教育出版社, 2009: 169-207.

[4] 徐敬俊, 罗青霞. 海洋产业布局理论综述. 中国渔业经济, 2010, (1): 161-168.

[5] 韩立民, 都晓岩. 海洋产业布局若干理论问题研究. 中国海洋大学学报(社会科学版), 2007, (3): 1-4.

[6] 于谨凯, 刘炎. 基于“三轴图”法的山东半岛蓝区海洋产业结构演进研究. 中国海洋大学学报(社会科学版), 2014, (5): 1-7.

[7] 于谨凯, 曹艳乔. 海洋产业关联模型分析. 海洋信息, 2009, (2): 13-17.

[8] 路涛. 《中国海洋发展指数报告(2014)》解读. 中国海洋报, 2014-07-31(003).

[9] 王爱香, 霍军. 试论海洋产业布局的含义、特点及演化规律. 中国海洋大学学报(社会科学), 2009, (4): 49-52.

[10] 郑贵斌. 海洋经济位理论与海洋经济创新发展. 海洋开发与管理, 2006, (5): 152-155.

[11] 汪丁丁. 经济学思想史讲义. 2版. 上海: 上海人民出版社, 2012: 6-9.

[12] 韩增林, 张耀光, 栾维新, 等. 海洋经济地理学研究进展与展望. 地理学报, 2004, (S1): 183-190.

[13] 杨国桢. 人海和谐: 新海洋观与21世纪的社会发展. 厦门大学学报(哲学社会科学版), 2005, (3): 36-43.

[14] 刘大海, 邢文秀, 纪瑞雪, 等. 我国海陆发展问题分析及海陆资源配置理论体系构建. 海洋开发与管理, 2014, (11): 10-13.

# 第2章　国土空间用途管制制度

## 2.1　用途管制：向全域全类型国土空间拓展

2018年9月11日发布的《自然资源部职能配置、内设机构和人员编制规定》明确指出，自然资源部的主要职责包括：建立健全国土空间用途管制制度，研究拟订城乡规划政策并监督实施；组织拟订并实施土地、海洋等自然资源年度利用计划；负责土地、海域、海岛等国土空间用途转用工作；负责土地征收征用管理。

国土空间用途管制是指在国土空间规划确定空间用途及开发利用限制条件的基础上，在国土空间开发利用许可、用途变更审批和开发利用监管等环节对耕地、林地、草原、河流、湖泊、湿地、海域、无居民海岛等所有国土空间用途或功能进行监管，具体包括：国土空间开发利用许可，即通过对国土空间开发利用活动进行事先审查，对不符合用途管制要求的活动不予批准，把国土空间开发利用活动严格控制在国家规定的范围内；国土空间用途变更审批，即通过明确条件、程序和要求，对国土空间用途变更实行严格管控，保证国土空间用途变更的严肃性和科学性，切实改变国土空间开发利用中挤占优质耕地或生态空间的情况；国土空间开发利用监管，即重点关注开发利用活动的合法合规性和对生态环境的影响，旨在通过加大监管和违法处罚力度，减少开发建设、矿产开采、农业开垦等对生态环境的损害，保证国土空间可持续利用。

由于其他国土空间尚未有效建立和实施用途管制，一些地方因缺少用地指标，对山地、林地、海域等空间进行不合理的开发，严重影响了国土空间的可持续利用。为了有效管控国土空间保护和开发，必须改变割裂的单一空间用途管制，建立和实施全域、全类型国土空间用途管制制度。

### 2.1.1　国土空间开发粗放、无序、低效利用，一定程度上影响经济可持续发展

改革开放40多年来，大规模国土空间开发建设有力支撑了国民经济持续快速发展。严格的耕地用途管制制度实施20余年来，有效控制了建设占用耕地的速度，对于缓解人地矛盾、守住耕地红线和保证粮食安全起到了积极作用。

然而，随着工业化、城镇化纵深发展，国民经济社会发展对国土空间的需求越来越强烈，原有用途管制制度的约束作用局限性逐渐显现，生态空间占用过多、生态破坏、环境污染等问题日益严重，过去的发展模式恐难以为继：从资源禀赋角度来看，我国国土空间和自然资源人均占有率低、质量差、地区分布差异大，难以保障经济发展对国土空间和自然资源的强劲需求；从开发利用方式角度来看，当前阶段国土空间开发普遍存在粗放、无序、低效利用的现象，不仅造成宝贵资源浪费，还造成部分地区环境质量下降、生态系统退化；从国土空间开发格局角度来看，经济布局与人口、资源不协调，农

业和生态空间受挤占，国土开发利用强度与资源环境承载力不匹配等问题日益凸显，国土空间开发与国民经济难以协调持续发展。

### 2.1.2 破除当前资源环境瓶颈，为经济高质量发展提供保障

发展是解决中国所有问题的关键。国土空间用途管制具有一定强制性，摒弃某些不符合新发展理念的开发模式，可能导致经济增速减缓，但实行国土空间用途管制并不意味着制约经济发展。

国土空间用途管制的最终目的，是实现经济高质量发展。“共抓大保护、不搞大开发”，不是说不要大的发展，而是首先立个规矩，把生态修复放在首位，不能搞破坏性开发。在国土空间开发中，用途管制就是立在开发利用前的规矩，通过规定用途、明确开发利用条件，严格控制城镇建设占用优质耕地和自然生态空间，协调经济发展中生态保护与国土空间供给的关系，实现优化国土空间开发格局、提升开发质量、规范开发秩序的目标。由此可见，用途管制并非限制所有类型的国土空间开发，而是通过强制力限制不符合新发展理念的开发，引导国土空间开发向绿色、高效、集约、节约转变。因此，建立和实施国土空间用途管制，是为了破除当前经济发展过程中面临的资源环境瓶颈，其最终目的是为经济高质量发展提供保障。

加强国土空间用途管制，是实现经济高质量发展的内在要求和必要手段。经济高质量发展内涵丰富。在宏观层面上，其着眼于国民经济整体质量和效率，主要表现为生产要素投入少、资源环境成本低、经济社会效益好；从国土开发角度理解，其应是国土空间资源配置和利用效率高、自然生态空间不减少、生态环境损害小、经济社会效益好的发展。作为经济社会发展的必要手段，国土空间必须按照高质量发展的理念进行开发保护，这就要求国土空间开发必须坚持集约优先、保护优先，坚持国土开发与资源环境承载力相匹配，用更少的新增建设用地指标，支撑新的经济总量增长。因此，国土空间用途管制制度的建立与实施，必须与经济高质量发展的要求紧密结合，引导国土空间开发向科学、适度、有序转变，实现人口资源环境相均衡、经济社会生态效益相统一。

### 2.1.3 综合运用行政、法律、经济手段，构建整体性管制制度

在经济向高质量发展转变阶段，必须强化国土空间用途管制，加强对国土空间开发的约束，提高开发质量和效率，解决市场经济体制下国土空间开发利用的负外部性问题，构建科学的城市化格局、农业发展格局、生态安全格局，形成合理的生产、生活、生态空间，促进人与自然和谐。对此，笔者提出以下几点建议。

构建国土空间整体性管制制度。构建这一制度，应坚持分层、分级、分类的总体思路。分层管理，即在区域层面制定区域准入条件，明确允许的开发规模、强度以及允许、限制、禁止的产业类型；在地块层面，要对每一地块不同用途之间的转变实施用途变更审批，防止不合理开发建设活动对生态红线的破坏，对未发生用途转变的空间实行承载力管控。分级管理，即针对不同保护等级的国土空间实行不同强度的管制措施，对划入生态红线的区域，原则上按禁止开发区的要求进行管理，实行特殊保护；对其他区域，允许在符合生态环境承载力管控要求的前提下进行集约高效利用。分类管理，即根

据耕地、林地、草原、河流、湖泊、湿地、海域、无居民海岛等国土空间的自然属性和开发利用特点，制定差别化、专门化的用途管制制度。

综合运用行政手段、法律手段和经济手段。完善国土空间规划、调查、确权、审批、监督检查等各环节管理政策和制度，统一耕地、林地、草原、海域等各类国土空间用途管制技术标准，实现各类国土空间统一管制。适时制定《国土空间用途管制法》，明确国土空间用途管制的法律性质和法律效力，明确国土空间开发应承担的义务，明确管理部门的管制职责、职权等，明确权力边界。基于自然资源资产产权制度、有偿使用和生态补偿制度等，充分发挥市场机制在国土空间开发保护中的作用，提高国土空间开发效率和生态环境保护水平；此外，还应建立用途管制实施奖惩机制，保证实行国土空间开发保护的地方"不吃亏"，同时让保护耕地和自然生态空间的集体与农民得实惠。

加强国土空间用途管制技术支撑和信息服务平台建设。一方面，加强国土空间基础科学理论研究，重点发展国土空间规划编制、国土空间用途分区、国土空间调查、资源环境承载力评价与动态监测等技术，支撑和服务国土空间用途管制实施。另一方面，整合和统一土地、森林、草原、海洋等各类国土空间信息服务平台，逐步建立起覆盖全部国土空间的动态监测系统，对国土空间开展全时监测。基于信息服务平台，建立常态化资源环境承载力监测预警机制，对超过或接近承载力的地区实行预警和限制性措施。

强化国土空间用途管制监管执法。从管理层面，自然资源主管部门要加强对地方国土空间用途管制实施效果的跟踪和督察，并强化追责问责力度，发现问题要及时通报地方政府，并要求其提出整改意见，整改期间，可暂停该地用地、用海等项目审批。从法律层面，要坚持严格执法，从严查处违法占用自然生态空间和耕地、超出资源环境承载力等行为，营造"有法必依、执法必严"的国土空间法制新格局。

## 2.2 国土空间用途管制

随着生态文明体制改革的不断深化和国家机关机构改革的持续推进，协调国土空间开发保护关系，建立和实施全域、全类型国土空间用途管制制度，为构建以山水林田湖草生命共同体为基本特征的自然资源管理体系奠定制度基础，是新时期自然资源集中统一综合管理的重要要求。

### 2.2.1 国土空间用途管制的作用机制

国土空间是人们赖以生存和发展的家园，与每个人的利益息息相关，涉及的利益主体可归纳为三类。一是国家（中央政府）。国家作为公共利益的代表，是国土空间资源（全民所有）公共利益代言人，在公众监督下完成资源管理义务。在自然资源国家所有的背景下，政府具有两种身份地位，一种是国土空间资源管理的"受托人"和"经纪人"，负责经营、管理好国土空间资源，使国家资产增值保值，获得更多收益；另一种是国土空间资源的"管家"，负责保护好资源环境，防止其受到破坏或被侵占。基于以上两种身份，国家在国土空间管理中必须协调开发与保护的矛盾，既要保障经济高质量发展，用发展来解决当前面临的各类问题；又要保护资源环境，使国土空间得以可持续利用，此即用途管制的目标取向。

二是地方政府。根据当前法律，我国国土空间归全体人民所有（法律规定集体所有的除外），由国务院代表国家和全体人民行使国土空间所有权职责，而在实践中，各级地方政府才是占有、使用和处置国土空间资源的主体。地方政府与中央政府在国土空间管理中，逐渐形成了委托–代理关系，地方政府在国土空间资源管理中往往表现出两种行为倾向：作为下级执行者，地方政府必须坚决贯彻执行中央政府的政策方针，与国家利益保持一致，严格执行用途管制制度，而且只有这样才会得到上级政府的认可；而作为独立的利益主体，相对于自然资源保护，增加建设用地规模为当地经济发展提供保障，不仅能够提高GDP，还能够获得更多的财政收入。因此，地方政府的履行用途管制职责与追求发展诉求是矛盾的，在中央政府严格实施用途管制制度并加大违法处罚力度时，地方政府选择履行代理人职责；在中央政府未实施或实施较宽松的用途管制制度时，地方政府往往会与国家利益背道而驰。

三是国土空间使用者。市场经济的本质特征是追求利益最大化，使用者在国土空间开发利用中表现出两种倾向：一是由于执行国土空间集约、绿色、高效利用标准会增加生产成本，使用者更倾向于打折扣执行或不执行；二是在市场竞争中，占优势地位的开发活动因空间瓶颈制约而侵占其他空间，如侵占土地和林草、围填海等，造成生态污染和资源闲置浪费。因此，在政府与使用者的博弈中，使用者不可能在政府疏于监管的情况下，主动承担起国土空间高效利用、合理保护和修复的职责，而且地方政府对上述行为的“宽容”，往往会助长使用者在开发利用中的肆意心态，形成“公地悲剧”。

根据以上分析，可以发现：国土空间开发与保护目标取向的多重性导致不同利益群体之间的博弈，在这种情况下，国家必然选择通过行政权力介入国土开发利用各环节。中央政府通过制定相关制度准则，运用行政权力规范各方行为，将自身的目标传递或强加给地方政府和企业，最终实现保护资源环境和保障经济发展的目标，这就是用途管制制度的根本职责。那么，用途管制如何发挥作用以规范各主体的行为和利益约束？具体措施包括以下几点。

（1）设置空间准入条件。中央政府通过制定符合当前发展要求的开发利用与保护条件（如建设规模、强度、布局及环境保护等），并要求各级政府职责部门严格依法进行项目预审和审批，确保使用者具有依据管制规则开发利用国土空间的能力和意识。

（2）限制国土空间用途转用。通过严格限制国土空间用途转用，维护在市场竞争中处于劣势的开发与保护活动，同时维护空间规划的严肃性，保证开发利用活动符合承载力和开发适宜性的要求。

（3）强化开发利用监管。要想实现国家国土空间开发与保护的利益目标，政府部门必须加强对国土开发利用的严格监管，对开发利用者的各种偏离国家利益的倾向形成威慑，约束开发利用行为，使国土空间开发利用符合国家预期目标。

### 2.2.2　用途管制制度构建的相关建议

覆盖全域全类型国土空间。国土空间用途管制制度应立足生态系统的完整性，统筹考虑各类要素的功能及保护需求，实现国土空间用途管制范围、要素和类型全覆盖，具体如下：一是统筹各类国土空间保护与合理利用，实现耕地保有量、森林覆盖率、自然岸线保有率、环境质量等同步提升，避免片面强调某一类空间管制而忽视其他空间保护，出现顾此失彼的问题；二是制定差别化用途管制规则，根据海洋、森林、草原等不同类型国土空间自然属性、保护目标和开发利用特点制定不同的空间准入和用途转用规定；三是构建陆海国土空间用途管制一体化格局；四是统筹流域用途管制，重视流域开发利用对环境的累积效应，综合流域上下游开发利用需求和流域生态环境保护与修复要求，确定各区域用途管制规则，实现流域内各地区用途管制统一设计、统一标准、统一监管。

增强刚性约束力和弹性调节灵活性。国土空间用途管制应坚持在刚性约束前提下的弹性调节。在实际管理中，一是探索总量严格管控与年度规模动态调整相结合的思路。限制地方追加新增建设用地计划指标和围填海计划指标，为保障重大建设项目落地，可在规划期内进行计划指标的动态调整。二是探索严格用途转用下的弹性调节方法。对基本农田、自然资源岸线、生态红线内区域，进一步增加其管制刚性，原则上禁止改变用途；对其他一般性农用地、生态空间等，允许根据市场经济发展需求进行合理调整，但必须明确总量上限和承载力要求，防止允许弹性调节的区域成为管制失控的突破口。三是探索以“盘活存量”取代“占补平衡”的调节方式。由于耕地“占补平衡”的压力不断增大，且“占优补劣”“占多补少”等问题时常发生，建议适当减少“占补平衡”的调节方式，鼓励以“盘活存量”的方式拓展新发展空间。

加强开发利用监管。各级自然资源管理部门应加强对国土空间开发利用活动的全过程监管，改变过去“重审批、轻监管”“重数量、轻质量”的管理方式。建议从区域、国土空间功能区和地块三个层面加强用途管制监管。在区域层面上，加强对各级行政区域范围内城镇建设、农业生产和生态保护三类国土空间的综合监管，侧重对约束性指标数量和质量的双重考核。在功能区层面上，加强对各类功能区内开发与保护现状的监管，针对三条控制线，分别加强对城镇建设空间的资源环境承载力、产业布局、利用效率、资源消耗等方面的监管；加强对农业生产空间的生产能力、耕地后备资源数量、荒废土地等方面的监管；加强对生态空间的功能、生物多样性、保护与修复成效等的监管。在地块层面上，重视对项目落地实施情况的监管，完善建设项目用地或用海控制指标，加强对使用者执行空间准入前置条件的考核，包括建设项目容积率、投资强度、绿地率等具体指标以及生态修复项目的实施进展成效等。

## 2.3 海域空间用途管制

海域空间用途管制是规范海域开发秩序、协调海洋开发与保护矛盾的重要手段。本研究按照空间准入、用途转用和开发利用监管三个环节梳理了现行海域空间用途管制制度体系，从用途管制视角对海洋开发利用存在的问题进行剖析，并提出新时期完善海域空间用途管制制度的政策建议。

### 2.3.1　海域空间用途管制的制度构架

在我国海域管理实践中，并没有“用途管制”的提法，但很多制度体现了国土空间用途管制的理念，因此，本研究所探讨的海域空间用途管制是指海域管理中具有用途管制理念的制度。自2002年施行《中华人民共和国海域使用管理法》以来，我国海域管理制度建设开始步入快速发展阶段，用途管制制度体系也得到逐渐完善，形成了以《中华人民共和国海域使用管理法》为基础，以海洋功能区划为依据，包含用海预审和审批制度、海域使用论证制度、围填海年度计划制度、海洋保护区制度、海洋生态红线制度、海域动态监视监测和海洋督察制度等具体手段的用途管制制度体系，涵盖了海域空间准入许可、海域用途转用许可和海域开发利用监管三个主要环节[1]（图2.1），形成了以资源环境保护和海域集约节约利用为核心的海域空间用途管制理念。

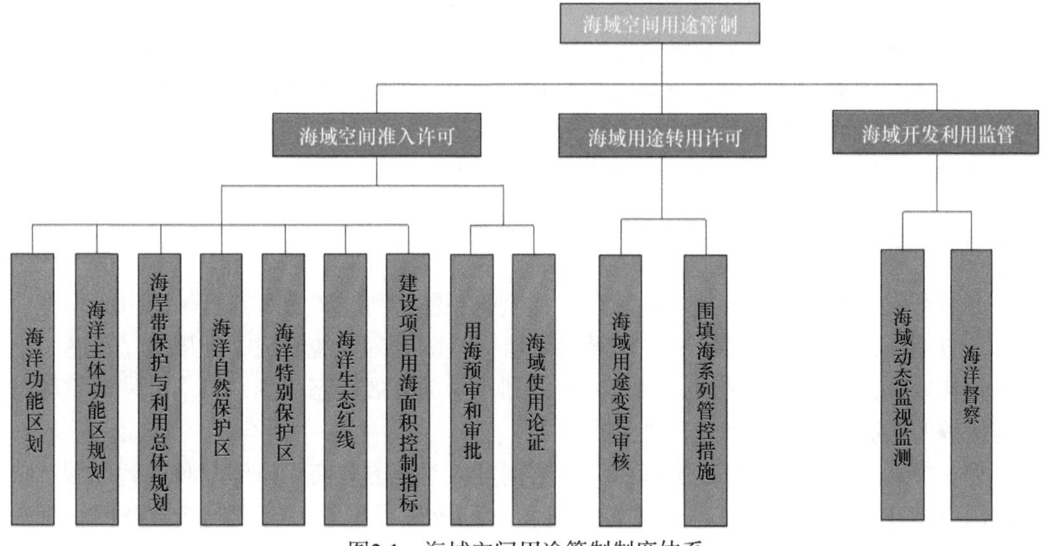

图2.1　海域空间用途管制制度体系

#### 1. 海域空间准入

空间准入是海域利用的“闸门”，各类准入要求和条件体现了国家在当前发展阶段的目标取向，包含以下两类。

第一类是明确海域空间保护要求和开发利用条件，并要求开发利用活动严格遵守，具体包括：①海洋功能区划、海洋主体功能区规划、海岸带保护与利用总体规划将海域空间进行分区，并明确不同分区的开发与保护要求；②海洋自然保护区、海洋特别保护区、海洋生态红线通过明确禁止类、限制类以及允许类的开发利用活动必须遵循的限制条件，以达到保护海洋资源环境的目的；③建设项目用海面积控制指标通过对建设项目用海面积进行严格管控，要求项目初步设计、申请审批等环节必须符合各项控制指标，以实现海域集约节约利用的目标。

第二类规定了空间准入的实施手段，包括海域使用论证制度与用海预审和审批制度。根据《中华人民共和国海域使用管理法》的要求，用海项目必须开展海域使用论证，对项目用海选址、方式、面积、期限的合理性，项目用海与海洋功能区划、规划的符合性等内容进行科学论证，以保证项目用海符合拟占用空间的条件和要求。用海预审和审批制度是落实空间准入条件和要求的行政手段，是项目使用海域的最后“闸门”。

2. 海域用途转用

我国针对海域用途转用实施严格管控，相关制度包括以下两类。

第一类是涵盖所有开发利用活动的海域用途转用行政审批制度。根据《中华人民共和国海域使用管理法》和海洋功能区划规定，海域使用权人不得擅自改变海域用途，确需改变的依法报请批准用海的人民政府批准。通过实施用途转用审批制度，有利于限制海域使用权人擅自改变海域用途，维护海洋功能区划的严肃性，保护海洋资源环境。

第二类是国家针对围填海管控实施的系列政策、制度、标准等：一是区域建设用海规划、围填海计划等管理制度，用以加强围填海的科学配置和有效利用，控制围填海总量；二是加强围填海技术管理制度，用以减少对生态环境的破坏，包括围填海平面设计、生态建设技术、建设项目用海面积控制指标等；三是生态文明体制改革以来实施的各类严格控制围填海规模的文件，包括暂停和取消地方围填海计划指标、暂停审批和受理区域建设用海规划、不再审批一般性填海项目等。

3. 海域开发利用监管

海域开发利用监管主要从海域动态监视监测和督察制度实施两方面落实。

一方面，2006年开始国家开展海域动态监视监测管理系统建设，利用卫星遥感、航空遥感和地面监视监测等手段，对海洋开发利用活动开展动态监测，以掌握海洋空间开发与保护的实时状态，为海域管理工作服务。

另一方面，自2011年开始实施海洋督察制度，对地方政府、海洋行政主管部门、执法部门落实中央决策部署、法律法规、规划计划等进行督察，以规范地方海域管理工作，保证用途管制各项制度能够落到实处。例如，2017年针对围填海问题开展了专项督察，依法处置了大批违法围填海行为。

### 2.3.2 海域空间用途管制困境

自《中华人民共和国海域使用管理法》施行以来，海域空间用途管制制度得到不断丰富和完善，在促进海域资源保护和有序利用等方面发挥了重要作用。不过，在以经济增长为目标的发展阶段，海域空间用途管制在某些方面偏离了应有的价值导向，在一定程度上出现围填海规模失控、海洋开发利用不平衡、生态空间受到挤占等现象，从用途管制制度缺陷的角度分析，以下原因不容忽视。

1. 经济高速增长阶段地方政府对用途管制的忽视

用途管制的制度建设、执行力度在很大程度上植根于当时经济社会发展阶段的价值取向。近20年来，在土地资源紧缺的情况下，沿海地区将发展目光转向海洋，海洋开发利用成为沿海地区经济高速增长的重要引擎。在此阶段，海洋开发利用尚未接近资源环境承载力，海洋空间用途管制制度建设与管控力度也尚未得到充分重视。尽管相关法律法规、政策制度和涉海空间规划明确了保护海洋生态环境、提高海域空间利用效率、严格围填海管控等规定，但在执行过程中，地方政府却倾向于保障本地发展需求，致使粗放、低效、污染的开发行为未得到有效遏制。随着海洋开发利用规模的大幅增长，海洋资源环境的问题日渐突出，并开始制约沿海地区高质量发展。

2. 陆海和区域统筹不够

海水具有流动性、开放性等特点，使陆海问题、跨行政区域问题成为海洋资源环境管理的难点，海域空间用途管制制度难以发挥有效约束。具体包括以下方面：一是陆海管理边界不统一，管理范围重叠，地方政府选择性执法导致同一空间可以选用不同部门的管制政策，潮间带被大规模开发利用，生态功能降低[2]；二是海域与土地、流域的用途管制相互割裂，海洋部门无法管控陆上开发利用活动，陆源污染成为海洋污染的主要因素[3]；三是海洋资源环境损害往往受邻近不同行政区域开发利用活动影响，即使某一行政区域实施了严格的用途管制，也无法制约其他区域对海域资源的滥用和对生态环境的破坏，从而产生“公地悲剧”[4]。

3. 用途管制制度体系的科学性和完善程度不足

海域空间用途管制制度建设难以满足海洋开发利用规模、深度和广度的不断拓展。在实践中，以下问题较为突出：一是对海洋资源环境承载力的评价与应用不足，为追求短期经济利益，各类用海活动盲目扩张，在规模、强度、布局和环境保护等方面缺少有效的管制措施，使局部海域承受较大压力，挤占了海洋生态空间；二是用途管制手段“重数量控制，轻质量管控”，对开发利用活动的精细化管控要求不完善，在2017年《建设项目用海面积控制指标（试行）》施行之前，建设用海项目缺少精细化、具体化约束；三是用途管制制度体系和手段不够完善，缺少开发利用的时序管控，使受到国家政策和资金支持、经济效益显著的项目“一哄而上”，后备用海空间紧缺；四是与用途管制紧密相关的其他制度也不够完善，用途管制制度的实施效果“大打折扣”，例如，生态文明体制改革以前，围填海海域使用金过低，海洋生态补偿制度尚不完善，对围填海活动难以发挥有效的约束作用。

4. 用海监管难度大

海洋开发利用的监管成本高、技术难度大，监管措施未能有效约束海域开发利用活动。此外，对违法行为的处罚力度小也是导致用途管制要求难以落实的原因之一。以围填海为例，在生态文明体制改革前，围填海项目未批先建、边批边建是各地普遍存在的现象，地方政府基本以罚款作为主要处罚方式。由于缴纳罚款仍不影响企业获得利益，甚至还存在地方政府将罚款以各种名目返还给企业的现象，在一定程度上助长了围填海规模的过快增长[5]。

### 2.3.3 新时期海域空间用途管制的发展方向

新时期海域空间用途管制应坚持以保护海洋资源环境和保障海洋经济发展为根本目标，基于海域空间自然属性、开发利用特点、环境保护与防灾减灾要求等，从丰富管制手段、推进陆海协同、严格用途管控、建立陆海联动和区域联动等方面完善用途管制制度体系。

1. 丰富海域空间用途管制的手段

基于生态文明体制改革关于生态环境保护、资源总量控制和节约利用等要求，完善清单管理、计划管理、指标约束和分区管控等手段，解决海洋生态空间占用过多、生态环境破坏、资源低效利用等问题：一是针对潮间带区域制定空间准入清单，明确开发利用规模、强度、布局和环境保护等方面的要求，引导形成生态优先、绿色发展的新模式；二是针对用海规模大、用海需求大、生态环境影响大、后备发展空间不足的用海活动，探索实行海域空间利用总量控制和计划管理制度，合理安排开发时序，避免某些产业“一哄而上”，超出海洋资源环境承载力；三是完善管制指标体系，整合海洋、国土、环境等各部门管控指标，从用途、效率、环境保护、防灾减灾、景观等方面构建约束性和引导性相结合的指标控制体系，作为用海审批和监管依据，推进用途管制的科学化和精细化；四是针对渔业、港口、工业、旅游等不同功能的海域空间实施差别化管制措施，渔业利用区重视对养殖规模、养殖方式、环境质量等的管控，港口用海区重视对岸线利用规模、利用效率、排污等的管控，工业用海区重视对岸线和土地（围填海）利用效率、生产方式、排污等的管控，旅游娱乐用海区重视对生态环境质量、景观、配套设施的管控。

2. 推进陆海空间用途管制的协调统一

坚持以海定陆的理念，以海洋资源环境承载力为依据，确定陆海空间的开发利用规模、边界、强度及排污总量等约束条件，妥善处理陆域经济社会活动与海洋生态环境保护的矛盾，把海洋生态环境和脆弱资源的保护置于优先地位，减少非赖水项目在近岸陆域布局，引导相关产业向内陆发展。划定海岸退缩线，严格限制陆海生产建设活动对滨海生态环境、地形地貌、景观的破坏。此外，要加强对全域范围生产和生活活动的管控，制定和实施严格的农药化肥使用标准，严格进行工业与生活污水处理等，从源头减少陆源污染入海。

3. 严格海域空间用途管控

严格海域空间用途管控是强化国土空间规划权威，控制开发利用活动对海洋生态空间的占用和扰动的重要前提。首先，应继续严格管控围填海活动，并探索逐渐脱离政令依赖，建立长效管控机制，实施“清单管理+约束指标”的管制方式，完善平面布局、生态建设、用海面积控制等技术标准，强化围填海主体履行生态补偿与生态修复义务的意识。其次，要严格各类用海活动对海洋生态空间的占用，原则上禁止在海洋生态保护红线内进行开发利用，红线外的海洋生态空间实施空间准入制度，明确允许、限制、禁止的产业名录以及开发利用活动在规模、强度、布局和环境保护等方面的要求，防止过度开发对海洋生态功能造成损害。最后，建立退出机制，引导和鼓励生态空间内和占用自然岸线的用海活动有序退出，恢复海域原有生态功能，提升自然岸线保有率，改善海洋生态环境。

#### 4. 建立海陆联动、区域联动的管理机制

建立陆海联动、区域联动的管理机制是避免“公地悲剧”的必要手段，应在审批、监管环节进一步加强部门和区域协同。一是统一海洋与国土空间信息管理平台，推进海岸带地区建设项目在审批、建设、监管等环节的协同合作。二是建立自然资源部、生态环境部、住房和城乡建设部、农业农村部等联合执法机制，加强对入海排污口、入海河流、农业面源污染的管控，大幅降低陆源污染物入海总量。三是建立跨区域海洋环境污染联防机制，加强海湾各行政单元在产业布局、污染防治、岸线利用、用海监管等方面的协同合作。

### 参考文献

[1] 李彦平, 刘大海. 国土空间用途管制制度构建的思考. 中国土地, 2019, (3): 27-29.
[2] 范学忠, 袁琳, 戴晓燕, 等. 海岸带综合管理及其研究进展. 生态学报, 2010, 30(10): 2756-2765.
[3] 戈华清, 蓝楠. 我国海洋陆源污染的产生原因与防治模式. 中国软科学, 2014, (2): 22-31.
[4] 娄成武, 吴燕翎. 我国海岸带资源开发利用公共治理研究与探讨. 法制与社会, 2011, (12): 167-169.
[5] 王琪, 田莹莹. 我国围填海管控的政策演进、现实困境及优化措施. 环境保护, 2019, 47(7): 26-32.

## 2.4　海洋自然资源年度利用计划

改革开放40多年来，我国沿海地区经济进入快速发展阶段，成为拉动国民经济增长的强大引擎。凭借海洋的桥梁和纽带作用，依靠两个市场、两种资源，我国国民经济形成了两头在外的开放型发展格局[1]。沿海经济的高速发展，离不开自然资源的保障。然而随着海洋经济规模的不断扩大，海洋自然资源开发利用粗放[2]、围填海规模大[3]、海岸带资源环境破坏[4]等问题也日渐凸显。经济高质量发展和全面对外开放对自然资源配置提出了新的要求，客观上要求自然资源管理制度进行改进甚至重构，以适应自然资源的市场化配置要求。

党的十八大报告明确指出，“行政体制改革是推动上层建筑适应经济基础的必然要求”。按照自然资源部“三定”方案，其职责之一是“组织拟订并实施土地、海洋等自然资源年度利用计划”。海洋自然资源年度利用计划已上升至与土地利用年度计划同等重要的地位。保护海洋自然资源，保障海洋经济可持续发展，作为自然资源管理体制改革重要内容被正式纳入自然资源部的全国“一盘棋”。而海洋自然资源年度利用计划正是全面深化改革的大逻辑下与时俱进、顺势而为的新制度。以下从基本逻辑、制度框架设计和政策思考与建议3个方面开展相关研究与思考。

### 2.4.1　自然资源管理制度重构的基本逻辑

1. 自然资源管理机构的调整

“山水林田湖草是一个生命共同体”。人的命脉在田，田的命脉在水，水的命脉在山，山的命脉在土，土的命脉在树。如果种树的只管种树、治水的只顾治水、护田的单纯护田，就很容易顾此失彼，没有统一的规律可循，最终会造成生态的系统性破坏。因此，用途管制和生态修复必须遵循自然规律。由一个部门统一行使所有国土空间用途管制职责，有利于自然资源整体性保护，有利于生态环境系统性修复，也适应社会主义生态文明建设的内在要求。组建自然资源部是一场系统性、整体性、重构性变革，是实现一个部门统一行使全民所有自然资源资产所有者职责、统一行使所有国土空间用途管制和生态保护修复职责的关键一步，着力解决自然资源所有者不到位、空间规划重叠等问题，实现山水林田湖草整体保护、系统修复、综合治理。机构改革方案明确将自然资源部的主要职责定位为“两统一”，而这“两统一”既是此次改革的关键目标，也是改革的实现路径。

自然资源管理制度脱胎换骨的职能重构，关键在于提高国家治理能力，更好地配置自然资源。按照“三定”方案[5]，自然资源部的一项重要任务就是强化顶层设计，发挥国土空间规划的管控作用，为保护和合理开发利用自然资源提供科学指引。而对于海洋自然资源来说，一方面要强化自然资源监管力度，保护海洋自然资源；另一方面要更好地发挥政府作用，下放行政审批事项，充分发挥市场对资源配置的决定性作用。既要加强监管，又要精简职能，关键就在于要充分发挥自然资源管理规则、制度的约束性作用。要处理好开发利用和保护的关系，依法监管、依法保护、依法修复，确保开发科学有效可持续。加快推进自然资源管理制度建设，为实现自然资源开发利用和保护监管提供有力支撑。准确把握资源环境外部性导致的市场失灵、所有权不清晰造成的“公地悲剧”、地方政府不当安排带来的自然资源浪费等问题，强调目标导向和问题导向。通过破解主要问题和主要矛盾，一步步实现目标。

此前，自然资源管理制度的主要问题和主要矛盾的焦点在于“国土空间”，以土地和海洋为中心的空间规划与用途管制权分散于不同部委。各部门权力边界交叉冲突，未能有效形成自然资源管理合力。

（1）土地方面，主要有土地利用总体规划、城乡规划、主体功能区规划和生态功能区划，分别由国土资源部、住房和城乡建设部、发展改革委和环境保护部负责组织编制[6]。这些规划的编制管理机构分散、层级结构和编制标准不统一，导致规划目标相冲突、规划内容相矛盾，以及管制措施相抵触等诸多问题。

（2）海洋方面，既有国家海洋局①编制的海洋主体功能区规划、海洋功能区划、海岛保护规划、海洋生态红线等，又有水利、林业、港口、渔业等部门编制的涉海行业规划。其中，海洋主体功能区规划是全国主体功能区规划的重要组成部分；海洋功能区

① 此处指机构改革前的国家海洋局。

划是用海审批、执法的依据；海岛保护规划侧重保护无居民海岛和自然岸线；海洋生态红线旨在维护海洋生态健康与生态安全；涉海行业规划则主要是从行业自身出发，对行业发展的目标、保护区和布局等做出安排，通常难以与以上4类规划有效衔接。

（3）在土地和海洋交错地带，存在海陆相互作用最为显著的潮间带区域，潮间带是介于潮上带和潮下带之间的自然地理单元[7]，是自然资源和社会经济环境矛盾集中的区域，也是泄洪防潮减灾的关键区域。改革之前，海洋部门、水利部门、林业部门、交通部门对潮间带都有管制要求，但却缺乏统筹协调，造成潮间带管理上不接陆、下不接海，既存在于各部门政策之中，又游离在各部门政策之外。

基于以上几点，亟须把握海洋自然资源开发与环境保护之间的内在联系和客观规律，构建一套基于陆海统筹的自然资源管理制度体系，主要包括自然资源市场化配置政策、全民所有自然资源所有权权益政策、基于自然资源保护的公共财政政策和产业政策、自然资源产权交易政策和金融政策以及自然资源调查与确权登记、资源环境承载力评价等配套政策。顶层设计，长远谋划，从“制度供给”上来破解长期以来造成“保护资源与保障发展”失衡关系的难点和痛点。打造陆海一体的国土自然资源管理新格局，海洋自然资源年度利用计划制度则是新格局下自然资源管理体制改革的重要抓手。

### 2. 自然资源管理模式的调整——以围填海计划为例

我国围填海计划管理理念源于2006年，国家海洋局印发《关于淤涨型高涂围垦养殖用海管理试点工作的意见》，首次提出围填海总量控制的思路，包括对江苏、浙江两省高涂围垦养殖用海实施年度总量控制制度。2008年，《国家海洋事业发展规划纲要》将总量控制思路扩展到全部围填海活动，提出“加强国家对海洋开发利用的宏观调控，将围填海总量控制作为重要手段，纳入国家年度指令性计划管理”。为遏制围填海规模增长过快的形势，加强对围填海的科学规划和总体控制，2009年底，发展改革委和国家海洋局印发《关于加强围填海规划计划管理的通知》，正式提出将围填海计划纳入国家经济和社会发展年度计划。2011年底，发展改革委和国家海洋局印发《围填海计划管理办法》，国家对围填海正式实行年度计划管理。围填海计划管理是海域管理制度的重要创新，也是围填海管理政策体系的重要组成部分，在当时的历史条件下发挥了重要的作用。不过，由于近年来围填海规模增长过快，从2017年开始，国家加大对围填海的管控力度，国家海洋局发布文件暂停下达2017年地方围填海计划指标，并对围填海项目实行“一事一报”方式审查和安排计划指标。2018年，国务院继续加大对围填海的规模管控，印发《关于加强滨海湿地保护严格管控围填海的通知》，正式取消围填海地方年度计划指标。目前，围填海计划指标只包含中央围填海计划指标，并仅支持国家重大战略项目围填海。

围填海年度计划制度的实施，丰富和完善了围填海管理的制度体系，为管理部门科学管控围填海发挥了积极作用[8]。但由于中央和地方工作出发点不同，该制度的设计初衷未能被一以贯之地执行，并且近年来我国沿海地区经济社会对围填海需求日益旺盛，围填海计划管理逐渐开始出现问题，突出表现为：①国民经济发展对国土空间资源的需求过于旺盛，围填海计划管理政策难以有效控制；②围填海需求客观上具有时间和空间上的非均衡性及不可预见性，地方政府为实现自身利益最大化往往夸大其用海需求，导致围填海计划指标实际控制能力被削弱；③指标测算方法往往基于往年数据和历史经验，模型设计不合理，具体表现为当前填得越多未来指标就越多；④指标管理和流程审批上刚性强，但地方操作时会出现适应性弹性，一些强制性边界被绕开，计划执行率不尽如人意；⑤监督考核不足以发挥有效作用，指标执行质量难以督察到位。

以某省为例，2018年7月4日，国家海洋督察组第四组（以下简称“督察组”）向某省政府进行围填海专项督察情况反馈。从反馈情况来看，其中有些问题折射的本质就是“资源错配”。一方面，围填海供给未能充分利用，突出表现为某省围填海空置现象普遍存在，围填海统筹开发和海域资源集约节约利用意识不强，用海主体“填而不用”现象较为普遍。2013～2017年，全省共填海造地8820.25hm$^2$，实际落户项目用海面积5082.41hm$^2$，空置面积3737.84hm$^2$，空置率达42.38%。另一方面，围填海需求未得到充分满足，管理程序和监管手段落后于市场的需要，其表现形式就是未批先建问题突出。2012年以来，某省未批先建项目109个，违法用海超过3600hm$^2$。

从表面上看，以上围填海问题只是审批和监管的问题，但其本质是高度依靠土地的发展模式造成自然资源在经济中的严重错配。关于这类问题，复旦大学李志青教授[9]撰文剖析，提出其根本原因在于各种体制机制下的资源环境价格扭曲，制度建设的目的就是提高损害海洋生态环境行为的成本，扭转价格比对关系，实现海洋生态环境资源的合理配置。开展自然资源管理体制改革，重点就是要破除类似围填海管控方面的“政府失灵”的弊病，合理界定政府职能的边界。

围填海年度计划早期确实发挥了很好的作用，保障了发展，保护了资源。但制度设计时未能统筹陆海利用计划。地方为了下一年度获得更多的指标或保持指标不减少，希望将当年所安排指标执行完毕。由此，部分地方在进行围填海计划管理中，片面地以指标执行率为根本追求，忽视集约节约利用的原则，形成了地方政府一方面积极争取围填海计划指标，另一方面又造成大量围填海项目低效利用甚至闲置的情况。同时，由于当时陆海二元化机构设置，围填海年度计划未与土地利用年度计划充分对接，而分税制后土地财政模式的快速发展逐步叠加形成对建设用地巨大而强烈的需求，造成地方通过占补平衡、土地异地置换等方式暗度陈仓，以填海造滩涂，以滩涂补农田，以农田换建设用地，实质性地突破了国家的土地管理制度。部分新增围填海漂浮于陆海管理制度之外，扭曲了城市的土地供应结构，围垦置换的耕地往往长期闲置，部分围填海抵押后的债务却暗中进入金融系统，造成了地方土地财政的隐性泡沫，给整个经济带来了巨大的系统风险。然而，真正应该上马的重大战略性项目往往由于指标不足、程序复杂和环保风暴等难以落地。综上，旧模式已经难以持续，应坚持陆海统筹，加快建立基于自然资源可持续利用的海洋自然资源年度利用计划制度。

### 2.4.2　海洋自然资源年度利用计划的初步构想

#### 1. 设计背景

2015年9月，《生态文明体制改革总体方案》（以下简称《方案》）提出，“实行围填海总量控制制度，对围填海面积实行约束性指标管理。建立自然岸线保有率控制制度。”由《方案》确定的“围填海总量控制制度”和“自然岸线保有率控制制度”是生态文明体制改革对海洋自然资源计划管理的具体要求。根据生态文明体制改革的要求，国家海洋局于2017年3月印发《海岸线保护与利用管理办法》，提出“建立自然岸线保有率控制制度。到2020年，全国自然岸线保有率不低于35%”“不能满足自然岸线保有率管控目标和要求的建设项目用海不予批准”。2017年7月，国家海洋局、发展改革委和国土资源部印发《围填海管控办法》，提出“建立围填海总量控制目标和年度计划指标测算技术体系”“编制省级海洋功能区划时，应根据全国围填海的适宜区域和总量控制目标，在与土地利用总体规划衔接的基础上，确定本省（自治区、直辖市）区划期内围填海总量控制目标”。通过梳理相关文件发现，生态文明体制改革以来，国家对海洋自然资源的管理理念或措施主要集中在以下方面：一是对海洋自然资源实行总量控制和开发利用规模控制；二是强化自然岸线保有率的约束作用；三是解决围填海历史遗留问题。

2018年3月，根据中共中央印发的《深化党和国家机构改革方案》，组建自然资源部，并由自然资源部统一行使所有国土空间用途管制职责。2018年9月11日发布的《自然资源部职能配置、内设机构和人员编制规定》明确指出，自然资源部的主要职责包括组织拟订并实施土地、海洋等自然资源年度利用计划。目前，我国已经建立相对完善的土地利用年度计划制度，而海洋领域除了围填海实行计划管理外，尚未建立海洋自然资源年度计划管理制度。海洋自然资源年度利用计划是国家海洋资源管理的新思路，在此之前，学术界和管理部门尚未提出海洋自然资源年度利用计划的概念，亦无相关实践和经验，因此构建海洋自然资源年度利用计划理论和制度体系是海洋自然资源管理研究的重要课题，更是自然资源部完善用途管制制度体系的紧迫任务。

### 2. 功能定位与目标

国土空间用途管制的最终目的，是实现经济高质量发展。“共抓大保护、不搞大开发”，不是说不要大的发展，而是首先立个规矩，把生态修复放在首位，不能搞破坏性开发。在国土空间开发中，用途管制就是立在开发前的规矩，通过规定用途、明确开发利用条件，严格控制城镇建设占用优质耕地和自然生态空间，协调经济发展中生态保护与国土空间供给的关系，实现优化国土空间开发格局、提升开发质量、规范开发秩序的目标。用途管制并非限制所有类型的国土空间开发，而是通过强制力限制不符合新发展理念的开发，引导国土空间开发向绿色、高效、集约、节约转变。因此，建立和实施国土空间用途管制，是为了破除当前经济发展过程中面临的资源环境“瓶颈”，其最终目的是为经济高质量发展提供保障。

海洋自然资源年度利用计划是国土空间用途管制中的基础性制度之一，旨在通过总量统筹的思路，加强对海洋自然资源开发的约束，提高海洋自然资源开发质量和效率，解决市场经济体制下海洋国土空间开发利用的负外部性问题。海洋自然资源年度利用计划是国家对海洋自然资源进行有计划开发利用、保护和整治修复所采用的宏观行政调控措施，是国家对计划年度内新增海洋开发利用空间、稳定和提升自然岸线保有率、海岸线和海湾整治修复及围填海存量资源开发的具体安排。

#### 3. 主要作用与意义

根据海洋自然资源年度利用计划的提出背景和自然资源管理需要，海洋自然资源年度利用计划的作用体现在以下3个方面。

（1）海洋自然资源年度利用计划是国民经济宏观调控的具体措施。自2003年以来，党中央、国务院赋予自然资源管理部门参与宏观调控的重要职能。土地利用年度计划和围填海年度计划均分别明确提出将土地和围填海计划管理作为宏观调控的具体措施，并都被纳入国民经济和社会发展年度计划中。因此，可以预见，作为涵盖所有海洋空间、所有海洋开发利用方式的新的计划管理制度，海洋自然资源年度利用计划在强化国民经济宏观调控方面的作用将更加显著。

（2）海洋自然资源年度利用计划是调控海洋空间开发利用规模的抓手。我国近海优质海洋空间资源总量有限，稀缺性日益凸显，海洋空间资源的可持续利用关系到沿海地区经济发展的速度和质量。海洋自然资源年度利用计划以国民经济和社会发展总体规划为依据，而国民经济和社会发展总体规划具有超前性，其实施过程需要分阶段、分年度有序进行。海洋自然资源年度利用计划的任务就是根据总体规划的要求，将海洋空间开发利用的任务分年度具体化，对海洋空间利用进行阶段性调节，以保证规划的顺利实施。如果只遵循总量控制原则而忽略年度利用计划，那么极易在某一年度造成海洋空间利用过于集中，从而有损海洋空间利用在规划期内各年度的协调性与整体性效应。

（3）海洋自然资源年度利用计划是推动海洋空间节约、高效、绿色利用的重要手段。海洋自然资源年度利用计划在资源总量控制的指导下，科学控制海洋空间开发规模，使过去粗放利用、低效利用甚至闲置的发展模式难以为继，倒逼、引导地方政府和企业不断提高海洋空间集约节约利用水平，实现海洋空间资源高效利用；海洋自然资源年度利用计划拟将自然岸线保有率指标、自然岸线占补平衡指标等纳入其指标体系，并要求地方政府严格执行，这就使地方政府和企业在开发利用海洋空间的同时，也承担了相应的义务，使其主动承担海洋生态环境修复责任，促进海洋空间绿色开发。

### 2.4.3 政策思考与建议

海洋自然资源年度利用计划应紧密结合自然资源部的保护、修复和合理利用海洋资源的责任，保障海洋自然资源可持续利用和沿海地区经济高质量发展，从资源部门职责、空间资源供给、历史问题处理和法治建设角度开展政策思考。

（1）坚持陆海统筹，加强计划管理对海洋资源开发、保护和修复的约束与引导。在充分衔接土地利用年度计划制度的基础上，一是强化计划指标对海洋自然资源开发总量、自然岸线保有率等的刚性约束，遏制海洋过度开发的趋势；二是监督地方政府按照规划要求，开展海洋生态环境整治修复，不断提升资源环境质量；三是设计和完善年度计划指标体系，发挥计划管理的导向作用，引导地方政府和企业转变高投入、高消耗、高污染的开发利用模式，推动海洋领域新旧动能转换。

（2）探索“总量不变、盘活存量”的海洋空间资源供给思路。针对已经接近或达到资源环境承载力的地区，不再增加该地区新增海洋自然资源年度利用计划指标，保持海洋开发利用总量不变，鼓励分类盘活存量。鼓励地方政府建立和完善海洋开发利用退出机制，有计划地开展资源环境整治修复工作。对高投入、高消耗、低效率等粗放利用项目实施“腾笼换鸟”“拆旧换新”政策，重新布局符合高质量发展要求的产业，倒逼地方政府不断提高海洋开发利用效率，加快要素价格市场化改革，构建海洋开发与保护新格局。

（3）完善围填海“总量控制、中央统筹”管理流程。海洋自然资源年度利用计划要深入贯彻当前党中央、国务院和自然资源部对围填海严格管控的要求，严格计划管理。根据资源环境承载力和海洋开发利用适宜性评价，科学合理确定阶段性围填海规模总量和空间分布，并以此为依据编制全国围填海年度计划指标，禁止突破；围填海年度计划指标不下达到地方，符合管控要求的围填海项目应向自然资源部申请计划指标，由自然资源部统筹安排。

（4）聚焦解决围填海历史遗留问题。海洋自然资源年度利用计划要与国务院、自然资源部解决围填海历史遗留问题的相关政策紧密衔接，通过实施计划管理，监督地方政府加快处置围填海历史遗留问题。同时，发挥计划指标的约束引导作用，未完成历史遗留问题处置任务的地区，在新增海洋自然资源年度利用计划指标编制时，予以适当惩罚，倒逼地方政府重视围填海历史遗留问题的处置。

（5）需要强调的是，自然资源法治建设是此次改革的重中之重。应加快构建自然资源法律制度体系，早立规矩，立好规矩；应结合十三届全国人大常委会立法工作，尽快谋划和部署未来5年的立法工作，健全自然资源资产产权制度，使全民所有资源资产所有权人到位，所有者权益落实，用法治建设来引领和保障此次自然资源管理制度改革，为海洋自然资源年度利用计划的出台和实施奠定法制基础。

## 参考文献

[1] 王江涛. 我国海洋经济发展的新特征及政策取向. 经济纵横, 2015, 30(11): 18-22.

[2] 刘晓星. 海洋产业开发何其粗放? 环境经济, 2015, (22): 49.

[3] 黄杰, 梁雅惠, 王玉. 我国区域围填海问题的经济学分析. 经济师, 2016, (2): 166-167.

[4] 刘百桥, 孟伟庆, 赵建华, 等. 中国大陆1990—2013年海岸线资源开发利用特征变化. 自然资源学报, 2015, (12): 2033-2044.

[5] 中华人民共和国自然资源部. 自然资源部职能配置、内设机构和人员编制规定. (2018-09-11)[2018-12-01]. http://www.mnr.gov.cn/jg/sdfa/201809/t20180912_2188298.html.

[6] 陈春庆. 实现“多规融合”重要性的思考. 消费导刊, 2015, (6): 125.

[7] 刘加飞. 东海岛潮间带表层沉积物重金属含量、形态分布及其潜在生态风险评价. 广东海洋大学硕士学位论文, 2013.

[8] 李晋. 围填海计划管理研究. 北京: 海洋出版社, 2017: 1-3.

[9] 李志青. “史上最严”围填海管控意味着什么. (2018-01-19)[2018-12-01]. http://opinion.haiwainet.cn/n/2018/0119/c353596-31239812.htm.

## 2.5 海洋空间利用年度计划

海洋空间是沿海地区经济社会发展的基础和载体，在沿海地区经济高质量发展中扮演着重要角色。近年来，海洋开发利用规模和强度持续增大，粗放利用、闲置浪费、生态环境损害等问题日渐凸显，给海洋资源可持续利用和区域经济可持续发展带来巨大压力。随着生态文明体制改革的逐步深化，我国资源管理理念也发生变化，以2017年全面从严管控围填海为标志，海洋空间资源管理由过去以重视保障资源供给为主逐步转变为以保护资源环境为主。

海洋空间利用年度计划是自然资源部基于其国土空间用途管制职责提出的海洋空间资源管理的新思路。根据自然资源部“三定”方案，其职责之一是“组织拟订并实施土地、海洋等自然资源年度利用计划”，海洋空间利用年度计划成为与土地利用年度计划同等重要的计划管理制度。在此之前，学术界和管理部门尚未提出海洋空间利用年度计划的概念，亦无相关实践和经验，建立和完善海洋空间利用年度计划制度体系成为管理部门和研究机构的紧迫任务。本研究通过梳理、研究围填海和土地利用计划的经验，针对当前海洋开发利用存在的问题，结合生态文明体制改革相关要求，提出了海洋空间利用年度计划的内涵，并初步构建了海洋空间利用年度计划制度体系，以期为该制度的建立和实施提供技术支撑与决策支持。

### 2.5.1 研究与实践进展

#### 1. 国家计划管理体制

1）国家计划管理

计划管理原理由马克思和恩格斯创立，在我国经过不断发展，形成了具有中国特色的计划管理理论[1]。国家计划，即政府制定和实施的计划。中华人民共和国成立后，逐步建立起国家计划经济体制，并编制和实施国民经济发展五年计划。到改革开放早期，经济理论界开始对是否坚持恢复计划管理体制进行探讨，国家开始了对计划管理实践的探索。在编制“九五”计划时，国家计划编制理念发生转变，其性质越来越接近市场经济的计划，到“十一五”时期，中长期计划就开始称作中长期规划。经改革开放后30年的转型，我国国民经济管理基本实现了由计划管理向宏观调控转变，实现了国家计划向国家规划转变[2]。当前，在我国社会主义市场经济中，国家计划的主要形式是指导性计划，也包含少量指令性计划[3]，国家计划与财政、金融一起构成宏观调控中最基本、最全面、影响最广泛的三种重要经济手段，在导向、政策、配置、协调和信息等方面发挥重要作用[4]。

2）国家计划与规划

计划有广义与狭义之分，一般从时间来分，广义的计划包括长期规划、中期规划和年度计划等，狭义的计划多指五年计划、年度计划等短期计划[5]。规划与计划共同构成了国家规划（计划）体系。当前，我国计划管理以规划为主，规划确定总体目标，注重宏观管理，计划注重在中观或微观层面上落实国家规划。为突破资源瓶颈，我国土地、水资源、矿产资源、海洋（围填海）均实施了总量控制和计划管理相关政策制度，为政府部门合理控制资源开发利用规模，促进资源集约高效利用发挥了重要的约束和引导作用。

### 2. 空间资源计划管理研究进展

在空间资源管理方面，我国分别在1986年和2009年提出土地利用年度计划和围填海年度计划。由于计划管理制度更侧重管理和实践，学术界对两项制度的研究较少，一般集中在计划管理存在问题及改进研究方面。

通过梳理相关文献发现，当前计划管理存在问题基本集中在三个方面：一是制度自身，计划管理制度自身存在信息不完全、预算软约束、棘轮效应和管制俘获等难题[6]，成为阻碍资源实现最优配置不可避免的缺陷。二是计划管理手段，计划管理部门在编制计划时以经验决策为主，与实际使用需求差距较大；管理过程过度重视数量指标控制，而忽视执行效果管理；现有考核机制不健全，缺少激励机制等[7]。三是地方政府，地方政府基于发展需要，会争取更多的指标，而未考虑真正的使用需求，造成指标浪费；利益驱动造成计划指标分配的公平缺失；此外，地方政府在计划管理中也缺少对下级政府指标执行效果的管理。以上因素造成在计划管理过程中往往出现部分地区指标供不应求，而另一部分地区则出现指标低效使用甚至闲置的问题，难以实现预期目标。

基于以上问题，各项研究提出的主要对策包括：将计划管理制度法制化，强化对突破指标行为的惩戒；推动计划管理从部门计划向政府计划转变，将计划管理纳入政府工作中；科学编制计划和下达（分配）指标，统筹长期与短期、全局与地方的利益；实行计划指标的资产化管理，探索指标采购和部分指标有偿调剂制度；建立健全土地利用年度计划考核监管制度，充分发挥考核结果的作用；加强计划指标制定中的公众参与，进一步提高计划编制的科学性和公共透明，发挥社会监督作用[8, 9]。

### 3. 土地利用年度计划实践进展

#### 1）发展历程

经过30多年的发展，我国形成了以《中华人民共和国土地管理法》为基本框架，以《土地利用年度计划管理办法》为具体实施依据，以国务院和相关主管部门政策文件等为补充的相对健全的土地利用年度计划制度体系（表2.1）。

表2.1　土地利用年度计划制度体系

| 年份 | 主要制度（法律、法规、政策文件等） | 出台部门 |
| --- | --- | --- |
| 1987 | 《建设用地计划管理暂行办法》 | 国家计划委员会、国家土地管理局 |
| 1996 | 《建设用地计划管理办法》 | 国家计划委员会、国家土地管理局 |
| 1998 | 《中华人民共和国土地管理法》（修订） | 全国人民代表大会常务委员会 |
| 1999 | 《土地利用年度计划管理办法》 | 国土资源部 |

续表

| 年份 | 主要制度（法律、法规、政策文件等） | 出台部门 |
|---|---|---|
| 2004 | 《国务院关于深化改革严格土地管理的决定》 | 国务院 |
| 2004 | 《土地利用年度计划管理办法》（第一次修订） | 国土资源部 |
| 2006 | 《土地利用年度计划管理办法》（第二次修订） | 国土资源部 |
| 2006 | 《国务院关于加强土地调控有关问题的通知》 | 国务院 |
| 2008 | 《土地利用年度计划执行情况考核办法》 | 国土资源部 |
| 2016 | 《土地利用年度计划管理办法》（第三次修订） | 国土资源部 |

1998年修订的《中华人民共和国土地管理法》首次明确了土地利用年度计划的法律地位。1999年，国土资源部发布了《土地利用年度计划管理办法》，并先后于2004年、2006年和2016年进行了修订。

此外，为了加强耕地保护，科学管控新增建设用地规模，国务院和自然资源主管部门出台了诸多政策文件，对土地整治、建设用地增减挂钩、占补平衡、土地复垦等工作给出了具体规定，涉及土地利用年度计划管理、指标的使用及改进等，进一步丰富和完善了土地利用年度计划制度体系，使其更符合不同阶段土地保护与利用的需求。

2）土地用途转用过程及对应指标分析

土地利用年度计划是土地用途管制在时间和数量层面上的具体要求与安排。土地利用年度计划指标主要包含新增建设用地计划指标、土地整治补充耕地计划指标、耕地保有量计划指标、城乡建设用地增减挂钩指标和工矿废弃地复垦利用指标[10]，这些指标是落实耕地保护及占补平衡、控制建设用地规模等政策的重要抓手。从用途管制角度分析，除了耕地保有量计划指标外，其他指标均体现出对土地用途转化的管控（图2.2）。

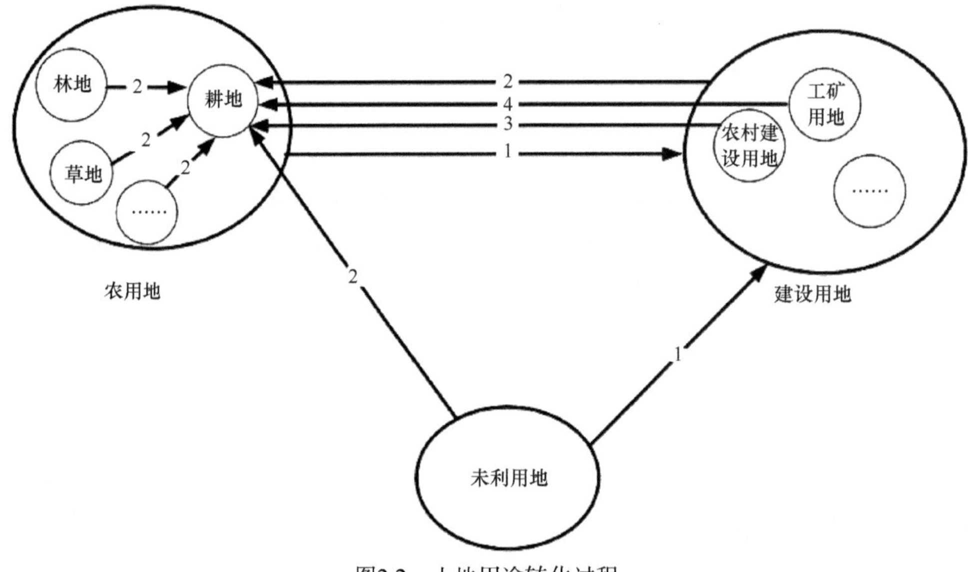


图2.2　土地用途转化过程

（1）过程1代表建设用地增加的途径——新增建设用地，建设用地增加来自对农用地或未利用地的占用，与新增建设用地计划指标对应。

（2）过程2代表耕地数量增加的途径——土地整治补充耕地，包括农用地整治、建设用地整治、未利用地开发和土地复垦等具体措施，与土地整治补充耕地计划指标对应。

（3）过程3+1代表城乡建设用地增减挂钩的过程，通过该过程能够实现建设用地总量不增加，耕地面积不减少，过程3表示将农村建设用地整理复垦为耕地，过程3和过程1必须整体审批和实施，与城乡建设用地增减挂钩指标对应。

（4）过程4+1代表工矿废弃地复垦利用的过程，过程4表示历史遗留的工矿废弃地以及交通、水利等基础设施废弃地的复垦过程，与工矿废弃地复垦利用指标对应。

通过上述土地用途转用过程分析可以发现，土地利用年度计划以指标为抓手，旨在协调两个对象的关系，以实现两个目标。两个对象包括保护对象（耕地）和管控对象（建设用地），与之对应的两个目标，一是守住耕地红线，维护国家粮食安全；二是合理供应建设用地，保障经济持续发展。土地利用年度计划的目标也与生态文明体制改革“发展和保护相统一”的理念一致。

### 2.5.2　海洋空间利用年度计划的内涵与使命

#### 1. 理论基础——海洋空间资源配置

##### 1）海洋空间资源配置要素

资源配置是指把一定数量的资源按照某种规则分配到不同产品的生产中，以满足不同的需要[11]，资源稀缺性与需求无限性的基本矛盾产生了如何实现资源最优或有效配置的问题[12]。海洋空间资源配置可以理解为海洋空间资源在时间和空间上在不同用途之间的数量分布状态，因此从要素层面可以将海洋空间资源配置分为时间配置、空间配置、用途配置和数量配置[13]。

海洋空间资源的时间配置，是指对海洋空间资源在不同时段或当代人与后代人之间的分配，以保证资源的可持续利用；海洋空间资源的空间配置，是指对海洋空间资源在不同区域或平面之间的分配，其目的是充分发挥资源禀赋，有效协调不同用海活动之间的矛盾；海洋空间资源的用途配置，是指对海洋空间资源在不同海洋产业之间的配置，其目的是推动海洋产业结构不断调整优化；海洋空间资源的数量配置，是指对海洋空间资源供给数量多少的控制，其目的是科学管控海洋开发利用规模和强度。

在实践中，我国针对四类要素配置方式，逐步建立和完善相应的制度体系：①国家实施海洋功能区划制度，通过划定不同海洋功能类型区，指导和约束不同海洋开发利用活动在相应的功能区内进行，属于海洋空间结构配置的范畴；②国家和地方出台支持或限制不同类海洋产业或用海活动的政策文件，如传统的滩涂养殖、晒盐等用海受到限制，而海洋生物、海工装备、天然气水合物、海上风电等新兴产业用海受到支持，属于用途配置的范畴；③自2012年开始实施围填海计划管理，按照年度下达国家和地方围填海计划指标，严格控制围填海总量和规模，属于时间配置和数量配置的范畴。

2）海洋空间资源配置手段

市场与计划是资源配置的两种基本手段[14]，前者以市场机制的自发调节作用为基础，以自由的价格制度、企业制度和契约关系为核心[15]；后者以计划部门根据社会需要及可能，以计划配额、行政命令进行资源配置的方式进行配置。市场被认为是资源配置最为有效的手段，在不同经济体制的国家广泛存在，并发挥重要作用。外部性、信息不对称、竞争不完全、自然垄断等因素导致市场并不能有效解决公共产品供给、分配公平等问题，市场失灵的情况难以避免，在此情况下，政府配置成为弥补市场缺陷的有效手段[16]。

我国海域使用者取得海域使用权的基本形式包括行政审批和招标、拍卖、挂牌。前者属于社会主义市场经济体制下计划配置的范畴，后者属于市场化配置的范畴。当前，我国海域资源配置以行政审批的方式为主，资源价格采用政府定价的方式确定，市场化配置程度不高。以2015年为例，全国通过申请审批方式确权海域面积228 435.72hm$^2$，通过招标、拍卖、挂牌确权海域面积25 177.41hm$^2$，市场化配置海域面积占比不及10%。

2017年中共中央办公厅 国务院办公厅印发的《关于创新政府配置资源方式的指导意见》[17]提出，“对于不完全适宜由市场化配置的公共资源，要引入竞争规则，充分体现政府配置资源的引导作用，实现政府与市场作用有效结合。”因此，针对当前我国海洋空间资源配置市场化配置程度不高、计划配置存在缺陷的情况，应充分发挥市场在价格、供求、竞争等机制方面的优势，使海洋空间资源能够最大限度得到公平高效利用，促进国有资产增值保值；同时，在市场失灵的情况下，政府应适当干预，加强计划管理，有效发挥其引导性、弥补性、规制性作用，抑制用海规模盲目扩张、生态环境损害等负面影响。

2. 海洋空间利用年度计划的概念及内涵探讨

海洋空间资源属于海洋资源的子类[18]，是海洋开发利用活动的载体，在管理实践中一般进一步分为海域、海岸线和海岛，本文所述海洋空间资源利用特指海域和海岸线的利用。在本文语境下，年度计划属于按年实施的国家计划的范畴，更进一步，特指国家在资源配置方面的计划。基于当前海洋开发利用存在的问题，借鉴土地利用计划管理经验，本文认为海洋空间利用年度计划是国家对海洋空间资源进行有计划开发利用、保护和整治修复所采用的宏观行政调控措施，是国家对计划年度内新增海洋开发利用空间、稳定和提升自然岸线保有率、海岸线和海湾整治修复及围填海存量资源开发的具体安排。

从资源要素配置来看，海洋空间利用年度计划属于时间配置和数量配置的范畴；从资源配置手段来看，海洋空间利用年度计划属于社会主义市场经济体制下资源计划配置的范畴；从计划管理内容来看，海洋空间利用年度计划不仅包含海洋空间资源开发利用管理，还包含对海洋空间资源保护与整治修复的管理。

3. 困境与使命

经济高质量发展阶段依然离不开国土空间的高效供给。海洋空间资源管理一方面面临着优质后备资源稀缺、生态环境严重损害等严峻形势，另一方面又承担着为经济高质量发展谋求发展空间的压力，紧迫的资源环境保护形势与日益增长的用海需求成为海洋资源管理难以协调的矛盾。当前，在处理开发与保护问题中，国家逐步形成了把保护放在首位，推进科学发展、有序发展和高质量发展的思路[19]。遵循上述思路，本文认为海洋空间资源开发与保护面临问题的根本解决途径在于：尊重经济增长与海洋空间资源配置的内在联系，准确预测并合理安排海洋空间开发利用的规模和强度，推进资源科学有序开发和高质量利用。

因此，海洋空间利用年度计划既要保护好海洋资源，又要保障经济高质量发展。一方面要充分发挥对资源开发的约束作用，合理控制海洋开发利用规模；另一方面要引导地方政府积极参与海洋资源环境整治修复，推动形成良好的海洋开发与保护格局，实现海洋空间资源节约、高效、绿色利用。

### 2.5.3 海洋空间利用年度计划制度框架设计

1. 构建原则

1）坚持问题导向

海洋空间利用年度计划应直面当前海洋开发管理面临的后备海洋资源不足、自然岸线大幅消失、生态环境损害、围填海存量资源闲置等问题[20-22]，合理运用强制性和引导性手段，控制海洋开发利用规模，推动海洋资源合理、有序、有度利用；同时，强化地方政府保护海岸线和海洋生态环境意识，推进海岸线和海湾整治修复，推动围填海存量资源开发利用。

2）坚持宏观调控与市场调节相结合

海洋空间利用年度计划是国家宏观调控的手段之一，但这并不意味着对市场机制的否定。在社会主义市场经济中，海洋空间资源配置必须遵循相应的市场规律。因此，海洋空间利用年度计划应充分考虑国民经济发展对海洋空间开发利用的需求，为经济高质量发展提供资源保障，但同时又必须符合生态文明体制改革的相关要求，加强计划管理，合理安排海洋空间供应总量，防止行业粗放发展，防止海洋资源环境承载力过高，防止损害海洋资源环境。

3）坚持中央严格管控与地方自主发展相结合

海洋空间利用年度计划的严格管控应体现为管控力度之严，而非管控范围之大。一方面，海洋空间利用年度计划应强化对海洋资源环境、自然岸线等的保护，对海洋开发利用总量进行严格控制，不得随意突破。另一方面，不需要针对每一类空间（或开发利用活动）都制定管控计划，要给予地方政府因地制宜自主选择发展模式的权利。总之，海洋空间利用年度计划应要求“管得严”，而非“管得细”。

### 2. 拟实现的具体目标

#### 1）控制海洋开发利用规模和速度

当前海洋资源环境面临的诸多问题多与开发利用规模过大、速度过快有关。因此，海洋空间利用年度计划的首要任务就是要使海洋开发利用保持合理的规模和速度。一方面需要科学测算符合资源环境承载力要求的资源开发利用总量，设定资源开发利用的数量上限；另一方面需要将资源开发利用数量按年度进行分配，从而实现计划管理对开发利用规模和速度的管控，推进海洋空间资源集约节约和精细化利用。

#### 2）稳定和提升自然岸线保有率

自然岸线是当前海洋开发利用活动的集中区，也是受损最严重的区域，应成为海洋空间资源保护与修复工作的重中之重。海洋空间利用年度计划要进一步强化自然岸线保有率的红线地位，通过强制性指标管控和奖惩机制，约束各地严守自然岸线保有率；同时，应鼓励和引导地方主动修复受损岸线，提升自然岸线保有率。

#### 3）改善海湾生态环境质量

海湾与陆地联系紧密，生态服务和经济服务功能强大，但由于开发利用强度大、粗放随意，我国大部分海湾生态系统都遭到严重破坏。海洋空间利用年度计划应充分发挥其引导性作用，鼓励地方政府主动参与海湾整治修复，改善海湾环境质量。

#### 4）解决围填海历史遗留问题

要充分发挥海洋空间利用年度计划的引导作用，要求沿海地方政府根据围填海历史遗留问题清单，按照“生态优先、节约集约、分类施策、积极稳妥”的原则制定出处理方案；设置地方围填海项目前置条件，敦促地方政府加快解决围填海历史遗留问题，例如，在未完成历史遗留问题处理之前，限制或禁止该地开展围填海项目。

### 3. 制度体系构建

#### 1）完善海洋空间利用年度计划的法律体系

明确的法律地位是海洋空间利用年度计划实施的基础和保障。之前的围填海年度计划仅以部门规章的形式发布，法律地位低。反观土地利用年度计划制度，早在1998年修订《中华人民共和国土地管理法》时就明确了其法律地位。此外，国土资源部还制定并不断完善《土地利用年度计划管理办法》及相关配套制度。不断完善的法律体系提高了土地利用年度计划的权威性和可行性。因此，建议下一轮修订《中华人民共和国海域使用管理法》或者制定自然资源基本法时，在条文中明确海洋空间利用年度计划的法律地位，增强计划管理制度的权威性。同时，应研究制定《海洋空间利用年度计划管理办法》，对计划的实施程序、指标使用及管控要求、各级政府部门职责、监督考核及奖惩等进行明确规定，指导地方政府切实履行海洋空间利用的计划管控要求。

2）构建海洋空间利用年度计划指标体系

海洋空间利用年度计划贯穿计划编制、下达、执行、监督和考核各环节，是实现海洋开发利用规模和强度管控、强化海洋资源修复与保护的有力抓手。对比围填海与土地利用年度计划指标可以发现，围填海计划指标仅包含中央和地方围填海年度计划指标（分为建设用和农业用两类），指标的直接目的为控制围填海规模；后者计划指标的目的除了控制建设用地规模（新增建设用地计划指标），还包含耕地资源保护和修复（耕地保有量计划指标、土地整治补充耕地计划指标），以及土地使用的综合调控（城乡建设用地增减挂钩指标和工矿废弃地复垦利用指标），后者的指标内容更为丰富和科学，值得海洋空间利用年度计划借鉴。基于此，海洋空间利用年度计划指标设置拟采用“强制性”和“引导性”相结合的思路，前者包括对海洋空间开发利用规模进行科学管控，严守自然岸线保有率的底线以及自然岸线占补平衡；后者包括引导和鼓励地方政府开展海湾整治修复、自然岸线整治修复和盘活围填海存量资源。拟设置海洋空间利用年度计划指标体系，见表2.2。

表2.2　海洋空间利用年度计划指标分析

| 指标类型 | 目的意义 | 指标性质 |
| --- | --- | --- |
| 新增海洋空间利用年度计划指标 | 控制海洋开发利用规模，保障经济社会发展对海洋空间资源的需求 | 强制性 |
| 自然岸线保有率计划指标 | 守住35%自然岸线保有率目标 | 强制性 |
| 海岸线整治修复计划指标 | 提升自然岸线保有率 | 引导性 |
| 自然岸线占补平衡指标 | 稳定自然岸线保有率 | 强制性 |
| 海湾整治修复计划指标 | 改善海湾生态环境 | 引导性 |
| 围填海存量资源利用指标 | 解决围填海历史遗留问题 | 引导性 |

（1）新增海洋空间利用年度计划指标，指下达给沿海各省（区、市）可用于本年度使用的海洋空间数量。

（2）自然岸线保有率计划指标，指辖区内大陆自然岸线保有量（长度）占大陆海岸线总长度的百分比。

（3）海岸线整治修复计划指标，指依据全国海岸线整治修复规划及年度计划确定的年度海岸线整治修复数量。

（4）自然岸线占补平衡指标，指用海项目需要占用自然岸线的，要恢复或重建与所占自然岸线长度和质量相当的海岸线，确保自然岸线保有率不降低。

（5）海湾整治修复计划指标，指依据蓝色海湾等海洋生态修复工程规划，开展海域整治修复计划的数量。

（6）围填海存量资源利用指标，指依据国民经济和社会发展计划、地方土地利用总体规划、海洋功能区划等，对围填海存量资源进行再开发的数量。

3）构建基于计划指标的配套制度

土地利用年度计划各项指标分别对应相应的配套制度，如城乡建设用地增减挂钩指标和工矿废弃地复垦利用指标分别对应《城乡建设用地增减挂钩节余指标跨省域调剂实施办法》《自然资源部关于健全建设用地“增存挂钩”机制的通知》《历史遗留工矿废弃地复垦利用试点管理办法》等诸多政策制度。完善的配套制度不仅有利于指导具体的资源开发与保护工作，并与不同时期土地资源管理要求相适应，还有助于地方政府准确把握计划指标执行要求，避免理解偏差。因此，建议针对海洋空间利用年度计划指标体系，尤其是自然岸线占补平衡指标、海岸线整治修复计划指标、海湾整治修复计划指标、围填海存量资源利用指标分别出台相应的配套制度，明确对自然岸线占补平衡、海岸线和海湾整治修复、围填海存量资源开发等活动的具体要求，并使其与海洋空间利用年度计划相衔接，以指标为抓手提升上述工作的完成质量。

4）建立和完善监督考核及奖惩机制

根据土地和围填海利用年度计划实施经验，资源计划管理体制下容易出现考核重视指标执行数量，忽略执行质量的问题[7, 23]，在一定程度上容易对地方政府申请和执行计划指标形成错误导向。建立科学完善的监督考核及奖惩机制，一是要完善指标执行效果评价体系，坚持数量与质量并重的考核方式；二是要严格过程监管，保证计划管理的科学性和严肃性，避免出现大量指标闲置浪费或低效利用的情况；三是完善奖惩机制，将考核结果应用于下一年度的计划编制依据，引导形成绿色、节约、高效的海洋空间开发利用格局。

5）建立计划弹性调节机制

刚性和弹性，是计划管理中维护计划权威性和追求实践可行性难以避免的矛盾。计划的刚性体现为指标管理的约束性、政策实施的强制性等[24]。在实践中，刚性太强、弹性不足是规划计划管理方式面临的普遍问题，不利于资源的高效利用。在海洋资源开发利用管理中，由于不同用海项目审批和施工的环节、周期等各不相同，再加上计划指标执行过程中存在各类不确定因素，指标执行过程往往难以完全达到预期。在此情况下，应建立海洋空间利用年度计划弹性调节机制：首先，通过广泛调研掌握地方计划指标执行过程中存在的问题及原因；其次，基于不同类型用海项目的审批、建设特点，研究最优的海洋空间利用年度计划实施周期；最后，要在符合管控要求的前提下，制定计划指标弹性调节的具体措施或制度，如探索预留指标和节余指标处理方式、跨省域调节指标方法等，提高计划管理的科学性和可行性，实现政府对海洋空间资源的有效和规范管理。

### 2.5.4 结语

从土地利用年度计划管理的发展历程来看，海洋空间利用年度计划制度体系尚需一定时间建立和完善。在此之前，学术界应重点在海洋空间利用需求预测、海洋空间利用年度计划指标体系构建、海洋空间利用年度计划实施程序与配套制度研究及制定、海洋空间利用年度计划实施周期及弹性调节方法、海洋空间利用年度计划执行的监督考核及奖惩机制等五方面开展研究，为海洋空间利用年度计划的建立与实施提供技术支撑和决策支持。

## 参考文献

[1] 裴元秀. 计划管理原理产生和发展的三个阶段. 中州学刊, 1985, (5): 10-13.
[2] 刘瑞. 从计划到规划: 30年来国家计划管理的理论与实践互动. 北京行政学院学报, 2008, (4): 49-51.
[3] 王文寅. 不确定性、国家计划与公共政策. 经济问题, 2003, (11): 22-24.
[4] 曲波. 中国城市化和市场化进程中的土地计划管理研究. 中国社会科学院博士后学位论文, 2008.
[5] 王文寅. 国家计划与规划. 北京: 经济管理出版社, 2006.
[6] 姜海, 李成瑞, 王博, 等. 土地利用计划管理绩效分析与制度改进. 南京农业大学学报(社会科学版), 2014, (2): 73-79.
[7] 姜海, 徐勉, 李成瑞, 等. 土地利用计划考核体系与激励机制. 中国土地科学, 2013, (3): 55-63.
[8] 王克强, 刘红梅, 胡海生. 中国省级土地利用年度计划管理制度创新研究——以A市为例. 中国行政管理, 2011, (4): 80-84.
[9] 黄卫挺. 土地利用年度计划必须成为硬约束. 宏观经济管理, 2012, (7): 16-17.
[10] 中华人民共和国自然资源部. 土地利用年度计划管理办法. (2016-05-12)[2018-10-31]. http://www.mlr.gov.cn/zwgk/zytz/201605/t20160520_1406065.htm.
[11] 梁钧平, 王立彦. 两种资源配置机制的分析. 思想政治工作研究, 1993, (4): 44-45.
[12] 刘大海. 海陆资源配置理论与方法研究. 北京: 海洋出版社, 2014.
[13] 杨庆媛. 土地经济学. 北京: 科学出版社, 2018.
[14] 朱跃. 市场和计划是当代社会资源配制的两种形式. 理论导刊, 1993, (5): 27-29.
[15] 刘俊奇. 试论市场与政府的关系. 学术月刊, 1999, (6): 19-25.
[16] 白永秀. 市场在资源配置中的决定性: 计划与市场关系述论. 改革, 2013, (11): 5-16.
[17] 新华社. 中共中央办公厅 国务院办公厅印发《关于创新政府配置资源方式的指导意见》. (2017-1-11)[2018-10-31]. http://www.gov.cn/zhengce/2017-01/11/content_5159007.htm.
[18] 高伟. 海洋空间资源性资产产权效率研究. 中国海洋大学博士学位论文, 2010.
[19] 宁吉喆. 贯彻新发展理念 推动高质量发展. 求是, 2018, (3): 29-31.
[20] 翟伟康, 张建辉. 全国海域使用现状分析及管理对策. 资源科学, 2013, 35(2): 405-411.
[21] 林磊, 刘东艳, 刘哲, 等. 围填海对海洋水动力与生态环境的影响. 海洋学报, 2016, 38(8): 1-11.
[22] 刘百桥, 孟伟庆, 赵建华, 等. 中国大陆1990—2013年海岸线资源开发利用特征变化. 自然资源学报, 2015, (12): 2033-2044.
[23] 李晋. 围填海计划管理研究. 北京: 海洋出版社, 2017.
[24] 张鸿. 刚性规划下的弹性利用. 中国土地, 2009, (9): 55.

## 2.6 陆海统筹与国土空间准入制度

在当前陆海国土空间统筹开发与保护的背景下，国土空间管理应立足于陆海资源的互补性、生态的互通性和产业的互动性，在资源利用、环境保护、生态安全等多方面统筹考虑陆海空间的联系和差异。

潮间带地区是高潮线与低潮线之间，海水周期性淹没和退出的浅滩地带，在地理位置上“上接陆地、下连海洋”，是陆海之间自然要素流动的交汇区域和生态系统的互通区域，在污染防控、生态保护与修复、资源开发等方面的矛盾较为突出，陆海统筹的任务复杂而艰巨。

国土空间用途管制制度有3个主要环节：海域空间准入许可、海域用途转用许可和海域开发利用监管。其中，空间准入制度作为源头管控的重要手段，在促进国土空间尤其是生态敏感、资源紧缺地区的严格保护和合理利用中作用重大。笔者从空间准入制度构建的角度出发，对潮间带地区的开发与保护提出建议。

### 2.6.1　潮间带存在地类交叉、生态破坏等问题

海岸带是海陆交界区域，是重要的生态过渡带、资源富集区和人类开发利用活动的聚集区，同时也是环境变化、自然灾害敏感区。2018年10月10日，中央财经委员会第三次会议强调，实施海岸带保护修复工程，建设生态海堤，提升抵御台风、风暴潮等海洋灾害能力。当年11月18日印发的《中共中央 国务院关于建立更加有效的区域协调发展新机制的意见》，将海岸带作为陆海统筹的重点区域。

协调海岸带开发与保护的矛盾，是沿海地区生态文明建设的重点和难点。其中，潮间带作为海岸带的核心区域，在生态保护、资源合理开发、整治修复等方面的问题更具迫切性。

海域与土地地类交叉问题突出。潮间带位置比较特殊，其地理边界、调查边界和管理边界往往“纠缠不清”。在实际管理中，归属界定困难。如果将海岸线（平均大潮高潮线）作为海陆管理分界线，潮间带属于海域；而如果将土地管理边界延伸至零米等深线，海域使用权与土地使用权就会发生重叠。同时，潮间带的管理职能分散在自然资源部、水利部、农业农村部、生态环境部等不同部门，存在管理职能交叉、职责不清、缺乏协调等问题。

对潮间带生态价值认识不足，生态破坏严重。地方政府普遍将潮间带视为没有使用价值的荒滩，是填海造地成本较低的区域，导致潮间带成为填海造地项目最为集中的区域。实际上，潮间带蕴藏着丰富的生物资源，是洄游生物的产卵场和迁徙候鸟的栖息地，具有重要的生态功能；同时，潮间带生境脆弱，一经围填就不可恢复。近年来，大规模的填海造地已造成潮间带数量锐减，生态破坏严重。

潮间带开发布局不合理。一段时间以来，我国潮间带开发强度过大，总面积已由20世纪80年代的2万$km^2$缩减了40%以上，形成了以港口航运和装备制造、石油化工等临港产业为主导的产业格局。由于缺乏全局性统筹规划，各类港口码头、临港工业园区重复建设严重，产能过剩，不符合国家节约集约利用自然资源的要求。

### 2.6.2　有必要为潮间带制定空间准入制度

空间准入制度已体现在用地、用海预审和审批制度等很多管理制度中，但其内涵和外延尚未完全确立。对此，有必要借鉴我国已实施的产业准入、环境准入制度，结合国土空间用途管制的要求，确立国土空间准入制度，即基于生态文明体制改革要求，在国

土空间开发利用源头上加强行政干预，通过明确要求、条件和标准等，控制开发利用活动进入特定区域。

空间准入制度有两种本质特征。一种特征是，空间准入是一种行政许可制度，国家通过制定国土空间开发的要求、条件或标准等，对国土开发利用方式、利用效率、环境要求等进行明确规定，使用者只有符合开发利用要求、条件或标准，才能获得国土空间的使用权。另一种特征是，空间准入是政府对国土空间开发进行宏观调控的手段，国家基于生态文明体制改革的要求，确定国土空间开发与保护总体目标，在空间准入环节对项目进行“筛选”，给予符合新时期发展理念的项目准入资格，从而确保开发利用活动符合国家预期，最终实现提升国土利用效能和维护国土生态安全的目标。

在空间准入制度实施过程中，应由自然资源管理部门制定空间准入规则，要求使用者必须按照空间准入规则设计开发利用方案，管理部门对开发利用方案进行审核，符合要求的将获得开发利用国土空间的资格。在这项制度的运行中，准入规则的制定与实施是关键。在国土空间开发的源头上“把好关”，要求空间准入制度具备规则制定的科学性和制度实施的严格性。

具体到潮间带，其由于丰富的资源、优越的自然条件、良好的地理位置和独特的海陆特性，成为人类活动最活跃和最集中的地域之一。但同时，潮间带生态环境受到陆地环境和海洋环境的双重影响，是生态敏感和脆弱的特殊地区。潮间带区域管理具有现实的矛盾性——既有较大的发展潜力和强劲的开发需求，又不得不面临资源耗竭、环境恶化的压力。因此，在其空间准入制度的研究制定中，应将构建陆海协调的空间开发保护格局放在首位，准确把握陆海空间治理的整体性和联动性，实现陆海空间资源保护、要素统筹、结构优化、效率提升和权利公平的有机统一。

### 2.6.3　兼顾不同管理要求分类实施准入政策

潮间带是沿海地区资源开发与保护矛盾集中的区域，是陆海统筹的“硬骨头”。在经济高质量发展阶段，更应进一步加强这一区域的国土空间用途管制，建立和完善空间准入制度。对此，笔者提出以下建议。

明确潮间带空间准入的总体思路。建立潮间带空间准入制度，要以生态文明体制改革确立的国土空间开发保护制度为依据，切实维护潮间带区域的生态安全，提高空间利用效能，实现陆海在空间布局、产业发展、资源开发、环境保护等方面全方位协同发展。一是坚持以生态保护为主，将生态敏感、生态功能显著的潮间带区域划入生态保护红线，严格落实自然岸线保有率管控制度，严格控制潮间带养殖规模，禁止高耗能、高污染、高排放的项目进入潮间带区域。二是坚持节约、高效、绿色利用，提高潮间带地区的准入要求、条件和标准，鼓励发展符合潮间带生态功能的利用方式，实现人与自然和谐发展。三是坚持陆海统筹和部门联动，明确各相关部门的管理边界，加强陆海空间管理衔接；加强涉及潮间带管理的自然资源部、生态环境部、农业农村部、住房和城乡建设部等的协调与联动机制。

构建满足多方位要求的管控内容。坚持问题导向，构建包含用途要求、节约使用要求、环境保护要求、开发强度要求、景观要求的管控内容，具体如下：一是明确用途要求，科学评价潮间带开发利用适宜性和资源环境承载力，明确潮间带用途，制定和实施项目准入正（负）面清单，约束使用者严格按照潮间带用途进行开发利用；二是明确节约使用要求，充分考虑潮间带的空间稀缺性，设置更高的空间利用效率、产出效益标准，要求企业提高开发利用水平；三是明确环境保护要求，充分认识潮间带的生态敏感性和脆弱性，以更高的污染达标排放标准约束企业，防止资源破坏和生态环境损害；四是明确开发强度要求，禁止开发利用活动超出潮间带资源环境承载力；五是明确景观要求，以提高百姓亲海体验为目标，提升社会幸福感。

基于潮间带底质特征与自然属性分类实施准入政策。坚持尊重自然、顺应自然，根据潮间带的底质特征和自然属性分类实施准入政策：基岩潮间带应以保护和观光旅游为主，必要时可用于深水码头等港口工程的建设；砂质潮间带应予以保护或适度开发为亲水岸线，禁止改变自然属性的开发利用活动；对于淤泥质潮间带（滨海湿地）的分布区，应以保护为主，原则上禁止开发利用；对于生产力较为丰富的滩涂，可允许适当的滩涂养殖或赶海观光，禁止改变自然属性的开发利用活动；对于生产力较低、淤积较为严重的滩涂，可适当用于填海造地，满足国家重大战略项目的用地需求；生物潮间带应以保护为主，禁止开发利用，仅可允许适当的科研教学和观光旅游。

整合和完善建设项目准入控制指标。控制指标是空间准入管控的重要依据，也是体现准入环节公平性、科学性、竞争性的重要前提。建议在整合海洋部门（如建设项目用海面积控制指标）、国土部门（如工业项目建设用地控制指标）、环境部门（如环境准入制度）各自相关准入指标体系的基础上，构建约束性和引导性相结合的潮间带准入指标体系。由于用海项目从立项到落地，要获得行业主管部门、自然资源与规划管理部门、生态环境管理部门和建设管理部门等多部门的行政许可，因此潮间带空间准入条件和指标的设置必须同时兼顾相关管理部门的管理要求，并加以集成，使空间准入指标体系能够成为多个部门共同的审批依据，实现部门联动，减少冲突矛盾之处。

# 第3章　“自然资源基本利用区”与“基本养殖区”制度

## 3.1　“自然资源基本利用区”制度研究

自然资源是人类生存和社会经济发展的物质基础。过去单纯追求经济数量增长的传统发展模式，致使我国自然资源日渐退化和枯竭。当前，我国经济发展向高质量发展阶段迈进，处于调结构、转方式的关键时期，如何以最低的环境成本保障自然资源的可持续性供给，降低资源供给风险，为我国现代化建设提供坚实可靠的资源保障，成为我国经济社会发展所面临的一大难题，而这正是自然资源管理部门的重要任务。

### 3.1.1　建立“自然资源基本利用区”制度的必要性

党的十九大报告明确指出，“必须树立和践行绿水青山就是金山银山的理念”和“统筹山水林田湖草系统治理”。对于中国而言，基本自然资源是实现中华民族永续发展的根基所在，在确保国家资源安全方面具有不可替代的根本性地位。只有统筹兼顾各类基本自然资源的开发与保护，整体施策、多措并举，全方位、全地域、全过程开展生态文明建设，才能确保资源持续供给，实现人与自然和谐共生。“自然资源基本利用区”，正是在生态文明思想指导下，为保障人口增长和社会经济发展对基础性、稀缺性自然资源产品的底线需求，科学合理选划的兼具生产功能和生态功能的国土空间，主要包括基本农田、基本草原、基本林地、基本养殖区等。

自然资源部的成立为实现自然资源综合监管提供了组织保障，统一的国土空间规划体系为自然资源统筹兼顾搭建起“一张蓝图”，基本农田保护制度等管理实践为自然资源统筹管理奠定了制度基础。适时建立“自然资源基本利用区”制度，健全自然资源管理制度，是统筹发展与保护的重要手段，有利于合力构筑中华民族永续发展的必要生存空间和绿色生态空间。

### 3.1.2　我国基本自然资源利用面临的问题突出

1. 保障粮食安全仍面临严峻挑战

截至2016年末，我国耕地面积20.24亿亩[①]，人均耕地1.4亩，不足世界人均耕地面积的40%，集中连片的耕地后备资源仅有1.1亿亩。2017年，我国进口小麦512万t，同比增长48%；大豆8200万t，同比增长14%；水稻451万t，同比增长6.5%；其中80%以上来自美国。按照比例计算，中国有2.5亿人靠进口粮食养活。此外，全国有超过2/3的耕地为中低产田，到2035年约1.2亿亩的耕地需转变为生态用地，耕地保护与利用面临着耕

① 1亩≈666.7m$^2$。

地数量保护与质量保护并重、耕地利用与生态文明建设并举的巨大压力和挑战。

2. 林地资源支撑经济社会需求的形势不容乐观

根据第八次全国森林资源清查结果，全国森林面积20 769万$hm^2$，人均森林面积0.15$hm^2$，相当于世界人均占有量的25%。当前，全国年木材消耗量已突破5亿$m^3$，对外依存度达到50%。随着各个行业的快速发展，木材市场需求仍将持续增长，根据国家林业局测算，2020年我国的木材需求量可能会达到8亿$m^3$，缺口约2亿$m^3$，而木材对外依存度超过60%，将存在较大风险。

3. 草原生态形势依然严峻

我国草原面积近4亿$hm^2$，占全国土地总面积的41.7%，是陆地最大的生态系统，存在草地生产能力低、草原退化严重等问题。我国中低产草地占61.6%，平均每公顷草地生产能力约为7个畜产品单位，仅为澳大利亚的1/10、美国的1/20。近年来，我国草原生态保护投入力度不断加大，生态恶化局面得到有效遏制，但人草畜矛盾依然存在，草原生态形势依然严峻，草原牧区经济社会发展相对滞后，生态保护与开发利用的矛盾突出。

4. 养殖用海空间面临较大威胁

近年来，我国海水养殖产量份额逐渐增大，成为水产品供应的重要来源。然而，养殖用海作为海水养殖业赖以生存和发展的空间资源，其面积正日益减小。一方面，传统海水养殖空间遭受了来自填海造地、海洋工程、港口航运等用海产业的巨大压力；另一方面，陆源污染、开发不合理等带来的环境破坏，致使养殖用海质量下降。展望未来，养殖海域生产功能和生态服务功能之间的冲突会愈发凸显。

### 3.1.3　建立“自然资源基本利用区”的主要建议

1. 科学界定不同资源特性，明确基本自然资源开发与保护定位

农田、林地、草原和海洋等自然资源是国民经济发展的物质与空间基础，也是社会稳定的基础，为城乡居民提供了主要的生活保障。“中国人要把饭碗端在自己手里，而且要装自己的粮食。”农田是粮食的主要来源，在确保口粮绝对安全、谷物基本自给方面具有不可替代的根本性地位。相比于农田，林地、草原和海洋的生态属性更强，开发利用管控不当易导致严重的环境问题。现阶段需科学界定各类自然资源特性，明确基本自然资源定位，解决历史积累的地类交叉问题，实施可适应、差别化的管制政策。

2. 强化基本自然资源供需分析，准确判断我国自然资源利用数量底线

资源利用数量底线事关大局，仔细核算，摸清家底，才能客观地研究政策。建议综合考虑国内资源环境条件、资源供求格局、资源对外依存度、国际贸易环境变化、人口增长、科技进步等因素，科学量化我国自然资源供需真实情况，在保障资源调整弹性的

基础上，准确判断我国自然资源供给数量底线，为制定宏观政策提供可靠的依据，为实施国家基本自然资源安全战略提供技术支撑。

3. 协调自然保护与城镇建设空间，将其纳入国土空间规划体系

为更好地发挥国土空间规划在推动生态文明建设中的基础性作用，统筹自然资源开发利用和保护，建议将“自然资源基本利用区”纳入国土空间规划分区体系。自然资源可分为公益性自然资源和经营性自然资源。公益性自然资源应纳入自然保护区管理，按其相应的公益目的与原则进行管理和保护。保护区外，可基于生态文明发展要求和区域资源禀赋条件，科学合理选划经营性自然资源纳入“自然资源基本利用区”。区别于以保护为主的自然保护空间以及以开发利用为主的城镇建设空间，“自然资源基本利用区”在制度设计和管理应用中应追求生态和生产功能的共同维持，从自然资源的数量、质量和功能等方面开展严格的用途管控。原则上不得更改“自然资源基本利用区”用途，不得以任何形式占用、损毁基本自然资源，采取有效措施保障基本自然资源总量不减少、质量不下降、用途不改变。

4. 构建基本自然资源分级管控制度体系，提升国土空间治理能力

自然资源分级管理应体现一级政府、一级事权的原则，明确职权划分，区分各级政府管控内容及措施，保障各级政府在获得权力的同时承担相应的责任，确保在不影响整体利益的前提下释放局部活力。国家层面的管控制度是中央政府干预和协调省际与地区关系的重要行政管理手段，应突出战略性和政策导向，划定涉及国家利益和公共利益的自然资源刚性控制线，并进行指标省际分解。在统一“底数”、分类标准的基础上，收严边界管理权限，强化各类自然资源空间用途转用管理。省级层面的管控制度是落实国家自然资源战略与目标、统筹省级宏观管理和市县微观管控需求的平台，具有承上启下的作用，应注重综合性和协调性，重点开展下一级指标分解和跨行政区协调。市县管控制度重点是用途管制，组织实施并监督基本自然资源划区定界工作，落实到地块。

## 3.2 “基本自然资源区”制度研究

在2018年机构改革之前，我国的自然资源管理依托于分散部门领域的法律法规、规划区划和政策制度，未能有机整合并建立针对所有自然资源的管理制度。为贯彻落实党中央关于自然资源工作的方针政策和决策部署，更好地发挥国土空间规划与空间管制制度在推动生态文明建设中的基础性作用和构建国家空间治理体系中的关键性作用，本研究立足于自然资源部的职责设置，借鉴国内外实践经验，基于统筹自然资源开发利用和保护的角度，提出“基本自然资源区”的概念，旨在通过建立“基本自然资源区”制度，对基本农田资源区、基本草原资源区、基本森林资源区、基本水资源区和基本滩涂资源区进行统筹管理与保护，构建兼顾生态文明建设和经济社会发展需求、保障资源型产业基本供给以及维持自然资源可持续利用的自然资源分区管理方案，为自然资源分类管控和国土空间规划提供新思路。

### 3.2.1 研究背景

党中央多次强调树立和践行"绿水青山就是金山银山"的理念。"绿水青山"如何转变成"金山银山"？面对当前自然资源供需存在矛盾、管理模式条块分割和管理体制机制尚不成熟等问题[1]，应建立健全自然资源管理制度，持续保障基本自然资源开发供给，有效发挥资源管理和科技创新的综合效益，使自然资源在充分发挥其经济价值的同时实现绿色发展。

为统一行使全民所有自然资源资产所有者职责，统一行使所有国土空间用途管制和生态保护修复职责，着力解决自然资源所有者不到位、空间规划重叠等问题，2018年3月第十三届全国人大一次会议表决通过关于国务院机构改革方案的决定，成立自然资源部，作为国务院组成部门。自然资源部的主要职责是对自然资源开发利用和保护进行监管，建立空间规划体系并监督实施，履行全民所有各类自然资源资产所有者职责，统一调查和确权登记，建立自然资源有偿使用制度等。自然资源部的成立及其职责设置秉承了"山水林田湖草是一个生命共同体"的重要理念，体现了党和政府对自然资源开发利用与保护的重视，有利于加快自然资源开发利用由规模扩张向存量挖潜和质量效率提升的转变，为未来实现自然资源综合监管以及维持和改善自然资源数量与质量提供了组织保障。

### 3.2.2 制度基础

为满足农田、草原、（养殖）海域、森林、水、滩涂等自然资源的可持续发展需求，我国已对自然资源保护性管理制度开展了相关探索，为基本自然资源统筹管理制度的建立奠定了基础。

1. 农田资源

随着耕地萎缩和城市发展挤占农业用地的情况逐渐受到国家重视，为对基本农田实行特殊保护，国务院于1998年颁布《基本农田保护条例》，从法律层面定义了基本农田的概念，基本农田保护制度成为我国基本法律制度之一。

此后，关于基本农田保护的核心内容、划定技术、制度内涵和实施效果等的研究成果十分丰富，逐渐形成以耕地质量和数量保障为基准的选划技术流程与保护管理思路[2, 3]。国内学者认为基本农田保护的核心在于农田的质量（生产力）和数量，并从主体权益、分级管理、财政扶持和激励约束等多个方面研究政策制度对基本农田保护的重要作用[4, 5]，提出以多因素综合评价法、逐级修正法和LESA法等为主的质量评价方法[6-8]，采取GIS和数学模型等质量评价分级工具[9-11]，逐步完善基本农田选划技术指标体系，空间优化布局进入实证阶段[12]。

自2008年至今，划定"无论什么情况下都不能改变其用途，不得以任何方式挪作他用"的永久基本农田，全面实施特殊保护制度，守好永久基本农田控制线上升为国家战略。2017年10月，永久基本农田作为"加大生态系统保护力度"的三条控制线之一，被写入党的十九大报告。目前我国基本农田保护制度体系基本完备，有效遏制耕地萎缩的趋势，为国家粮食安全和农业经济发展储备足量的基本资源与空间，永久基本农田成为最优质、生产能力最高的耕地[13]。

2. 草原资源

草原是重要的生产资料和畜牧业生产基地，同时负有保障国家生态安全和食品安全、维护民族团结、发展低碳经济以及保持生物多样性的多重使命[14]。针对全国绝大部分草原正在不同程度退化[15]的情况，1985年《中华人民共和国草原法》规定国家实行基本草原保护制度，明确应当划为基本草原的7种草原类型，并实施严格管理。《农业部关于切实加强基本草原保护工作的通知》和《耕地草原河湖休养生息规划（2016-2030年）》进一步对全国基本草原划定和保护等工作提出要求，即坚持经济社会和生态目标并重、生态优先，采取"禁、休、轮、种"等综合措施，确保基本草原总量不减少、质量不下降、用途不改变。2011年《内蒙古自治区基本草原保护条例》是全国首个地方性基本草原保护法规，山东省、青海省、贵州省、新疆维吾尔自治区和甘肃省等也积极开展基本草原划定试点工作。国内学者分析了我国基本草原保护面临的问题，完善了相关概念，并从法律制度、划定技术、保护措施和监督管理等方面展开较全面的研究。

3.（养殖）海域资源

养殖海域是重要的战略资源，在食用蛋白供给方面日益表现出巨大潜力，同时承受其他用海产业挤占和海洋环境污染等压力[16]。为此，《全国海洋功能区划（2011—2020年）》提出至2020年全国海水养殖用海保有量260万$hm^2$的指标和稳定海水养殖面积的目标，但配套管理措施和方法尚不完善，针对养殖海域面积、质量和生态的综合管理仍处于研究阶段。

国内学者借鉴永久基本农田保护的经验，提出"海洋基本养殖区"[17]和"蓝色基本农田"[18]的概念，即为保有基本的海水养殖空间，国家根据一定时期的人口和海洋经济对海产品的需求以及海洋功能区划等相关制度确定的、不得挪作他用的海域和滩涂；主要任务和目标是管住、管好优质的宜养海域，充分保持、挖掘、扩大和保护海洋的食物生产能力。此外，相关研究预测和分析了全国与沿海地区基本养殖用海的需求规模[19-21]，为选划海洋基本养殖区提供技术支撑。

4. 森林资源

我国实行保护发展森林资源目标责任制，以保障全国与地方的林地和森林资源保有量。根据国务院提出的"把林地与耕地放在同等重要的位置，高度重视林地保护"的要求，《全国林地保护利用规划纲要（2010—2020年）》提出"严格实施用途管制，认真落实林地分级管理"等措施。

5. 水资源

我国主要依据《全国水资源综合规划》完善用水总量控制和定额管理相结合的水资源管理制度，强化用水需求管理。国务院明确提出"正确处理经济社会发展、水资源开发利用和生态环境保护的关系，通过全面建设节水型社会、合理配置和有效保护水资源、实行最严格的水资源管理制度，保障饮水安全、供水安全和生态安全，为经济社会可持续发展提供重要支撑”。2012年《国务院关于实行最严格水资源管理制度的意见》（国发〔2012〕3号）进一步明确水资源开发利用控制、用水效率控制和水功能区限制纳污3条“红线”的主要目标。我国生态文明体制改革也要求完善最严格的水资源管理制度，完善水功能区监督管理，建立健全节约集约用水机制，促进水资源利用结构调整和优化配置。

6. 滩涂资源

为促进沿海滩涂的合理开发利用和保护，构建陆海一体、功能清晰的海岸带空间治理格局，国家海洋局开展了省级海岸带综合利用与保护规划工作，对海岸带生态保护和综合整治、岸线开发利用和保护以及海域使用等发挥约束作用，在符合沿海滩涂资源环境承载力和开发利用适宜性的前提下，保障海洋产业和经济发展对滩涂资源与空间的需求。

7. 其他自然资源

为管理和保护至关重要的农业资源和生态资源，国务院同意印发《耕地草原河湖休养生息规划（2016—2030年）》，系统设置阶段性管理和保护目标，要求到2020年“有效恢复河湖生态空间，稳定湿地面积，稳步提高耕地质量，耕地草原河湖生态功能初步改善，资源保障能力不断增强”。

### 3.2.3 “基本自然资源区”制度

我国《生态文明体制改革总体方案》提出“统筹考虑自然生态各要素、山上山下、地上地下、陆地海洋以及流域上下游，进行整体保护、系统修复、综合治理”，改革目标之一是构建“全国统一、相互衔接、分级管理的空间规划体系”，在全国实施资源总量管理和全面节约制度。本研究根据这一改革思路和我国自然资源管理实践经验，基于基本农田等典型自然资源，开展“基本自然资源区”制度研究。

1. 基本自然资源的主要特征

随着人类认知的发展，自然资源的内涵与外延不断变化和完善，目前人们普遍认同自然资源具有稀缺性（有限性）、整体性（联系性）、区域性、多用性和社会性等共同特征。针对自然资源的开发利用和保护，既要符合其自然属性，又要与其社会属性相衔接，更好地协调二者之间的关系[22]。基于对“基本自然资源区”制度的前期研究，本研究将基本自然资源的主要特征归纳为稀缺性、基础性、资产性和兼容性。

1）稀缺性

基本自然资源的稀缺性是指其总量有限或人均资源量低，难以满足长时期的人口增长和社会经济发展的需求。

2）基础性

基本自然资源的基础性，一方面是指其可为人民生活生产和社会运行发展提供最基本的物质保障，如粮油、淡水、布料、工业原材料和产业发展空间等；另一方面是指其对国家长远发展具有关键性的重大战略意义，如基本农田可保障国家粮食安全，有利于在国际竞争中争取主动权。

3）资产性

基本自然资源的资产性是指其可通过确权进入经济系统，使用权所有者通常可行使较完整的占有权、使用权、收益权和处分权，并能在当前和未来获得直接或间接利益。此外，基本自然资源的资产性还具有特殊属性，主要体现在经济价值以外的生态服务价值以及与国家主权和领土完整相关的国家权益等方面。

4）兼容性

基本自然资源的兼容性是指其兼顾生态服务和开发利用功能，二者浑然一体又相互影响。在生态文明建设的背景下，须将生态环境保护和资源开发利用放在同等重要的地位，既要开发利用好基本自然资源，又要保护好自然资源所在的生态环境。

### 2. “基本自然资源区”的概念

“基本自然资源区”是在“共抓大保护、不搞大开发”和“绿水青山就是金山银山”等重要发展理念的指导下，为保障人口增长和社会经济发展对农产品、木材和淡水等基础性、稀缺性自然资源产品的需求，在维护自然资源战略安全底线的前提下，基于生态文明发展要求和区域资源禀赋条件，科学合理选划的兼具生产功能和生态功能的国土空间，主要包括基本农田资源区、基本草原资源区、基本森林资源区、基本水资源区和基本滩涂资源区等。

“基本自然资源区”制度是指对划定的“基本自然资源区”实施严格管理，原则上不得更改基本自然资源用途，不得以任何形式占用、损毁基本自然资源，采取措施保障基本自然资源总量不减少、质量不下降、用途不改变；牢固树立“山水林田湖草是一个生命共同体”的理念，统筹各类重要自然资源，以发展和保护协调并进为思路，以科学规划、重点建设、高效利用和严格管理为原则，努力实现对基本自然资源数量、质量和功能的全面管理与保护，为建立健全生态文明体制改革下的自然资源管理制度提出新思路、探索新机制。

### 3. 分类分区

自然资源种类繁多，性质和特点差异较大。为建立统一的基本自然资源统筹管理制度，须合理开展自然资源分类分区。根据开发利用的目的和用途管控的需要，可将全部自然资源分为公益性资产和经营性资产两个大类。对于公益性自然资源资产（如自然保护区等），按其相应的公益目的和原则进行管理与保护，根据法律规定严禁开发利用；对于经营性自然资源资产（如畜牧草场等），按其相应的经营目的和原则进行管理与保护，还可根据其功能的重要性实施特殊管控措施。基于基本自然资源的突出特点和功能定位，本研究建议将“基本自然资源区”归类为特殊的经营性资产，对其实施严格的管理与保护[23]。这种分类方式有利于在“三区三线”划定的宏观格局下，形成以资源分类管控为重点的单元管控层，保障国土空间规划的落地和实施。区别于以保护为主的自然保护空间（如国家公园、自然保护区、森林公园和湿地公园等）以及以开发利用为主的工业和城乡建设空间，“基本自然资源区”在制度设计和管理应用中既不能一味追求保护而舍弃发展，也不可将经济效益作为发展的唯一标准，而应追求生态和生产功能的共同维持，从自然资源的数量、质量和功能等方面开展严格的空间用途管控。本研究针对农田、草原、森林、水和滩涂5类重要自然资源设置“基本自然资源区”，即基本农田资源区、基本草原资源区、基本森林资源区、基本水资源区和基本滩涂资源区。

1）基本农田资源区

基本农田资源区主要以《基本农田保护条例》为依据，借鉴其管理要求和保护原则，划定范围包括经国务院有关主管部门或县级以上地方人民政府批准确定的粮、棉、油生产基地内的耕地，有良好的水利和水土保持设施的耕地，正在实施改造计划和可改造的中产、低产耕地及蔬菜生产基地等。

2）基本草原资源区

基本草原资源区在保障草原调节气候、涵养水源、保持水土和防风固沙等特殊生态功能的同时，保证重要放牧场、打草场（割草地）、畜牧业生产用人工草地和改良草地、饲草饲料地以及草种基地等的功能稳定。

3）基本森林资源区

基本森林资源区聚焦森林资源的生产功能，主要包括以木材和竹材供应为主的材用林、以绿色产品供应为主的经济林以及以燃料供应为主的薪炭林，兼顾森林资源生态、景观和国防等功能，包括防护林（水源涵养林、水土保持林、防风固沙林、农田和牧场防护林、护岸林以及护路林等）和特殊用途林（国防林、实验林、环境保护林和风景林等）。

4）基本水资源区

基本水资源区对已明确的可利用水资源（包括现有保留区、缓冲区和开发利用区等水功能区）开展分类用途管控：优先保障生活用水，严格保护饮用水源地、备用水源地和应急水源地的安全；保障生态基本用水，即江河湖泊的流量和地下水的安全；保障粮食生产合理用水，优化配置生产经营用水，有效发挥水资源的多种功能；保障国家供水安全、粮食安全、经济安全和生态安全。

5）基本滩涂资源区

基本滩涂资源区的主要功能为管住、管好优质水产养殖区，包括名特优品种养殖区、健康养殖区和水产种苗繁育基地等；保障清洁能源以及矿产和油气资源的可持续开发利用；严格依法开发利用和保护自然岸线；保障人民对生态旅游、休闲渔业和亲近海洋等方面的美好生活追求。

需要说明的是，包括海洋矿产资源和湿地资源等在内的其他基本自然资源，同样具有重要的开发利用和保护价值，但由于其目前尚不能确权，短期内难以进入资产化使用和管理阶段，同时因其本身的稀缺性和兼容性特征不明显以及制度探索不足等，暂不纳入“基本自然资源区”制度的研究范畴。随着自然资源开发利用和保护技术的不断发展，“基本自然资源区”应逐步吸纳具备条件的其他自然资源类型，从而进一步完善统筹管理制度。

### 4. 制度设计

在国家大力推进生态文明体制改革的背景下，“基本自然资源区”制度整体统筹和规划重要自然资源和空间，为形成自然资源资产管理和国土空间用途管制工作格局提供理论支撑。

#### 1）明确功能和管理定位

功能定位方面，“基本自然资源区”制度是在生态文明体制改革背景下，涵盖全民所有各类自然资源资产的统筹管理制度，基于自然资源资产的战略需求，开展基本自然资源数量、质量和功能的全面管控，重点保障各类重要自然资源的基础性供给。

管理定位方面，在现有相关法律法规的基础上，进一步明确基本自然资源空间及其开发利用的管理权属和界限，适时推动针对“基本自然资源区”的专门立法工作，强化其管理约束力。

#### 2）融入国土空间规划体系

根据基本自然资源的类型和特征，构建定位明晰和功能匹配的“基本自然资源区”分类管理方法体系，并有机融入国土空间规划体系。构建与国家和地方各级国土空间规划相协调的基本自然资源管理政策框架，提出全国基本自然资源分类分区和监督管理指导方案，落实省级基本自然资源分区格局，省级以下层面则侧重指令性和约束性的空间用途与单元管控。

#### 3）严守管控底线

开展严格的基本自然资源空间用途管控，明确各类“基本自然资源区”的规模，设置“基本自然资源区”数量和质量的约束性指标，原则上不能改变其用途，不得以任何形式占用和损毁。确需占用的，须经严格审批，并根据“占补平衡”原则进行同等条件的资源补充，或按需缴纳恢复费用。

#### 4）注重制度衔接和统筹

“基本自然资源区”应在布局设计、调查研究和质量评价等环节，与国土空间规划、自然资源统一确权登记和自然生态空间用途管制等制度进行良好的衔接与统筹，形成构建国土空间开发利用和保护制度的合力。

#### 5）搭建信息平台

以改革过程中将要建立的国家统一空间规划信息平台为基础，有效利用现有自然资源数据，结合国土空间开发利用适宜性和资源环境承载力评价工作，搭建基础数据、目标指标、空间坐标和技术规范统一衔接的基本自然资源基础信息分平台，构建重要自然资源开发管理数据库，为空间管理分析与决策提供全面和精准的信息支撑。

### 3.2.4 结语

目前我国各级各类自然资源管理和保护的法律法规门类多样，涉及自然资源开发利用、保护管理和监督检查等的相关规定体系庞大而复杂，在短期内实现自然资源的高效统筹管理存在难度。下一步应落实中央关于统一行使全民所有自然资源资产所有者职责、统一行使所有国土空间用途管制和生态保护修复职责的要求，发挥国土空间规划的管控作用，加强对自然资源的保护和合理开发利用，为保护和合理开发利用自然资源提供科学政策制度体系，逐步建立健全自然资源管理制度和市场配置体系。

本研究基于当前自然资源管理体制改革的迫切需求，选取5类重要自然资源开展“基本自然资源区”制度研究，以期通过严格且明确的基本自然资源数量、质量和功能管控，保障国土空间的可持续发展。后续将继续开展相关研究，对不足之处予以补充和完善。

## 参考文献

[1] 马永欢, 吴初国, 苏利阳, 等. 重构自然资源管理制度体系. 中国科学院院刊, 2017, 32(7): 757-765.

[2] 许福涛. 基本农田保护区耕地质量监测体系的建立与管理. 土壤, 2005, 37(5): 566-568.

[3] 钟太洋, 黄贤金, 李璐璐, 等. 区域循环经济发展评价: 方法、指标体系与实证研究: 以江苏省为例. 资源科学, 2006, 28(2): 154-162.

[4] 吴次芳, 谭永忠. 制度缺陷与耕地保护. 中国农村经济, 2002, (7): 69-73.

[5] 刘彦随, 乔陆印. 中国新型城镇化背景下耕地保护制度与政策创新. 经济地理, 2014, 34(4): 1-6.

[6] 李赓, 吴次芳, 曹顺爱. 划定基本农田指标体系的研究. 农机化研究, 2006, (8): 46-48.

[7] 钱凤魁. 基于耕地质量及其立地条件评价体系的基本农田划定研究. 沈阳农业大学博士学位论文, 2011.

[8] 钱凤魁, 王秋兵. 基于农用地分等和LESA方法的基本农田划定. 水土保持研究, 2011, 18(2): 251-255.

[9] 靳取货, 克宁, 王金满. 农用地分等在基本农田建设中的应用研究. 资源开发与市场, 2010, 26(7): 617-620.

[10] 涂建军, 卢德彬. 基于GIS与耕地质量组合评价模型划定基本农田整备区. 农业工程学报, 2012, 28(2): 234-238.

[11] 刘霈珈, 吴克宁, 赵华甫, 等. 基于耕地综合质量的基本农田布局优化: 以河南省温县为例. 中国土地科学, 2015, 29(2): 54-59.

[12] 张超, 王治国, 凌峰, 等. 水土保持功能评价及其在水土保持区划中的应用. 中国水土保持科学, 2016, 14(5): 90-99.

[13] 国土资源部. 国土资源部解读《关于全面实行永久基本农田特殊保护的通知》. (2018-02-26)[2018-05-31]. http://www.gov.cn/zhengce/2018-02/27/content_5269128.htm.

[14] 乌丽娅素. 基本草原保护法律制度研究. 内蒙古大学硕士学位论文, 2013.

[15] 单贵莲, 徐柱, 宁发. 草地生态系统健康评价的研究进展与发展趋势. 中国草地学报, 2008, 30(2): 98-103.

[16] 余钦明. 罗源湾海洋工程用海项目对水产养殖影响研究. 集美大学硕士学位论文, 2013.

[17] 刘大海, 马雪健, 李晓璇, 等. 海洋功能区划“基本养殖区”的内涵解析与选划思路. 海洋开发与管理, 2015, 32(10): 13-17.

[18] 韩立民, 李大海, 王波. “蓝色基本农田”: 粮食安全保障与制度构想. 中国农村经济, 2015, (10): 34-41.

[19] 张宇龙, 李亚宁, 胡恒, 等. 我国海水养殖功能区的保有量和预测研究. 海洋环境科学, 2014, 33(3): 493-496.

[20] 马雪健, 刘大海, 李晓璇, 等. 中国基本养殖用海需求量预测. 广东海洋大学学报, 2017, 37(2): 11-17.

[21] 李先杰, 刘大海, 马雪健. 我国沿海地区基本养殖用海需求量预测研究. 海洋环境科学, 2018, 37(2): 15-22.

[22] 刘那日苏. 自然资源开发对经济增长作用的区域差异研究. 兰州大学博士学位论文, 2014.

[23] 王凤春. 分类施策, 实现自然资源统一管理. 中国国土资源报, 2017-12-14(005).

## 3.3 海洋功能区划“基本养殖区”的内涵解析及选划思路

一直以来，养殖用海在维持海洋渔业经济健康发展、保障海产品生产安全、提高渔民收入等方面发挥重要作用。随着《中华人民共和国海域使用管理法》的出台，我国形成了较为完备的养殖用海管理政策体系，为海水养殖业的发展提供了优良的环境。《全国海洋功能区划（2011—2020年）》将保护渔业列为10年工作重点，并指出海洋渔业可持续发展的前提即“传统渔业水域不被侵占、挤占”。《全国农业可持续发展规划（2015—2030年）》也提到“稳定海水养殖面积，改善近海水域生态质量，大力开展水生生物资源增殖和环境修复，提升渔业发展水平。积极发展海洋牧场，保护海洋渔业生态”的工作目标。然而，上述区划规划目标的实现缺乏具体落实途径，而且我国养殖用海管理工作仍然面临资源与技术的双重制约，具体表现在养殖用海权属管理不严格[1]、近海养殖空间被挤占[2]、养殖生产方式科技含量有待提高[3]等。

因此，急需探索一套科学合理的养殖用海管理制度，切实保障养殖用海空间资源可持续利用，推动海水养殖技术升级和产业进步。本研究基于基本农田保护制度和海洋功能区划思想，拓展了海洋功能区划“基本养殖区”（以下简称“基本养殖区”）相关概念，并对“基本养殖区”选划思路进行了系统探讨，以期为养殖用海资源合理利用与管理提供一些思路。

### 3.3.1 “基本养殖区”概念

“基本养殖区”概念是基于目前海水养殖业的发展需求和开发管理中遇到的具体问题而提出来的。

#### 1. 产业发展的迫切需求

中国海洋渔业发展需要一定量的养殖用海空间资源保障。《全国海洋功能区划

（2011—2020年）》明确提出“维持渔业用海基本稳定”，并确定了至2020年海水养殖用海功能区面积不少于260万$hm^2$的基本目标。然而，后续却缺少相应的管理对策和配套细则，基本目标的实现缺少有效的保障措施。与此同时，已选划的农渔业区用途并不严格限制其他产业开发权限，中国近海、滩涂等养殖空间频繁受到沿海开发活动的挤压。“基本养殖区”的选划恰好可以弥补上述管理环节的缺失，将为海洋功能区保有量控制目标的实现提供一定的空间储备与技术支持。

基于生态系统的健康海水养殖模式的全面推广需要实践基础空间。2015年5月，农业部、发展改革委等联合发布《全国农业可持续发展规划（2015—2030年）》，进一步强调养殖生态系统健康的重要意义，并提出“到2020年全国水产健康养殖面积占水产养殖面积的65%，到2030年达到90%”的健康养殖目标。目前随着国家的大力推广扶持，我国人工鱼礁、增殖放流、深水网箱养殖等技术日趋成熟并逐步得到推广，但相当一部分健康海水养殖技术，如混养套养、空间立体化养殖、多营养层次综合养殖等仍处于试验阶段，在新技术被广泛认同并得到产业化应用前，仍需要大量的产业实践经验来论证其应用效益和推广的可行性。通过“基本养殖区”选划，预留集约节约、环境友好、生态高效相关技术的应用示范区，可为优秀健康养殖与管理技术推广提供孵化空间，带动整个海水养殖乃至水产养殖生产能力的提高，加快规划目标的实现。

### 2. 农田保障的“他山之石”

作为第一产业中最重要的生产资料，养殖用海与农田的资源特性以及它们分别在海洋渔业和种植业中所处的地位是非常相似的。养殖用海作为“海洋里的农田”，其开发过程中面临的一些问题，在农田的开发历程中也有迹可循。可以推断，现有的农田科学开发与养护策略对养殖用海资源的开发与保护具有宝贵的借鉴意义。

改革开放以来，我国工业化、城镇化进程加快，耕地遭受挤占[4]。面对农用地紧张局面，1998年，国务院颁布了《基本农田保护条例》，在法律层面上明确了基本农田的概念内涵，明确了维持耕地基本保有量的基本思想和原则。后来随着经济发展的升温，基本农田保护形势日益严峻，为此，国家进一步提出永久基本农田的战略思想，将该思想写入党的十七届三中全会《中共中央关于推进农村改革发展若干重大问题的决定》，并在《全国土地利用总体规划纲要（2006～2020年）调整方案》中明确要求“加快划定永久基本农田”。至此，基本农田概念由最初的一定数量的优质耕地，演变为如今优质、连片、永久、稳定的耕地[5]。

从农田保护的发展历程中可以看出国家对产业基础资源保障的决心和力度。随着海洋资源的进一步开发和海洋经济的蓬勃发展，与当年农业发展面临的困境相似，海水养殖业用海被其他产业挤占的情况开始出现，养殖用海与其他产业用海矛盾日益凸显，若不能尽快采取保障措施，海水养殖业空间将面临更大威胁。因此，为遏制这类矛盾进一步恶化，需借鉴农业发展经验，尽快采取有效措施，从“质”和“量”上保障国家基本养殖资源，维持养殖用海资源可持续开发利用。

#### 3.“基本养殖区”概念内涵解析

从概念上来说，“基本养殖区”是指国家按照一定时期人口和海洋经济发展对海产品的需求，根据海洋功能区划等相关制度确定的不得占用的优质养殖用海[6]。

从功能上来说，“基本养殖区”主要功能定位于海水养殖生产的优质空间资源保留区，同时也服务于健康养殖及管理技术的实践推广。

从管理上来说，“基本养殖区”的划定和管护，必须采取行政、法律、经济、技术等综合手段，加强管理，以实现“基本养殖区”的质量、数量、生态等全方面管护，保证“基本养殖区”不受其他产业用海挤占[7]。

从实践上来说，“基本养殖区”是在充分摸清产业经济和海域资源现状的前提下，为保障中国海水养殖业可持续发展，而以科学手段人为预留出的健康海水养殖生产活动区。其选划过程应遵循自然生态规律，紧密联系中国海水养殖业发展的实际情况和长期发展需求，同时尊重海洋生态系统平衡发展规律，最终目的是促进海水养殖业健康发展。

### 3.3.2 选划“基本养殖区”的意义

#### 1.保障养殖用海资源量

随着国民经济的急速发展，我国海产品消费量连年攀升，过度捕捞与海域环境污染导致渔业资源危机。海产品供应及海洋环境保护的两大需求都要求海水养殖业持续稳定发挥作用，由此，控制/限制捕捞、大力发展生态养殖、稳定海水养殖面积成为全国海洋渔业管理的政策共识。然而，受市场经济影响，其他产业用海挤占养殖用海的现象十分突出，养殖用海空间资源紧缺也日益成为限制海水养殖业持续发展的主要障碍。“基本养殖区”选划本身，就是对养殖用海资源的一种空间保护：一是对重要优质养殖海域空间的保护，鉴别自然条件优越、产业模式成熟的重要养殖功能区并采取保护措施，保证重要养殖资源区免受破坏；二是对有争议的养殖用海空间的保护，通过科学分析并明确争议海域的产权归属，解决最集中、最迫切的产业用海矛盾，维护海域空间的养殖权利；三是对养殖空间总量的保护，通过产业产品的需求分析和科学论证，完成一定量的养殖空间的选划和预留，保障全国最基本的海产品市场供应及海水养殖业的稳定发展。

#### 2.为新技术推广提供示范空间

就目前发展形势而言，集约节约、生态循环等养殖模式虽备受关注，但一些先进的生产技术，如混养套养、空间立体化养殖、多营养层次综合养殖等仍未得到规模化应用，与养殖发展相关的评估管理技术，如养殖容纳量评估、基于生态系统的海洋综合管理等技术也还不成熟，除了需要政策的大力扶持外，更需要从技术应用流程上对其提供切实有效的帮助。“基本养殖区”可作为养殖、评价、管理等新技术的示范空间，有条件的将优秀成果直接应用到生产实践中，并通过良好的管控措施和沟通机制实现信息反馈，实现新技术的不断修正与完善，为促进先进技术的广泛应用提供资源基础，最终为养殖用海资源的生态化开发和利用创造条件。

3. 提高养殖用海资源高效利用率

随着科学技术的发展，面对环境生态与资源困境，人们逐渐摒弃“先污染后治理”的产业发展模式，更倾向于深入问题的源头，防患于未然。在海水养殖领域，采用科技含量高、生态效益好的高效养殖与管理技术成为发展的必然趋势。然而，我国养殖用海面广量大，且技术设施等更新转型需要一定成本，基层管控主导背景下生态化、高效化养殖管理措施全面推广仍存在困难，还需依靠以点带面、先局部后整体的技术推广策略来促进养殖用海整体利用效率的提高。“基本养殖区”的选划给集约节约、健康生态养殖管理措施的实施提供了土壤，通过其切实可见的经济效益、生态效益带动周边养殖功能区技术更新和资源利用方式转型升级，以此逐渐提高养殖用海资源利用效率，促进海水养殖业综合效益提升。

### 3.3.3 海洋功能区划“基本养殖区”选划思路

1. 选划基本原则

“基本养殖区”选划的出发点即保持养殖用海资源的健康可持续利用。所谓海域可持续利用，即要求海域的开发利用应当建立在海洋环境和生态可持续的前提下，既满足当代或本地区人们的需要，实现海洋经济快速增长，又不对满足后代或其他地区人们需求的能力构成危害[8]。因此，要实现这一目标，基本养殖区的选划过程需立足养殖用海“质”与“量”的保障及维护，实际选划时秉持以下几点原则。

一是自然属性与社会属性兼顾原则。“基本养殖区”选划应根据养殖用海自然资源条件、环境状况、地理区位、养殖条件适宜性、养殖现状，并考虑沿海社会和渔业经济持续发展的需要，合理划定“基本养殖区”，获得该海域最佳养殖综合效益。

二是促进经济发展与环境保护并重原则。“基本养殖区”选划应有利于渔业经济可持续发展，妥善处理养殖开发与保护的关系。应严格遵循自然规律，根据渔业资源再生能力和养殖海域环境承载力，科学评估“基本养殖区”养殖条件适宜性、养殖容纳量，积极采用基于生态系统的立体化高效养殖模式，保障养殖生态健康可持续。

三是前瞻性原则。“基本养殖区”选划应在客观展望未来科学养殖技术和渔业经济发展水平的基础上，充分体现养殖用海资源开发与养护的前瞻意识，为提高养殖用海开发利用的技术层次和综合效益留有余地。

四是管理强制性原则。“基本养殖区”的划定过程和后期管护，需依赖法律强制力、严格的行政管理手段等，明确“基本养殖区”保护范围、质量、数量，严守“养殖红线”，切实保障基本养殖海域不被挤占。

通过以上原则，使“基本养殖区”选划既遵从自然科学规律，又能紧密联系中国海水养殖业发展的实际情况，力求开发管理模式健康可持续、管理手段明晰可操作，确保“基本养殖区”空间资源稳定、环境持续优质，切实发挥“基本养殖区”保障功能与示范意义。

2. 选划技术方案

“基本养殖区”选划与海洋功能区渔业资源利用和养护区选划主体技术及流程相似，均需要分析养殖产业发展现状、趋势及基本用海需求，确定重点养殖区范围、规模，分析待选划区域的海水养殖条件等。需要注意的是，与一般海洋功能区选划相比，“基本养殖区”选划结果倾向于得到更为严格的制度保障，避免基本养殖资源被挤占。

（1）基本养殖需求量化。摸清全国养殖用海开发利用现状及其养殖产业发展现状，结合海产品产量估算、市场前景预测、海域资源总量分析、产业政策分析等，预测适合养殖产业发展的全国养殖用海基本规模，确定养殖用海需求的量化标准。

（2）明确“基本养殖区”位置、范围。基于海洋功能区划中划定的农渔业区范围，结合各沿海省（区、市）其他相关区划、规划，合理确定“基本养殖区”选划的最大范围，并将此作为底图。评价该范围海域环境对养殖活动的适宜性并区分等级。在此基础上，综合前期基本养殖需求量化，明确“基本养殖区”选划的范围与位置。

（3）划定基本养殖红线。确定“基本养殖区”选划位置与范围之后，划定基本养殖红线，用于明确“基本养殖区”与周边海域的界限，结合严格的政策管理措施保障基本养殖区规避其他用海产业的挤占。

3. 选划条件

“基本养殖区”是养殖用海中的“优质预留区”[9, 10]，“基本养殖区”海域需满足以下条件：①良好的自然质量条件；②协调的产业用海环境条件；③一定的空间立体化开发程度。这保障了重要优质养殖资源的安全，保证了“基本养殖区”内养殖生产活动的协调适宜性，能引导养殖用海开发行为向立体化空间拓展，进一步保障养殖用海资源的高效利用[11]。

4. 讨论与展望

海洋“基本养殖区”的选划及管理，对海水养殖业本身及其他海洋产业发展均具有积极意义。一方面，养殖用海基本资源是否得到有效保护与妥善开发，关系到蛋白供应及食品安全、国家水产品进出口贸易、沿海渔民生活水平等，“基本养殖区”选划有利于保障国家基本养殖产品数量与质量、养殖产业链条、渔业从业人员安置、海域管理工作等的持续稳定，对维护养殖用海的基本功能属性意义重大。另一方面，养殖用海约占全国海域使用面积的90%，养殖用海资源管理模式是否有效，与整个海域管理工作的未来发展动向和前景有很大联系。

若“基本养殖区”技术体系建立并实施，其成果将应用于养殖用海管理的第一线，为养殖用海保有量控制提供切实抓手和主要依据。但选划工作的难度在于，一方面“基本养殖区”选划需满足海洋可持续发展、基于生态系统的海洋综合管理等理论与技术要求[12-14]，另一方面其示范应用意义的实现也对前期选划、过程控制、后期监管等提出更高标准。一系列管理上、技术上的关键问题需要得到解答，例如，“基本养殖区”范围、面积、养殖红线位置如何确定？通过何种手段实现对基本养殖红线的监控和管理？基层海域管理部门采取怎样的措施确保海洋功能区划“基本养殖区”数量不减少、不挪作他用？在“基本养殖区”开展立体化、生态化养殖，进行健康海水养殖技术产业化应用的可操作性有多大？单位和个人是否有能力、有意愿保护“基本养殖区”，并承担保持该海域环境质量和养殖生产力的义务？因此，“基本养殖区”选划还有待更深入和系统地探索。

目前中国海水养殖业仍面临海洋资源、环境的双重约束[15]，养殖产业亟待转型，在此关键节点开展基于生态系统的、海洋资源可持续利用的相关技术与理论研究十分必要。中国海水养殖业必须抓住产业转型黄金期，加速向现代渔业转变，围绕保供、增收和可持续发展，从管理上重视养殖用海资源环境价值，加大绿色、健康、安全的海水养殖技术投入，不断提高海洋渔业发展的质量和效益。

### 3.3.4 结语

本研究针对海水养殖业发展的迫切需求和突出问题，借鉴基本农田保护思路和海洋功能区选划思想，拓展了“基本养殖区”概念，深入讨论了“基本养殖区”选划在国家海水养殖业发展上可能发挥的作用，探究了“基本养殖区”选划的基本原则、技术方案、选划条件等，并对其未来发展方向、重难点问题等进行了系列讨论与展望。需要注意的是，本研究涉及的“基本养殖区”选划技术体系、管理机制构建、方法思路设计等方面仍有完善空间，其可操作性亦有待论证，希望“基本养殖区”选划理论方法能引起更为深入系统的研讨，为促进养殖用海管理深化升级提供技术支撑。

## 参考文献

[1] 毛振鹏. 中国鲍养殖产业结构与特征研究. 中国海洋大学博士学位论文, 2014.

[2] 汪三平. 浅议其它行业用海对渔业用海的影响及对策. 福建水产, 2011, 33(4): 57-60.

[3] 都晓岩, 卢宁. 论提高我国渔业经济效益的途径: 一种产业链视角下的分析. 中国海洋大学学报: 社会科学版, 2006, (3): 10-14.

[4] 刘卉. 城镇化进程中的粮食安全政策研究. 湖南师范大学硕士学位论文, 2012.

[5] 钱凤魁, 王秋兵, 边振兴, 等. 永久基本农田划定和保护理论探讨. 中国农业资源与区划, 2013, 34(3): 22-27.

[6] 中华人民共和国国务院. 基本农田保护条例. 1998.

[7] 祝君壁. 永久基本农田保护——筑牢粮食安全最后防线. (2015-01-19)[2015-07-17]. http://www.ce.cn/cysc/sp/info/201501/19/t20150119_4369245.shtml

[8] 王江涛, 郭佩芳. 海洋功能区划理论体系框架构建. 海洋通报, 2010, 29(6): 669-673.

[9] 邓红蒂. 规划修编与基本农田保护. 中国土地, 2005, (9): 27-28.

[10] 钱凤魁, 王秋兵, 董婷婷, 等. 农用地等级折算成果在耕地占补平衡中的应用. 农业工程学报, 2008, 24(8): 100-103.

[11] 刘大海, 李铮, 邢文秀, 等. 海洋空间新布局理论的发展及其理论框架. 海洋经济, 2015, 5(1): 3-8

[12] 魏宏森. 系统论——系统科学哲学. 北京: 世界图书出版公司, 2009: 296-297.

[13] 曹可. 海洋功能区划的基本理论与实证研究. 辽宁师范大学硕士学位论文, 2004.

[14] 张宏声. 海域使用管理指南. 北京: 海洋出版社, 2004: 12-16.

[15] 郝向举. 加快转变发展方式 促进产业优化升级 推动我国水产品加工业持续健康发展——赵兴武局长在全国水产品加工业发展促进工作会议上的讲话(摘编). 中国水产, 2012, (12): 8-10.

## 3.4 全国基本养殖用海需求空间预测

海洋功能区划“基本养殖区”概念是基于目前海水养殖业的发展和管理需求而提出的[1]。作为养殖用海空间资源预留区，“基本养殖区”的基本功能是保护优质养殖用海空间不流失，从而保障养殖海产品的基本生产供给，维持海洋渔业可持续发展。科学预测与量化国家养殖用海空间需求是“基本养殖区”选划的首要前提。本节结合现有科研实践经验和时间序列数据，解析中国居民海产品生产供给、消费需求之间的关系，开展了2030年全国及沿海省（区、市）的“基本养殖区”用海保有量目标预测研究。该研究是海洋功能区划“基本养殖区”选划工作的关键步骤，其量化结果也可为新一轮海洋功能区划渔业用海功能区保有量目标的制定提供方法论。

中国是海产品消费和生产大国，也是世界上第一个养殖产量超越捕捞产量的国家[2]。统计资料①显示，近年来我国海水养殖产量份额逐渐增大，超过水产品总产量的28%，海水养殖成为水产品供应的最重要来源，也是维持中国海洋渔业发展优势的支柱[3]。然而，养殖用海作为海水养殖业赖以生存和发展的空间资源，其存量不足的风险已显露端倪。一方面，传统海水养殖空间正在遭受来自海洋工业、滨海城镇建设、港口航运等用海的巨大压力；另一方面，养殖用海遭受由陆源污染、开发不合理等引起的环境破坏的压力，由此全国养殖用海出现存量危机，从2012年起部分省（区、市）养殖用海面积被压缩，全国养殖用海总面积减小。

面对养殖用海存量下降的风险，《全国海洋功能区划（2011—2020年）》提出了至2020年海水养殖用海的功能区面积不少于260万$hm^2$的保有量指标。《全国农业可持续发展规划（2015—2030年）》继续将“稳定海水养殖面积”作为全国农业可持续发展十五年工作任务之一，预示着新一轮海洋功能区划执行阶段（2021～2030年）仍然需要制定符合国民经济发展需要的养殖发展目标，以持续保障养殖用海的基本空间和收益。

在这一背景下，全国基本养殖区用海需求亟待量化。目前，国内海域空间配置、海域环境容量、海产品消费需求等研究经验丰富[4-6]，而海域需求量的预测研究案例少且新，方法有待讨论。2012年，宋德瑞[7]对历年海域使用面积统计数据进行了回归分析，预测了各类型用海需求量；2014年，张宇龙等[8]根据对养殖海产品消费量、加工量和净出口量的计算，预测了2020年海水养殖功能区保有量。前者是时间序列数据的纯数学处理，过程简便、结果易得，但预测结果可信度较低；后者分别收集处理不同去向的养殖海产品消费数据，通过海产品消费量逆推海域使用面积，这一思想值得借鉴。

① 文内涉及中国养殖海产品消费、海产品产量、养殖用海面积等相关数据均来自2006～2014年《中国统计年鉴》。

纵观现行规划期统计数据，养殖用海保有量目标导向作用仍然显著。并且不论是基于我国海洋渔业可持续发展的长期目标，还是基于对国民生产生活对海产品消费需求增势的整体考量[9]，科学量化我国未来养殖用海规模需求、合理预测下一阶段国家养殖用海保有量目标都是十分必要的。

### 3.4.1　材料与方法

目前海洋空间资源需求预测的相关研究多局限于产业需求的定性分析，定量研究较少，标准缺失。近岸海水养殖空间与陆地可开发空间有一定共性，可采用保护性耕地（如基本农田）需求预测的经验，依据海产品的消费需求来逆推养殖用海面积供给需求。主要数据来源是历年《中国统计年鉴》和《中国海洋统计年鉴》，人口统计、海洋产业、国民经济数据为国务院等权威机构的公开数据。

#### 1. 养殖海产品食用消费量分析和预测

由于目前养殖海产品消费相关统计数据暂缺，可通过《中国统计年鉴》公布的全国居民家庭主要食品消费数据，以及全国居民水产品与海水养殖产品消费的数量关系，换算历年养殖海产品消费量。

##### 1）水产品食用消费量分析和预测

Ⅰ. 人均收入与人均水产品食用消费量

《中国统计年鉴》统计了历年居民家庭水产品食用消费的情况，研究表明，排除价格因素波动，居民对水产品的人均食用消费量与居民人均收入符合幂函数[10-12]趋势：

$$y = aX^{E}\ (a>0) \tag{3.1}$$

式中，$y$表示某一类水产品的人均食用消费量；$X$表示人均可支配收入；$a$为系数；$E$为指数，表示需求弹性值。图像符合恩格尔曲线[13]。

通过2006～2014年中国家庭人均可支配收入与人均水产品食用消费量历史数据，利用最小二乘法和Excel软件，可计算系数$a$和指数$E$的值。将2030年全国居民人均收入预测值代入式（3.1），可计算当年人均水产品食用消费需求量。由于《中国统计年鉴》中2008年与2009年城镇居民人均水产品食用消费量暂缺，但人均消费量增长较平稳，且临近年份人均水产品食用消费量线性相关，可利用线性插值法估算这两年人均水产品食用消费量。

线性插值法计算原理与过程：设2006～2014年城镇居民人均水产品食用消费量分别以字母$a$～$i$表示，其中，$c$、$d$数值未知，其他数值已知。在线性插值条件下，$c$、$d$分别满足如下关系式：

$$c = b + b\times\frac{b-a}{a},\quad d = c + c\times\frac{c-b}{b}$$

计算结果见表3.1。

表3.1 2006～2014年中国城镇、农村居民人均水产品食用消费量

| 分类 | 2006年 | 2007年 | 2008年 | 2009年 | 2010年 | 2011年 | 2012年 | 2013年 | 2014年 |
|---|---|---|---|---|---|---|---|---|---|
| 城镇居民人均食用消费量/kg | 12.95 | 14.2 | 14.3 | 14.5 | 15.2 | 14.6 | 15.2 | 14.0 | 14.4 |
| 农村居民人均食用消费量/kg | 5.01 | 5.36 | 5.25 | 5.27 | 5.15 | 5.36 | 5.36 | 6.6 | 6.8 |

注：数据来自历年《中国统计年鉴》，2008年与2009年城镇居民人均食用消费量采用线性插值法计算得来

Ⅱ. 人口数与水产品食用消费量

全国（省）居民水产品食用消费量=人均水产品食用消费量×全国（省）当年人口数（3.2）

全国人口数预测值借鉴国家卫生和计划生育委员会的预测结果。沿海各省（区、市）人口数可依照历年人口增长率计算，或取当地城市发展规划规定数值。

2）养殖海产品食用消费量预测

目前，国内没有居民养殖海产品食用消费量统计数据，因此本研究以水产品食用消费量为参照，根据水产品食用消费量与养殖海产品食用消费量的关系，近似换算养殖海产品的食用消费量。

居民食用消费水产品中，养殖海产品占有的具体比例无法获取，但水产品中养殖海产品的供给占比是明确的。假设各类水产品、养殖海产品的供给、食用消费与消耗程度相似，则水产品中养殖海产品供给占比可近似替代居民食用消费的水产品中养殖海产品所占比例。有如下公式：

养殖海产品供给占比 = 养殖海产品产量 ÷ 水产品产量 （3.3）

养殖海产品食用消费量 = 水产品食用消费量 × 养殖海产品供给占比 （3.4）

若全国及沿海各省（区、市）2030年水产品食用消费量可预测，则根据式（3.3）、式（3.4）可预测相应的养殖海产品食用消费量。

2. 养殖用海面积需求量预测

根据产品供需平衡的经济学基本原理，当确定养殖海产品食用消费量后，可以通过单位面积产量换算生产这些海产品所需的养殖用海面积。

1）养殖海产品食用消费系数

定义养殖海产品食用消费系数为养殖海产品食用消费量占养殖海产品产量的比例，即每年国产海水养殖产品中被国内居民家庭食用消费的比例。假设消费系数为0.1（即10%），可以理解为居民餐桌上每食用10kg的养殖海产品，平均需对应100kg的养殖海产品的生产量作为供应储备。公式如下：

养殖海产品食用消费系数 = 养殖海产品食用消费量 ÷ 养殖海产品产量 （3.5）

通过分析历年消费系数，2030年养殖海产品食用消费系数、养殖海产品产量均可计算。

2）养殖用海面积需求量

单位面积产量 = 养殖海产品产量 ÷ 养殖用海面积 （3.6）

根据历年海水养殖单产情况和2030年养殖海产品需求产量，可计算当年养殖用海需求量。

### 3.4.2 计算过程与结果

通过对比分析历年海洋渔业、水产品消费相关统计数据情况，采用《中国统计年鉴》和《中国海洋统计年鉴》2006～2014年相关数据开展预测，主要涉及全国及各省（区、市）年度人口数、人均可支配收入、居民家庭食品消费情况、养殖用海面积、海水养殖产量等数据。

1. 2006～2014年相关数据整理与分析

1）水产品食用消费情况

《中国统计年鉴》对全国居民人均主要食品消费量、人口数、水产品产量等进行了统计，反映了中国居民每年的水产品直接食用情况。利用线性插值法补足2008年、2009年人均食用消费量，计算结果见表3.1。

根据水产品人均消费情况和《中国统计年鉴》公布的当年城镇居民、农村居民人口数，可计算年度国内居民水产品食用消费量和全国居民当年人均水产品食用消费量。

2）中国居民收入情况

根据2006～2014年《中国统计年鉴》数据，可获得全国居民人均可支配收入情况。从数值来看，全国居民收入保持平稳增长。

3）海水养殖生产情况

2006～2014年统计数据显示，全国养殖用海确权面积基本保持增长态势，2013年全国养殖用海总面积超过230万$hm^2$，但部分省（区、市）养殖用海面积近年来有所下降，全国总面积2014年也有下降；2006～2014年全国海水养殖产量持续平稳增长，其中2014年海水养殖产量超过1800万t，并且在全国水产品中所占的份额也呈增长态势（表3.2）。海水养殖产量超过海洋捕捞产量，海水养殖将成为中国人民获取海洋食品的最主要来源。

表3.2　2006～2014年中国水产品产量及供给占比

| 产量及供给占比 | 2006年 | 2007年 | 2008年 | 2009年 | 2010年 | 2011年 | 2012年 | 2013年 | 2014年 |
|---|---|---|---|---|---|---|---|---|---|
| 水产品总产量/万t | 4583.6 | 4747.5 | 4895.6 | 5116.4 | 5373.0 | 5603.2 | 5907.7 | 6172.0 | 6461.5 |
| 海水养殖产量/万t | 1264.2 | 1307.3 | 1340.3 | 1405.2 | 1482.3 | 1551.3 | 1643.8 | 1739.2 | 1812.6 |
| 养殖海产品供给占比/% | 27.58 | 27.54 | 27.38 | 27.46 | 27.59 | 27.69 | 27.82 | 28.18 | 28.05 |

2. 2030年全国养殖用海需求量预测

1）水产品食用消费量预测

Ⅰ. 人均水产品食用消费量预测模型

数据显示，近年来随着我国居民人均可支配收入的增长，水产品的人均食用消费量也在稳步增长，基本符合幂函数模型趋势，模型公式为

$$Y = uX^a \tag{3.7}$$

式中，$Y$是全国人均水产品食用消费量（kg）；$X$是居民人均可支配收入（元）；$u$、$a$为系数。

根据2006～2014年中国居民人均可支配收入与人均水产品食用消费量数据，可得幂函数公式：

$$\hat{y} = 1.4432x^{0.2035} \tag{3.8}$$

式中，$\hat{y}$为居民人均水产品食用消费量（kg）；$x$为居民人均可支配收入（元）。

如图3.1所示，拟合系数$R^2 = 0.9364$，接近1，说明公式拟合性较好。

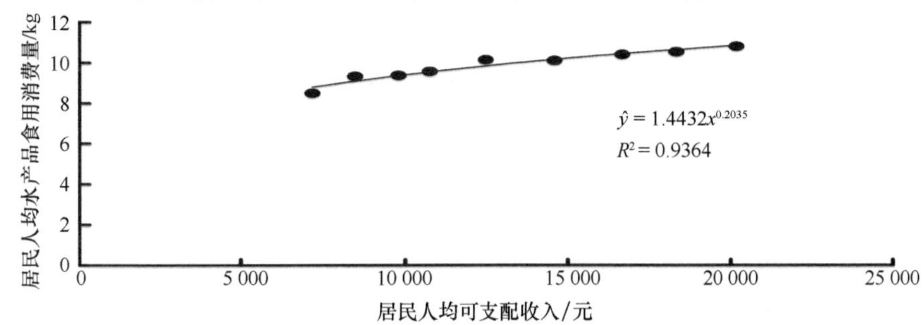


图3.1　2006～2014年全国居民人均可支配收入与水产品食用消费量趋势

Ⅱ. 人均可支配收入预测

国务院预测，中国经济未来将由高速增长阶段转入年均6%～8%的中速增长阶段，按照《中华人民共和国国民经济和社会发展第十三个五年规划纲要》，2020年国民人均可支配收入将比2010年的12 471.8元翻一番，达24 943.6元。因此，分别按照国民人均收入每年平均6%、7%、8%的增速，基于2020年人均可支配收入，可计算2030年人均可支配收入，分别为44 670元、49 068元、53 851元。

为便于理解，后续计算采用经济增速为8%的居民人均可支配收入预测值。不同增速下的养殖用海保有量计算的其他结果将在讨论中开展分析。

Ⅲ. 人均水产品食用消费量预测

将2030年人均可支配收入预测值代入式（3.8），可计算出2030年的人均水产品食用消费量的预测值，为13.25kg。

Ⅳ. 中国人口数预测

根据国家卫生和计划生育委员会[14]的预测，2030年中国人口总量约为14.5亿。

根据式（3.2），计算2030年全国居民水产品食用消费量，预测结果见表3.3。

表3.3　2030年全国居民水产品食用消费量预测结果

| 年份 | 全国人均可支配收入/元 | 全国居民人均水产品食用消费量/kg | 全国人口数/亿人 | 全国居民水产品食用消费量/万t |
|---|---|---|---|---|
| 2030 | 53 851 | 13.25 | 14.5 | 1920.85* |

* 由于数值修约，预测结果与依据表中数据计算的结果不完全一致，全书余同

2）养殖海产品食用消费量预测

在全国及沿海各省（区、市）2030年水产品食用消费量可预测的前提下，根据2006～2014年养殖海产品供给占比，可利用式（3.4）预测2030年全国养殖海产品食用消费量。

Ⅰ. 2030年养殖海产品供给占比预测

根据2006～2014年养殖海产品供给占比数据和相关研究预测（图3.2），未来较长一段时间内，中国海洋产品供给占比还将保持增长趋势，比较符合以下线性关系：

$$y_t = 0.0821t + 27.288$$

式中，$t$为年份，2006年$t$ = 1，则2030年$t$ = 25；$y$是养殖海产品供给占比，单位为%。可推算出$y_{25}$约为29.34，即2030年水产品供给总量中，养殖海产品占比约为29.34%。

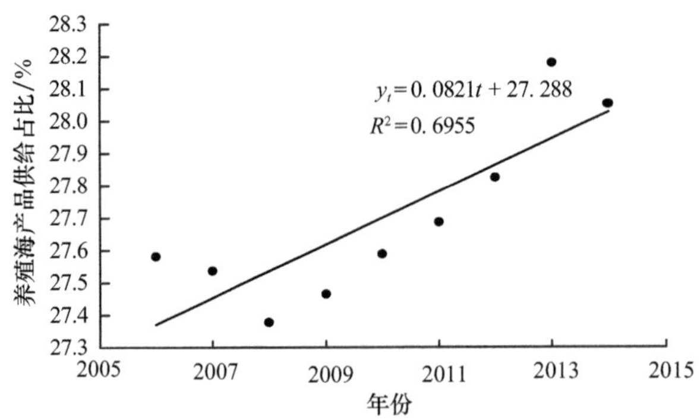


图3.2　2006～2014年养殖海产品供给占比增长趋势

Ⅱ. 2030年全国养殖海产品食用消费量预测

根据2030年水产品食用消费量，以及养殖海产品供给占比，可以预测相应年份全国居民养殖海产品食用消费量，约为563.58万t。

3）养殖海产品消费需求总量预测

根据式（3.5）可计算2006～2014年养殖海产品食用消费系数。数据显示，每年养殖海产品的食用消费量与养殖产量的比值在0.24左右，说明养殖海产品总量中有相对固定的份额用于居民食用消费。因此，以此系数预测未来养殖海产品的消费量是可行的。

另外，养殖海产品食用消费系数有总体下降趋势。根据对国民消费需求、加工技术的总体考量，计算中选择目前历年最低水平作为2030年的养殖海产品食用消费系数预测值，系数取值为0.2287。

4）2030年养殖用海需求量预测

Ⅰ. 海水养殖单位面积产量预测

中国海水养殖单位面积产量变化趋势与海水养殖技术有关。可以预测，未来中国海水养殖单位面积产量至少能保持目前的最高水平，因此不妨以2014年单产数值7.86t/hm$^2$作为2030年海水养殖单位面积产量，进入下一步预测。

Ⅱ. 2030年国内养殖用海需求面积预测

根据全国养殖海产品食用消费需求总量、食用消费系数、海水养殖单位面积产量预测值，可以预测未来全国养殖用海需求面积（表3.4）。

表3.4　2030年全国养殖用海需求量计算

| 指标内容 | 单位 | 预测值 |
| --- | --- | --- |
| 水产品人均食用消费需求量 | kg | 13.25 |
| 人口数 | 亿 | 14.5 |
| 水产品食用消费需求总量 | 万t | 1 920.85 |
| 养殖海产品供给占比 | % | 29.34 |
| 养殖海产品食用消费需求总量 | 万t | 563.58 |
| 养殖海产品食用消费系数 | — | 0.228 7 |
| 养殖海产品需求产量 | 万t | 2 464.26 |
| 海水养殖单位面积产量 | $t/hm^2$ | 7.86 |
| 养殖用海需求量 | $hm^2$ | 3 135 189.82 |

3. 2030年全国沿海省（区、市）养殖用海需求量预测

国内居民的海产品消费主要来自沿海11省（区、市），结合全国养殖用海需求量预测原理和各省（区、市）数据资料的获得情况，设计具体步骤：①根据全国31省（区、市）居民人均可支配收入计算养殖海产品需求量；②按照省（区、市）间区位和沿海省（区、市）现有供给能力，按梯度将全国31省（区、市）养殖海产品需求产量分配至沿海11省（区、市）；③根据分配结果和沿海养殖单位面积生产情况预测2030年沿海各省（区、市）养殖用海需求量。

1）全国31省（区、市）养殖海产品食用消费需求量（需求产量）

通过31省（区、市）居民2030年人均可支配收入预测当年水产品人均食用消费量。人均可支配收入按年均8%的增速计算；除北京[15, 16]、天津[17]、上海[18]外，各省（区、市）人口数预测按照近5年当地人口平均增长率计算。

2）沿海省（区、市）养殖海产品需求与供给分配

沿海11省（区、市）是全国养殖海产品的生产供应地，但全国各省（区、市）海产品具体来源难以统计和量化，因此通过衡量各省（区、市）间的区位距离、沿海省（区、市）海水养殖生产能力等，间接预测养殖海产品来源，将全国居民养殖海产品消费量分配至沿海11省（区、市）。

Ⅰ. 沿海11省（区、市）海水养殖生产能力

沿海省（区、市）养殖海产品供需比 = 海水养殖年产量 ÷ 本省（区、市）居民养殖海产品食用消费需求量　（3.9）

以2014年为例，沿海省（区、市）海水养殖生产能力（海水养殖产量与养殖海产品需产求量的比值，以下简称供需比）小于1，则认为当地海水养殖产量尚不足以供应本

地消费需求，生产能力较弱。其他省（区、市）海水养殖不仅可以供应本地需求，并且有能力向外地输出养殖海产品。

Ⅱ. 养殖海产品消费需求分配过程

为便于养殖海产品分配量的估算，将全国31省（区、市）分为4组，然后综合区位距离和海水养殖生产能力两个因素，将养殖需求产量合理分配至沿海省（区、市）（表3.5）。

表3.5　2030年沿海省（区、市）养殖海产品需求产量

| 沿海省（区、市） | 养殖海产品需求产量/万t |
| --- | --- |
| 天津 | 19.67 |
| 河北 | 139.14 |
| 辽宁 | 380.8 |
| 上海 | 60.66 |
| 江苏 | 158.26 |
| 浙江 | 128.41 |
| 福建 | 396.94 |
| 山东 | 623.27 |
| 广东 | 431.66 |
| 广西 | 185.36 |
| 海南 | 53.49 |

第一组是全国沿海11省（区、市），其养殖产品除满足本地居民所需，还供给其他内陆省（区、市），但天津、河北、上海、江苏等4省（市）供需比小于1，尤其是天津、河北、上海明显不足，因此以上4省（市）不供应其他省（区、市）的消费份额；第二组是沿海省（区、市）的邻省（区、市），共11省（区、市），包括北京、山西、内蒙古、吉林、黑龙江、安徽、江西、河南、湖南、贵州、云南，假设该组每个省（区、市）的养殖海产品仅来自最邻近的2个沿海省（区、市）（供需比大于1），消费量平均分配；第三组是第二组的内陆邻省（区、市），不妨称作内地省（区、市），共6省（区、市），包括湖北、陕西、甘肃、宁夏、重庆、四川，假设该组每个省（区、市）养殖海产品仅来自最邻近的4个沿海省（区、市）（供需比大于1.5），消费量平均分配；第四组是剩余3个省（区），不妨称作远海省（区），包括西藏、青海、新疆，假设该组每个省（区）养殖海产品来源不受区位距离限制，仅来自生产能力最强的3个沿海省（区、市）（供需比大于2.5），消费量平均分配[19]。

3）沿海省（区、市）养殖用海需求量

基于现有单位面积产量数据波动增长的状况，暂选取2007～2014年单位面积产量的最高值，作为2030年的单位面积产量，并由此结合需求量供给结果计算养殖用海需求量。计算结果见表3.6。

表3.6 2030年沿海省（区、市）养殖用海需求量

| 沿海省（区、市） | 海水养殖单产预测值/（$t/hm^2$） | 养殖用海需求量/$hm^2$ |
|---|---|---|
| 天津 | 3.87 | 50 815 |
| 河北 | 4.02 | 346 126 |
| 辽宁 | 4.93 | 772 421 |
| 上海 | 2.69 | 225 494 |
| 江苏 | 4.96 | 319 068 |
| 浙江 | 10.18 | 126 143 |
| 福建 | 23.51 | 168 839 |
| 山东 | 8.75 | 712 314 |
| 广东 | 15.2 | 283 985 |
| 广西 | 26.64 | 69 579 |
| 海南 | 16.18 | 33 062 |
| 合计 | — | 3 107 846 |

注：基于各省（区、市）经济增速为8%来计算，其他情况在结果检验与分析部分处理

### 3.4.3 结果检验与分析

1. 基本养殖用海需求量预测结果

基于居民人均收入水平和水产品消费需求关系，按照2030年经济增速8%、人口14.5亿计算，届时中国基本养殖用海需求量为3 135 189.82$hm^2$。根据全国各省（区、市）居民的养殖海产品消费需求及分配，预计2030年全国沿海各省（区、市）基本养殖用海需求量为3 107 846$hm^2$。

2. 时间尺度上的预测结果检验

1）预测结果时间检验

根据同样原理和方法，对2020年全国基本养殖用海需求量进行预测对照。按照2020年全国人口14.3亿、居民人均收入约2.49万元/年（比2010年翻一番）计算，届时基于居民人均收入水平和消费需求的全国基本养殖用海需求量约为2 636 320$hm^2$，基于沿海省（区、市）供求计算的养殖用海总量约为2 439 852$hm^2$。综合来看，至2020年，全国基本养殖用海需求量计算结果与《全国海洋功能区划（2011—2020年）》提出的养殖用海功能区面积"至2020年不少于260万$hm^2$"的基本目标相近，说明本研究方法比较合理，研究结果比较可信。

2）基于时间序列的GM（1，1）模型模拟预测

根据2007～2014年养殖用海面积的时间序列数据，采用灰色系统模型GM（1，1）直接预测2020年、2030年全国养殖用海面积。计算过程采用EViews、Excel软件辅助。

时间序列处理下，2020年、2030年养殖用海等维递补面积预测值分别为300万$hm^2$、

457万$hm^2$，该预测方法仅是对历史数据的直观反映。说明在无外界干扰的情况下，养殖用海的需求是有潜力保持持续增长的。

3. 不同经济增速下的预测结果分析

针对国务院发布的中国经济增速分析，分别测算中国经济增速维持在6%、7%和8%条件下，2030年全国及沿海省（区、市）基本养殖用海需求量情况，计算结果见表3.7。

表3.7　不同经济增速下2030年中国基本养殖用海需求量预测结果　（单位：万$hm^2$）

| | 经济增速 | | |
|---|---|---|---|
| | 8% | 7% | 6% |
| 全国 | 313.52 | 307.64 | 301.82 |
| 各省（区、市）总量 | 305.51 | 292.25 | 289.25 |

从表3.7预测结果可知，经济状况一定程度上影响居民水产品需求消费。经济增速放缓的同时，中国养殖用海的需求也将放缓。

### 3.4.4　讨论

以上检验和分析说明基于居民人均收入水平和水产品消费需求关系对养殖用海需求量进行预测的方法合理，预测结果比较科学，数据来源真实可靠，操作性强。2030年全国基本养殖用海需求量应维持在290万～310万$hm^2$才能满足全国养殖海产品消费需求。国家经济状态直接影响养殖用海需求量。在经济增速为6%的情况下，全国养殖用海保有量应达到289万～302万$hm^2$；在经济增速为7%的情况下，全国养殖用海保有量应达到292万～308万$hm^2$；在经济增速为8%的情况下，全国养殖用海保有量应达到306万～314万$hm^2$。并且，政策指标在养殖用海面积上导向性显著，在此种情况下，保有量指标的合理性对海水养殖业乃至海洋渔业的未来发展影响很大。因此，政策制定者在制定养殖用海规划目标时要考虑国家和地区经济形势，有针对性地采取扩大或紧缩的用海规划指标。

全国沿海11省（区、市）中，辽宁省和山东省是全国最大的养殖海产品供应省；上海市、天津市、河北省的养殖用海资源供应量远小于需求量，养殖用海资源极度缺乏，在未来发展规划中，应当强化当地养殖用海供需论证，适当地制定养殖用海保有量目标，以保障本地的养殖海产品消费供应。

本研究通过时间序列数据对比养殖海产品食用消费量和养殖海产品产量，发现其比值呈现一定的稳定性，因此将此趋稳比值视为恒定的食用消费系数，用于后续数值的预测。但实际上食用消费系数不是固定值，取值大小也缺乏更多数据支撑，可能随着生产、加工及运输技术的进步和升级，以及水产品损耗率的降低而有升高趋势。

单位面积产量方面，随着养殖技术的进步和生态化、集约化程度的加深，笔者对未来我国海水养殖的单位面积产量的增长持积极态度，但不会一直保持增长，而是趋近一个平衡。计算过程中取近年单位面积产量最大值用作2030年预测值的做法能够体现“有增长，但不会一直增长”的思想。此外，随着市场的食品供应多样化，人们对养殖海产品的需求也不会一直增长，在此背景下，预计总体对养殖用海的需求量也将趋平。

综合来看，养殖用海面积的预测比较合理，研究方法与所涉及的数据简单、易得，有效避免了跨行业数据获取困难、多类型数据处理复杂等问题，是一种依靠常见数据获得复杂目标的简便算法。通过研究也可以发现，随着我国居民生活水平的提高和人口总量的增加，全国及沿海各省（区、市）对养殖用海空间资源需求量仍然很大。因此，无论是出于保持海洋渔业的健康发展，还是保证老百姓基本消费需求的考虑，养殖用海空间资源的保护都应当得到重视。

## 参考文献

[1] 刘大海, 马雪健, 李晓璇, 等. 海洋功能区划“基本养殖区”的内涵解析与选划思路. 海洋开发与管理, 2015, (10): 13-17.

[2] 麦康森. 我国水产动物营养与饲料的研究和发展方向. 饲料工业, 2010, (s1): 1-9.

[3] 封志明, 史登峰. 近20年来中国食物消费变化与膳食营养状况评价. 资源科学, 2006, 28(1): 2-8.

[4] 赵明利. 我国海域资源配置市场化管理问题与对策研究. 中国科学院大学博士学位论文, 2015.

[5] 魏娥华. 青岛市崂山区海域环境容量研究. 中国海洋大学硕士学位论文, 2008.

[6] 蔡鑫, 陈洁, 陈永福. 2015—2035年中国水产品需求展望. 农业展望, 2014, 10(1): 70-74.

[7] 宋德瑞. 我国海域使用需求与发展分析研究. 大连海事大学硕士学位论文, 2012.

[8] 张宇龙, 李亚宁, 胡恒, 等. 我国海水养殖功能区的保有量和预测研究. 海洋环境科学, 2014, (3): 493-496.

[9] 曹志宏. 基于谷物当量的中国居民食物消费变化及其对农业生产需求分析. 资源科学, 2013, 35(11): 2181-2187.

[10] 谭城, 张小栓. 我国城镇居民水产品消费影响因素分析. 中国渔业经济, 2005, (5): 41-44.

[11] 高鸿业. 西方经济学: 微观部分. 北京: 中国人民大学出版社, 2005: 23.

[12] 杨荣俊, 彭格雄, 陈正蟾. 本世纪末我省城乡居民对农产品、食品需求量的预测. 当代财经, 1984, (3): 96-102.

[13] 陈志峰, 林国华, 曾玉荣, 等. 基于双对数模型的福州市水产品消费需求预测与对策. 江苏农业科学, 2011, 39(6): 664-668.

[14] 李江雪. 卫计委: 预计2030年前后中国人口达14.5亿峰值. (2016-01-11)[2017-01-14]. http://news.qq.com/a/20081023/002419.htm.

[15] 苏向东. 北京城市总体规划(2004-2020年). (2009-03-04)[2017-01-14]. http://www.China.com.cn/aboutchina/zhuanti/09dfgl/2009-03/04/content_17371797.htm.

[16] 21世纪经济报道. 2030年北京人口达到3000万? (2013-12-24)[2016-09-12]. http://money.163.com/13/1224/02/9GQV8V4E00253B0H.html.

[17] 苏向东. 天津市城市总体规划(2005-2020年)组图. (2009-04-22)[2017-01-14]. http://www.china.com.cn/aboutchina/zhuanti/09dfgl/2009-04/22/content_17651329.htm.

[18] 刘昕璐. 上海人口发展趋势报告预测2030年常住人口最接近3000万. 青年报, 2014-10-13(A03).

[19] 刘大海, 李晓璇, 邢文秀, 等. 我国海陆经济梯度差异测度及趋势研究. 海洋经济, 2015, 5(5): 20-25.

## 3.5　沿海省（区、市）基本养殖用海需求空间预测

养殖用海是我国海洋渔业赖以生存和发展的基本资源，但近年来由于受到其他用海产业侵占和区域环境污染、开发不合理等问题的破坏，养殖用海存量问题开始受到关注。《全国海洋功能区划（2011—2020年）》明确提出“维持渔业用海基本稳定”，并确定了至2020年海水养殖用海功能区面积不少于260万$hm^2$的基本目标；《全国农业可持续发展规划（2015—2030年）》继续将“稳定海水养殖面积”作为未来十五年工作任务之一。

在此背景下，刘大海等[1]基于基本农田保护制度和海洋功能区划思想拓展了海洋功能区划“基本养殖区”概念。“基本养殖区”政策的制定将为“保障优质海水养殖空间不流失”提供管理支撑和方法依据，其中选划技术的实施需要解决的第一个问题就是养殖用海需求的量化。因此，开展我国沿海地区“基本养殖区”用海需求预测和量化研究是必要的。

养殖用海需求量的预测本质是海域空间需求量的预测，目前针对海域空间配置、海域使用分类定级、海产品消费需求等的研究较丰富[2-7]，而对海域空间需求量的预测研究案例较少，并且预测方法与结果的科学性有待讨论和验证。已有文献主要从两个角度对海域空间需求量的预测进行了研究，大致可归结为以下两类：第一类是通过历史数据，建立数学模型直接预测。宋德瑞[8]根据海洋经济统计数据，应用趋势预测模型，预测了各类型累积用海面积；肖惠武[9]、李杏筠[10]采用灰色系统模型GM（1，1）分别估算出了不同时期全国所需渔业用海保有量和广东省2020年的养殖用海保有量。第二类是考虑海水产品消费需求等因素，结合历史数据综合分析预测。张宇龙等[11]根据由海水养殖产品的居民消费需求量、加工业需求量和净出口量计算出的海水养殖产品总需求量，预测了2020年我国海水养殖区面积；马雪健等[12]通过分析全国居民收入水平与海水产品消费需求间的关系，预测了2030年全国养殖用海需求量。

在已有成果的基础上，我们从三个方面进行了补充和拓展：①研究方法上，进一步厘清水产品消费量和养殖用海面积的关系，重建养殖用海需求量计算的数学模型，减小误差，提高预测结果的准确性；②时间范围上，补充历史数据，并且将预测年份拓展至2050年，得到长期的预测结果以供参考；③研究对象上，拓展为11个沿海省（区、市），不再局限于全国养殖用海需求量的预测。综上，本研究借鉴根据水产品消费量推算海域使用面积的思路，结合现有科研实践经验，开展了我国11个沿海省（区、市）养殖用海需求量预测分析，以期为全国和沿海地区养殖用海保有量目标与海水养殖功能区制定提供参考。

### 3.5.1　材料与方法

本研究结合养殖用海需求量预测研究现状和历史数据，根据水产品的消费需求，综合考虑未来人口数、养殖海产品供给占比、养殖海产品食用消费系数和海水养殖单位面积产量等因素，来推算养殖用海需求量，具体流程见图3.3。其中，全国和各省（区、

市）人均可支配收入、人口数、居民家庭食品消费情况、养殖用海面积、海水养殖产量等数据来源于《中国统计年鉴》[13]和《中国海洋统计年鉴》[14]，相关的人口和国民经济预测数据来源于国务院与国家卫生和计划生育委员会等公开的资料。

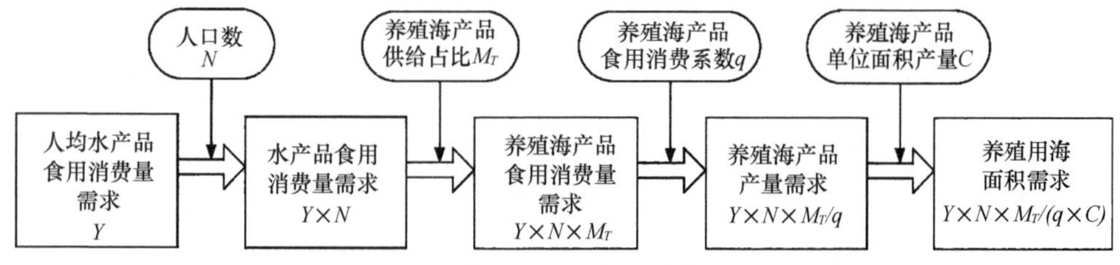


图3.3 养殖用海需求量计算流程

根据图3.3各部分流程的具体关系，建立养殖用海面积计算公式：

$$S=\frac{Y\times N\times M_T}{q\times C} \tag{3.10}$$

式中，$S$为养殖用海面积需求；$Y$为人均水产品食用消费量需求；$N$为人口数；$M_T$为养殖海产品供给占比（%），即养殖海产品产量（海水养殖产量）占水产品产量的比重；$q$为养殖海产品食用消费系数，即养殖海产品食用消费量占海水养殖产量的比值；$C$为养殖海产品单位面积产量（海水养殖单位面积产量），即海水养殖产量与海水养殖面积的比值。

2006～2015年全国居民人均水产品食用消费量和人均可支配收入数据见表3.8。居民对某一类食品的人均食用消费量与居民人均收入符合幂函数趋势[15, 16]，即人均水产品食用消费量$Y$和人均可支配收入的关系为

$$Y=aX^E\ (a>0) \tag{3.11}$$

式中，$X$为人均可支配收入；$a$和$E$为系数。

表3.8 2006～2015年全国居民人均水产品食用消费量和人均可支配收入

| 年份 | 2006 | 2007 | 2008 | 2009 | 2010 | 2011 | 2012 | 2013 | 2014 | 2015 |
|---|---|---|---|---|---|---|---|---|---|---|
| 人均水产品食用消费量/kg | 8.5 | 9.3 | 9.4 | 9.6 | 10.1 | 10.1 | 10.4 | 10.5 | 10.8 | 11.2 |
| 人均可支配收入/元 | 71 745 | 84 749 | 97 952 | 107 541 | 124 718 | 14 582 | 16 669 | 18 311 | 20 167 | 21 966 |

2006～2015年海水养殖产量与水产品产量见表3.9。由海水养殖产量占水产品产量的比重数据可以发现，养殖海产品供给占比大致表现为线性增长态势，所以养殖海产品供给占比与年份的关系可以表示为

$$M_T=\alpha T+\beta \tag{3.12}$$

式中，$T$为年份，设定$T_{2006}$=1；$\alpha$和$\beta$为系数。

表3.9 2006～2015年全国水产品和海水养殖产量及养殖海产品供给占比

| 年份 | 2006 | 2007 | 2008 | 2009 | 2010 | 2011 | 2012 | 2013 | 2014 | 2015 |
|---|---|---|---|---|---|---|---|---|---|---|
| 水产品产量/万t | 4583.6 | 4747.5 | 4895.6 | 5116.4 | 5373 | 5603.2 | 5907.7 | 6172 | 6461.5 | 6699.6 |
| 海水养殖产量/万t | 1264.2 | 1307.3 | 1340.3 | 1405.2 | 1482.3 | 1551.3 | 1643.8 | 1739.2 | 1812.6 | 1875.6 |
| 养殖海产品供给占比/% | 27.58 | 27.54 | 27.38 | 27.46 | 27.59 | 27.69 | 27.82 | 28.18 | 28.05 | 28.00 |

综上所述，式（3.10）也可表达为

$$S=\frac{aX^{E}\times N\left(\alpha T+\beta\right)}{q\times C} \tag{3.13}$$

### 3.5.2 计算过程与结果

根据养殖用海需求量计算流程（图3.3），要预测我国沿海地区基本养殖用海需求量，需要先预测各沿海地区养殖海产品需求产量。由于内陆地区并不具备海水养殖生产能力，11个沿海省（区、市）是全国养殖海产品的生产供应地，需要把内陆地区的养殖海产品需求产量分配到沿海地区，因此，我国各沿海地区基本养殖用海需求量的计算包括以下3个步骤：①计算全国各省（区、市）养殖海产品需求产量；②将内陆地区养殖海产品需求产量分配至11个沿海省（区、市）；③计算各沿海省（区、市）养殖用海需求量。

#### 1. 我国养殖海产品需求产量

我国养殖海产品需求产量预测过程包括图3.3的前4部分，具体如下。

##### 1）人均水产品食用消费量的预测

根据式（3.11），建立幂函数模型，对2006～2015年全国居民人均可支配收入与人均水产品食用消费量历史数据进行拟合：

$$Y=1.3715X^{0.2091} \tag{3.14}$$

式中，$Y$为人均水产品食用消费量；$X$为人均可支配收入。

全国居民人均水产品食用消费量与人均可支配收入的拟合曲线见图3.4，拟合系数$R^2$=0.95，接近1，拟合程度很好，说明人均水产品食用消费量与人均可支配收入的关系基本符合式（3.14）中的幂函数方程。根据式（3.14）知，预测人均水产品食用消费量，需要先计算人均可支配收入的预测值。根据中国经济将由高速增长转入年均增速为6%～8%的中速增长阶段的预测[17]和《中华人民共和国国民经济和社会发展第十三个五年规划纲要》提出的2020年国民人均可支配收入将比2010年翻一番的目标，本研究基于《中国统计年鉴》[13]2010年各省（区、市）人均可支配收入数据，按照2020年各省（区、市）人均可支配收入（2010年的2倍）以及年均6%的增速来预测2050年各省（区、市）人均可支配收入。将2050年全国各省（区、市）人均可支配收入的预测值代入式（3.14），计算得到2050年全国各省（区、市）人均水产品食用消费量的预测值。

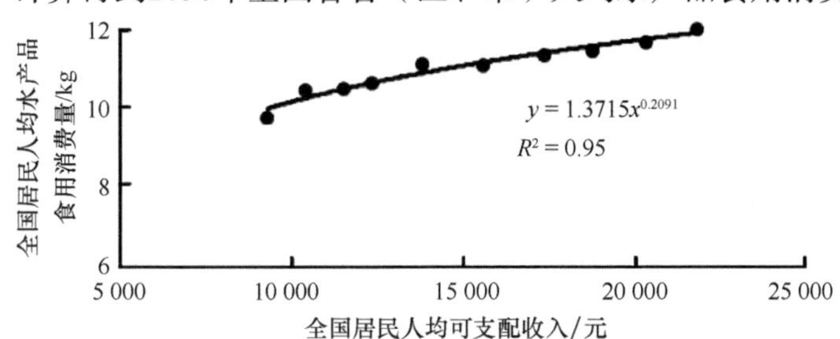


图3.4　2006～2015年全国居民人均水产品食用消费量与人均可支配收入关系图

2）水产品食用消费量的预测

水产品食用消费量即人均水产品食用消费量与人口数的乘积。对于人口数的预测，除北京、天津和上海[12]外，各省（区、市）人口数预测按照近5年当地人口平均增长率计算。将预测得到的2050年全国各省（区、市）人口数与人均水产品食用消费量相乘，得到2050年全国各省（区、市）水产品食用消费量的预测值。

3）养殖海产品食用消费量的预测

根据式（3.12），建立线性函数模型，对2006～2015年养殖海产品供给占比历史数据进行拟合：

$$M_T = 0.0759T + 27.311 \quad (3.15)$$

式中，$T$为年份，设定$T_{2006} = 1$。

拟合系数$R^2 = 0.72$，说明拟合程度较好。将$T_{2050} = 45$代入式（3.15）即可得到2050年的养殖海产品供给占比预测值$M_{2050}$。将2050年各省（区、市）水产品食用消费量和养殖海产品供给占比预测值相乘，得到2050年全国各省（区、市）养殖海产品食用消费量的预测值。

4）养殖海产品产量需求的预测

根据养殖海产品食用消费量和海水养殖产量的历史数据，计算得到2006～2015年养殖海产品食用消费系数（表3.10），由于结果变化范围不大，且总体表现出降低的态势，综合考虑国民消费需求和养殖海产品加工技术等因素[12]，本研究选择2006～2015年

表3.10　2006～2015年全国养殖海产品食用消费量和海水养殖产量及食用消费系数

| 年份 | 2006 | 2007 | 2008 | 2009 | 2010 | 2011 | 2012 | 2013 | 2014 | 2015 |
|---|---|---|---|---|---|---|---|---|---|---|
| 养殖海产品食用消费量/万t | 308.0 | 339.4 | 341.2 | 350.9 | 374.9 | 376.7 | 391.8 | 403.8 | 414.5 | 431.1 |
| 海水养殖产量/万t | 1264.2 | 1307.3 | 1340.3 | 1405.2 | 1482.3 | 1551.3 | 1643.8 | 1739.2 | 1812.6 | 1875.6 |
| 养殖海产品食用消费系数 | 0.2436 | 0.2596 | 0.2546 | 0.2497 | 0.2529 | 0.2428 | 0.2384 | 0.2322 | 0.2287 | 0.2298 |

最小值0.2287作为未来养殖海产品食用消费系数。将2050年各省（区、市）养殖海产品食用消费量预测值除以养殖海产品食用消费系数，得到2050年全国各省（区、市）养殖海产品产量需求预测值。

### 2. 我国沿海地区养殖海产品产量需求

本研究参考马雪健等[12]预测养殖用海需求量的方法，将我国内陆地区的养殖海产品需求产量需求分配至11个沿海省（区、市）。内陆地区中，北京、山西、内蒙古、吉林、黑龙江、安徽、江西、河南、湖南、贵州、云南11个省（区、市）与沿海地区相邻，将其养殖海产品需求产量平均分配至最邻近且供需比（定义“供需比”为海水养殖产量与养殖海产品需产求量的比值，以此来表达养殖海产品供给能力的强弱[12]）＞1的2个沿海地区；湖北、陕西、甘肃、宁夏、重庆、四川6个省（区、市）与沿海地区距离较远，将其养殖海产品需求产量平均分配至最邻近且供需比＞1.5的4个沿海地区；西藏、青海、新疆远离沿海地区，将其养殖海产品需求产量平均分配至养殖海产品供给能力最强（供需比＞2.5）的3个沿海地区。据此，11沿海省（区、市）中，除天津、上海外（供需比＜1），其他9省（区、市）均参与了内陆海产品需求供应。

根据2050年全国各省（区、市）养殖海产品需求产量预测值，将其中内陆地区的需求产量分配至沿海地区，最后得到11个沿海省（区、市）养殖海产品需求产量，见表3.11。

表3.11　2050年我国沿海地区养殖海产品需求产量

| | 天津 | 河北 | 辽宁 | 上海 | 江苏 | 浙江 | 福建 | 山东 | 广东 | 广西 | 海南 |
|---|---|---|---|---|---|---|---|---|---|---|---|
| 养殖海产品需求产量/万t | 51.63 | 204.27 | 540.53 | 95.92 | 216.87 | 159.72 | 590.39 | 929.61 | 648.75 | 277.56 | 78.98 |

### 3. 我国沿海地区基本养殖用海需求量

由于养殖海产品单位面积产量的历史数据呈波动增长态势，本研究选取2007～2015年各沿海地区养殖海产品单位面积产量的最大值，作为其对应的2050年养殖海产品单位面积产量。将各沿海地区养殖海产品产量需求值除以养殖海产品单位面积产量，即可得到2050年我国各沿海地区基本养殖用海需求量，结果见表3.12。根据相同方法计算得到的11个沿海地区2020～2050年基本养殖用海需求量变化趋势，见图3.5。

表3.12　2050年沿海地区基本养殖用海需求量

| 项目 | 天津 | 河北 | 辽宁 | 上海 | 江苏 | 浙江 | 福建 | 山东 | 广东 | 广西 | 海南 | 合计 |
|---|---|---|---|---|---|---|---|---|---|---|---|---|
| 养殖海产品单位面积产量/（t/hm²） | 3.87 | 4.31 | 6.29 | 2.69 | 4.96 | 15.18 | 24.92 | 8.87 | 15.56 | 26.64 | 19.02 | |
| 养殖用海需求量/万hm² | 13.33 | 47.40 | 85.89 | 35.63 | 43.71 | 10.52 | 23.70 | 104.80 | 41.69 | 10.42 | 4.15 | 421.24 |

注：空白表示无数据

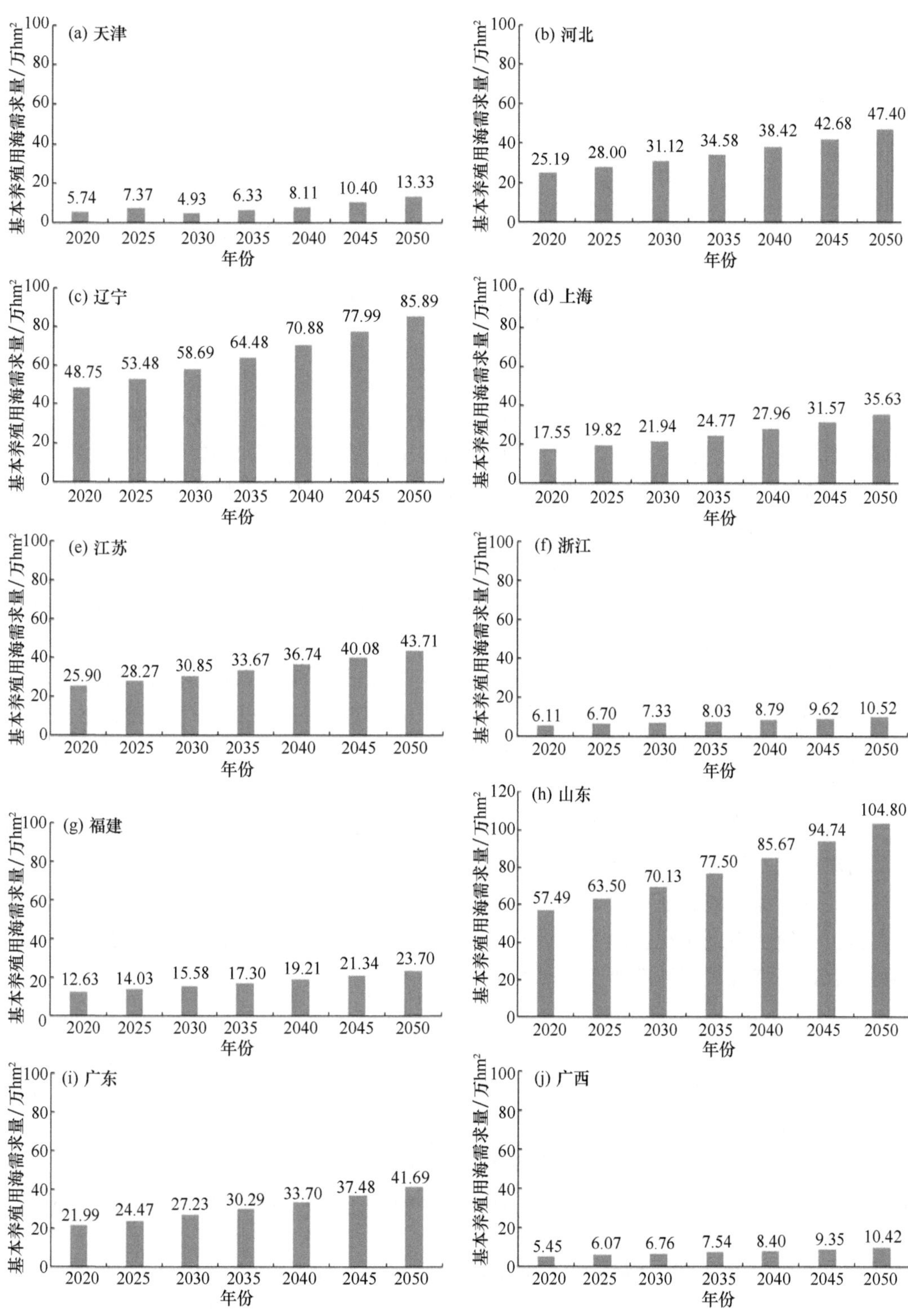
基本养殖用海需求量/万hm²
(a) 天津
5.74 7.37 4.93 6.33 8.11 10.40 13.33
(b) 河北
25.19 28.00 31.12 34.58 38.42 42.68 47.40
(c) 辽宁
48.75 53.48 58.69 64.48 70.88 77.99 85.89
(d) 上海
17.55 19.82 21.94 24.77 27.96 31.57 35.63
(e) 江苏
25.90 28.27 30.85 33.67 36.74 40.08 43.71
(f) 浙江
6.11 6.70 7.33 8.03 8.79 9.62 10.52
(g) 福建
12.63 14.03 15.58 17.30 19.21 21.34 23.70
(h) 山东
57.49 63.50 70.13 77.50 85.67 94.74 104.80
(i) 广东
21.99 24.47 27.23 30.29 33.70 37.48 41.69
(j) 广西
5.45 6.07 6.76 7.54 8.40 9.35 10.42
2020 2025 2030 2035 2040 2045 2050
年份

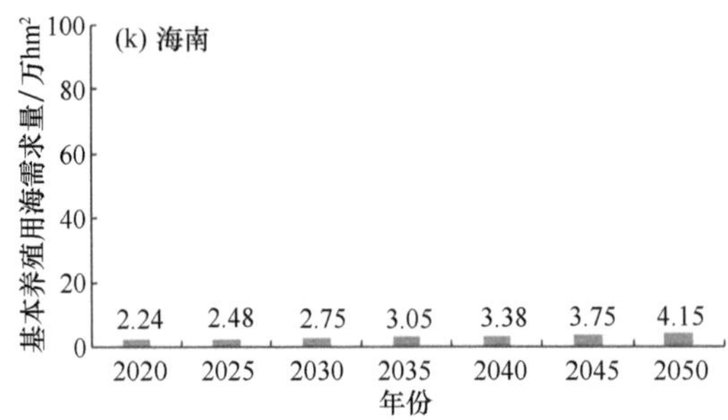


图3.5　2020～2050年11个沿海省(区、市)基本养殖用海需求量趋势图

### 3.5.3　结语

本研究借鉴由水产品消费量推算海域使用面积的思路，推算出2050年我国基本养殖用海总需求量为421.24万hm$^2$。其中，山东和辽宁养殖用海需求量较大，分别为104.80万hm$^2$和85.89万hm$^2$，占全国总需求量的45%；广西和海南需求量较小，分别为10.42万hm$^2$和4.15万hm$^2$；天津和河北养殖用海供需比最低，历史规划的养殖用海面积小，建议在新一轮海洋功能区划编制时考虑扩大其养殖用海规模。但是，本研究只考虑了海水产品食用需求量，未考虑养殖品种、进出口贸易和市场价格等对海产品消费能力的影响。因此，在之后的研究中，将进一步考虑这些因素，对预测模型加以完善。

从技术角度来看，我国沿海地区基本养殖用海需求量的预测方法和结果可为全国养殖用海保有量目标制定提供参考，也能为沿海区域养殖功能区选划提供研究思路。从管理角度来看，“基本养殖区”这一概念的提出有助于为优质养殖空间划定边界，建议纳入海洋主体功能区“限制开发区”和海洋功能区划“水产种质资源保护区”管理范畴。

随着我国居民生活水平的提高和人口总量的增加，我国各沿海地区对养殖用海空间资源需求量仍然很大，且对优质海产品的需求量有增无减。因此，无论是出于保持我国海洋渔业的健康发展，还是保证居民基本消费需求和食品安全的考虑，基本养殖空间资源的保护都应当得到重视。国家及沿海地区在制定养殖用海规划目标时要考虑经济发展形势，有针对性地规划基本养殖用海面积，并做好配套管理。

## 参考文献

[1] 刘大海, 马雪健, 李晓璇, 等. 海洋功能区划“基本养殖区”的内涵解析与选划思路. 海洋开发与管理, 2015, 32(10): 13-17.

[2] 赵明利. 我国海域资源配置市场化管理问题与对策研究. 中国科学院大学博士学位论文, 2015.

[3] Jin D, Hoagland P, Dalton T M. Linking economic and ecological models for a marine ecosystem. Ecological Economics, 2003, 46(3): 367-385.

[4] Perez-Labajos C, Blanco B. Competitive policies for commercial sea ports in the EU. Marine Policy, 2004, 28(6): 553-556.

[5] 栾维新, 李佩瑾. 海域使用分类定级与定价的实证研究. 资源科学, 2008, 30(1): 9-17.

[6] 张秀英, 钟太洋, 黄贤金, 等. 江苏省海域养殖增殖用海定级研究. 自然资源学报, 2014, 29(9): 1542-1551.

[7] 蔡鑫, 陈洁, 陈永福. 2015—2035年中国水产品需求展望. 农业展望, 2014, 10(1): 70-74.
[8] 宋德瑞. 我国海域使用需求与发展分析研究. 大连海事大学硕士学位论文, 2012.
[9] 肖惠武. 我国渔业用海保有量研究. 中国海洋大学硕士学位论文, 2012.
[10] 李杏筠. 养殖用海保有量预测方法初探. 生物技术世界, 2014, (8): 44-45.
[11] 张宇龙, 李亚宁, 胡恒, 等. 我国海水养殖功能区的保有量和预测研究. 海洋环境科学, 2014, 33(3): 493-496.
[12] 马雪健, 刘大海, 李晓璇, 等. 中国基本养殖用海需求量预测. 广东海洋大学学报, 2017, 37(2): 11-17.
[13] 中华人民共和国国家统计局. 中国统计年鉴. 北京: 中国统计出版社, 2017.
[14] 国家海洋局. 中国海洋统计年鉴. 北京: 海洋出版社, 2017.
[15] 杨荣俊, 彭格雄, 陈正蟾. 本世纪末我省城乡居民对农产品、食品需求量的预测. 当代财经, 1984, (3): 96-102.
[16] 谭城, 张小栓. 我国城镇居民水产品消费影响因素分析. 中国渔业经济, 2005, (5): 41-44.
[17] 刘世锦. 中国经济将由高速增长转入中速增长. 金融经济, 2011, (23): 17-18.

# 第4章　海岸带综合管理

## 4.1　海岸带立法与规划

我国海岸带北起辽宁省的鸭绿江口，南达广西壮族自治区的北仑河口，大陆海岸线长达1.8万多千米，海岛海岸线长度为1.4万多千米，海岸带总体呈现向东南外凸的带状弧形区域。作为改革开放的最前沿和保卫祖国的海防前哨，海岸带地区既是我国人口、资金、科技等方面最为集聚的“黄金海岸带”，也是陆海相互作用交错的“生态脆弱区”。2017年，我国海岸带地区11个省（区、市）以约占13.4%的国土面积，承载了全国43%的人口和57%的国内生产总值。海岸带地区已成为我国经济密度最高、综合实力最强、战略支撑作用最大的经济带。

同时，海岸带地区是受人口、城市化过程和海洋经济高速发展影响最为剧烈的区域。整体来看，我国单位人口岸线资源稀缺，“单位人口海岸线长度”和“单位土地海岸线长度”与世界沿海国家平均水平相比有一定差距。海岸带发展过程中存在陆海二元分割、区域发展失衡、产业结构趋同以及粗放式发展导致资源环境代价过大等共性问题。截至目前，全国海岸线人工化的比例已达到60%以上，有些城市甚至已没有自然岸线。海岸带协调发展问题成为社会关注的焦点。

党的十九大报告提出，“实施区域协调发展战略”、“建立更加有效的区域协调发展新机制”和“坚持陆海统筹，加快建设海洋强国”。2018年11月18日，中共中央、国务院就建立更加有效的区域协调发展新机制提出意见，要求以规划为引领，促进陆海在空间布局、产业发展、基础设施建设、资源开发、环境保护等方面全方位协同发展，编制实施海岸带保护与利用综合规划，严格围填海管控，促进海岸地区陆海一体化生态保护和整治修复。以上从国家战略层面，对海岸带地区发展提出了更高要求，既要实现自身的高质量发展，也要与长江经济带、黄河生态经济带相协调，形成国家“合纵连横”的大战略格局。在此背景下，亟须建立陆海一体化的海岸带综合管理体系，以更好地保障“海洋强国”建设和区域协调发展。

### 4.1.1　海岸带管理的突出问题

当前，海岸带管理中存在的突出问题可归纳为三大“分割”，即陆海二元分割、行业部门分割、行政辖区分割。这也是海岸带地区发展不均衡、自然资源衰竭、生态环境恶化的主要原因。

陆海二元分割。海岸带是陆海相互作用的交错地带，包括海陆交界的水域和陆域。由于自然要素和生态过程的复杂性，海岸带成为一个既有别于一般陆地生态系统，又不同于典型海洋生态系统的独特生态系统。在我国管理实践中，海岸带陆地一侧区域适用陆地的法律制度和规划，如《中华人民共和国土地管理法》、土地利用规划、城市规划等；海洋一侧区域适用海洋的法律制度和规划，如《中华人民共和国海域使用管理法》、海洋主体功能区规划、海洋功能区划等。陆地与海洋各自的法律制度和规划之间缺乏充足有效的统筹协调机制，无法以最佳方式利用和保护海岸带，尤其是陆海相互作用最强烈的潮间带。这样陆海分割的制度设计和管理体制，使得海岸带地区仍处于陆海统筹发展水平整体较低，陆海空间功能布局、基础设施建设、资源配置等协调不够，区域流域海域环境整治与灾害防治协同不足的状态，不利于落实陆海统筹的国家战略。

行业部门分割。海岸带既是生产活动最密集、开发程度最高的区域，也是各职能部门交叉管理、各类部门规划重叠覆盖的区域。2018年国务院机构改革方案公布之前，我国海岸带管理分属于国土、建设、环保、林业、海洋等多个部门，各部门依据自身职责分别对陆域或海域进行管理，政出多门、各自为政，实际管理缺位和“九龙治水”现象并存，亦表现为海岸带地区各类空间规划重叠，监管和执法职责分散，全民所有自然资源资产所有者职责落实不到位等，导致海岸带综合管理工作一直难以真正有效推进，陆海统筹、河海联动和海岸带区域协调发展问题长期困扰着海洋管理工作，在陆源污染防治、海洋经济调控和围填海集约利用等方面表现得尤为突出。机构改革后，虽然空间规划事权统一到自然资源部，但综合管理方面法律法规和政策规划的缺失依然会造成利益冲突和职能竞合，在实践中容易累积矛盾和问题，不利于形成促进海岸带地区在空间布局、产业发展、基础设施建设、资源开发、环境保护等方面全方位协同发展的新格局。

行政辖区分割。我国拥有漫长的海岸线，海岸带地区由不同级别的行政辖区组成。多年来，东部率先发展的战略布局中已相继部署了吉林图们江区域合作开发、辽宁沿海经济带、天津滨海新区、山东半岛蓝色经济区、江苏沿海地区、上海浦东新区、浙江海洋经济发展示范区、福建海峡西岸经济区、广东珠三角地区、广西北部湾经济区、海南国际旅游岛等诸多国家级沿海开发战略。但是随着海洋开发能力的不断提升，以及海洋产业的逐步升级，省（区、市）际海洋发展竞争加剧，产业结构趋同、低质化明显，甚至出现相互冲突和矛盾的现象，即使在一个沿海省（区、市）域内，各个分辖区也难以形成海洋开发利用的整体统筹。究其原因，主要是我国尚缺乏充足有效的跨辖区统筹协调机制，行为主体没有形成全国性系统关联，各行政辖区之间在产业布局、建设规划和环境保护等方面缺乏充足而有效的统筹协调，这样的管理现状无法促进整个海岸带地区的相互融通补充和协同发展，也难以落实区域协调发展的国家重大战略。

为更好地落实国家关于海岸带协调发展的战略部署，坚持陆海统筹，加快推进“海洋强国”建设，应充分认知海岸带地区的区域特点、生态特征、海陆属性和产业发展现状，有针对性地利用法律制度和规划工具协调海岸带地区发展。

### 4.1.2　海岸带是“山水林田湖草生命共同体”的典型区域

海岸带的陆海资源互为依托，陆海生态系统相互连通，生态功能相互融合，“山水林田湖草”之间存在生态连通性，是互依共存的生命共同体。

陆海生态系统相互融合。陆地与海洋是一个循环的生态圈，海岸带的水、土、生物等各生态要素之间普遍联系。例如，陆源营养物质的输入，促进了海洋生物量的增长；

海洋水汽的滋润，造就了陆域植被的茂盛；河流对泥沙的输送，促进了滨海湿地的发育；鱼类在河流与海洋之间洄游与繁殖；鸟类在山林与沿海滩涂之间栖息、觅食。

陆海生态损害存在空间联系。海岸带的水、土、生物等各生态要素之间相互影响，“山水林田湖草”的生态损害也相互关联，陆海生态损害存在空间联系。例如，河流水质污染，导致海洋环境质量损害，引发藻华灾害；地下水过度开采，导致海水入侵，土地盐渍化；河流断流，输沙减少，造成滨海湿地退化；滨海湿地、红树林被破坏，引发沿岸地质灾害；堤坝建设，阻断鱼类洄游通道；填海造地，破坏鸟类觅食和栖息地。

因此，海岸带的空间规划、用途管控和生态修复等工作，不能实施陆海分治的分割式管理，须从全局视角出发，统筹当前与长远、陆域与海域、需求与供给、发展与保护的关系，协调海岸带地区各类空间利用需求，充分衔接毗邻区域海域与陆域功能发展和要素配置，根据自然生态功能内在联系、兼容关系及空间影响范围，寻求系统性的陆海统筹解决方案。

### 4.1.3 海岸带综合管理是实现陆海统筹的必然选择

造成三大“分割”的根源，正是缺乏海岸带地区部门和地域之间的统筹协调机制。当缺乏一个制度化、长效性的机制时，“山水林田湖草生命共同体”的海岸带地区跨自然地理单元、跨行业部门、跨行政辖区的统筹协调，不仅效率低下、行政成本高，甚至会导致规划重叠和功能冲突。要破除上述三大管理“分割”，实现海岸带地区的陆海统筹和区域协调发展，科学合理管控陆域和海域的开发利用活动，改善海岸带地区日益恶化的生态环境，应从国家层面自上而下建立海岸带综合管理制度。

海岸带规划是建立海岸带综合管理制度的关键抓手。海岸带规划是针对海岸带各类问题的综合协调规划，是“战略规划”与“业务规划”的统一，是“空间规划”与“发展规划”的统一，内容通常全面涵盖海岸带生态保护、产业发展、城镇建设、环境治理要素，既指导海岸带总体开发保护框架的建立，也包含具体的管制意见。从海岸带综合管理流程看，海岸带规划承接前期的调查、分析和研究，接续后期的实施、监管和反馈，并制定整个海岸带综合管理的实施计划与步骤，是海岸带综合管理的关键步骤。从海岸带规划编制看，应以潮间带向陆和向海10km空间为重点，基于海岸带地区资源环境承载力、已有开发强度和发展潜力，统筹考虑沿海地区的人口分布、产业结构和布局，整体协调海岸带自然资源保护和社会经济发展的关系，建立科学合理的规划分区、用途分类和用途管制措施，严控负面清单产业的海岸带空间准入，鼓励海岸带地区经济高质量发展，构建海岸带地区陆海一体化的空间开发保护新格局。

海岸带立法是建立海岸带综合管理制度的法律保障。全球沿海发达国家都十分重视海岸带管理，并陆续出台一系列法律制度，如美国的《海岸带管理法》、英国的《海岸保护法》、日本的《海岸法》、澳大利亚的《海岸保护与管理法》、韩国的《海岸带管理法》等。对于我国而言，海岸带规划乃至海岸带综合管理制度的核心内容是多部门、多领域的规划和管制政策以及综合性的统筹协调机制。这种跨领域、跨部门、跨区域，且自上而下建立的管制政策和统筹协调机制必须通过法律这一位阶的规范性文件来保障，离开了法律的“保驾护航”，海岸带综合管理制度很难发挥预期的效果。只有通过法律的形式，才能从顶层搭建一个宏观统筹的政策体系和协调机制，包括设立和分配统筹协调的权利与义务、确立海岸带综合管理追求的总体目标和遵循的基本原则及评估审查制度等。

### 4.1.4 推进海岸带陆海统筹管理改革的建议

强化前期研究，不断推进海岸带规划工作。海岸带地区是推进陆海统筹发展、绿色协调发展与经济高质量发展的关键领域和战略平台。海岸带规划是完善陆海统筹国土空间规划体系的重要内容，是优化近岸海域国土空间布局、拓展海洋经济发展空间、实现“多规合一”的“主战场”。建议强化海岸带规划前期研究，充分认识海岸带规划与市场机制、陆海统筹、自然资源、生态环境、空间管制等方面的内在联系和逻辑关系，既充分考虑海洋国土空间及其开发保护活动的特殊性，又确保海洋空间的规划分区、用途分类和管控办法在指导原则、技术路线、管控原则等方面与陆地逻辑统一，在海岸带综合管理上实现协调和衔接，为统一行使全民所有自然资源资产所有者职责、统一行使所有国土空间用途管制和生态保护修复职责打好基础；瞄准“高质量”目标，立足“大开放”格局，把握“大区域”尺度，围绕处理好保护与利用的关系，以推动“社会-经济-自然”协同发展为思路，全面推进海岸带规划工作，适时上升为国家海岸带中长期发展战略，与长江经济带和黄河生态经济带共同构成“两横一纵”的国家空间战略新格局。

全面梳理现行相关法律法规，着力推动《海岸带管理法》出台。海岸带管理涉及陆海经济的多领域、多部门和多学科，制定专门的海岸带管理法律，强化海岸带的统筹协调，有助于实现对海岸带这一特殊地带的综合有效管理，从而确保海岸带资源可持续利用及综合效益水平之间的平衡。因此，建议以“统一行使全民所有自然资源资产所有者职责，统一行使所有国土空间用途管制和生态保护修复职责”为根本遵循，从履行海岸带自然资源资产所有者职责角度出发，立足空间规划改革要求，开展相关立法活动。一方面，从全面审查现行法律法规和其他规范性文件入手，查找和梳理其中存在冲突、重叠的条款以及仍然存在空白的领域，尤其是可以被机构改革成果所消化和解决的内容，为海岸带立法工作做好准备。另一方面，以构建统筹协调机制为核心内容，以陆海统筹、部门协调和区域协调为目标，坚持保护优先、节约优先的原则，适时启动《海岸带管理法》立法工作。

## 4.2 海岸带脆弱性评价方法

海岛海岸带处于全球变化和海陆相互作用的动力敏感地带，稳定性差，在人类活动和频繁的自然灾害等各种动力与干扰因素的耦合作用下，其生态系统呈现出脆弱性、复杂性和多样性等特征[1]。正是因为这些特征，海岛海岸带脆弱性评价在模型构建、指标筛选、权重确定以及数据获取和同化等方面存在技术难点。其中，脆弱性评价指标权重确定是关系评价结果科学性、合理性的重要一环。

以往对评价指标权重的确定，主要分为以德尔菲法、层次分析法（AHP）等为代表的主观权重确定方法和以相关系数法、熵权法、CRITIC法等为代表的客观权重确定方法[2]。然而两者都存在不同程度的缺陷和不足。主观权重确定方法确定的权重，在反映研究人员的意向时，具有强解释性，并且往往受研究人员知识经验的限制，缺乏对实际评价数据的反映，有很大的主观随意性；而客观权重确定方法确定的权重，虽然评价结果与实际数据有密切的联系，但是易受极值的影响。

作为主客观思想兼而有之的综合权重确定方法，能够很好地弥补上述权重确定方法所存在的缺陷与不足，提高了评价的科学性。目前，主客观综合权重确定方法主要通过设置系统参数，将主观和客观权重确定方法进行结合，并通过调整系统参数，调节权重值的大小，以增强方法的适应性[3-6]。本节拟借鉴以往脆弱性评价研究的经验教训，基于经典的主观权重确定方法——AHP法及对实际数据有最为客观反映的权重确定方法——熵权法，提出新的综合权重确定方法，并对海岛海岸带脆弱性评价进行应用研究。

### 4.2.1　评价方法及指标权重确定

#### 1. 评价方法原理

AHP法和熵权法的缺陷为：AHP法是主观意志的反映，缺乏对实际数据进行反映；熵权法未反映研究人员的主观意志，易受离散极值的影响。针对上述缺陷，立足于在各自类别当中具有代表性的权重确定方法，分别从两个角度构建主客观结合的海岛海岸带脆弱性评价指标权重确定新方法（图4.1）。

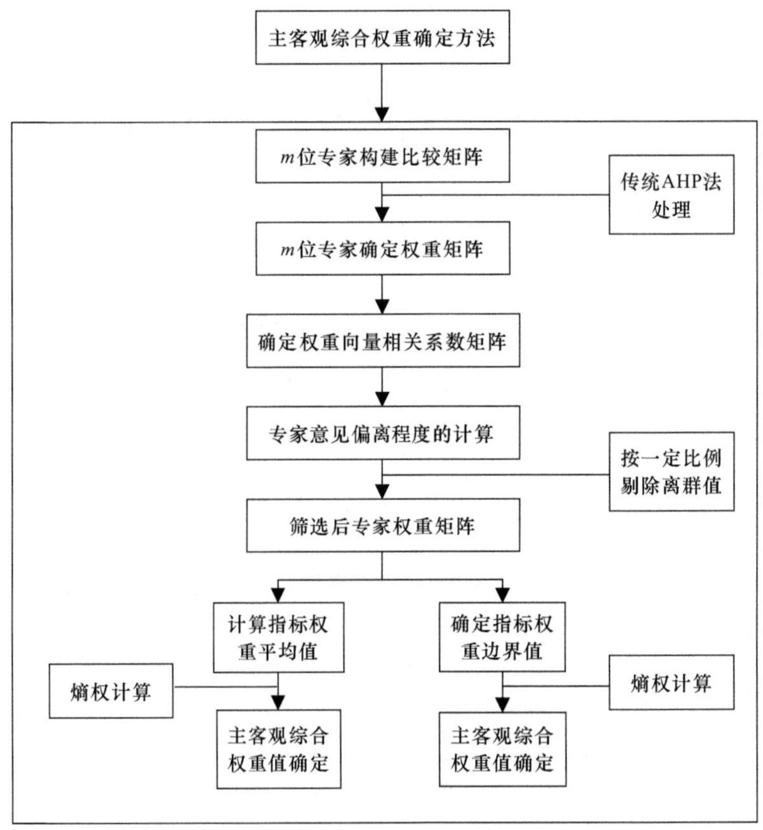


图4.1　主客观结合赋权方法的原理

2. 指标权重确定

1）AHP法确定权重步骤

AHP法的原理是通过分析找出各因素的相互关系将要素分为不同的层次，针对每一层次比较各因素的相对重要性，从而构建相对重要性矩阵并求取最大特征值所对应的特征向量，如若通过一致性检验，则以上述求得的特征向量经标准化处理后作为层次分析评价指标的权重向量。一般使用层次分析法会重视一致性检验，而对矩阵合理性考虑较少。

根据经典模型，海岛海岸带脆弱性评价指标权重测算的具体步骤如下。

（1）构建相对重要性矩阵，求取最大特征值及相应的特征向量，然后经一致性检验，确定出每个专家针对*n*个脆弱性评价指标确定的权重向量。

（2）经过上述分析获得*m*位专家针对各脆弱性评价指标评判的权重向量$\boldsymbol{x}$，由向量$\boldsymbol{x}$组成权重矩阵$\boldsymbol{C}$:

$$\boldsymbol{C}=\begin{bmatrix} c_{11} & c_{12} & \cdots & c_{1n} \\ c_{21} & c_{22} & \cdots & c_{2n} \\ \cdots & \cdots & \cdots & \cdots \\ c_{m1} & c_{m2} & \cdots & c_{mn} \end{bmatrix} \tag{4.1}$$

（3）根据公式

$$d_{ij}=1-\sqrt{\frac{1}{n}\sum_{k=1}^{n}\left(c_{ik}-c_{jk}\right)^2}\quad (i,j=1,2,\cdots,m) \tag{4.2}$$

从而获得各专家针对脆弱性评价指标权重向量的相关系数矩阵$\boldsymbol{D}$:

$$\boldsymbol{D}=\begin{bmatrix} d_{11} & d_{12} & \cdots & d_{1m} \\ d_{21} & d_{22} & \cdots & d_{2m} \\ \cdots & \cdots & \cdots & \cdots \\ d_{m1} & d_{m2} & \cdots & d_{mm} \end{bmatrix}，且 d_{ii}=1,\ d_{ij}=d_{ji} \tag{4.3}$$

（4）以第*i*个专家权重意见与其他专家权重意见的相似程度之和反映其偏离程度，有

$$d_i=\sum_{j=1}^{m}d_j \tag{4.4}$$

式中，$d_i$越小，表示该专家所评定权重与其他专家所评定权重偏离程度越大。根据淘汰比例（表4.1）将个别偏离程度较大的权重去除。

表4.1　专家人数及对应淘汰人数[7]

| | 聘请专家人数 | | | | | |
|---|---|---|---|---|---|---|
| | 5 | 6 | 7 | 8 | 9 | 10 |
| 聚类分析淘汰人数 | 1 | 1～2 | 1～2 | 2 | 2～3 | 2～3 |
| 采用其意见的专家人数 | 4 | 4～5 | 5～6 | 6 | 6～7 | 7～8 |

（5）求取筛选后权重矩阵列向量的平均值$w_j^1$（$j$=1, 2, …, $n$），即为每个脆弱性评价指标的权重值，且可知$\sum_{j=1}^{n} w_j^1 = 1$。

2）熵权法确定权重步骤

熵是系统无序程度的度量，可用于度量已知数据所包含的有效信息量和确定权重。脆弱性评价指标值相差较大时，熵值较小，则该脆弱性评价指标提供的有效信息量较大，其权重也应较大；反之，则其权重应较小。

根据熵权法经典模型，海岛海岸带脆弱性评价指标权重计算具体步骤如下。

（1）进行归一化处理，将非数据指标值转化为相对量数据，根据$y$个评价数列$n$个脆弱性评价指标数据，可构建矩阵$\boldsymbol{x}=[x_{ij}]_{y\times n}$。

（2）将矩阵$\boldsymbol{x}$按照如下的规则进行标准化处理，得到标准化的矩阵$\boldsymbol{B}=[b_{ij}]_{y\times n}$：

$$b_{ij} = \frac{x_{ij} - x_{\min}}{x_{\max} - x_{\min}} \tag{4.5}$$

式中，$x_{\max}$、$x_{\min}$分别为针对同一指标，不同评价单元的最适宜和最不适宜的数值。

（3）根据熵的定义，可以确定评价指标的熵为

$$H_j = -\frac{1}{\ln y}\left(\sum_{i=1}^{y} f_{ij} \ln f_{ij}\right) \quad (i=1, 2, \cdots, y;\ j=1, 2, \cdots, n) \tag{4.6}$$

$$f_{ij} = \frac{b_{ij} + 1}{\sum_{i=1}^{y}\left(b_{ij} + 1\right)} \tag{4.7}$$

（4）根据上述熵值可得权重值：

$$w_j^2 = \frac{1 - H_j}{n - \sum_{j=1}^{n} H_j} \quad (j=1, 2, \cdots, n) \tag{4.8}$$

3）熵权法对AHP法的修正

在以往研究经验的基础上，将主观权重与客观权重合理地结合起来，引入熵值变量，则最终的权重值为

$$w_j = w_j^1 \cdot H_j + w_j^2 \cdot (1 - H_j) \quad (j=1, 2, \cdots, n) \tag{4.9}$$

式中，$w_j^1$为AHP法所确定的权重值；$w_j^2$为熵权法所确定的权重值；$H_j$为评价指标熵值。且经推理可知$\sum_{j=1}^{n} w_j=1$。

性质1　最终求得的$w_j$位于$w_j^1$与$w_j^2$之间，即位于AHP法与熵权法确定的权值之间。

证明：

将$w_j = w_j^1 \cdot H_j + w_j^2 \cdot (1 - H_j)$代入$(w_j - w_j^1)(w_j - w_j^2)$，整理得

$$\left[w_j^1 \cdot H_j + w_j^2 \cdot (1 - H_j) - w_j^1\right] \cdot \left[w_j^1 \cdot H_j + w_j^2 \cdot (1 - H_j) - w_j^2\right]$$

经化简整理得

$$\left(w_j^1-w_j^2\right)^2\cdot H_j\cdot(H_j-1)$$

且由于$0\leqslant H_j\leqslant 1$，可知

$$(w_j-w_j^1)(w_j-w_j^2)=\left(w_j^1-w_j^2\right)^2\cdot H_j\cdot(H_j-1)\leqslant 0 \tag{4.10}$$

继而证明性质1成立。

性质2　熵值$H_j$偏大（$H_j>0.5$）时，$w_j$离$w_j^1$较近；熵值$H_j$值偏小（$H_j<0.5$）时，$w_j$离$w_j^2$较近。

证明：

将$w_j=w_j^1\cdot H_j+w_j^2\cdot(1-H_j)$代入$(H_j-0.5)\cdot(|w_j-w_j^2|-|w_j-w_j^1|)$，整理得

$$\left(H_j-0.5\right)\cdot\left[\left|w_j^1\cdot H_j+w_j^2\cdot(1-H_j)-w_j^2\right|-\left|w_j^1\cdot H_j+w_j^2\cdot(1-H_j)-w_j^1\right|\right]$$

经化简整理得

$$2(H_j-0.5)^2\left|w_j^1-w_j^2\right|$$

由此可知

$$(H_j-0.5)\cdot(|w_j-w_j^2|-|w_j-w_j^1|)=2(H_j-0.5)^2\left|w_j^1-w_j^2\right|\geqslant 0 \tag{4.11}$$

继而证明性质2成立。

4）AHP法对熵权值的限制

首先按照AHP法中第（1）～（4）步进行处理，而第（5）步为提取各脆弱性评价指标权重的最小值与最大值。

针对筛选后权重矩阵每一列向量内各专家针对每一脆弱性评价指标的权重值展开对比，提取每一脆弱性评价指标权重的边界值（最大值与最小值），最小值为$a$，最大值为$b$。

在获取某一脆弱性评价指标权重范围的前提下，进而采用AHP法逐个对脆弱性评价指标的熵权值进行修正，处理步骤如下。

当熵权值$w_j^2<a$时，则$w_j=a$，则原权重值变化的部分由其余脆弱性评价指标按如下公式分配：

$$w_k^{2*}=(w_j^2-a)\cdot\frac{w_k^2}{\sum_{i=j+1}^{n}w_i^2}+w_k^2\quad(k=j+1,\ j+2,\ \cdots,\ n) \tag{4.12}$$

当熵权值$w_j^2\in[a,b]$时，则$w_j=w_j^2$。

当熵权值$w_j^2>b$时，则$w_j=b$，则原权重值多余的部分由其余脆弱性评价指标按如下公式分配：

$$w_k^{2*}=(w_j^2-b)\cdot\frac{w_k^2}{\sum_{i=j+1}^{n}w_i^2}+w_k^2\quad(k=j+1,\ j+2,\ \cdots,\ n) \tag{4.13}$$

按照上述步骤对第$j$个脆弱性评价指标熵权进行修正后，除获得修正后的$w_j$值，亦将$w_k^2$用计算获得的$w_j^{2*}$值进行替代。

按照上述思路，进而逐个对余下的脆弱性评价指标熵权值进行修正，最终获得经AHP法对熵权值修正的脆弱性指标权重值，但是如若逐个对脆弱性评价指标进行修正后，发现$w_n^{2*}\notin[a, b]$，为了将前面对脆弱性指标权重修正所积累的“多余权重值”由各个评价指标“分担”，避免让某一或某些脆弱性指标承担而影响结果，按照如下公式进行分配：

$$w_k^{2*}=(w_j^2-a)\cdot\frac{w_k^2}{\sum_{i=1}^{n}w_i^2-w_j^2}+w_k^2 \quad （1\leqslant k\leqslant n，且k\neq j） \tag{4.14}$$

$$或\ w_k^{2*}=(w_j^2-b)\cdot\frac{w_k^2}{\sum_{i=1}^{n}w_i^2-w_j^2}+w_k^2 \quad （1\leqslant k\leqslant n，且k\neq j） \tag{4.15}$$

然后，从第一个脆弱性指标逐个检验是否满足$w_j\in[a, b]$的要求，如若不满足，则继续按照上述公式进行调整，直至各脆弱性指标权重值皆满足要求。

由上述处理步骤很容易获得如下性质：运用AHP法确定的脆弱性评价指标权重范围对熵权值进行限定，使得$w_j\in[a, b]$，消除极值影响，增强其解释性。

证明：按照上述处理步骤，一旦权值发生变化，则权值变化的部分由其余脆弱性评价指标分担，因此，$\sum_{j=1}^{n}w_j=1$，并且按照上述要求，$w_j\in[a, b]$，因而可证明成立。

### 4.2.2 应用研究——以黄河三角洲海岸带为例

#### 1. 研究数据

研究数据来自《东营统计年鉴2012》、东营市地震局信息网及相关文献[8, 9]，见表4.2、表4.3。

表4.2　研究地区历史最大震级及分布位置

| 地点 | 东营区 | 河口区 | 垦利县 | 广饶县 |
|---|---|---|---|---|
| 时间 | 2006-07-10 | 2011-06-28 | 2013-01-24 | 2004-05-08 |
| 位置 | 37.4°N，118.7°E | 37.88°N，118.89°E | 37.57°N，118.59°E | 36.57°N，118.27°E |
| 震级 | ML2.3 | ML2.8 | ML4.2 | ML2.5 |

注：查阅资料，利津县历史上并无地震发生

表4.3　2011年研究地区部分脆弱性评价指标值

| 地点 | 人口密度/（人/km²） | 绿地面积比例/% | 分县区生产总值/（亿元/a） | 地下水埋藏深度/m |
|---|---|---|---|---|
| 东营区 | 538.54 | 2.38 | 273.84 | 1.66 |
| 河口区 | 100.82 | 10.91 | 165.89 | 1.98 |
| 垦利县 | 100.47 | 11.11 | 252.65 | 1.97 |

续表

| 地点 | 人口密度/（人/km²） | 绿地面积比例/% | 分县区生产总值/（亿元/a） | 地下水埋藏深度/m |
|---|---|---|---|---|
| 广饶县 | 439.94 | 4.28 | 538.72 | 9.98 |
| 利津县 | 232.83 | 2.08 | 171.4 | 1.93 |

## 2. 实证结果及分析

### 1）权重计算说明

在运用AHP法计算指标权重时，为了提高指标权重的科学性、合理性，聘请8位专家进行评定，且由计算可知，8位专家评定权重的CR值分别为0.005、0.001、0.004、0.014、0.010、0.045、0.017、0.014，皆小于0.1，满足层次分析法的录用条件，然后根据淘汰比例，最终采纳6位专家（除去专家3、专家6）的评定意见来确定评价指标的权重值。

### 2）各赋权方法确定权重值间的比较

各种方法确定权重的结果如表4.4所示。为了方便各方法确定权重值间的比较，现利用标准差衡量的方法，计算出各结果之间的相似度，如表4.5所示。由上述结果，可以得出以下两点结论。

表4.4　四种方法确定的权重值

| 方法 | 人口密度 | 绿地面积比例 | 分县区生产总值 | 地下水埋藏深度 | 震级 |
|---|---|---|---|---|---|
| AHP法 | 0.068 | 0.260 | 0.055 | 0.173 | 0.444 |
| 熵权法 | 0.183 | 0.176 | 0.207 | 0.358 | 0.076 |
| 熵权法对AHP法的修正 | 0.096 | 0.199 | 0.104 | 0.267 | 0.334 |
| AHP法对熵权值的限制 | 0.081 | 0.209 | 0.109 | 0.209 | 0.392 |

表4.5　四种方法所确定权重值的相似度（标准差衡量）

| | AHP法 | 熵权法 | 熵权法对AHP法的修正 | AHP法对熵权值的限制 |
|---|---|---|---|---|
| AHP法 | 1.000 | 0.769 | 0.917 | 0.951 |
| 熵权法 | 0.769 | 1.000 | 0.847 | 0.811 |
| 熵权法对AHP法的修正 | 0.917 | 0.847 | 1.000 | 0.958 |
| AHP法对熵权值的限制 | 0.951 | 0.811 | 0.958 | 1.000 |

（1）AHP法与熵权法评定权重值相比，差异较大，相似度仅为0.769（为表4.6中相似度最小值），且指标权重大小排序还存在较大差异。分析可知，可能是两者之间评定权重原理存在差异所致，一为主观权重确定方法，突出人为经验，而另一为客观权重确定方法，突出数据信息。

（2）通过熵权法对AHP法的修正，将主客观思想合理地结合起来，且尽量消除两方面的弊端，且从表4.4、表4.5可以看出，虽然熵权法对AHP法的修正与AHP法、熵权法所确定权重都有较高的相似度，但是熵权法对AHP法的修正与AHP法、熵权法相比所确定的权重排序，仍然存在差异，这可能是主客观权重相互“矫正”造成的。

同样地，AHP法对熵权值的限制与熵权法、AHP法所确定的权重相比，与上述分析相似，主要是因为AHP法对熵权值的限制与熵权法对AHP法的修正这两种研究方法有较为相似的研究思想，都是为将主观与客观思想结合起来，因而，将这两种方法评定权重值进行对比时发现两者的相似度很高，而且评价指标权重排序也几乎一致。

### 4.2.3 结语

（1）鉴于主客观权重确定方法存在的缺陷与不足，立足主客观结合研究方法的现状，利用AHP法与熵权法，从不同的角度分别提出熵权法对AHP法的修正与AHP法对熵权值的限制的研究方法以确定评价指标的权重值，一改以往针对所有评价指标“一视同仁”的研究趋势，对各个评价指标逐个按照实际情况进行分析。

（2）熵权法对AHP法的修正与AHP法对熵权值的限制所确定的指标权重值有很强的相似性，因而在实际应用过程中，可以采取两种方法相互印证的途径来确定评价指标的权重值，以增强所确定评价指标权重值的科学性、合理性。

（3）虽然上述方法较以往研究方法[10, 11]更加科学、合理，但是仍然存在诸多问题。例如，虽然两种方法确定指标权重存在很强的相似性，但是亦存在一定的差异，因而在实际应用过程中，到底采用哪种方法？选取研究方法的依据是什么？AHP法、熵权法确定的权重次序如若不一致，如何进行取舍？从上述研究来看，这取决于指标值离散性强弱以及专家对各目标的重视程度等因素。例如，其值离散性比较强的时候，宜采用AHP法对熵权法进行约束；专家对各目标的重视程度非常相近时，则优先根据指标值采用熵权法来进行排序。因而，未来需要对相关方法选取依据进行更为深入的探索。

## 参考文献

[1] 冷悦山, 孙书贤, 王宗灵, 等. 海岛生态环境的脆弱性分析与调控对策. 海岸工程, 2008, (2): 58-64.

[2] 王晖, 陈丽, 陈垦, 等. 多指标综合评价方法及权重系数的选择. 广东药学院学报, 2007, 23(5): 583-589.

[3] 吴坚, 梁昌勇, 李文年. 基于主观与客观集成的属性权重求解方法. 系统工程与电子技术, 2007, 29(3): 383-387.

[4] 宋海洲, 王志江. 客观权重与主观权重的权衡. 技术经济与管理研究, 2003, (3): 62.

[5] 马国顺, 何广平. 确定权重的主客观综合法. 西北师范大学学报(自然科学版), 2000, 36(3): 25-27.

[6] 王汉斌, 杨鑫. 一种基于AHP-RS的组合权重确定方法. 中国安全生产科学技术, 2010, 6(6): 155-160.

[7] 迟国泰, 郝君, 徐琤, 等. 信贷风险评价指标权重的聚类分析. 系统工程理论方法应用, 2001, 10(1): 64-67.

[8] 李海燕, 赵霞则, 张丽华. 东营市地下水动态分析及对策. 山东水利, 2011, (7): 51-52.

[9] 郭娇, 石建省. 黄河三角洲地下水位分布的遥感模型研究. 水文地质工程地质, 2009, (2): 19-24.

[10] 刘大海, 陈烨, 陈小英, 等. 基于细化单元整合的海岸带区域发展潜力多重复合评估模型研究——以东营市沿海四区县发展潜力为例. 海洋环境科学, 2013, 32(1): 83-86.

[11] 刘大海, 邢文秀, 仲崇峻, 等. 基于脆弱性视角的海岛开发与保护多维决策法. 海洋环境科学, 2013, 32(6): 951-956.

## 4.3　海岸线资源管理

我国海岸线资源极为短缺，然而目前海洋管理体制中却缺乏对海岸线资源的统筹管理，导致海岸线利用过程中各方矛盾突出，占海夺海等现象屡有发生。当前亟须加强对海岸线资源的综合管控，尽快实现海岸线资源的集约节约利用。

### 4.3.1　海岸线管理问题凸现

目前，我国海岸线管理遇到的主要问题有以下几类。

一是海岸线利用集约化有待加强。传统的用海审批过程并未充分考虑用海单位占用海岸线长度的问题，导致实际生产过程中存在海岸线资源闲置、浪费等现象。例如，某电厂占用了近3km海岸线，仅修建了两个单体码头。这种粗放式用海极大地降低了海岸线资源的利用效率。

二是非功能性用海占用过多岸线资源。非功能性用海对功能性用海空间的挤压是造成该问题的直接原因。除港口、码头等对海岸线有必然依赖的功能性用海产业外，许多非功能性用海产业，如房地产、装备制造、化工等产业占用了过多的海岸线资源，造成了不必要的浪费。

三是海岸线资源价值未得到市场化配置。目前对海岸线资源价值不够重视，海岸线价值多被低值内化到其他资源价值里，缺乏海岸线有偿使用的专门规定，海岸线资源配置效率低下，未充分发挥市场化机制在海岸线资源分配中的作用。

四是行业部门海岸线使用规划不合理。由于缺乏对各行业海岸线资源分配的统筹管理，部分行业占用了过多海岸线资源。2011年《瞭望》新闻周刊报道："仅18个大型港口岸线未来规模就占大陆岸线总长的13%。"

五是自然岸线未得到保护和重视。在人口增加和土地稀缺的双重压力下，沿海城市海洋开发强度逐步增大，造成自然岸线保有率下降，使海岸线生态价值遭受损失。

### 4.3.2　海岸线资源价值未受到重视

海岸线资源价值来源于市场经济中不可再生资源的稀缺性对有偿使用的必然需求，现代社会中许多经济活动都离不开海岸线，例如，沿海港口码头、轮船泊位等须依海而建；大型船舶制造业、海洋新能源产业、部分海产品加工业、海滨休闲观光等无法脱离海岸线而存在。海岸线资源价值通常表现为海岸线使用权的价值，是一种无形资产，通过将价值内化到有形资产中来体现。现实中，海岸线资源价值通常被内化到了沿海地产价值中，或表现为港口码头等资源价值的高估。

海岸线资源价值确实存在，但实施岸线管理却遇到一个难以解决的核心问题，就是岸线价值难以量化。这是因为自然界的海岸线是一条虚拟线，岸线价值不能单独存在，必须依附于海域或土地。正是因为这个，海岸线资源价值一直未能得到重视。其实海岸线资源价值难以量化问题是可以解决的，其方法就是采用海岸线长度修正系数，具体可采用经济学中的价值衰减规律，按离岸距离调整使用金征收标准，实现海岸线资源公平配置。例如，两家公司在同一片海域进行围填海，尽管占用海域面积相同，应缴纳相同的海域使用金，然而由于占用海岸线长度不同，两公司获得的实际经济效益是不同的。因此，对占有海岸线多的公司应该加收海域使用金。

### 4.3.3 将海岸线纳入海域使用论证体系

目前海岸线资源管理制度设计中存在的问题可归纳为以下几点：首先，在思想上对海岸线资源价值的认识不足；其次，海岸线资源管理未真正纳入现行的海域使用论证体系，尤其是目前海域使用论证和审批时，海岸线仅作为参考指标，而不是关键指标；再次，目前的海域使用金征收管理仅考虑了海域的面积和区位等因素，未将海岸线真正纳入海域使用金测算公式；最后，目前海岸线综合管控还未落实到位。

因此，提出加强海岸线资源管理的几点具体措施。

（1）制定海岸线资源总体规划。全面掌握海岸线资源信息，制定全国海岸线总体规划，推进海岸线的集约节约利用。对位于重要生态系统内的海岸线实施严格保护和禁止开发，对具有经济价值的海岸线进行适度开发利用，同时合理控制填海造地类岸线、渔业用海类岸线、交通运输类岸线、工矿用海类岸线、旅游娱乐类岸线等岸线用途的比例。

（2）在海域使用论证中明确海岸线。将海岸线纳入海域使用论证体系中，制定海岸线控制指标。用海单位在申请海域使用前，必须分析海域开发活动对海岸线资源的近远期影响，量化开发活动对海岸线资源造成的损失与破坏程度，严格控制开发活动对海岸线的不利影响。

（3）推进海岸线有偿使用制度建设。考虑海岸线有偿使用价值，将海岸线资源价值纳入海域使用金测算体系中，通过海岸线长度修正系数等对海域使用金进行修正，保证用海单位的经济收益与经济成本的一致性。

（4）加强海岸线使用执法监管力度。根据海岸线资源规划，对海岸线使用进行严格监管，并加大执法力度，保证海岸线实际用途与规划用途相符，杜绝肆意占用、破坏海岸线资源的行为。

## 4.4 海岸线退出机制的建立与完善

海岸线是海陆分界线，具有重要的生态功能和资源价值，海岸线及其毗邻海域和陆域是沿海地区海洋开发利用最集中的区域[1]。我国海岸线资源正面临严峻挑战，主要体现为：①大量自然岸线被占用，尤其是大规模围填海项目多采用裁弯取直、平行推进等平面布置方式，导致海岸线长度大幅缩短，自然岸线保有率降低，民众亲海空间被挤占，红树林、湿地等具有特殊生态价值的自然岸线遭到毁灭性破坏；②临港工业建设、城镇建设和海水养殖等项目密集布局，违法排污时有发生，近岸海域生态环境遭到严重破坏，且在短时间内难以自我修复；③海岸线的开发利用以资源主导型发展模式为主[2]，即高投入、高消耗、低效率的粗放开发利用模式，与海岸线资源日益稀缺和后备发展资源严重不足的现状形成鲜明反差。

近年来，我国逐渐重视海岸带地区经济社会和资源环境的协调可持续发展，《全国海洋经济发展“十三五”规划》提出的海洋经济发展的主要目标中仅有2个约束性目标，即近岸海域水质和大陆自然岸线保有率，均与海岸线管理紧密相关；2017年《海岸线保护与利用管理办法》明确提出，至2020年全国自然岸线保有率不低于35%，着力构建科学合理的海岸线保护与利用格局，并将相关目标和任务分解落实到地方政府。在此背景下，解决当前海岸线开发利用和保护之间的矛盾成为沿海地区面临的新课题，其过程必然涉及产业转型升级、落后产能淘汰和海岸线恢复等一系列问题。因此，有必要从海岸线开发利用和保护全局的角度，通过建立和完善系统的海岸线退出机制，稳定和恢复自然岸线保有率，整治修复受损海岸线和重新配置优质海岸线，提高近岸海域生态环境质量，挖掘海岸线后备发展资源，优化海岸线开发利用格局，最终实现“水清、岸绿、滩净、湾美、物丰”的美丽海洋建设目标。

### 4.4.1　海岸线退出机制

#### 1. 内涵

海岸线退出是在遵守相关法律法规的前提下，通过实施激励或约束政策，引导和推动不符合海岸线保护与开发利用新理念和新要求的用海项目退出。

从产权角度来看，海岸线退出有广义和狭义之分。狭义上的海岸线退出是海岸线使用者注销海域使用权，由海洋管理部门重新配置海岸线资源，即海域使用权人发生改变；广义上的海岸线退出还包括海岸线使用者按照新发展理念进行产业升级，改变高污染、高能耗和低效率的开发利用方式，即海域使用权人未发生改变。

从经济发展的角度来看，区域产业经济的转型升级需要淘汰落后产能，为发展先进产能腾出空间和资源。退出机制是先进产能替代落后产能过程中的重要环节，但退出机制不仅是简单的淘汰机制，更是新发展理念下的资源再配置机制。因此，海岸线退出机制不能孤立地发挥作用，而是应与准入机制、激励机制、约束机制和补偿机制等有机结合，共同作用于落后产能，最终推动区域产业经济的发展。

#### 2. 研究进展

目前国内外关于空间资源退出机制的研究主要集中在土地退出领域，包括其成因、指标评价体系、运作模式和管理措施等方面，为建立海岸线退出机制提供宝贵经验。例如，La Rosa等[3]综合考虑意大利Catania地区的城市环境和规划等因素，根据城市土地退出与改造开发利用的损益比得出，土地退出的利益扩大效应将带动地区经济发展；在西欧老工业基地工业用地退出并被改造为旅游或文化娱乐用地的过程中，Hudson[4]针对不同利益集团的博弈从多个维度提出了不同的退出和改造选择；张秀智和丁锐[5]通过分析多地农村的宅基地退出机制，发现政府财政投入是影响宅基地退出的主导因素，农民的就业模式和土地依赖度以及农村发展特色是微观因素；张盼盼等[6]通过分析上海市“功能置换”的工业用地退出机制，总结了“政府引导、市场促进、社会支持”的经验以及在重经济、轻生态和制度缺失等方面的不足；张世全等[7]针对商丘市农村宅基地的空闲问题，提出了“迁村并点”、“村企合一”、“原址改造”、“整村搬迁”和“中心社区”等退出模式，并从资金保障、补偿标准完善、产权关系明晰和土地复垦等角度完善了宅基地退出机制。

我国对于海岸线退出机制的直接研究很少。王诺等[8]总结了港口退出机制的运作模式，并以海岸线与城市的协调发展程度为依据，定量研究了退出机制的具体实施条件；徐晓明[9]以行政许可的后续监管为视角，阐述了守法倒逼机制与高效利用协议退出机制在行政法领域的合法性和合理性。

3. 实践进展

自20世纪50年代末开始，发达国家逐渐面临城市更新的问题，在旧工业区改建的过程中深入实践退出机制。其中的著名案例之一为美国波士顿罗尔码头改建项目：由于旧码头限制了城市土地的开发利用，由政府和企业合作，将旧码头的仓库区退出并改建，形成住宅、办公楼、公园、集市和娱乐设施的集合体；重视新建项目与整体城市环境的协调性及其混合功能，并以优惠税率鼓励开发商提供开放的城市公共空间[10]。其他著名案例包括巴尔的摩内港区码头和日本横滨大阪滨水区等改造项目[11]。此外，发达国家积极探索建立海岸带建设退缩线制度，即根据海岸带的特征，划定禁止一切或部分开发利用活动的区域分界线[12]，欧洲和大洋洲的部分国家以及美国大部分的沿海地区和大湖区都已实施相关制度[13]。

目前我国沿海地区已开展大量海岸线退出实践，但尚未形成系统和综合的制度体系。2017年《江苏省港口岸线管理办法》建立港口岸线使用和退出机制，将不符合所在地港口岸线开发利用监管指标的码头整合退出；山东省日照港北区港口岸线退岸还海整治修复工程是国内首例港口岸线退还生态岸线的建设项目。此外，各沿海地区积极引导不符合海岸线使用规划或破坏海洋生态环境的滩涂养殖退出，通过协议补偿、鼓励深水网箱和工厂化养殖以及帮扶渔民转产转业等配套措施，保障海岸线退出工作的有序开展，并取得了一定成效。

### 4.4.2 海岸线退出的现实困境

1. 法律困境

我国现有法律法规对海岸线退出仅以原则性规定分散在《中华人民共和国海域使用管理法》或地方海域使用管理条例中，且主要针对改变用途和闲置的情形。沿海地区针对滩涂养殖和采砂等的专项治理方案较为完善，但法律地位较低、强制力较弱和适用范围较小。海岸线退出机制缺少法律依据和保障。

2. 制度困境

海岸线退出机制不能孤立存在并发挥作用，而应与其他制度共同构成制度体系，引导海岸线开发利用向集约节约和绿色高效转变。一方面，海岸线管理缺少约束机制，重前置审批、轻后续监管，导致海岸线开发利用难以达到预期目标，闲置、低效和污染等问题未得到有效解决[14]；另一方面，随着海域和海岸线等自然资源的资产属性日益凸显，海岸线退出缺少激励措施，海岸线使用者退出的积极性不高，海域使用权难以有效流转。

3. 经济困境

沿海地区面临经济发展与环境保护的矛盾。一些高污染和高能耗项目可能是当地重点产业或重要税收来源，地方政府往往“重经济发展、轻环境保护”，海岸线退出机制难以发挥作用。

此外，海岸线使用者也面临经济利益与产业升级的矛盾。海岸线使用者通过开发利用海岸线获得经济利益，同时带来高污染和高能耗等负外部性问题，现实中这些问题往往由全社会共同承担。在牺牲自身经济利益的情况下，海岸线使用者往往不会主动退出并进行产业升级。

4. 社会困境

高污染和高能耗的建设项目在解决就业方面发挥一定作用，在保障措施未到位的情况下，海岸线退出可能会造成大量企业员工或渔民失业，成为地方政府的新难题，甚至对社会稳定造成威胁。因此，对于地方政府和海岸线使用者来讲，选择海岸线退出将意味着承担更多的风险和压力。

### 4.4.3　建立海岸线退出机制的思路

1. 原则

海岸线退出的最终目的是实现自然岸线保有率目标，构建科学合理的海岸线开发利用格局，应坚持4项原则。

（1）坚持绿色发展，改善生态环境。海岸线开发利用应遵循自然规律，将海洋环境承载力作为沿海地区经济社会发展的根本依据；坚决摒弃破坏海洋生态环境和盲目占用海岸线的发展模式，将自然岸线保有率作为海岸线开发利用和保护的硬性约束，因地制宜开展海岸线整治修复，为公众创造更多的亲海空间。

（2）优化资源配置，提升开发利用效率。坚持海岸线集约节约利用和综合高效开发利用，对不符合要求的用海项目，采取多元化方式促使其退出或转型升级。

（3）淘汰落后产能，推动产业升级。转变海岸线开发利用方式，依法倒逼落后产能加快退出，引进和培育新兴产业，进一步优化海岸带地区的海洋产业结构，推进新旧动能转换。

（4）保障海岸线所有者和使用者的合法权益。既要保障国家作为海岸线所有权人的利益，符合相关经济发展规划和国土空间规划的要求，又要保障海岸线使用权人的利益，在必要时给予合理的退出补偿。

### 2. 类型

根据上述退出原则，结合我国沿海地区海岸线开发利用和保护的实际情况与需求，6种情形应纳入海岸线退出机制：①擅自改变由海岸线邻近陆域和海域功能确定的岸线用途[15]；②海岸线使用者依法取得海域使用权后，超过规定期限仍未建设，造成海岸线闲置；③破坏海岸线及其邻近海域的海洋生态环境，不满足其所在海洋功能区的环保要求；④海岸线开发利用布局散乱和方式粗放，海岸线及其邻近海域利用率低；⑤在海岸线开发利用的过程中投入大量社会资源，但产出却未达到相应标准，单位长度海岸线投入产出效益低；⑥因规划或政策调整，海岸线现有开发利用方式不符合新的用途管制要求。

### 3. 模式

#### 1）强制退出

强制退出即依据相关法律法规，无偿收回海岸线使用者的海域使用权。

（1）对于擅自改变海岸线用途且拒不改正的项目，《中华人民共和国海域使用管理法》规定，由颁发海域使用权证书的人民政府注销海域使用权证书，收回海域使用权。

（2）对于闲置项目，福建省、河北省和天津市等已出台地方性法规，取得海域使用权但未在规定时间内开发利用的，由颁发海域使用权证书的人民政府注销海域使用权证书，无偿收回海域使用权。

#### 2）倒逼退出

倒逼退出即在符合法律法规和市场经济规律的前提下，为实现海岸线资源的合理配置，采用差别化征收海域使用金、调整水电价格、调节税收和严厉处罚违法违规行为等方式，通过外部压力影响海岸线使用者，迫使其改进海岸线开发利用方式或主动退出。该模式需要政府完善海岸线管理的配套政策和措施，采取激励和约束的双重机制，通过引导企业转型升级或淘汰落后产能，实现海岸线资源的优化配置。

对于利用率和投入产出效益低的项目，从财政、税收和信贷等方面进行激励或约束；对于污染项目，依法加大对排污的监督和处罚力度；对于闲置项目，收取闲置费用，且闲置时间越长，费用越高。

#### 3）协议退出

协议退出即相关管理部门主动与海岸线使用者沟通，阐述海岸线退出的理由和政策，劝说其改进海岸线开发利用方式，或通过合理补偿或海岸线置换等使其退出。对于因规划或政策调整不符合用途管制要求的项目，在退出协议达成后，可根据新的用途管制要求重新配置海岸线资源；对于利用率和投入产出效益低及闲置的项目，在退出协议达成后，可采用“招拍挂”的方式重新配置海岸线资源。

### 4.4.4 完善海岸线退出机制的建议

1. 完善法律法规和制度体系

完善海岸线退出机制须坚持立法先行，明确海岸线退出机制的法律地位和法律效力以及违法行为的责任认定与处罚办法，保证海岸线退出机制的严肃性。此外，完善相关配套制度：①在科学评价海岸带地区资源环境承载力和开发利用适宜性的基础上，编制海岸带保护与开发利用规划，明确海岸线的用途及其开发利用和保护的要求与条件，指导海岸线资源的优化配置；②探索建立海岸线价值评估和有偿使用制度，为海岸线退出过程中的合理补偿和市场化运作提供依据；③制定具体办法，明确海岸线退出的条件、程序、补偿和保障措施以及相应的法律责任等，保证海岸线退出过程的合法合规和公平公正。

2. 完善长效运作机制

海岸线退出机制是优化海岸线开发利用和保护格局的重要调节机制，伴随沿海地区海洋经济发展的全过程，完善长效运作机制尤为必要。充分发挥政府、企业、市场和社会等利益相关者的优势与作用，坚持政府引导、市场推进、企业改造和社会参与。其中，政府是海岸线资源的管理者和相关制度的设计者，应通过宏观调控引导不符合新发展理念的项目进行产业升级或退出；市场发挥价格调节、供求调节和竞争调节等作用，吸引资金雄厚、技术先进和管理规范的企业参与海岸线资源的再配置，及时淘汰落后产能，实现海洋产业新旧动能转换；企业加大自主改造和转型升级力度，提高海岸线开发利用的综合效益；社会组织、媒体及公众是制度的监督者和参与者，为促进海岸线资源的可持续发展提供资金和民意支持。

3. 完善海岸线资源再配置

海岸线资源再配置是根据海洋开发利用规划和用途管制要求，对退出岸线进行重新配置的过程，是海岸线退出后的关键任务。海岸线资源再配置要坚持陆海统筹，深化“多规合一”，强化用途管制，从发展全局考虑，不能局限于某一岸段。第一，对严重污染、景观破坏和功能受损的岸段进行整治修复，提升海岸生态功能和资源价值。第二，对不能实现自然岸线保有率目标的地区加大整治修复力度，将整治修复后具有自然岸线形态特征和生态功能的海岸线，纳入自然岸线。第三，根据相关政策和规划，调整产业布局，积极引进符合新发展理念的海岸线利用项目，并严格执行《建设项目用海面积控制指标（试行）》等技术标准，切实改进海岸线开发利用方式，优化岸线开发利用布局。第四，充分发挥市场在退出海岸线管理和再配置中的基础性作用，促进生产要素自由流动，提高资源配置效率。

4. 完善补偿措施

实施补偿措施是保障海岸线使用者权益的关键，也是保证海岸线退出过程顺利完成的前提。对协议退出的项目，根据项目类型、用海主体和海岸线开发利用实际制定差别化补偿方案，从明确范围、统一标准和多元化筹措资金3个方面完善补偿机制：①明确补偿范围，至少包括海域使用权补偿和附属设施补偿两个部分，还要根据受影响人员生存和发展的实际需要制定扶持或安置措施；②统一海岸线价值评估和补偿标准，逐步形成反映海岸线资产价值、区域级差和供求关系的价格体系；③多方筹措补偿资金，重点加大对生态功能显著和受损严重海岸线退出的财政支持力度。

以滩涂养殖岸线退出为例，应制定统一标准，对海域使用权、养殖设施和养殖产品等进行补偿；考虑渔民生产和生活实际，帮扶转产转业，或引导发展深水网箱养殖和工厂化养殖等现代化养殖方式。

### 4.4.5　结语

在海岸线退出管理中，由于各沿海地区经济发展程度不一，产业模式和海岸线开发利用方式各有特色，面临的问题错综复杂。因此，地方政府部门应结合当地海岸线资源禀赋、海洋规划、用途管制和可持续发展目标，完善法律法规和配套制度，科学制定海岸线退出方案，做好海岸线退出前后的政策衔接工作，保障退出过程的公平、公正、合理。可先进行海岸线退出试点，循序渐进，形成可复制和可推广的经验，并逐步推向整个地区，推动沿海地区经济和资源的可持续发展。

## 参考文献

[1] 潘新春, 杨亮. 实行海岸线分类保护 维护海岸带生态功能——《海岸线保护与利用管理办法》解读. 海洋开发与管理, 2017, 34(6): 3-6.

[2] 侯西勇, 刘静, 宋洋, 等. 中国大陆海岸线开发利用的生态环境影响与政策建议. 中国科学院院刊, 2016, 31(10): 1143-1150.

[3] La Rosa D, Privitera R, Barbarossa L, et al. Assessing spatial benefits of urban regeneration programs in a highly vulnerable urban context: A case study in Catania, Italy. Landscape and Urban Planning, 2017, 157: 180-192.

[4] Hudson R. Institutional change, cultural transformation, and economic regeneration: myths and realities from Europe’s old industrial areas. Globalization, Institutions, and Regional Development in Europe, 1994: 196-216.

[5] 张秀智, 丁锐. 经济欠发达与偏远农村地区宅基地退出机制分析: 案例研究. 中国农村观察, 2009, (6): 23-30, 94-95.

[6] 张盼盼, 王美飞, 何丹. 中心城区工业用地退出路径与机制——以上海为例. 城市观察, 2014, (6): 88-96.

[7] 张世全, 彭显文, 冯长春, 等. 商丘市构建农村宅基地退出机制探讨. 地域研究与开发, 2012, 31(2): 82-85.

[8] 王诺, 汪玲, 佟士祺. 简析我国港口退出机制. 水运工程, 2008, (7): 50-54.

[9] 徐晓明. 闲置海域无偿收回法律问题研究. 山西大学学报(哲学社会科学版), 2013, 36(6): 113-119.

[10] 张庭伟, 冯晖, 彭治权. 城市滨水区设计与开发. 上海: 同济大学出版社, 2002.

[11] 刘春. 基于码头文化视角的汉口滨江区开发研究. 现代商贸工业, 2010, 22(23): 152-154.

[12] Cambers G. Planning for coastline change: Coastal development setback guidelines in Nevis. Paris: UNESCO, 1998.

[13] van Rijin L. On the use of setback lines for coastal protection in Europe and the Mediterranean: Practice, problems and perspectives. (2010-03-12)[2014-07-05]. http://www.conscience-eu.net/documents/deliverable12-setback-lines.pdf.

[14] 人民网. 揭海南闲置土地内幕: 圈地20年不开发升值60倍. (2014-04-26)[2016-06-25]. http://house.people.com.cn/n/2014/0426/c164220-24946131.html.

[15] 索安宁, 曹可, 马红伟, 等. 海岸线分类体系探讨. 地理科学, 2015, 35(7): 933-937.

# 第5章　基于生态系统的海洋功能区划

## 5.1　海洋生态系统完整性与功能维持

### 5.1.1　引言

21世纪以来，我国沿海地区海洋经济迅猛发展，海洋开发强度不断加大，海洋生态系统受到越来越多的干扰甚至破坏。随着海洋生态环境的逐步恶化，社会各界越来越重视在保护生态系统的基础上开发利用海洋，基于生态系统的开发与管理逐渐成为海洋管理领域的研究重点[1]。

近年来，生态系统管理思想逐渐得到广泛认同，“生态系统”一词被频繁地应用于区域规划、空间管理等领域[2, 3]。同时，基于生态系统的管理思想也越来越多地被应用于海洋空间管理领域，并受到国内外海洋管理部门的重视与支持[1]。其中，针对生态系统管理特征、生态系统方法等的应用性研究成为近期的研究重点和热点，但由于海洋生态系统自身的特殊性、复杂性以及人们认知能力发展的局限性，如何基于现有的生态系统知识有效推进海洋空间管理这一疑问尚未得到充分解答。针对这一核心问题，本研究深入解析海洋生态系统完整性与功能维持的概念内涵，并以海洋空间布局与管理作为应用探索的切入点，理顺海洋生态系统完整性与功能维持和海洋空间管理应用相结合的思路，尝试运用生态系统原理和方法构建海洋空间布局与管理的理论框架，为完善基于海洋生态系统的海洋空间布局与管理提供理论支撑。

### 5.1.2　内涵剖析

生态系统（ecosystem）是生态学领域的基本结构和功能单位，是由生物与环境构成的能够相互制约、相互影响的统一整体。作为生态系统的一部分，人类的生产生活与其身处的自然环境息息相关。伴随着人类文明的进步，生态系统文明越来越成为人类生存发展道路上不可规避的重大课题。

回顾历史，早在20世纪已有学者致力于将生态系统的思想引入城乡规划、海洋管理等领域，并逐渐形成生态系统管理等学科方向。其中，大部分研究者将维持生态系统健康、保障生态系统结构与功能完整、保护生物多样性、确保环境资源可持续性等作为开展生态系统管理的最主要条件[4]。英国学者Sue等[1]依据前人研究，将生态系统管理的首要特征总结为“维持生态系统健康”，并指出维持健康的主要内容为“维持和保护生态系统的完整性和生态系统功能”。官方文件也释放着同样的信号。2000年《生物多样性公约》缔约方大会决议将“为了维持生态系统服务，保护生态系统结构和功能应当成为生态系统方法的一个优先管理目标”作为生态系统方法的原则之一[5]。通过对相关文献的梳理，基于海洋管理的实际需要，可初步得出以下结论：海洋生态系统完整性与功能维持作为基于生态系统的海洋空间布局与管理研究的优先概念，有必要将其作为当前亟须突破的核心问题进行深入探讨。

从目前已有的研究来看，生态系统完整性与功能维持的定义并不是唯一的，其内涵也因研究视角的不同而呈现多样性。本研究将在前人研究基础上，针对海洋生态系统结构与功能特征，逐一剖析海洋生态系统完整性与功能维持的概念、内涵及其相互关系，从而完成对海洋空间布局与管理新思路的初步探讨。

1. 海洋生态系统完整性的内涵

生态系统完整性通常被用作环境政策管理的一种评价工具，具体是利用生态系统某些要素的状态指标衡量该生态系统的健康程度。生态系统本身在物理、化学、生物及其各部分之间的相互作用十分复杂，从时间和空间、组分和整体、人类价值和自然生态等不同视角来衡量其完整性均存在其合理性。正因如此，前人对生态系统完整性的解释有不同侧重。目前常用的生态系统完整性概念发源于Karr的“生物完整性”，强调各生态要素的内部作用关系，即“一个有生命的、活的、能发挥全部生态功能的系统，并且该系统能与其所生长的动态的生物地理环境发生物理和化学作用和交互影响”[6, 7]；随后，“系统”思想的加入丰富了生态系统完整性的内涵，系统内部的联结作用更加凸显，Quigley[8]和傅伯杰等[9]将完整的生态系统解释为“一个区域所有植物、动物、土壤、水、气候、人和生命过程相互作用的整体”；在此基础上，燕乃玲和虞孝感[7]、黄宝荣等[10]、Miller和Ehnes[11]总结人们普遍接受的对生态系统完整性的阐述，表达了对生态系统完整性相似的理解，即生态系统的组成要素（系统组成）完整和系统特性（系统成分间的相互作用和过程）完整。

以上研究历程可以体现出不同学者对生态系统完整性理解的相近之处——侧重于生态系统自身要素的性质，如要素结构及功能的完整、要素之间相互作用的完整等。值得注意的是，这里提到的功能是“元功能”，即一个要素在孤立的状态下不依赖整体而具有的功能，它是系统构成要素的固有性质，与生态系统整体发挥的功能作用是不同的。当然，由于国内外生态系统方法的应用需求侧重点不同，生态系统完整性研究在生态系统整体功能维持方面也有拓展，但其核心概念与应用基础仍然是系统内部构成要素的性质。

以现有的生态系统完整性研究为基础，对海洋生态系统完整性的定义应基于自然生态视角，重点讨论海洋内部构成要素的完整性，包括要素结构完整、各自功能完善等。因此，可以将海洋生态系统完整性定义为海洋生态系统的构成要素及其性质的完整，这种完整能使整个海洋生态系统在正常情况下保持平衡、稳定的演进状态。例如，生物有机体（如动物）由细胞、组织和器官构成，社会由群体、阶级和社会制度构成，其与生态系统一样都可以被视作一个整体；其中，动物生命的延续首先要使其细胞、组织、器官的活性和代谢基本需求得到满足，社会的运行则首先要有群体、阶级和社会制度的合理设置作为保障。同理，要维持海洋生态系统的持续演进状态，保证其自身成分的完整和成分之间基本作用状态的稳定是十分重要的[12, 13]。

进一步归纳，海洋生态系统完整性的定义还包括两层内涵：一是组成成分数量和各自功能完整，此二要素综合保障海洋生态系统结构稳定、有序；二是海洋生态系统各成分之间形成有效联系，自然状态下能良好地发挥各自的作用，这说明各要素性质基本完整，可以满足生态系统正常运作的基本需求。海洋生态系统是一个连续的整体，其构成要素包括自养生物（生产者）、异养生物（消费者）、分解者、有机碎屑物质、参加循环的无机物质、水文物理环境等六大类。简言之，海洋生态系统完整性即要求以上六大类要素结构完整、功能健全。

此外，完整性不是一个绝对概念，结构或组成成分本身也不存在时间、空间的边界，尤其是在人为干扰下，海洋生态系统的结构组分随时可能发生变化，这一变化若有悖于海洋健康发展要求，就会对海洋生态系统产生负面干扰。因此，完整性需求能为人类的海洋开发行为设置边界和规则，可将海洋生态系统完整性作为海洋开发管理的重要参考指标。例如，不适宜的用海方式与不合理的用海规模均是海洋生态系统完整性的妨碍项，通过海洋生态系统完整性评估，首先能整体把控各海洋构成要素的状态，继而有针对性地调整优化海洋开发方式。

### 2. 海洋生态系统功能维持的内涵

资源管理与可持续发展的最终目的是提高人类生活质量，实现人与环境和谐共存。因此，基于生态系统的海洋综合管理除要关注自然生态需求外，也要关注人类的需求和价值意愿。有别于对完整性自然生态属性的重点探求，关于海洋生态系统功能维持的探讨主要基于人类的用海需求。

要科学研究海洋生态系统功能维持的概念，首先要明确什么是生态系统功能。著名生态学家Odum[14]将生态系统功能定义为“生态系统的不同生境、生物学及其系统性质或过程”并获得国内外学界的广泛采纳，在此意义上，生态系统具有物质循环、能量流动和信息传递三大基本功能[15]；Boyd和Banzhaf[16]同样基于自然生态视角对生态系统功能进行了研究。技术的不断进步促使人类在生态系统中扮演越来越重要的角色，人的需求成为生态系统功能研究的新视角。de Groot等[17]从满足人类需要出发，认为生态系统功能是生态系统为人类直接或间接提供服务的能力，并将生态系统功能分为调节功能（regulation function）、生境功能（habitat function）、产出功能（production function）和信息功能（information function）四大类；Costanza等[18]和联合国环境规划署[19]的工作等支持de Groot等[17]的观点。时至今日，针对生态系统功能的探讨仍在继续，以上两种视角仍然具有普遍代表性，且同样适用于海洋生态系统功能研究领域。目前，对海洋生态系统功能的相关研究更加着重于海洋生态系统服务功能的保护和治理[20]。

本研究中海洋生态系统功能维持的“功能”特指海洋生态系统的整体性功能，视角是人类对开发与利用海洋的需求，功能维持就是采取一定措施保障系统功能。因此，将海洋生态系统功能维持定义为通过维持海洋生态系统各组分间的协调运作，达到使海洋生态系统整体上持续、稳定地为人类提供与其功能类型相匹配的生态服务的目的。海洋生态系统是一个有机整体，其功能的发挥有赖于构成系统的各个部分对整体发挥一定的作用。例如，生物体和社会都可以看作一个有机整体，只有当生物体的各个部分协调发挥作用时，才能维持摄食、代谢和繁殖等生命活动；而社会系统需要各个部分协调发挥作用，才能维持社会正常运行。同理，海洋生态系统功能的维持也需要海洋生态系统各组分协调发挥作用。

因此，海洋生态系统功能维持的内涵为：首先，脱离人类需求的功能定义没有意义，在此基础上海洋生态系统功能的优劣主要基于人类价值取向，需维持的功能类型同样基于人的选择；其次，功能是系统整体作用的产物，是由海洋生态系统各组成成分之间协调作用产生的，要维持某种生态系统功能，必须要考虑各组分间的相互作用是否有利于整体功能的发挥；最后，功能维持是人类对现有海洋功能类型的保护，保护行为具有主观性，但系统的功能开发类型还受海域资源禀赋等条件制约。以人类需求为视角的海洋生态系统功能主要是生态服务功能，即供给功能、调节功能、文化服务功能、支持功能等类型[21]，类型的决定仍然要尊重并协调海域资源禀赋和社会需求的关系等。

同时，功能是有正负性的，对整体的整合、内聚与稳定有贡献的是正功能，导致整体溃裂的是负功能；对结构复杂的生态系统而言，并非所有结构都能发挥正功能。对于有人类活动的海洋生态系统而言，人为因素也是海洋生态系统的重要结构组分，根据资源实际情况适当地控制人类开发活动十分必要。针对已经明确功能类型的海洋生态系统，应遵循经济性原则，按照其规划设想与目标定位，重点突出地保护其某一种或某几种功能，如旅游用海的文化服务功能、养殖用海的供给功能等。具体开发利用海洋生态系统功能或采取功能维持措施时，需要同时把握局部与整体、单一要素与全局，最大限度地使人类活动促进海洋生态系统正功能的发挥，实现人海和谐。

#### 3. 海洋生态系统完整性与功能维持的关系

海洋生态系统完整性与功能维持的概念内核同质。海洋生态系统完整性与功能维持的共同前提为，海洋生态系统是一个由不同组分构成的有机整体，构成整体的各部分均对整体发挥一定的功能，通过系统结构内各部分的不断分化与整合，维持海洋整体的动态均衡秩序。对于系统而言，结构是功能的基础，如结构遭到破坏则功能自然受损。广义地讲，生态系统的结构也是其功能的一部分，生态系统存在的必要条件往往存在于这些结构和功能中。因此，海洋生态系统完整性与功能维持均以海洋生态系统的构成组分为概念内核且内涵互通，分别以保持构成组分的结构和功能完整、系统组分之间的协调作用为概念成立的前提。

海洋生态系统完整性是功能维持的重要基础，也是实现功能维持的有效手段，其基于海洋自然生态需求，保障海洋生态系统的稳定运行。海洋生态系统功能维持则基于人类用海需求，体现人类的主观能动性和价值意愿，但其维持行为受生态系统完整性的制约。要实现海洋功能维持目标，必须归依于海洋生态系统完整性评估。在人与自然和谐共存的命题中，二者必须紧密联系，协同发挥各自的规范性和导向性作用，才能达到既满足人类需求又不损害海洋环境的最终目的。

### 5.1.3　应用探索

在海洋开发过程中，合理的布局与有效的管理至关重要。实际操作中，人类用海活动影响生态系统，同时也受生态系统的制约。因此，海洋空间布局与管理需综合考量海洋生态系统的自然特点与人类生产生活的需求，综合运用生态系统完整性与功能维持的理论与方法，充分考虑生态系统构成要素的数量、性质及要素间的相互作用以制定海洋空间布局与管理措施，尽量减弱人类空间资源开发对生态系统的负面干扰，实现海洋生态系统的可持续利用。

海洋空间布局与管理首先要保障生态系统的完整性，即生态系统的构成要素及其性质完整，然后通过生态系统各组分的协调运作实现生态系统的功能维持。

就要素数量而言，应将海洋生态系统六大类要素的数量及相应比例控制在合理范围内，以维持海洋生态系统功能持续演进为基本需求，以促进海洋生态系统功能优化为最高目标。

就生物组成要素而言，应实施总量控制制度，维持海洋生物多样性：针对以经济鱼类为代表的海洋消费者这一环节，海洋捕捞、养殖等活动对其种群数量、种群结构、丰度等造成严重影响，因此严格控制捕捞量、规范捕捞用具等措施十分具有必要性；针对以藻类、细菌等为代表的生产者和分解者这一环节，污水、温排水排放等行为造成的水体富营养化大幅改变其种群分布与群落结构，因此控制陆源污染物和海上倾废、实施污水达标排放等措施势在必行。

就环境组成要素而言，光照、水、大气等成分为生命生存发展提供基础，有机碎屑物质与无机物质的交替完成生物地球化学循环，而海洋作为碳循环的重要载体发挥着巨大价值，因此严格控制碳排放量、强化海洋碳汇功能是海洋开发过程中必不可少的要求。

就性质特征而言，一方面，海洋生态系统的构成要素在结构上存在稳定性和有序性，各组成部分的构成相对稳定，各部分相互作用的过程亦遵循一定的规律和顺序，如食物链、食物网等形式，同时系统表现出较强的包容性；另一方面，海洋本身具有流动性和连续性，系统内部的交流更是频繁而特殊，污染物的控制与受损修复难度大。因此，开发活动要尊重海洋生态系统的存在形式和发展规律，保证各个组成要素的完整性与比例控制的合理性，降低干扰、减少破坏，以保障生态系统功能的实现。此外，对于已被破坏的生态系统，应及时开展治理与修复工作，降低海洋污染或受损比率，帮助其恢复至自然健康状态或建立新的生存模式。

就海洋生态系统功能而言，其主要指能够为人类提供的供给功能、调节功能、文化服务功能、支持功能等服务功能。在进行海洋空间布局与管理的过程中，要充分依据生态系统功能维持的概念，加强对生态系统服务功能的保护和治理。一方面，明确用海目的，划定开发范围。生态系统功能的优劣以人类价值取向为标准，但不代表人类可以无限制地消费生态系统；在开发利用过程中应明确开发目标，对有价值区域应合理利用，对无关区域应保护其不受干扰，维持其自然状态。另一方面，严格规范秩序，节约利用资源。资源利用是目前生态系统的主要开发形式，当地资源禀赋和社会需求等共同决定生态系统的功能类型，因此应严格规范资源的开发利用秩序，遵循适度、经济原则，有针对性地采取保护措施，提高资源利用效率，增强持续利用性。

在海洋空间布局与管理实践中，要长期维持海洋生态系统的服务功能，首先需明确该海域生态系统结构与功能的完整性，确保生态系统各要素组成数量与比例的合理性，在明确开发利用目的、规范开发秩序、尊重资源差异的基础上，实现各生态系统的稳定有序开发；对已破坏区域应开展具有针对性的诊断修复工作，恢复各组分间的协调作用和提供相应服务功能的能力。

### 5.1.4 结语

生态系统是开发利用海洋的重要载体，人类在发挥主观能动性改造生态系统的过程中势必会对其产生不同程度的影响，若对导致海洋生态系统产生负功能的人类行为长期不加以节制，必将阻碍海洋开发利用进程。因此，有必要从生态系统完整性与功能维持的角度出发，合理布局海洋空间，科学运用生态系统知识来认识海洋、开发海洋，实施有效管控措施，维持海洋生态系统各要素及其性质的完整，达到使生态系统在整体上持续、稳定地为人类提供与其功能类型相匹配的生态服务的目的，维护海洋生态系统健康，为实现我国海洋经济持续健康发展提供支撑。

## 参考文献

[1] Sue K, Andy P, Chris F. 海洋管理与规划的生态系统方法. 徐胜, 译. 北京: 海洋出版社, 2013.

[2] Allen J C. A modified sine wave method for calculating degree days. Environmental Entomology, 1976, 5(5): 388-396.

[3] Bengston D N, Xu G, Fan D P. Attitudes toward ecosystem management in the United States, 1992-1998. Society & Natural Resources, 2001, 14(6): 471-487.

[4] 战祥伦. 基于生态系统方式的海岸带综合管理研究. 青岛: 中国海洋大学硕士学位论文, 2006.

[5] 蔡守秋. 论综合生态系统管理. 甘肃政法学院学报, 2008, (3): 19-26.

[6] Karr J R, Dudley D R. Ecological perspective on water quality goals. Environmental Management, 1981, (5): 55-68.

[7] 燕乃玲, 虞孝感. 生态系统完整性研究进展. 地理科学进展, 2007, 1(1): 17-25.

[8] Quigley T M. A framework for ecosystem management in the interior Columbia Basin and portions of the Klamath and Great Basins. Financial Accountability & Management, 1996, 28(4): 359-377.

[9] 傅伯杰, 陈利顶, 马克明, 等. 景观生态学原理及应用. 北京: 科学出版社, 2001.

[10] 黄宝荣, 欧阳志云, 郑华, 等. 生态系统完整性内涵及评价方法研究综述. 应用生态学报, 2006, 1(11): 2196-2202.

[11] Miller P, Ehnes J E. Can Canadian approaches to sustainable forest management maintain ecological integrity? *In*: Pimental D. Ecological Integrity: Integrating Environment, Conservation and Health. Washington, D. C.: Island Press, 2000.

[12] Cairns J. Quantification of biological integrity. *In*: Ballentine R K, Guarraia L J. The Integrity of Water, U.S. Environmental Protection Agency, Office of Water and Hazardous Materials. Washington, D. C.: James Gordon Rodger, 1977.

[13] 廖静秋, 黄艺. 应用生物完整性指数评价水生态系统健康的研究进展. 应用生态学报, 2013, 24(1): 295-302.

[14] Odum E. Fundamentals of ecology. Philadelphia: Saunders, 1971.

[15] 冯剑丰, 李宇, 朱琳. 生态系统功能与生态系统服务的概念辨析. 生态环境学报, 2009, 18(4): 1599-1603.

[16] Boyd J, Banzhaf S. What are ecosystem services? The need for standardized environmental accounting units. Ecological Economics, 2007, 63(2-3): 616-626.

[17] de Groot R S, Wilson M A, Boumans R M J. A typology for the classification, description and valuation of ecosystem functions, goods and services. Ecological Economics, 2002, 41(3): 393-408.

[18] Costanza R, d'Arge R, de Groot R, et al. The value of the world's ecosystem services and natural capital. Nature, 1997, 387(6630): 253-260.

[19] Millennium Ecosystem Assessment. Ecosystems and Human Well-being: Biodiversity Synthesis. Washington, D. C.: World Resources Institute, 2005.

[20] 赵平, 彭少麟. 种、种的多样性及退化生态系统功能的恢复和维持研究. 应用生态学报, 2001, 12(1): 132-136.

[21] 王其翔, 唐学玺. 海洋生态系统服务的内涵与分类. 海洋环境科学, 2010, 29(1): 131-138.

## 5.2 生态干扰理论在养殖用海管理上的应用

海洋蕴藏着丰富的渔业资源，是人类必需的几种氨基酸的重要来源，为人类提供了大量的营养食物[1]。作为传统优势产业，海水养殖在我国大农业体系中发挥着越来越重要的作用。海水养殖业健康、可持续发展对于保障国家食品安全和维护沿海地区社会稳定具有重要意义。但是，在养殖用海开发过程中，仍存在管理政策体系不完善、生态化养殖技术发展滞后、生态用海意识薄弱等问题，这不仅不利于养殖业健康发展，而且会影响养殖海域生态环境的可持续性。因此，急需探寻适合我国养殖业发展的新型生态养殖理论和方法，为解决养殖用海现存问题提供科技层面的参考和支撑。据此，本研究通过生态学及干扰理论的研究，拟对养殖用海管理问题进行深入探索，为科学化和规范化使用养殖海域提出科学建议，努力推进养殖与环境发展协调共进。

### 5.2.1 概念界定与特性剖析

1. 概念界定

生态学上，对干扰（disturbance）的研究较多，如火干扰[2-5]、气候干扰[6-8]、水干扰[9]等，但是干扰的概念却不统一[10]。高等教育出版社出版的《生态学》[11]一书将干扰定义为“平静的中断，对正常过程的打扰或妨碍”；张国庆[12]根据“干扰”的系统学和生态学意义，将“生态干扰”（ecological interference）定义为“强行对生态系统的扰动”。

本研究从系统学和生态学角度出发，认为“生态干扰”就是自然或人为因素的扰动导致生态系统作出了反应，具体可从三方面进行解释：首先，这种对生态系统的“扰动”可能来自人为或自然；其次，生态系统的反应可大可小，即这种干扰可能在生态阈值范围之内，也可能超出阈值；最后，生态系统的反应可好可坏，即干扰对生态系统产生的影响可能有利，也可能有害。由其概念分析可知，对生态系统而言，干扰因子分优劣，干扰程度也有大小之分，积极的干扰因子能促使生态系统有序、健康发展，消极的干扰因子则导致生态系统的失衡甚至衰亡。

2. 特性剖析

生态干扰具有独特的生态学地位和重要的生态学意义。良性生态干扰对于促进生态演替、维持系统平衡、调节生态关系具有重要意义[13]，恶性生态干扰则会对生态系统造成毁灭性打击。而干扰会对生态系统产生不同程度的影响，主要因为干扰具有以下几种特性。

1）干扰因子具有多样性

生态系统内部干扰因子的变化，外部干扰因子直接或间接的影响，人为活动的干扰都会导致生态系统发生变化。例如，草原生态系统中所有生物因子和环境因素，都可作为草原的生态干扰因子，具体包括：组成草原生态系统的动植物、微生物、水、土壤、空气等内部干扰因子，影响该生态系统的风、降水、光照等自然干扰因子，以及放牧、施肥等人为干扰因子等。这些干扰因子的变化均会对生态系统产生不同程度、不同极性的影响。因此，在海洋养殖生产中，尽量选择对生态系统干扰较小或无干扰的项目和技术，使其有利于养殖与自然海域和谐发展。而对于行业管理部门而言，应推广适合当地海域生态环境的养殖技术和方法，从制度上鼓励生态养殖。

2）干扰具有相对性

某种干扰因子作用于不同的干扰客体，或者作用客体相同、干扰程度不同，均能造成不同甚至相反的干扰效果，这些都能体现干扰的相对性。例如，采用抚育与种植并存的伐木方式，对林场生态系统非但没有损害，还能优化林木品质；伐木量与种植量达到相对平衡状态时，对林场生态系统干扰程度几乎为零；乱砍滥伐则会破坏林场生态，造成不可逆损失。养殖生产中，通过调节养殖对海域生态系统的干扰程度，或选择能与干扰程度相匹配的海域进行养殖，使得干扰作用效果向良性发展，是人类利用海洋资源的一种较为科学的模式。拓展于管理层面，应当有条件地开展养殖生态干扰度评价，加强因地制宜的配套管控。

3）干扰具有时空性

干扰在不同时间、空间上存在差异的表现，即干扰因子对客体的干扰除了受到干扰因子自身影响，还受时间、空间因素的限制。例如，时间上，水葫芦初被引入我国时是作为观赏性花卉在华北等地区推广种植，可以净化水质、美化环境；后逃逸野生，因为没有天敌、气候适宜，水葫芦在华南部分地区迅速疯长，引发“滇池之殇”。在养殖生产中，选择合适的时间、地点开展养殖活动，是海域生态系统良性发展的重要前提。管理部门应加强科技投入，开展广泛调研，摸清养殖用海环境条件，规范养殖分区。

如今，全球气候变化和人类活动对生态系统的干扰加剧，引发了许多灾害式干扰，如洪水、泥石流、沙尘暴、森林大火等，它们只是生态系统受干扰的自然表现形式，但实际上，人为因素难辞其咎。应该思考的是，既然某些人为活动会对自然生态系统造成恶性干扰，那么通过约束、规范人类行为，是否可以降低或消除人为干扰对自然的影响？可惜的是，目前人们对干扰的研究不多，尤其是对干扰的生态意义认识不足，甚至认为干扰就是破坏或灾害[14]。因此，本研究以养殖用海为例，希望通过正确认识干扰（包括自然、人为干扰）及其影响，探索生态干扰理论的应用意义，推动该理论在应对干扰、管理干扰方面的应用。

### 5.2.2　生态干扰在养殖用海管理上的应用意义

从生态学视角，可以将海上养殖活动作为海洋生态系统的干扰因子。那么，在这种因子的干扰下往往会出现以下两种生态结果：乐观结果是，养殖对海域生态系统产生了正极性干扰，有利于生态系统的健康发展；悲观结果是，养殖对生态系统产生了负极性干扰，造成海洋生态系统紊乱和衰退。但是，目前人们生态用海意识淡薄，现有的制度体系也存在一定问题；而且，养殖者往往会有逐利性冲动，片面追求产量而不顾养殖用海资源损耗。在这些因素驱使下，悲观结果是常态，而乐观结果不常出现。因此，用生态系统理念完善海域管理制度，进一步提高人们生态用海、文明用海意识，是科研管理者亟待努力的方向。针对于此，生态干扰理论在该领域的研究和应用确实能起到一定积极作用。其具体应用意义主要包括以下三方面。

（1）为养殖用海发展设置“生态阈值”，促使养殖用海协调发展。探究并推广正极性、低干扰养殖模式，并以“生态阈值”为标杆，进一步论证生态环保型养殖技术优势，在管理制度修订过程中，针对性地扶持人工鱼礁、碳汇养殖、多品种混养、季节性嵌套等绿色环保养殖模式。

（2）尽力发挥养殖干扰的正极性效应，增强渔民科学养殖意识。养殖用海相较于其他用海方式，产生用海矛盾和争议最多，导致人们片面关注养殖业对生态环境的破坏，而忽略了养殖干扰的正效应。生态干扰理论的研究和应用有利于扭转传统的渔业用海观念，使养殖用海持续发挥其经济和生态价值，有利于海水养殖业的可持续发展。

（3）为建设“环境友好型”养殖产业提供新思路。目前，养殖用海管理政策和技术还不够成熟，仅仅依靠现有的制度管控，不能很好地促进海域资源有效利用和养殖业健康发展。对生态干扰理论的研究和应用，可以作为“环境友好”“集约节约”“生态文明”等养殖的佐证，弥补制度和政策不足，为促进养殖用海科学化和规范化提供新思路。

综上所述，正确认识生态干扰理论，探究规避有害干扰的科学养殖技术，将养殖对海洋生态系统的干扰尽可能地维持在阈值范围内，并以此为原则为养殖用海管理提供政策建议，推进养殖用海无害化、规范化进程，对引导生态养殖模式形成、促进养殖用海的科学管理和生态系统健康发展十分必要。

### 5.2.3　管理问题分析与对策建议

养殖业的健康发展对我国渔民生活水平提高和沿海社会平稳发展具有重要意义，其中，科学有效的养殖用海管理手段至关重要。近年来，我国养殖用海管理水平逐步提升，但不可否认的是，养殖用海的实际管理上仍存在一定的漏洞。现就养殖用海管理现状及主要问题进行分析，并从生态干扰视角提出相应对策措施建议。

### 1. 养殖用海管理现状及主要问题

养殖用海的管理直接面向渔民，在海域管理中具有极其重要的地位。目前，我国养殖用海管理工作的主要依据是海域管理的“三大制度”——海洋功能区划制度、海域使用权管理制度和海域有偿使用制度。海域管理“三大制度”的全面实施，确实对规范养殖用海秩序、提高养殖用海效率发挥了重要作用，但养殖用海管理仍存在一些问题，具体体现在以下两点。

1）管理技术支撑体系还不够完善

完善的管理制度有赖于成熟、科学的技术手段，相应地，生态养殖、资源高效利用等技术的突破将直接为养殖用海的科学管理提供助力。一方面，我国的养殖用海管理主要依托基层管理，管理上新兴的理念和技术不能保证及时更新和推广。另一方面，相关技术研究已经朝着生态、高效、可持续等方向迈进，但技术应用水平仍较为初级，新型技术更新还不成熟，基于生态系统的养殖技术和管理理念亟待推广。

2）养殖用海管理政策不够精细

一方面，资源管控不够精细。养殖用海海域使用金征收仍以平面面积反映资源占用量，这可能造成同样用海面积下，立体养殖模式消耗更多海洋资源却与平面养殖模式缴纳相同的海域使用金，从而不利于用海公平和资源价值体现；另一方面，养殖用海管理规定中涉及的用海方式不够精细，新兴的养殖用海方式没有相匹配的管理规程，易造成不公平现象的发生。

因此，在养殖用海管理上，急需引入符合生态文明建设的相关理论与技术，为促进养殖用海管理制度的进一步完善提供可靠依据。

### 2. 对策措施建议

针对上述养殖用海管理问题，结合我国海水养殖业的发展趋势，提出以下管理实践建议。

1）深入开发和推广生态养殖技术

收集有利于海水养殖业发展的相关理论成果并进行深入研究，鼓励生态养殖技术的开发和创新[15, 16]，逐步淘汰高能耗、高污染、低技术的传统养殖方法，推广应用生态干扰小、科技含量高、生产效益好的养殖技术，建立示范应用和科技创新的成果转化长效机制，为养殖用海生态化管理扶持得力生产技术支撑。

2）切实加强养殖用海制度建设

相关部门应加强管理团队专业化水平，积极学习引进先进管理经验，重视基于生态系统的管理理论实践与应用。完善现有法律法规，增强我国海域管理的法制化。重视海域精细化管理，推进养殖用海立体化确权，合理安排资源开发时序，切实提高养殖用海资源利用效率[17]。

3）推动养殖方式向质量效益型转变

20世纪90年代，是海水养殖业规模迅速壮大的黄金期，大规模、密集养殖一度是渔民增收的关键。如今，人民物质生活日益丰富，更加注重食物的品质和健康。所以，相关部门应当引导养殖产业快速适应市场化需求，形成安全、绿色、健康的水产品生产-销售渠道，满足消费者对高品质水产品的需求，共同推动养殖方式向质量效益型转变，带动产业升级。

4）逐步增强渔民科学用海意识

相关部门首先应该加强法制教育，使渔民正确认识依法用海的重要意义，确保其履行海域使用权人应尽的义务，并学会运用法律武器维护自身合法用海权益；其次应加强环境保护和集约用海教育，增强渔民资源保护意识。通过开展广泛的养殖用海宣传和教育，逐步增强渔民科学用海的意识，以实际行动维护海洋资源可持续利用。

## 参考文献

[1] 陈飞天, 王丽玲. 前途宽广的海水立体养殖. 农村实用工程技术(农业工程), 1988, (3): 7-8.

[2] 胡海清, 魏书精, 魏书威, 等. 气候变暖背景下火干扰对森林生态系统碳循环的影响. 灾害学, 2012, 27(4): 37-40.

[3] 邱扬, 李湛东, 徐化成. 兴安落叶松种群的稳定性与火干扰关系的研究. 植物研究, 1997, (4): 441-446.

[4] 吕爱锋, 田汉勤, 刘永强. 火干扰与生态系统的碳循环. 生态学报, 2005, (10): 2734-2743.

[5] Liu L J, Ge J P. Effects of fire disturbance on the forest structure and succession in the natural broad-leaved/Korean pine forest. Journal of Forestry Research, 2003, (4): 269-274.

[6] 胡海清, 魏书精, 孙龙, 等. 气候变化、火干扰与生态系统碳循环. 干旱区地理, 2013, 36(1): 58-70.

[7] 李秀芬, 朱教君, 王庆礼, 等. 次生林雪、风害干扰与树种及林型的关系. 北京林业大学学报, 2006, (4): 28-33.

[8] 温从辉. 毛竹响应台风干扰一般特征研究. 安徽农业科学, 2012, 40(24): 12113-12115.

[9] 陈小勇, 宋永昌. 洪水干扰对青冈种群更新的影响. 热带亚热带植物学报, 1997, (1): 53-58.

[10] 王广慧, 乌兰, 于军. 干扰与生态系统的关系. 内蒙古草业, 2007, 19(1): 15-18.

[11] 李博, 杨持, 林鹏. 生态学. 北京: 高等教育出版社, 2000: 170-172.

[12] 张国庆. 生态健康评价及生态系统管理方法. 现代农业科技, 2012, (11): 245-246.

[13] 黎志强. 生态干扰及其对生态健康的影响. 现代农业科技, 2013, (23): 174-175.

[14] 魏晓华. 干扰生态学: 一门必须重视的学科. 江西农业大学学报, 2010, 32(5): 1032-1039.

[15] 王启涛. 构建绿色生态型海水养殖业的对策探析. 经营管理者, 2011, (9): 121-122.

[16] 王清印. 海水养殖业的可持续发展和海洋生物技术. 青岛: 第二届全国海珍品养殖研讨会, 2000.

[17] 刘大海, 纪瑞雪, 邢文秀. 海陆资源配置理论与方法研究. 北京: 海洋出版社, 2014: 70.

## 5.3　基于生态系统的海底功能区划初步构想

随着陆地资源日益减少，海洋逐渐成为人类新的水资源开发基地、食品生产基地、能源开发基地和生产生活空间。海洋处于自然地理位置的最低位，流域、海岸带和海洋的开发压力在海洋交织叠加，尤其是近海海域，承载压力远超陆地生态系统，近年来更是逐渐超出自身承载力，海洋开发空间结构失衡问题愈发突出。为缓解这一现状，全球海洋开发从海洋表面、滨海、海洋水体逐步深入到海底，2016年颁布的《深海法》更是吹响了认识海底、开发海底的号角。与近海海域相比，海底区域不仅具有更丰富的生物、矿产和能源等资源，同时还能为海底储藏、海底隧道以及军事活动等提供空间，合理开发利用海底资源将有效缓解人口膨胀、资源短缺及环境恶化等发展难题[1]。然而，海底区域尤其是深远海海底区域的开发尚处于探索阶段，对于未来海底区域的开发，应借鉴近海的海洋开发经验，科学合理地规划布局，有序拓展海底空间资源，以实现各类海底资源的合理开发和有效管控。本研究开展海底功能区划相关前期研究，对海底功能区划进行功能定位，从海底资源的区位、种类、自然属性、人类需求等多方面分析和探究海底功能区划选划的一般方法，尝试性地探索基于海洋生态系统的海底功能区划思路，完善其设计流程，为我国海底资源的科学开发与管理奠定前期研究基础。

### 5.3.1　海底功能区划概念与特征分析

海底功能区划作为一项以海底自然属性和海底生态系统为基础的前瞻性工作，对于未来开发和保护海底区域资源具有重大意义。最早系统性开展此类研究的国家是澳大利亚。在进行新一轮海洋空间规划的基础上，澳大利亚对大堡礁编制了面向新世纪的海底空间区划，从海洋环境保护角度把大堡礁海底公园分为一般功能区、栖息地保护区、科学研究区、公园保护区、缓冲区、国家公园区和保存区。英国的海洋空间规划里也涉及海底功能区划相关内容[2]。

需要指出的是，当前国际上对海底尚无统一的定义。从地理范围上讲，海底是海平面立体水域之下固体、液体和气体的总称，它包括大陆架、大陆坡、大陆脊和深海底；《联合国海洋法公约》中的国际海底仅指深海底；政治上的海底有时又指国家主权管辖范围外的国际海底[3]。但随着各国对海洋管辖权的扩大和海底资源重视程度的加深，目前对海底的讨论研究不局限于某一块区域或某一个领域，而更倾向于从生态系统角度解决海底资源问题。基于此，海底功能区划研究涉及的海底是指国家管控范围内的，可以为人类所用的全部海底资源的统称。

海洋是特殊的地理单元和生态系统，其资源和环境在空间上高度重合，这样就产生了资源开发、环境保护的时序安排和统筹协调问题，海底作为海洋的一部分，其资源环境管理更加多元和复杂。海底研究区域广阔，过程复杂，涉及地质环境、化学环境和特殊生态系统。在不同海底区域，由于区域位置的差异，海底水压、水温、光照、含氧量等自然属性有显著差异，其内含的资源类别和系统状况有很大差异；海底全部固、液、气所形成的生态环境的稳定性，生态系统发挥的主要功能等都有不同。因此，人类在海底资源开发过程中，应当充分尊重并明确待开发区域的自然属性，从区位、资源种类、生境特点等多方面掌握海底资源现状，再结合人类生产需求和生态系统管理要求进行海底功能区划与资源配置。

参考我国海洋功能区划的定义，可以将海底功能区划理解为一项根据海底不同区域的自然属性，结合部分上覆水域特点，并考虑区域海洋开发现状和社会经济发展需求，按海底功能区的划分标准而划分出不同类型海底功能单元的基础性管理工作。从海底生态系统本身来看，其至少具有以下特征：①空间立体性。不同位置的地形特征、地球物理场（重力场、磁力场）、沉积类型、压力、水动力、温度、含氧量等都不尽相同，使得海洋环境在不同海域、不同深度都具有相当大的差异。②时间动态性。海洋生物种类繁多，每个物种在生长繁殖的不同阶段对生存环境的要求一般不同，表现出明显的时间分布差异。③功能层叠性。同一位置的海底可能出现多种资源交叉分布，从而具有多种功能并存的特点。开展海底功能区划工作，首先要从宏观尺度把握海底生态系统共性特征，这样才能进一步结合区划方法研究思路，明确区域海底资源类别和特点，从而较全面而科学地指导海底功能区划选划。

### 5.3.2　整体思路设计与分类研究

回顾近海海域资源开发历程，可以归纳出三个问题：一是早期海域资源开发过程中环境意识及保障技术较弱，导致近海海洋生态环境破坏严重；二是海陆开发未能统筹协调；三是海洋开发总体布局不合理，海洋产业结构矛盾和区域不平衡问题突出，地区间产业趋同性严重[3, 4]。借鉴近海海域资源开发的经验、吸取教训，在把握海底生态系统共性特征的基础上，从待选划区域的自身条件出发，了解区域资源的特殊性，从自然属性、物质条件、社会与人的需求等方面客观分析区域海底资源开发的适宜性，科学界定其功能，合理开展区划。

海底资源的不合理开发往往会导致某一种或某几种海底自然属性的剧烈改变，甚至造成局部海洋生态系统失衡。例如，海洋底栖生物是海洋生态系统的重要结构性类群，同时也是受经济活动影响较大的海底属性之一，开发海底矿产及能源致使海床破坏，易引发海洋底栖生物大批死亡，造成区域生态系统失衡。因此，海底功能区划必须综合考虑海底资源、物理条件及其与开发活动之间的关系等具体情况，以进行系统化的设计。本研究认为，海底功能区划的整体思路和主体流程大体包括以下步骤：首先，明确目的海底区域位置；其次，考察海底可开发资源类型；再次，明确海底自然属性及上覆水域的特点，判断开发合理性；最后，结合人类社会经济需求和技术条件，有针对性地开展海底功能区划。

#### 1. 流程设计

在以上主体思路基础上，基于海洋生态系统，以海底的自然属性为基础，运用海洋资源的配置手段进行具体流程设计。

（1）收集资料，重点调查标志性生物习性以及海底现存主要资源状况。由于不可能把所有海洋生物都纳入评价体系中，因此以海洋生物的数量及其与自然环境的关联程度为基础，确定海域的标志性海洋生物，继而研究它们的循环周期特性。同时调查海底所具有的主要资源及其功能和价值，分析各类资源、功能开发利用之间的兼容性。

（2）确定规划区的功能类型。根据调查资料了解海域资源，从而确定海底功能，将功能一一列出。

（3）建立区划评价指标。海底功能区划的指标体系是判别海底特定区域对应何种功能的标准，其建立主要根据海底的环境条件和上覆水域的情况。为了科学合理地建立划定海底功能区的指标体系，需遵循以下原则：指标选取必须适用于描述海底属性；兼顾地域性和可操作性；兼顾海底功能的可塑性；定量与定性相结合；与各类涉海规划、区划相协调。

（4）根据所确定的指标进行设计，对海底资源进行功能兼容配置和冲突处理。

（5）基于生态系统特征进行海底资源配置。选取某时间段对海洋资源进行空间立体配置，确定某一时间段内的海底功能区划方案；再进行海底区划的时间动态配置，依据上述步骤，制定其他时间段内的区划方案。时间动态的方案应充分考虑海洋生物活动的特性，结合气候、水动力周期性变化等自然因素，对同一片海域进行不同时间段的规划调整，以尽可能地保护生态环境。

该方案综合考虑海底功能的兼容性和限制性，解决了海域区划单一性的问题，使一片海域中的多种资源都可以得到有效利用。同时，以海洋自然属性为基础进行设计，利用时间动态配置，精准、有效地保护海洋生态环境；此外，在保护整体海洋环境的前提下进行海底功能区划设计，使海底功能区划的设计方案更加合理，也加强了海底功能区划与海洋功能区划的协调性。

### 2. 分类研究

海底功能区划研究以整体海洋生态系统为基础，以海底资源的科学利用为目的，因此海底功能区划工作中不仅要考虑海底的自然属性（包括区域位置、可开发资源种类、生态环境状态等），还要满足人类生产需求。结合海底功能区划的整体思路，探讨海底区域位置分类、可开发资源种类分类和海底资源环境条件分类。

#### 1）按海底区域位置分类

按照海底区域位置，将海底分为大陆架、大陆坡、大陆脊和深海底。其中，大陆架离岸较近，地势平缓，有丰富的矿藏和海洋资源。大陆坡和大陆脊是联结大陆与深海的过渡区域，其沉积物中含有丰富的有机质，均具有良好的油气远景，上升流区域容易形成渔场。深海底也称作大洋底，是最深的海底。

#### 2）按可开发资源种类分类

按照人类对海底资源的开发和需求类型，对海底资源进行分类。对应海底区域探明的主要资源种类，将其分为海底矿产资源、海底生物资源、海底空间资源和海底文教娱乐资源。

海底矿产资源最受瞩目，目前已知重要的海底矿产资源包括石油天然气资源、金属与非金属等硬矿资源、新型可燃冰资源等。

海底生物资源主要指在生物资源丰富的海底能向人类提供具有药用、食用等价值的海洋底栖生物、微生物等。

海底空间资源因分类众多，资源价值也更多样，例如，可提高生物资源生产、更新效率；可储存、净化废物；可作为二氧化碳储存区、特殊物质储存区；可为海底基地、海底隧道、海底仓储等基础设施建设提供必要的海底空间；海底交通、停泊等；可提供铺设或规划铺设海底通信光（电）缆和电力电缆以及输水、输油和输气等管状设施的区域[5]；可提供适合海底保护区、军事设施建设、特种设施放置、海底航行和坐沉等特殊用途活动的区域。

海底文教娱乐资源主要能提供水下运动、观光等；可进行海底文化遗产调查、勘测和发掘等；海底生态系统、动植物群落、特殊地质地貌等，为自然科学研究和教育等方面提供了对象、材料和试验基地，科研教育价值巨大。

3）按海底资源环境条件分类

海底资源状态和环境条件不同，人类开发过程中应有不同侧重。按照海底资源环境条件，暂将海底分为特殊生境海底（包括产卵场、育幼场、索饵场、洄游通道等）、重要物种保护海底（即海洋保护区，包括珊瑚礁、海草床等重要生态物种区域）、生态环境脆弱海底及其他海底。从生态系统保护的角度来看，应当重点保护特殊生境海底和重要物种保护海底，有条件地或限制性开发生态环境脆弱海底。

### 3. 区划理念

基于生态系统开展海底功能区划，首先要明确基于生态系统管理（ecosystem-based management，EBM）的理念。目前海洋界对生态系统管理的认识并不完全一致，主要包括：学者认为生态系统管理是在对生态系统组成、结构和功能过程充分理解的基础上，制定适应性的管理（adaptive management）策略，以恢复或维持生态系统整体性和可持续性；北太平洋渔业管理会认为EBM是为维持生态系统的可持续性而规范人类行为的策略；2002年欧盟保护海洋环境战略会议提出，EBM的作用为基于对生态系统及其动态最可靠的科学知识，对人类活动进行一体化综合管理，以维持生态系统完整性，并使生态系统产品和服务功能可持续利用[6-11]。

上述定义的核心思想即通过管理人类活动，来实现生态系统健康可持续发展。虽然我国目前还不具备全面实施基于生态系统的海底管理的条件，但可以循序渐进地纳入生态系统的管理理念，一边制订一边完善。同时，在海底功能区划实践中逐渐提高对生态系统保护的重视程度，为将来全面实现基于生态系统的海洋综合管理奠定基础。

### 4. 配置原则

基于生态系统管理开展海底功能区划时，应遵循空间立体配置、时间动态配置和功能兼容配置三项原则，统筹优化海底资源开发与保护，使海底功能区划更加科学合理。

1）海底资源空间立体配置原则

海底资源空间立体配置是指针对海底的某一位置，利用资源的优先级进行特定的海底空间规划。针对海洋空间资源立体化的特征，空间立体配置的关键在于考虑海洋水平和纵深两个方向的资源配置，在海底空间中寻求海洋资源立体配置的最优解[3]。利用空间立体配置，可以使海底资源配置和整个海洋资源配置相协调，使得资源的利用更加充分，使海洋的各类功能区划更加合理。

需要指出的是，海底地下空间也是海底空间的重要组成部分，也应纳入立体配置，整体考虑，全面谋划。

2）海底资源时间动态配置原则

基于海洋生态的特性，海底区划需重视海洋资源的时间动态性。许多资源的开采势必会影响当地环境，对海洋生物活动尤其是鱼类的洄游产生干扰[12]。海洋生物的时间动态性不仅对人类科学技术提出新挑战，也为海底区划的设计开辟了全新的思路。时间动态配置是从根本上解决生态环境保护与开发利用之间矛盾的方法之一。

时间动态配置是指以保护海洋生物为导向，制订不同时间段内的海底功能区划方案，力求在开发利用海底资源的同时将对海洋生物的损害降至最小。

海底资源的时间动态配置应考虑三个方面：①针对不同海洋生物的周期性活动特点，在不同时间段制订动态的海底功能区划方案。②由于海洋生物活动可能存在不确定性，对于关键性的海洋生物要实施动态监测，根据监测报告对该片海域的功能进行动态调整，并反馈动态海底功能区划方案。例如，对于海底某些资源开采和工程建设项目应尽可能在洄游性鱼类离开该海域时进行，而当监测到其洄游归来时，应及时减少作业，结合鱼类的洄游规律做好相应的保护工作，并及时反馈监测的洄游时间、路线，以对下一年度海底功能区划进行动态调整[12]。③在海底进行作业时，不仅要考虑海洋生物的周期性活动，还需要做远期预测，在长周期尺度范围内考虑海底作业将带来的生态环境影响，根据环境影响采取相应的功能区划方案。在重视环境保护的今天，进行海底资源时间动态配置对统筹各类资源的开发，以及创造高效、科学、可持续的海洋开发环境具有重要意义。

3）海底资源功能兼容配置原则

同一区域的海底呈现多种资源层叠分布的特点。有些海洋资源可以同时利用和开发，使得海洋同一片区域可以兼容多种功能，如渔业资源和海底空间资源等。对于这样的区域，如果只限定海域为单一功能，会造成海洋资源的极大浪费。同时，对有些资源的开发利用则存在冲突，如近海渔业资源可能会与海底矿产能源资源发生冲突。如果不进行资源利用权限的限定，则会导致两种资源的闲置浪费。因此，海底功能区划应考虑到海底资源的兼容配置，海底资源兼容配置是指某一片海底功能区划发展为以一种功能为主导，多种功能同时发展的兼容模式。兼容配置有助于资源的高效利用，可以解决一片海域功能单一的问题。

功能兼容配置需要通过权衡各种资源的重要性进行规划设计。首先，列举该海域所具有的资源，从资源经济价值、社会需求、开发的生态环境影响等角度，量化评价这些资源的综合效益。然后，按照评估结果对各种海洋资源的重要性进行排序，同时标出可以兼容的资源和相互冲突的资源，如果相互冲突的资源重要性相近，则应从技术、政策等领域细化分析，或考虑将该区域视为保留区，等到技术成熟后再重新评价。

功能兼容配置的优势在于：提高海洋资源的利用效率，也将开发强度限制在环境承载力之内；冲突保留为目前海洋生态的稳定和未来海洋资源的合理开发提供更多可能性。这两者相辅相成，使海底功能区划成为一个可行性强同时兼顾未来的动态规划。

### 5.3.3 对策建议

结合我国海洋与海底管理现状，基于上述研究，提出如下对策建议。

#### 1. 建立“多规合一”的海底功能区划新体系

海底情况复杂多变，人工干预成本高，应系统区划，科学设计，把目前涉及海底的管控措施加以系统整合，协调配套形成海底空间区划，把海底空间区划的核心内容和空间要素，像棋子一样按照最优规则和次序，有机整合放入棋盘，形成“一张蓝图干到底”整体[13]。

#### 2. 探索海底地下空间与资源协同利用的海底功能区划新方式

海底空间是海洋空间的重要组成部分，是实现未来海洋空间立体开发、综合应用的重要资源之一。海底功能区划作为海底空间开发利用的前提和基础，对实现海底空间合理开发而言意义重大。因此，在海底功能区划制定过程中，除了要考虑海底生物资源、矿产能源等的有效配置和科学利用，还要让海底空间开发与海底资源利用相互协调、互利兼容，这样才能充分发挥海底空间的最大潜力。

#### 3. 探讨海底经济与海底生态和谐的海底功能区划新模式

人类文明进步不能以牺牲环境生态利益为代价。在未来海底资源开发过程中，应当充分了解海底生态系统的状态，掌握区域生态系统的脆弱性、特殊性、稳定性、适宜性等，制定最为合理的海底功能区开发方案，做到因地制宜、因海制宜。综合海洋生物、海洋化学、物理海洋等海洋学科的海底部分，系统开展海底科学的研究，以科学技术和生态理念指导海底功能区划和海底资源开发，从根本上促进海底经济与海底生态和谐共赢。

#### 4. 发展适用于海底开发保护的新装备

海底开发涉及深海极端装备、特殊装备的研发与技术体系的建立，还涉及深海探测与研究平台的建设。一方面，应深入研究全球海底的不同生境，尤其是海山生态系统、深渊生态系统，为制备能够良好适应深海环境的新装备奠定理论基础；另一方面，在研究手段上不断改进，自主创新，努力突破制约海底开发的科技“瓶颈”，推进核心技术和关键共性技术的研究开发，发展立体化、自动化、信息化的新型海底设备。

#### 5. 完善全覆盖、全海深的海底资源新资料

海底功能区划开展的制约因素之一是人们对海底的认知。应加强对海底的调查研

究，鼓励多种形式的深海探测科研项目，提高海底探索技术和装备实力，不断更新和完善我国海底资源现状资料，对海底资源的种类、储量、使用定位、可持续开发等关键要素要有充分的认识。只有充分掌握海底基本情况，才能形成系统利用海底资源的科学方案，才能使海底功能区划的实用性得到最大限度的发挥。

6. 探索海底功能区划研究的新试点

目前开展海底功能区划的国家甚少，同时各个国家的国情又具有很大差别，对我国的直接借鉴意义较为有限。目前，我国对海底功能区划的理论研究尚处于探索阶段，对海底功能区划的区划方法、理论工具、理论实践等都尚未有人们所认可的统一理论。因此，建议从国外成功的案例着手，总结出一些海底功能区划经验，并在试点试验区开展试验，并随着理论方法与技术的逐步成熟，根据具体条件进行更大范围的示范应用。

### 5.3.4 结语

海底功能区划是全新的事物，具有较强的前瞻性。从技术层面，本研究尊重海底生态系统共性特征，基于区域海底资源的自然属性、物质条件和人类需求等特点，探索了海底功能区划选划思路；在管理层面，本研究融合了生态系统管理思想，对海底资源的空间立体配置、时间动态配置、功能兼容配置等手段进行探索。但需要指出的是，目前该海底功能区划还停留于理论探索阶段，建议借鉴国外的经验，尽快开展我国试点，进一步认识海底，探索海底，开发海底，逐步探索科学合理通用有效的海底功能区划理念和手段。

展望未来，随着海洋经济社会的快速发展和科学技术水平的逐渐提高，基于生态系统的海底功能区划将成为现实。而基于生态系统的海底资源管理和科学配置，将成为保证海洋资源可持续利用、海洋产业可持续发展和提高海洋整体利用效率的有效举措，在国家深海开发战略的实施过程中发挥更重要的作用。

## 参考文献

[1] 张冉, 张珞平, 方秦华. 海洋空间规划及主体功能区划研究进展. 海洋开发与管理, 2011, 28(9): 16-20.

[2] 金翔龙, 初凤友. 大洋海底矿产资源研究现状及其发展趋势. 东海海洋, 2003, 21(1): 1-4.

[3] 刘洋. 海洋功能区划布局技术研究与应用. 中国海洋大学博士学位论文, 2012.

[4] 李东旭. 海洋主体功能区划理论与方法研究. 中国海洋大学博士学位论文, 2011: 1-2.

[5] 王凤云, 赵冬岩, 王踪. 关于海底管线挖埋深度的规范标准研究//中国海洋工程学会. 第十五届中国海洋(岸)工程学术讨论会论文集(上). 北京: 海洋出版社, 2011: 401-404.

[6] 刘慧, 苏纪兰. 基于生态系统的海洋管理理论与实践. 地球科学进展, 2012, 29(2): 277-278.

[7] 丘君, 赵景柱, 邓红兵, 等. 基于生态系统的海洋管理: 原则、实践和建议. 海洋环境科学. 2008, 27(1): 74-75.

[8] Vogt K A, Gordon J, Wargo J, et al. Ecosystems: Balancing Science with Management. New York: Springer-Verlag, 1997: 1-470.

[9] Maltby E, Holdgate M, Acreman M, et al. Ecosystem management questions for science and society.

Virginia Water, UK: The Royal Holloway Institute for Environment Research, 1999.
[10] Uy N, Shaw R. Overview of ecosystem-based adaptation. Community, Environment and Disaster Risk Management, 2012, 12: 3-17.
[11] Maltby E. Ecosystem approach: from principle to practice. Beijing: Ecosystem Service and Sustainable Watershed Management in North China International Conference, 2000.
[12] 徐兆礼, 陈佳杰. 小黄鱼洄游路线分析. 中国水产科学, 2009, 16(6): 931-939.
[13] 安蓓. 省级空间规划试点正式全面开展: 国家发改委有关负责人答记者问. (2017-01-09)[2017-01-10]. http://news.xinhuanet.com/politics/2017-01/09/c_1120275542.htm.

## 5.4　基于生态系统的养殖用海集约化布局对策研究

改革开放40多年来，在中央政府的大力引导和宏观调控下，我国海水养殖业取得了一系列举世瞩目的成就。《2013年全国渔业经济统计公报》显示，我国海水养殖产量超过全国水产总量的1/4，年产值突破2604.47亿元[1]；并且，海水养殖业对维持我国国际水产品贸易的领先地位做出了巨大贡献。然而，养殖用海布局不合理正在成为我国海水养殖业深入发展的一大障碍。所谓养殖用海布局不合理，是指养殖用海的设计规划不能满足科学发展的客观要求。现阶段不合理主要表现在用海平面规整不清，用海时序安排不当，海域空间资源挖潜不足，环境生态效益难以有效兼顾等方面。这些问题的存在，促使养殖用海资源紧缺与生态环境发展的矛盾更加突出，甚至阻碍了我国海水养殖业的持续发展。因此，急需对我国养殖用海布局进行优化，引进现代科技创新手段推动海水养殖业向资源高效型和质量效益型转变[2, 3]。

基于以上所述，本节将从养殖用海布局角度切入，深入分析其面临的关键问题，尝试引入系统论、运筹学和生态系统相关理论，研究并提出基于生态系统的养殖用海集约化布局总体框架和思路，为未来养殖用海集约化、生态化开发与管理提出科学建议和思路借鉴。

### 5.4.1　养殖用海布局问题分析

养殖用海是用于人工培育和饲养具有经济价值的生物物种的海域，是渔业用海的最主要组成部分，在维持行业稳定、促进产量增长、保障食品安全等方面发挥着极其重要的作用[4]。经过30多年的快速开发，养殖用海布局上暴露出一些问题，主要表现在以下几方面。

首先，养殖用海资源规划的集约化水平不高。资源集约化水平可以理解为一种利用更少资源，创造更多效益的能力。2013年，我国已开发海水养殖面积占理论可开发资源总量的89%[5]，未来可开发空间严重不足。这说明，要维持养殖领域的产量持续增长必须要注意“资源高效利用”。而我国现有的养殖用海资源缺乏科学合理的规划，具体表现为：平面布局较为分散，产业间隙的海域资源不能得到有效利用；养殖时间安排不紧凑，海域资源闲置期较长，造成资源浪费；整体开发与管理均局限于平面范畴，忽视了海域资源的空间立体属性，浪费了广阔的深水资源。这些资源规划利用上的不合理直接或间接地导致了资源的闲置与浪费。

其次，养殖用海开发的总体设计中欠缺基于生态系统的思想。在全球倡导“绿色、天然、有机”的食品卫生理念的大背景下，海养产品的高品质需求成为产业发展的风向标。这预示着，未来养殖源头的环境质量与产业开发的生态化水平，将间接影响我国在国际海产品市场的竞争力。但现状是，我国的海水养殖尚未实现生态化开发：管理上，与养殖用海资源开发相关的法规和政策仍主要服务于养殖产业经济的发展，而欠缺对海域生态环境的考虑，不足以引导产业走向绿色、健康的发展道路；技术上，新技术成果转化进程较长、成本偏高，对生态系统有利的养殖技术不能很快地被推广应用；源头质量上，养殖海域环境质量差制约了产品质量，直接导致我国海养产品在国际市场上处于被动地位。因此，急需在养殖用海的生态化开发上尽快做出思路上、政策上的调整和转变。

最后，养殖用海市场化配置水平低、现有管控手段滞后等[6]，也是导致养殖用海布局问题的重要原因。

综上所述，应进一步在养殖用海开发与管理上强化集约节约和生态系统思想，在已有基础上快速探索出一条中国养殖用海布局优化的科学路径。

### 5.4.2　不同尺度的养殖用海集约化布局研究

从理论上来说，养殖用海开发与布局策略应当依据海域资源自然属性，侧重社会发展与需求，以科学地实现海洋资源可持续发展为目标而制定。集约化养殖，就是在人工控制条件下，以降低成本、提高效益为最终目的，在有限水域开展的高密度养殖活动[7]。养殖用海集约化布局，即是两者的有机结合——既要实现增产增收，也要考虑自然属性与社会需求[8-10]。但应注意的是，养殖用海集约化布局不仅包括养殖活动的集约化，还应当包括用海资源的集约化安排。

以下将基于系统论、运筹学和生态系统理论，以及现有的养殖用海科学开发案例和“深水、绿色、安全”的海洋发展原则，针对养殖用海布局在总体设计和资源配置上的问题，分别从养殖用海的平面布局、时间、空间与生态系统四个尺度，给出养殖用海集约化布局的总体思路框架。

#### 1. 平面布局尺度下的养殖用海平面整理

进行养殖用海平面整理，需要以资源有效配置和集约节约利用为目的，在平面布局上对养殖用海进行科学的规划和调整。在平面布局过程中，一方面要按照国家相关规划和区划要求，合理配置海域资源，明确养殖用海划分边界，减少产业间用海争议和不良干扰；另一方面要重视产业间隙海域，统筹分散、小规模的养殖用海等资源，将零散资源整合起来并纳入管控体系，促使其发挥最大的养殖效益。

例如，航运业与养殖业在用海上具有显著的不兼容特性，海水养殖活动无序扩展对海上运输安全造成很大威胁[9]，同时航道上可能出现的船舶油污等各类污染，也给养殖生物的生长发育带来不利影响，影响养殖产品品质，甚至造成重大经济损失。在平面布局上，应当加强对此类型用海产业间的海域资源界定和划分，强化法制管理，采取适当措施将相关法规落到实处，以避免平面布局不兼容可能造成的损失。

2. 时间尺度下的养殖品种时序优化

从时间尺度进行养殖品种时序优化，旨在通过不同品种不同季节的嵌套养殖，实现养殖用海在时间上的集约利用与开发。前提是要明确养殖生物的发育规律与生活史，并结合海域气候环境现状，开展与之相匹配的轮养、套养或混养。研究认为，科学合理的时间次序，能够提高资源配置效率，实现最优经济收益[10]，即做到养殖用海空间不闲置，四季均作。

例如，闽浙沿海地区，海带与龙须菜季节嵌套技术得到大范围推广。利用藻类的生长周期规律，一年内冬春季节养殖海带，夏秋季节养殖龙须菜，这种养殖模式充分利用了海域空间资源与养殖设施，可以提高单位水体的养殖效益。近年来，基于生态友好的多个物种合理混养日益受到重视，发展前景非常广阔[11-13]。

3. 空间尺度下的深水养殖空间布局

从空间尺度进行深水养殖空间布局，是指通过海域立体空间优化配置，将海水资源利用向纵深扩展，以提高总体资源的利用率。在充分考虑养殖品种的生活习性和当地气候环境前提下，利用养殖品种生活所需水层不同、生活空间可重叠、生长周期互不影响的特点，在相同海域同时养殖两种或两种以上的水产品。此举可节省海域空间资源（尤其是立体空间），增加单位面积养殖产量和产值。

南美白对虾和青蛤的混合养殖可以作为深水资源空间利用的典型案例。两物种均是我国常见经济养殖品种，对水质、盐度、水温要求相近，生长繁殖活动互不干扰，可以共同生长。另外，菊花心江蓠还可以在水体相对稳定的养殖池中快速生长，对于营养盐的吸收利用效果十分明显，可以缓解南美白对虾养殖的排污问题。试验表明，南美白对虾、青蛤、菊花心江蓠的搭配养殖，节省了养殖空间、增大了养殖容量和收益，若得到大范围推广应用，减污效应也将非常可观[14, 15]。

4. 基于生态系统的循环生态养殖模式探索

从生态系统角度探索循环生态养殖模式，应充分考虑养殖品种的代谢互补特性，人为构建循环共生的养殖生态系统。这种养殖模式除了在时间、空间上高效利用养殖用海资源，还充分协调多个养殖品种间的生态位和营养位的关系，人为构造一个能级较完整的小型生态系统。通常这种模式下的养殖用海系统可以基本实现“自给自足”，一方面大大降低了外源饵料投放量、抗生素使用量，减轻了废弃物污染；另一方面增强了养殖海域生物群落空间结构稳定性，增加了养殖系统的物种多样性，达到更佳的综合养殖效益[16]。复合型循环生态养殖模式有利于养殖用海资源的高效利用，有利于环境质量的逐步改善，有利于海产品质量的提高，必将成为未来集约化养殖业的主要发展方向[17]。

以池塘养虾为例，其在循环生态养殖模式的探索上有成功的经验[7, 8]。循环生态养虾的养殖环境往往相对封闭，一般包括标准虾塘、简易塘和蓄水池三部分[18]。标准虾塘除重点养虾外，还混合养殖浮游植物（虾类食物）、大型海藻（吸收虾类生产的营养盐）和肉食性鱼类（捕食病虾、残虾）等；简易塘可适度养殖底栖贝类（缢蛏、扇贝、泥蚶等）[19]，它们能滤食水中的悬浮物，有净化水质的作用；蓄水池的主要作用为存储、缓冲和流通。实践证明，这种综合生态养殖模式大大提高了综合效益，为其他海产品种的科学养殖提供了很好的范例。

以上四个角度，为解决养殖用海资源合理布局的管理实践提供了新的研究思路，所形成的养殖用海集约化布局框架，可全方位地缓解养殖用海资源矛盾，更切实地维系养殖产业与生态系统的共存关系，有利于海水养殖业的健康持续发展。

### 5.4.3 结论

通过上述研究可知，单纯依赖扩大养殖规模和密度的平面、粗放布局模式，已不再适合我国养殖用海资源的可持续发展。要实现海水养殖业的进一步深化发展，必须要注重养殖用海的科学管理及相关实践探索，将基于生态系统的养殖布局技术尽快地推广和应用起来，构建出更为完善且有效的管理机制[20]，具体提出如下对策建议。

（1）法律上，完善海域物权保障制度，推进养殖用海立体化确权。严谨科学的物权管理是确保资源合理占用、流转与收益的基本条件[21]。在海洋立体空间资源逐渐受到重视的背景下，必须及时赋予海域立体空间明确的法律界限和权益规范，引导养殖用海良性布局，加快海域资源集约化进程。

（2）管理上，强化养殖用海科学管理，完善海域管理机制。在严格执行现行海域管理规定的基础上，重视集约节约、生态系统等科学理念在养殖用海管理上的应用，并逐步构建与之相匹配的管理措施、技术准则等，将养殖用海科学管理落到实处。

（3）技术上，鼓励生态养殖、集约用海等技术的开发和创新。着眼于长期发展，积极提升科技研发水准，助力养殖用海布局优化与资源配置、生态养殖、健康海水养殖等理论和技术的研究实践，将更多有利于养殖用海可持续发展的理论和技术，结合到未来的产业布局和发展规划中。

（4）成果应用上，推动优秀科研成果转化，构建成熟的应用推广模式。大力扶持科技用海新技术的产业化应用项目，有效整合科研单位、企业力量，共同探索建立一整套成熟海水养殖技术论证、应用、推广模式，从机制上缩短优秀技术成果规模化应用周期，进而提高海水养殖新技术的应用效率。

（5）意识上，提高用海渔民素质，拓展公众参与渠道。开展养殖用海相关法律、法规等宣传教育活动，逐步增强全社会科学用海意识。搭建公众沟通服务平台，及时发布养殖用海政策、资源等信息，积极反馈群众意见、建议，实现管理者与公众的良性互动。

## 参考文献

[1] 农业部渔业渔政管理局. 2013年全国渔业经济统计公报. 中国渔业报, 2014-06-16(A01).

[2] 刘大海, 邢文秀, 纪瑞雪, 等. 我国海陆发展问题分析及海陆资源配置理论体系构建. 海洋开发与管理, 2014, (11): 10-13.

[3] 肖惠武. 我国渔业用海保有量研究. 中国海洋大学硕士学位论文, 2012.

[4] 陈悦. 利用GIS实现海籍管理. 华东师范大学硕士学位论文, 2011.

[5] 朱晓峰. 中国粮食问题: 远景与求解策略. 中国软科学, 1997, (6): 115-120.

[6] 张宇龙, 李亚宁, 胡恒, 等. 我国海水养殖功能区的保有量和预测研究. 海洋环境科学, 2014, 33(3): 493-496.

[7] 苏进. 连云港市海洋开发布局研究. 南京师范大学硕士学位论文, 2007.

[8] 中国水产学会. 世界水产养殖科技大趋势——2002年世界水产养殖大会论文交流综述. 北京: 海洋出版社, 2003: 89-99.

[9] 桂慧樵. 谁来终结无序养殖. 珠江水运, 2004, (1): 30-32.

[10] 刘大海, 纪瑞雪, 邢文秀. 海陆资源配置理论与方法研究. 北京: 海洋出版社, 2014: 70.

[11] Naylor R L, Goldburg R J, Mooney H, et al. Nature, subsidies to shrimp and salmon farming. Science, 1998, 282: 883-884.

[12] Qian P Y, Wu C Y, Wu M, et al. Integrated cultivation of the red alga *Kappaphycus alvarezii* and the pearl oyster *Pinctada martensi*. Aquaculture, 1996, 147: 21-35.

[13] Jones T O, Iwama G K. Polyculture of the Pacific oyster, *Crassostrea gigas* (Thunberg), with chinook salmon, *Oncorhynchus tshawytscha*. Aquaculture, 1991, 92: 313-322.

[14] 王大鹏, 田相利, 董双林, 等. 对虾、青蛤和江蓠三元混养效益的实验研究. 中国海洋大学学报(自然科学版), 2006, 36(S): 20-26.

[15] Neori A, Ragg N L C, Shpigel M. The integrated culture of seaweed abalone, fish and clams in modular intensive land based systems: Ⅱ. Performance and nitrogen partitioning within an abalone (*Haliotis tuberculata*) and macroalgae culture system. Aquaculture Engineering, 1998, 17: 215-239.

[16] 赵广苗. 海水池塘养殖模式的演变与发展趋势研究. 齐鲁渔业, 2006, 23(7): 1-2.

[17] 秦传新, 张立勇, 方涛, 等. 复合式循环养殖系统——"藻塘"与"食藻动物塘"研究进展. 宁波大学学报: 理工版, 2007, (1): 31-37.

[18] 徐鹏飞. 内循环生态养虾. 科学种养, 2006, (9): 56.

[19] 李德尚, 董双林. 对虾池封闭式综合养殖的研究. 海洋科学, 2000, (6): 55.

[20] 刘大海, 丁德文, 邢文秀, 等. 关于国家海洋治理体系建设的探讨. 海洋开发与管理, 2014, (12): 1-4.

[21] 马骏. 物权法体系下海域物权制度研究. 中国海洋大学硕士学位论文, 2008.

## 5.5 区域养殖用海集约利用评价方法及应用

我国是世界最大的海水养殖国家，养殖用海是我国面积最大的用海类型。对养殖用海资源进行集约利用评价是由养殖用海的重要性所决定的。首先，养殖用海为建设"蓝色粮仓"[1]提供了拓展空间，对于解决粮食安全问题、丰富居民菜篮子作出了重要贡献；其次，养殖用海是沿海社会稳定的基础，为沿海渔民提供了主要的生活保障，也是沿海捕捞渔民转产转业的重要领域；最后，随着城市化、工业化的发展，建设用海规模不断扩大，不可避免地要占用极为宝贵的优质海域资源。因此，在我国未来社会经济发展中，必然要求养殖海域的开发利用实行综合开发、集约利用。

近年来，为满足人民对水产品日益增长的需求，我国海水养殖已经逐步走上集约化发展的道路，海洋牧场、深水网箱、现代化工厂养殖等各种形式的高效生态养殖模式快速发展应用，养殖用海集约利用程度日益提升。然而，目前我国对海域空间集约利用水平缺乏系统性研究，学者们多从区域整体海域利用[2, 3]或者建设用海[4-7]角度开展集约节约利用评价研究，而对养殖用海集约利用研究则不太重视，相关研究成果非常缺乏。在海水养殖集约化程度衡量方面，董双林[8]选取设施渔业养殖产量比重和投饲养殖产量比例两个指标对我国水产养殖集约化程度进行了量化分析。由于缺乏必要的评价体系，我国集约用海管理在养殖用海领域相对薄弱，不利于海域资源的科学、合理、节约和集约利用。

本研究参考耕地集约利用评价的相关研究方法，结合海域开发利用属性，挖掘养殖用海特征和集约利用内涵，建立和完善养殖用海集约利用评价方法，以期为提高我国养殖用海管理调控能力，保障海水养殖业健康可持续发展提供借鉴和参考。

### 5.5.1 养殖用海特征分析

与陆地农业生产中的耕地相比，养殖用海意味着劳动对象和介质的改变，但两者本质内涵又是相通的，因而养殖用海与耕地在某些方面呈现出相似属性。例如，养殖用海与耕地都具有周期性，从种苗放养或播种到成品收获都需要一定的生长时间；养殖和耕种生产活动都受作业空间承载力限制，超出养殖或耕种容量的限制，通常会对作业区域及产品产量、品质产生不利影响；在非人工可控环境下，两者皆不可避免地受到所在区域气候条件的影响，面临较大的自然风险；此外，两者开发利用程度均深受技术水平的影响等。

相比于耕地的本质属性，养殖用海又具有自身的显著特征。

（1）养殖用海生态脆弱性显著。相比于耕地的土地生产要素，海水养殖的作业空间主要是近岸海域及滩涂区域，是陆-海系统交互作用最强烈的区域，在海域气流、海洋潮流的作用下，风暴潮、海岸侵蚀、赤潮、地震海啸等各种海洋自然灾害频繁发生，生态环境表现出较强的固有生态脆弱性。与此同时，近岸海域及滩涂受人类活动影响较大，人类高强度的海洋开发，易导致原有海洋自然生态结构的退化，影响海洋生态系统的多样性和稳定性。

（2）养殖用海活动呈现立体化特征。相比于耕地根植于土地载体进行平面生产的作业特点，养殖用海空间资源具有水体流动性，且不同生物栖息的水层空间也具有差异性，可在把握平衡比例的条件下，实现不同水层自养生物与异养生物、投喂性种类和获取性种类的多层次综合养殖[8, 9]，实现养殖用海的多层次、立体化利用功能。

（3）养殖用海区域间差异性显著。养殖用海同耕地一样会由于地理位置的差异，受自然因素和人为因素的共同影响，具有不同的资源禀赋和环境属性。然而，海水的强流动性和海洋资源的强流动性，致使海洋环境瞬息万变，养殖用海受各种因素（气候环境、陆源污染、其他产业用海、沿海经济发展水平、政策法规等）的影响更为明显，区域间具有显著的差异性。

### 5.5.2 养殖用海集约利用内涵

对于养殖用海的集约利用，应当用一种动态的、长远的眼光来看待。首先，养殖用海资源的数量和质量从长期来看是不断变化的。养殖用海资源的数量会因海域功能的调整而增加或减少，海域的质量会因经营管理的得当与否发生变化。其次，作用于养殖海域的技术、资本和劳动力投入组合会发生变化。不同的组合将对养殖用海资源产生不同的影响，进而左右养殖用海最终的产出和效益[10]。最后，养殖用海集约利用的着眼点是未来，理应同时体现国民对增产和环保两方面的需求，集约利用方法和程度合理得当，就可对海域资源可持续利用起到促进作用，反之则阻碍养殖用海可持续利用进程的实现，可以说可持续利用给养殖用海集约利用指明了方向。

综上，养殖用海集约利用就是在原有养殖用海资源数量不变或减少的前提下，在合理的制度约束下，在资源环境承载力范围内，通过引进先进的技术，采用合理的经营理念和管理方法，投入合适比例的资本和劳动力等生产要素，形成养殖用海产出的最优要素比，进而提高养殖用海的利用效率，实现养殖用海的可持续利用。

### 5.5.3 养殖用海集约利用评价方法

#### 1. 评价指标选取原则

养殖用海集约利用评价旨在挖掘海洋利用潜力，转变目前养殖用海存在的粗放开发模式，促进养殖海域在区域不断发展中形成合理的集约度，为制定海洋的供给政策和科学管理海洋开发提供依据[2]。因此，养殖用海集约利用评价指标体系的构建应能切实地反映海域集约利用内涵，客观地反映养殖用海集约节约利用数量水平和质量水平。基于上述考虑，本研究遵循系统性、区域分异性、动态性、可行性原则构建指标体系。

（1）系统性原则。养殖用海集约利用评价是对资源、经济、社会、生态等因素的综合性分析，必须采用系统论观点，尽可能分析到所涉及的各个侧面，使各子元素相互促进、相互协调，共同为养殖用海集约利用评价提供整体性服务。

（2）区域分异性原则。由于我国养殖用海南北纬度跨度较大，养殖海域所属的渤海、黄海、东海、南海等海区的自然环境、生态条件以及经济社会发展水平都存在不同程度的差异，养殖用海集约利用评价应充分考虑区域差异性，在保持评价指标和方法统一的基础上，从指标权重和评价标准上体现地域差异。

（3）动态性原则。养殖用海集约利用本身是一个相对和动态的概念，随着经济社会的快速发展，沿海各个地区发展阶段和发展目标不尽相同，因此指标设计应充分考虑海域集约利用动态化特点，较好地反映和度量未来发展趋势，且指标体系应具有一定弹性并能根据发展变化进行适当调整。

（4）可行性原则。影响养殖用海集约利用的因素很多，如复杂评价模型和方法的应用，由于数据收集量大且精确度不高，评价工作往往难以持续。因此，养殖用海集约利用评价方法、模型的选择要简单易行，评价指标的选取须充分考虑数据的可获取性、时效性和准确性，且满足数据口径一致，实现地区间的可比性。

## 2. 构建评价指标体系

根据养殖用海集约利用的内涵界定，投入和产出是养殖用海集约利用的基本指标；养殖用海规模和有效利用程度是集约利用的重要衡量标准；近岸海域的生态脆弱性，决定可持续利用是养殖用海集约利用的前提。因此，在进行指标体系设计时，以可持续发展思想为指导，通过借鉴耕地集约利用评价相关理论和设计经验[11-15]，结合养殖用海特征和有关专家的多轮反馈意见，最终从海域利用程度、海域投入强度、海域利用效益、海域利用可持续性4个层面遴选10项指示性强、数据来源可靠的指标来表征区域养殖用海集约利用水平（表5.1）。

表5.1　区域养殖用海集约利用评价指标体系

| 目标层 $A$ | 准则层 $B$ | 措施评价层 $C$ | 极性 |
|---|---|---|---|
| 养殖用海集约利用水平 | 海域利用程度（$B_1$） | $C_1$ 养殖用海面积（$km^2$） | + |
| | | $C_2$ 养殖用海面积占农渔业区面积的比例（%） | + |
| | 海域投入强度（$B_2$） | $C_3$ 单位海域面积从业人数（人/$km^2$） | + |
| | | $C_4$ 海洋设施养殖产量占比（%） | + |
| | | $C_5$ 单位面积海洋机动养殖渔船拥有量（$t/km^2$） | + |
| | 海域利用效益（$B_3$） | $C_6$ 单位海域产值（万元/$km^2$） | + |
| | | $C_7$ 单位海域产出（$t/km^2$） | + |
| | | $C_8$ 渔民人均纯收入（元） | + |
| | 海域利用可持续性（$B_4$） | $C_9$ 优良水质海域面积年均占比（%） | + |
| | | $C_{10}$ 养殖用海平衡指数 | + |

海域利用程度（$B_1$）：$C_1$反映区域养殖用海整体规模，用养殖用海面积来表征；$C_2$反映养殖用海实际利用程度，用养殖用海面积占农渔业区面积的比例来表征。

计算公式：$C_2$= 养殖用海面积/海洋功能区划划定农渔业区面积

海域投入强度（$B_2$）：$C_3$反映养殖用海劳动力要素投入强度，用单位海域面积从业人数来表征；$C_4$、$C_5$分别反映养殖用海资本和技术要素投入强度，分别用海洋设施养殖产量占比和单位面积海洋机动养殖渔船拥有量来表征。

计算公式：$C_3$ = 海水养殖从业人员/养殖用海面积

$C_4$ = 网箱、吊笼和工厂化海水养殖产量/海水养殖产量

$C_5$ = 海洋机动养殖渔船拥有量/养殖用海面积

海域利用效益（$B_3$）：$C_6$反映养殖用海单位面积海域的产值情况，衡量海域经济效益；$C_7$反映养殖用海单位面积海域的产出情况，衡量海域生产能力；$C_8$反映养殖用海社会效益，用渔民人均纯收入来表征。

计算公式：$C_6$ = 海水养殖产值/养殖用海面积

$C_7$ = 海水养殖产量/养殖用海面积

海域利用可持续性（$B_4$）：$C_9$反映养殖用海水资源环境情况，根据现行海洋功能区

划对于养殖、增殖海域执行不劣于二类海水水质标准的要求，本研究采用优良水质海域面积占比来表征区域水环境质量；$C_{10}$反映养殖用海面积的稳定性，用养殖用海平衡指数来表征。

计算公式：$C_9$ = 优良水质（一类、二类）海域面积/区域管辖海域总面积

$C_{10}$ = 养殖用海面积/去年养殖用海面积

### 3. 指标评价方法

#### 1）数据标准化

若指标性质、量纲、表现形式以及对目标层的作用不相同，就不具有可比性，为了消除量纲影响和变量自身变异大小及数值大小的影响，将数据进行无量纲化处理。由于极值法适用于任意的指标数据个数和分布状况，并且转化后的数据均在0～1，方便进一步的数学处理，因此本研究采用极值法进行数据标准化处理。对于正向指标数据（越大越好）采用式（5.1）计算：

$$X_{ij} = \frac{a_{ij} - \min(a_{ij})}{\max(a_{ij}) - \min(a_{ij})} \tag{5.1}$$

对于逆向指标数据（越小越好）采用式（5.2）计算：

$$X_{ij} = \frac{\min(a_{ij}) - a_{ij}}{\max(a_{ij}) - \min(a_{ij})} \tag{5.2}$$

式中，$X_{ij}$为指标的标准化结果；$a_{ij}$为指标系列的实际值；$\max(a_{ij})$为指标系列中的最大值；$\min(a_{ij})$为指标系列中的最小值。

#### 2）权重确定

由于研究对象为养殖用海，养殖用海的生态脆弱性、立体性、区域差异性决定了其用海行为存在诸多不确定性，同时海域资源属国家所有，用海活动的规模、区域、方式等受政策调控影响较大。因此，相较于熵权法等客观赋权法容易忽略指标本身的重要程度，层次分析法不仅适用于存在不确定性和主观信息的情况，还允许以合乎逻辑的方式运用经验、洞察力和直觉来判断指标对于某项功能的影响程度。因此，本研究采用层次分析法确定指标权重，通过查阅相关资料、专家咨询并结合养殖用海功能定位对评价目标、子目标、指标的相对重要性进行判断，组成多个判断矩阵，分别计算权重值，并对结果进行一致性检验，满足CR＜0.1，通过一致性检验。得出的指标权重如表5.2所示。

表5.2　区域养殖用海集约利用评价指标权重

| 目标层$A$ | 准则层$B$ | 措施评价层$C$ | 权重 |
|---|---|---|---|
| 养殖用海集约利用水平 | 海域利用程度（$B_1$） | $C_1$ 养殖用海面积 | 0.0679 |
| | | $C_2$ 养殖用海面积占农渔业区面积的比例 | 0.0679 |
| | 海域投入强度（$B_2$） | $C_3$ 单位海域面积从业人数 | 0.0755 |
| | | $C_4$ 海洋设施养殖产量占比 | 0.1904 |
| | | $C_5$ 单位面积海洋机动养殖渔船拥有量 | 0.1199 |

续表

| 目标层$A$ | 准则层$B$ | 措施评价层$C$ | 权重 |
|---|---|---|---|
| 养殖用海集约利用水平 | 海域利用效益（$B_3$） | $C_6$ 单位海域产值 | 0.1316 |
| | | $C_7$ 单位海域产出 | 0.1045 |
| | | $C_8$ 渔民人均纯收入 | 0.0829 |
| | 海域利用可持续性（$B_4$） | $C_9$ 优良水质海域面积年均占比 | 0.1063 |
| | | $C_{10}$ 养殖用海平衡指数 | 0.0532 |

3）养殖用海集约利用评价计算

利用指标值及其权重值，采用加权求和式（5.3）计算各地区养殖用海集约利用水平准则层各维度得分：

$$u_i = \sum_{i=1}^{n} y_{ij} \times w_{ij} \tag{5.3}$$

式中，$u_i$为$i$准则层集约度分值；$y_{ij}$为$i$准则层$j$指标的标准化分值；$w_{ij}$为$j$指标相对$i$准则的权重值；$n$为指标个数。

采用式（5.4）计算各地区养殖用海集约利用水平总得分：

$$U = \sum_{i=1}^{n} u_i \times w_i \tag{5.4}$$

式中，$U$为养殖用海集约利用水平综合分值；$w_i$为$i$准则层的权重值。

$U$在[0, 1]取值，根据$U$值大小，结合国内外相关海域利用评价经验和养殖用海特殊性，可将区域养殖用海集约利用程度分为5个等级。

当$U \geqslant 0.8$时，养殖用海处于1级水平，区域养殖用海处于高度集约状态。

当$0.6 \leqslant U < 0.8$时，养殖用海处于2级水平，区域养殖用海处于比较集约状态。

当$0.4 \leqslant U < 0.6$时，养殖用海处于3级水平，区域养殖用海处于基本集约状态。

当$0.2 \leqslant U < 0.4$时，养殖用海处于4级水平，区域养殖用海处于不太集约状态。

当$U < 0.2$时，养殖用海处于5级水平，区域养殖用海处于粗放利用状态。

### 5.5.4　我国沿海地区养殖用海集约利用评价

根据养殖用海集约利用评价体系，考虑数据的可获得性、完整性和口径一致性，本研究以2016年为数据年份，选取我国9个沿海省（区、市）①进行区域养殖用海集约利用评价分析。主要数据来源于沿海省级海洋功能区划（2011—2020年）、沿海省（区、市）《2016年中国海洋环境状况公报》以及《2017中国渔业统计年鉴》。按照指标计算公式，得到各评价指标取值情况，结果如表5.3所示。

按照式（5.1）～式（5.3）对指标数值进行计算，得到沿海省（区、市）养殖用海集约利用水平各准则维度得分，对比情况如图5.1所示。

---

① 《中国渔业统计年鉴》等资料无上海市海水养殖相关统计数据，《海南省海洋功能区划（2011—2020年）》尚未对外公开，且相关指标数据缺失，故将上海市和海南省予以舍弃。

表5.3　2016年我国沿海地区养殖用海集约利用评价指标取值

| 省（区、市） | $C_1$ | $C_2$ | $C_3$ | $C_4$ | $C_5$ | $C_6$ | $C_7$ | $C_8$ | $C_9$ | $C_{10}$ |
|---|---|---|---|---|---|---|---|---|---|---|
| 天津 | 31.93 | 4.51 | 63 | 19.23 | 5.01 | 3 350 | 355 | 24 088.93 | 26.40 | 1.008 8 |
| 河北 | 1 154.06 | 35.96 | 43 | 2.22 | 28.92 | 838 | 443 | 14 024.64 | 79.50 | 0.981 9 |
| 辽宁 | 7 693.04 | 39.87 | 20 | 1.72 | 8.89 | 556 | 403 | 17 693.36 | 82.30 | 0.824 4 |
| 江苏 | 1 852.80 | 7.54 | 35 | 1.68 | 21.36 | 1 272 | 488 | 22 777.27 | 61.30 | 1.018 9 |
| 浙江 | 888.16 | 2.95 | 101 | 3.26 | 16.23 | 1 625 | 1 146 | 23 071.49 | 37.70 | 1.034 2 |
| 福建 | 1 745.54 | 6.67 | 204 | 6.72 | 31.27 | 3 823 | 2 477 | 17 851.00 | 88.70 | 1.051 1 |
| 山东 | 5 615.49 | 19.76 | 68 | 3.08 | 11.51 | 1 489 | 913 | 18 827.95 | 96.14 | 0.997 1 |
| 广东 | 1 960.65 | 3.99 | 85 | 4.61 | 10.05 | 2 332 | 1 601 | 14 486.19 | 85.20 | 1.006 2 |
| 广西 | 547.20 | 13.97 | 343 | 3.36 | 0.79 | 2 947 | 2 220 | 20 431.97 | 84.20 | 0.994 6 |

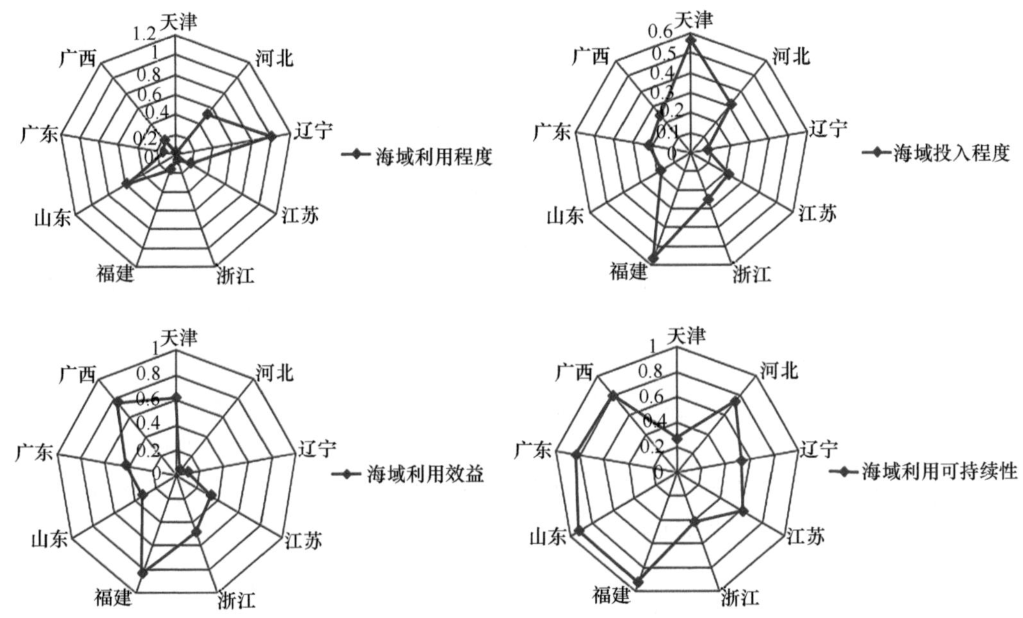

图5.1　2016年我国沿海省（区、市）养殖用海集约利用各准则维度得分对比情况

从海域利用程度看，辽宁、河北、山东的养殖用海面积及其占海洋功能区划划定农渔业区面积的比例较高，养殖用海利用规模和程度在全国处于领先地位；天津、广西、浙江等地养殖用海规模较小。

从海域投入强度看，天津、福建处于绝对优势位置，说明劳动力、资本和技术等生产要素投入相对较大，海洋设施化养殖比例高。其中，天津近年来海水工厂化养殖技术、循环水处理装备技术快速发展，海水工厂化养殖规模居于全国先进行列[16]，致使其海域投入强度得分较高；而辽宁、山东、江苏和广东则处于相对弱势位置，下一步要适当提高要素投入强度。

从海域利用效益看，福建单位海域面积综合产出效益最大，其次是广西、天津、浙江等地，最低的是河北。受各海域资源禀赋和环境属性影响，各地区海水养殖品种和份额有很大差异，这在某种程度上影响了区域单位海域面积产出效益。例如，辽宁和河北地处我国北方，冬季天气寒冷，海水养殖面临越冬问题，在深水网箱养殖和工厂化养殖规模占比不高的情况下，海域单位面积的产出效益势必大大降低。

从海域利用可持续性看，福建、山东、广东、广西养殖用海可持续性得分较高，说明海域水质整体状况良好，养殖用海面积年度变化相对稳定，而受沿海地区高强度经济开发影响，天津、浙江、江苏等地近岸水质环境较差，影响了养殖用海的生态可持续发展，需切实管控陆海污染物排放，加强渔业资源养护与修复。

进一步按照式（5.4）求得2016年我国沿海省（区、市）养殖用海集约利用水平综合得分（图5.2），根据区域养殖用海集约利用程度划分等级可知，目前我国暂无1级水平养殖用海省（区、市）；福建养殖用海属于2级水平，处于比较集约状态，领先于我国其他沿海省（区、市）；广西、天津、山东养殖用海属于3级水平，处于基本集约状态；广东、浙江、河北、江苏、辽宁养殖用海属于4级水平，处于不太集约状态。

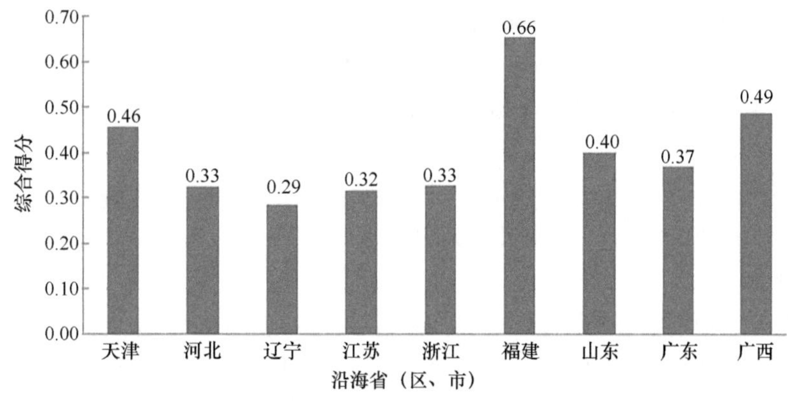


图5.2　2016年我国沿海省（区、市）养殖用海集约利用综合得分

虽然从沿海省（区、市）来看，养殖用海集约利用水平参差不齐，但就全国而言，养殖用海集约利用现状仍处于较低水平，未来要在资源环境承载力前提下，进一步采取相关措施提高养殖用海集约程度。短期内，部分地区可在投入产出程度上下功夫，通过发展深水网箱和工厂化循环水养殖模式、提高海水养殖专业装备和专业人员数量、优化海水养殖品种结构等方式，提升养殖用海集约程度；从长期看，应在强调集约用海过程中进一步加大对海域资源持续利用状况的重视，平衡海洋环境保护与养殖用海集约利用的关系，平衡养殖用海与其他用海尤其是建设用海之间的关系。

### 5.5.5　讨论

对于养殖用海集约利用评价，目前国内相关研究还非常缺乏。本研究在借鉴耕地相关研究成果的基础上，结合海域利用特征，对养殖用海集约利用的内涵进行了界定，并遵循系统性、区域分异性、动态性、可行性原则，从海域利用程度、海域投入强度、海域利用效益、海域利用可持续性4个层面遴选指标，建立了养殖用海集约利用评价指标体系，并进一步选取我国9个沿海省（区、市）进行区域养殖用海集约利用评价实证分析，评价结果对我国养殖用海集约利用现状有较好的解释力度。

需要指出的是，养殖用海集约利用评价具有不同分析尺度，本研究仅以部分沿海省（区、市）为单元在宏观尺度上进行了实证研究，由于评价海域南北纬度跨度较大，受各海域资源禀赋和环境属性影响，横向对比性受到一定程度限制，因此在中观、微观尺度的详细评价需要进一步深入完善，以期能为局部区域或单个项目养殖用海集约利用提供理论指导与实践依据。

## 参考文献


[1] 韩立民, 王金环. “蓝色粮仓”空间拓展策略选择及其保障措施. 中国渔业经济, 2013, 31(2): 53-58.

[2] 王晗, 徐伟. 海域集约利用的内涵及其评价指标体系构建. 海洋开发与管理, 2015, 32(9): 45-48.

[3] 柯丽娜, 黄小露, 王权明, 等. 海域集约利用评价指标体系的建立与探讨. 海洋开发与管理, 2016, 33(3): 72-76, 88.

[4] 刘淑芬, 徐伟, 岳奇. 浅谈区域用海的平面设计. 海洋开发与管理, 2012, 29(7): 22-24.

[5] 贾凯. 关于填海造地的岸线控制指标体系研究. 大连海事大学硕士学位论文, 2012.

[6] 王江涛, 徐伟, 崔晓健. 海洋功能区开发潜力评价指标体系构建及其评价. 海洋通报, 2009, 28(6): 1-6.

[7] 王晗, 徐伟, 岳奇. 我国主要海洋产业填海项目海域集约利用评价研究. 海洋开发与管理, 2016, 33(4): 45-51.

[8] 董双林. 论我国水产养殖业生态集约化发展. 中国渔业经济, 2015, 33(5): 4-9.

[9] 马雪健, 刘大海, 胡国斌, 等. 多营养层次综合养殖模式的发展及其管理应用研究. 海洋开发与管理, 2016, 33(4): 74-78.

[10] 朱前涛. 甘肃省耕地资源集约节约利用及其实现途径研究. 兰州大学硕士学位论文, 2010.

[11] Dewan A M, Yamaguchi Y, Rahman M Z. Dynamics of land use/cover changes and the analysis of landscape fragmentation in Dhaka Metropolitan, Bangladesh. GeoJournal, 2012, 77(3): 315-330.

[12] Gasparri N I, Grau H R, Sacchi L V. Determinants of the spatial distribution of cultivated land in the North Argentine Dry Chaco in a multi-decadal study. Journal of Arid Environments, 2015, 123: 31-39.

[13] Fischer G. Biofuel production potentials in Europe: sustainable use of cultivated land and pastures, Part Ⅱ: Land use scenarios. Biomass& Bioenergy, 2010, 34(2): 173-187.

[14] 张鹏岩, 何坚坚, 康国华, 等. 基于循环经济视角的河南省耕地利用集约度时空差异研究. 中国农业资源与区划, 2016, 37(12): 104-111.

[15] 王业侨. 节约和集约用地评价指标体系研究. 中国土地科学, 2006, 20(3): 24-31.

[16] 宋香荣, 于洁, 耿绪云, 等. 天津地区海水工厂化养殖产业的发展对策. 河北渔业, 2016, (5): 74-76.


# 5.6　多营养层次综合养殖模式的管理应用

中国是世界第一大水产品养殖和出口国，也是目前唯一一个水产养殖产量超越捕捞产量的国家[1]。2014年国家渔业相关统计数据显示，中国水产品的51%来自海洋，其中海洋养殖捕捞产量比约为69：50，海水养殖贡献的水产品份额增长至28.05%[2, 3]；联合国粮食及农业组织数据资料显示，中国海洋捕捞产量自1998年开始接近“零增长”，且受渔业资源与管理政策影响，该状态仍将长期维持下去[4]。在此背景下，面对国际国内持续增长的海产品消费需求，海水养殖将担当重任。然而，目前养殖用海资源紧缺、近海生态系统恶化、海水养殖自身污染等问题成为海水养殖产量增加和产品质量提升的主要“瓶颈”。因此，急需从海洋资源环境与养殖协调发展的角度，探索低碳、生态、高效的海水养殖模式，通过养殖生物的合理搭配和循环共生，实现海水养殖业持续集约清洁生产[5]。

多营养层次综合养殖（integrated multi-trophic aquaculture，IMTA）即是在此背景下发展起来的一种高效的健康生态养殖模式，其核心是养殖环境体系的健康发展与养殖产品的绿色安全。作为新兴的养殖生态系统，多营养层次综合养殖正在引发国内外越来越广泛的关注，但进一步应用推广仍然需要大量的理论研究与实践经验作支撑。本研究将系统梳理多营养层次综合养殖模式的理论与实践发展历程，结合我国养殖用海资源环境开发与管理的实际情况，对该综合养殖模式的具体应用前景进行深入、客观的探讨。

### 5.6.1　多营养层次综合养殖模式的发展历程

20世纪60年代，中国开始开展对虾与贝类混养试验，但当时综合养殖模式的生态学意义并未被充分认识，合理搭配其他品种的生态、经济、社会效益湮没于高密度单养的巨大经济效益中[6, 7]。直至20世纪90年代，长期结构单一的超负荷养殖，使近海养殖生态系统稳定性降低、富营养化程度加剧，造成养殖病害大面积爆发，人们开始认识到养殖环境的重要性，对多品种生态养殖[8]、海水健康养殖、碳汇渔业[9]、生物修复技术[10]等的探讨逐渐增多。近几年，基于上述技术的生态系统水平综合养殖模式日渐受到关注[11-13]，其发展历程大致经过了以下三个阶段。

#### 1. 起步阶段——淡水生态混合养殖

生态综合养殖模式的理论起源于淡水养殖领域，最初是指以池塘养殖水产动物为主，兼营作物栽培、畜禽饲养和农畜产品加工的一种生产方式。在理论实践发展初期，生态综合养殖模式的主要原理是生物共生。20世纪80年代初期，人们开始尝试将鱼、虾、鸭等水生动物与芦苇、水稻等水生植物立体混养。这一混养模式在充分利用有限养殖空间的同时，通过人为构建水生动植物间的共生关系而提高了资源利用率和劳动生产率，最终取得了可观的生态和经济效益，也证实了通过合理搭配不同食性和栖息习性的水生动物进行综合养殖的模式是可行的[14, 15]，为进一步丰富生态系统水平的综合养殖模式奠定了良好的基础。

#### 2. 发展阶段——海水池塘生态综合养殖

20世纪90年代，为解决中国近海的大规模养殖病害危机，海水生态综合养殖概念开始用于改善近海池塘养殖系统，并得到了很大的发展。

初期发展的十年间，综合养殖模式的相关研究主要集中在养殖品种的搭配上，仅就池塘养虾而言，鱼类、贝类、藻类间的混养试验就超过20种[16]。此外，王金山等[17]、王克行等[12]从养殖池改造上着手，分别提出了半封闭、封闭养虾方式，利用养殖生物间的营养关系辅助养殖池水循环，减少了污水外排的可能，并在一定程度上提高了对虾成活率。但这些早期研究实践缺乏技术的规范性和研究的系统性，所得经验尚不能为综合养殖模式的后续推广提供有力的理论和技术支撑。

20世纪90年代末，海水综合养殖模式的生态学意义得到更加广泛的认可，养殖效益评价、物种生态学等相关理论技术日趋成熟，越来越多的科学家倾向于以科学试验和数据来量化综合养殖效益，探究最经济的养殖品种搭配和密度等。王吉桥等[7]、李德尚和董双林[18]分别通过陆基围隔试验、N-P利用率测定和产值分析等，证明了池塘综合养殖的生产效果、生态效益与经济效益均好于单养；田相利等[13]对混养和单养虾的水体理化及多种生物因子状况进行了测定，为评价综合养殖的生态学意义提供了水体环境方面的科学数据；胡海燕[19]、毛玉泽[8]研究了大型藻类和滤食性贝类对综合养殖系统的影响，并通过监测水体理化因子和生物因子的变化规律，证明了贝类和藻类对养殖生态系统具有很强的生态调控作用。

另外，人们还采取生物改良手段干预综合养殖池生态。其中，施撒微生态制剂等手段调节水质或底质尤为典型，通过这种手段可以增加水中溶氧量，创造更清洁的生态化综合养殖空间[20-22]。至此，鱼/虾-贝-藻的生态综合养殖模式逐渐地被人们接受且应用于养殖生产中，使养殖效益得到了提高。

### 3. 精细化发展阶段——多层次循环共生的健康生态养殖

多营养层次综合养殖模式是淡水生态混合养殖和海水池塘生态综合养殖模式的精细化、专业化成果，主要原理仍是基于生物的生态理化特征进行品种搭配，利用物种间的食物关系实现物流、能流循环利用。这种综合养殖系统一般包括投饵类动物、滤食性贝类、大型藻类和底栖动物等多营养层级养殖生物，系统中的残饵和一些生物的排泄废物可以作为另一些生物的营养来源，这样就可以实现水体中有机/无机物质的循环利用，尽可能降低营养损耗，进而提高整个系统的养殖容纳量和可持续生产水平。由于该养殖模式涉及底栖、浮游、游泳类养殖品种的综合养殖，还可以达到养殖用海空间资源立体化利用的目的，提高养殖空间利用率。相较于前两个阶段，多营养层次综合养殖模式的养殖品种营养级搭配更加齐全，养殖空间更加立体，管理环节也更加全面。

目前，基于生态系统的多营养层次综合养殖模式已成为国内外学者大力推行的养殖理念，中国、加拿大、美国、以色列、新西兰、苏格兰、希腊、挪威等国家均在进行相关研究[23]。2008年，方建光和中国工程院院士唐启升[24]指出，实行多营养层次的综合养殖模式，是解决经济发展与养殖环境矛盾，保证海水养殖业健康发展的最有效途径之一，并建议在中国近海开展大型藻类、滩涂贝类等碳汇生物的多营养层次综合养殖。此后，对多营养层次综合养殖相关机理、效益、应用价值等的研究探讨开始涌现。任贻超[25]结合刺参独特的生理生态特征，构建了一种新型立体式、交错式多层次综合刺参养殖模式，试验验证了以多营养层次的综合养殖模式混养刺参-扇贝-对虾-海蜇等可以创造更高的生态、经济效益；唐启升等[26]结合市场价值评估和碳税法，对桑沟湾不同海水养殖模式核心服务价值进行了估算，结果表明多营养层次综合养殖模式所提供的生态服务价值远高于单一养殖；蒋增杰等[23]对深水网箱的环境效应进行了分析，强调综合养殖品种搭配要综合考量养殖水域水动力条件、水体颗粒物浓度、饵料条件等因素，并将多营养层次综合养殖模式分为开放式海岸带综合养殖和陆基海水综合养殖两类。

我国对多营养层次综合养殖模式的开发处于国际领先地位，山东、辽宁的某些海域甚至已经达到产业化水平，相关研究成果为推动我国高效、可持续的生态系统水平的海水养殖提供了重要的技术支撑[27, 28]。至此，我国多营养层次综合养殖基本模式已渐成熟，并开始向养殖结构优化、整体效益评价等内涵和外延拓展。

但现阶段，作为有益于养殖用海资源高效利用的先进技术，多营养层次综合养殖模式与养殖用海管理的耦合研究仍然欠缺，该技术对养殖用海资源开发与管理实践的启示及相关应用亟待重视。

### 5.6.2　多营养层次综合养殖模式在养殖用海管理上的应用研究

多营养层次综合养殖模式作为一种高效的健康生态养殖模式，主要可以应用于养殖用海管理的以下3个方面。

一是为养殖用海集约化管理提供科学技术示范。我国养殖用海总体布局的集约化、生态化水平亟待提高。在现有资源条件下，提高养殖综合效益是养殖用海布局优化管理的主要目的之一。多营养层次的综合养殖模式通过人为构建可循环共生的养殖生态系统，能有效兼顾海洋环境生态和养殖产量，该模式可以从时间、空间及生态系统内部实现海域资源的高效循环利用，为养殖用海集约化、生态化开发布局提供优级示范。

二是为养殖用海管理技术提供科学基础和支撑。目前，我国养殖用海管理技术支撑体系还不够完善，养殖用海的科学管理急需海域科学使用与评估相关技术助力[29]。多营养层次综合养殖的相关研究日渐精细，随之开展的养殖品种结构优化、放养密度控制、环境生物修复、养殖污染分析等基础课题研究日益深入，相关成果将为养殖环境容纳量评估、海水养殖综合效益评价、养殖用海优化布局等海域使用管理支撑技术的突破提供丰富的科学基础和借鉴，继而为养殖用海管理技术体系的完善提供有力支撑。

三是为构建新型管理配套措施提供动力和参考。我国海域管理政策体系的进一步完善将更加依赖于先进科研成果与理念的吸纳整合，而产业实践中的技术换代将为相关管理措施和制度更新提供最主要的动力和参考。例如，多营养层次综合养殖模式可以通过养殖品种的合理搭配实现养殖空间资源的立体化开发，随着该养殖模式的应用推广，养殖用海的立体化空间权益将更受重视。可以说，多营养层次综合养殖模式将对养殖用海立体化确权及相关管理措施的建立起到良好的促进作用。

### 5.6.3　多营养层次综合养殖模式前景展望

除了对养殖用海管理具有重要意义，多营养层次综合养殖模式的研究成果在养殖产品持续高效供给、养殖用海资源环境健康发展等方面也将发挥突出作用；与此同时，其应用推广也受到技术制度发展水平的制约。

#### 1. 应用前景分析

一是用于维持养殖产品的高效产出和持续供给。过去大量的养殖实践证明，单一品种高密度养殖模式下的高产是以养殖系统资源超额消耗为代价的，不利于养殖生态系统的健康发展。在有限的养殖用海资源条件下，多营养层次综合养殖模式通过协调种间关系以实现内部能量快速流动和物质循环利用，其应用可大大降低养殖系统能耗，单位面积养殖容纳量和食物产出率都将得到提高。研究证实，通过养殖生物的合理搭配和养殖结构调整，可以提高养殖用海综合效益[30]。

二是用于应对近海生态系统的多重压力胁迫。受陆源污染和养殖自身污染影响，我国近海养殖生态系统结构和功能受到多重压力胁迫，具体表现在生物多样性减少、生态系统生产力降低、高营养层级生物大量减少等[31]。多营养层次综合养殖模式自身具备较稳定的养殖营养层级结构，通过合理的碳汇品种搭配发挥出最大限度的生态服务价值，该养殖模式的应用不仅不会对养殖生态系统造成负担，还可以缓解近海生态系统养殖压力，是在生态系统水平应对近海多重压力胁迫的适应性管理对策。

三是助力突破我国水产品技术性的贸易壁垒。目前，我国是世界最大的水产品出口国，水产品主要目标市场为日本、韩国、美国和欧盟，这些国家和组织在水产品卫生质量、检验检疫等方面设置了较高的技术性贸易壁垒，要突破这一壁垒对我国水产品出口市场的限制，除了要在检验制度上尽快与国际接轨，还需进一步加快水产品生产结构调整，优化养殖生态环境[32]。多营养层次综合养殖模式养殖生产全程中低碳、绿色、无污染，从源头上保障了养殖产品的品质和养殖环境的清洁。

### 2. 关于未来发展的一些思考

在学科理论发展上，多营养层次综合养殖模式研究基于海洋资源管理、生理生态学、地球化学、系统论、海洋经济学、生物统计学、海洋微环境学等多学科理论，该养殖模式的实践应用是一个复杂问题，其延伸发展仍然需要长期持续的基础理论实践完善与支持。

从养殖结构多样化角度，我国海水养殖业遍布全国东南沿海，海岸线长、气候环境多样、地质地貌复杂，且生物生理随系统结构变化而显示不同特征，因此在多营养层次综合养殖应用实践中，需要综合考虑当地沿海资源环境要素、生理生态系统要素、产品的市场需求和生态位差异等。目前我国海水养殖结构的最优设计缺乏普适准则，较难实现快速应用。

从养殖管理角度，多营养层次综合养殖模式在前期养殖场地准备、养殖品种时序控制、养殖水质环境监测与维护等方面对养殖管理提出了更高的要求，规模化、自动化、专业化的集成经营与管理可能成为未来大面积推广的主要趋势，同时养殖实践的难度与成本也随之加大。

总体而言，虽然目前我国的多营养层次综合养殖模式在局部区域实现了一定程度的产业化，但基础研究的支撑力度仍待提升，系统内部的能流、物流过程尚不明晰，各养殖单元间互利作用机理缺乏深层次的理论阐释，在定量研究及整体设计等基础理论方面还需要更多、更深入的探讨。

## 参考文献

[1] 涂洪长, 郭爱民. 2013年我国水产品进出口额达289亿美元居世界第一. (2014-06-30)[2015-08-04]. http://finance.sina.com.cn/chanjing/cyxw/20140630/155519563194.shtml.

[2] 农业部渔业渔政管理局. 2014年全国渔业经济统计公报. (2015-05-18)[2015-08-18]. http://www.yyj.moa.gov.cn/gzdt/201904/t20190418_6195220.htm.

[3] 国家海洋局. 中国海洋统计年鉴2014. 北京: 海洋出版社, 2015: 67.

[4] 网易数读. 中国近海过度捕捞已持续20年. (2014-05-17)[2015-08-06]. http://news.163.com/14/0516/04/9SBDOFOE00014MTN.html.

[5] 胡炜, 李成林, 宋爱环, 等. 低碳、生态、高效海水养殖模式探讨. 烟台: 2010年全国海水养殖学术研讨会, 2010.

[6] 项福亭, 杨静, 张益额, 等. 论虾贝混养的生态调控. 齐鲁渔业, 1994, (2): 35.

[7] 王吉桥, 李德尚, 董双林, 等. 对虾池不同综合养殖系统效率和效益的比较研究. 水产学报, 1999, 23(1): 45-52.

[8] 毛玉泽. 桑沟湾滤食性贝类养殖对环境的影响及其生态调控. 中国海洋大学博士学位论文, 2004.

[9] 肖乐, 刘禹松. 碳汇渔业对发展低碳经济具有重要和实际意义 碳汇渔业将成为新一轮渔业发展的驱动力——专访中国科学技术协会副主席、中国工程院院士唐启升. 中国水产, 2010, (8): 4-8.

[10] 金振辉, 刘岩, 陈伟洲, 等. 海洋环境污染生物修复技术研究. 海洋湖沼通报, 2008, (4): 104-108.

[11] 陈四清, 李晓川. 中国对虾配合饲料入水后营养成分的流失及其对水环境的影响. 中国水产科学, 1995, (4): 40-47.

[12] 王克行, 马甡, 潘鲁青, 等. 封闭内净养虾技术试验报告. 齐鲁渔业, 1995, (4): 20-23.

[13] 田相利, 李德尚, 董双林, 等. 对虾-罗非鱼-缢蛏封闭式综合养殖的水质研究. 应用生态学报, 2001, 12(2): 287-292.

[14] 张泽芸. 禽畜鱼综合养殖技术. 四川农业科技, 1989, (5): 39.

[15] 陆忠康. 论国外水产综合养殖系统的模式. 水产养殖, 1989, (3): 16-18.

[16] 常建波, 张玉玺, 于义德, 等. 养虾池底播魁蚶技术的研究. 齐鲁渔业, 1994, (6): 5-8.

[17] 王金山, 孙希平, 段美平, 等. 半封闭养虾技术研究. 齐鲁渔业, 1994, (3): 13-15.

[18] 李德尚, 董双林. 对虾池封闭式综合养殖的研究. 海洋科学, 2000, (6): 55.

[19] 胡海燕. 大型海藻和滤食性贝类在鱼类养殖系统中的生态效应. 中国科学院研究生院(海洋研究所)硕士学位论文, 2002.

[20] 苏跃朋, 马甡, 董双林. 施加有机降解菌制剂虾池底质中有机碳和总氮的变化. 海洋科学, 2003, 27(1): 61-64.

[21] 牛化欣. 菊花心江蓠、毛蚶和微生物制剂对虾池环境净化作用的应用研究. 中国海洋大学硕士学位论文, 2006.

[22] 王亚敏, 王印庚. 微生态制剂在水产养殖中的作用机理及应用研究进展. 动物医学进展, 2008, 29(6): 72-75.

[23] 蒋增杰, 方建光, 毛玉泽, 等. 海水鱼类网箱养殖的环境效应及多营养层次的综合养殖. 环境科学与管理, 2012, 37(1): 120-124.

[24] 方建光, 唐启升. 实施多营养层次综合养殖 构建海洋生态安全屏障. 长沙: 2008全国农业面源污染综合防治高层论坛, 2008.

[25] 任贻超. 刺参(*Apostichopus japonicas* Selenka)养殖池塘不同混养模式生物沉积作用及其生态效应. 中国海洋大学博士学位论文, 2012.

[26] 唐启升, 方建光, 张继红, 等. 多重压力胁迫下近海生态系统与多营养层次综合养殖. 渔业科学进展, 2013, 34(1): 1-11.

[27] 周泉涌. 让海水养殖更生态更高效——唐启升院士力推“多营养层次综合养殖”. (2010-07-06) [2015-08-09]. http://www.farmer.com.cn/wlb/yyb/yy1/201007060216. htm.

[28] 王刚. 未来海水养殖要多营养层次综合养殖. 海洋与渔业: 水产前沿, 2010, (12): 3.

[29] 刘大海, 马雪健, 胡国斌, 等. 生态干扰理论在养殖用海管理上的应用研究. 中国渔业经济, 2015, 3(33): 49-53.

[30] 问思恩, 侯淑敏, 李维平. 陕西黄河湿地社区渔业不同养殖模式经济效益分析. 河北渔业, 2011, (2): 32-33.

[31] 发现者. 中国近海几近无鱼可捕. (2011-12-19)[2015-08-05]. http://discovery.163.com/special/fishindustry/.

[32] 于会国, 慕永通, 余云军. 中国主要出口水产品面临的技术性贸易壁垒分析. 世界农业, 2006, (9): 5-7.

## 5.7 爱尔兰海域多用途区划的启示

近年来，我国政府一直高度重视海洋规划事业，在此大好形势下，我国的海洋规划事业迅速发展，经历了一个与时俱进、不断完善、不断发展的过程，海洋主体功能区工作顺利开展，海洋功能区划工作成果显著，海洋区域发展格局正在逐步趋于合理。同时，也应看到我国各涉海规划之间长期存在交叉、重叠和空白，协调规划与规划之间矛盾、冲突的衔接机制尚不健全，促进海洋事业和谐发展依然面临着一些突出的体制问题。本研究通过对英国和马恩岛管辖的爱尔兰海多用途区划初步方案（以下简称MZIS）的深入研究，得出一些启示。

### 5.7.1 爱尔兰海和MZIS简介

爱尔兰海位于大不列颠岛与爱尔兰岛之间，北经北海峡、南经圣乔治海峡同大西洋相通。长约210km，东西宽约240km，平均水深约61m，最深达272m。主要岛屿有马恩岛和安格尔西岛等，其中马恩岛位于爱尔兰海的中央。

爱尔兰海的位置具有重要的战略意义。其南端的圣乔治海峡夹在爱尔兰与英国的威尔士之间，北端的北海峡则夹在爱尔兰和英国的苏格兰之间，两者俱与大西洋相连。多条重要海上交通路线经过爱尔兰海，主要港口有利物浦、都柏林、邓多克、巴罗等。

此外，爱尔兰海的经济地位也很重要，爱尔兰海产鳕、鲱、鳐等经济鱼类，该海域中央位置的马恩岛是全球著名离岸金融中心之一，据Hemscott 2007年4月12日对伦敦证券交易所创业板市场的统计，在伦敦证券交易所创业板上市的非英国本土公司的100强企业中，来自马恩岛的公司数量高达15家，远远高于并列第二位的百慕大和加拿大的6家。

爱尔兰海MZIS于2005年夏被正式提出，并在国际上引起广泛关注。该规划是一种基于英国现行法律的，适用于管理海洋开发利用活动的多用途区划，其管理范围涉及爱尔兰海中归英国及马恩岛管辖的海域。该方案对英国现行的政府管理体制进行了深入的剖析，指出在面对海洋环境日益恶化、海洋开发活动不断增多所带来的种种压力时，该体制已经暴露或可能出现的种种问题。此外，该方案还重点考察了影响海域使用者开发利用海洋资源和争夺海域空间的各类行为以及相关的国家、地方法律法规，剖析了海洋管理相关法律的修订措施和管理权限，采用地理信息系统将这些空间资料信息在图上做了体现，并且添加了相关属性信息进行描述。在此基础上，MZIS定义了四种主要类型的多用途区和专属用途区，并提出了一种适用于爱尔兰海全海域的多用途区划方案。

### 5.7.2　MZIS的研究背景

世界上很多国家和地区都在实施或拟定各式各样的区域性海洋区划方案，以安排海域资产保护和利用的优先次序，从而在确保经济发展的基础上，最大限度地保护生态环境，这为后来者实施海洋空间规划项目提供了一些宝贵的经验和教训。

澳大利亚的海洋空间规划作为一种成熟模式引人注目，其中，大堡礁地区的规划尤为著名，该区划方案通过划分一般用途区、栖息地保护区、科学研究区、公园保护区、国家公园区和保留区等多个用途区进行海洋保护，有效地保护了栖息地、自然文化遗产、敏感区和其他可能有重要价值的海域。

荷兰的海洋空间规划制定于陆地空间规划以后，是陆地空间规划的组成和延伸。《2015年荷兰北海总体管理规划》的出版，为未来北海的开发与保护做出了战略意义的指导，是欧盟的成功范例之一。

美国的海洋管理体制和其他国家差异较大，3n mile以内的领海属州政府管辖，而联邦政府则拥有其他9n mile领海（据称得克萨斯州和路易斯安那州仅为6n mile）的管辖权。美国的《海岸带管理法》规定，州政府需要和联邦政府合作共同管理海洋。目前，俄勒冈州、北卡罗来纳州、夏威夷州等均制定了海洋管理方面的政策和规划。

但值得注意的是，以上项目大多数都是单一领域的或区域性、试验性、示范性项目。英国目前也存在一些区域性海洋区划方案，包括法尔茅斯湾和塞文河口这些小面积的海洋区划。与这些区划不同，MZIS不仅是为单一区域服务，更是以通用管理工具为目标而设计的，目的是协调不同海洋管理机构和涉海行业部门，从而为海洋上的决策活动提供全面性、整体性的战略指导意见，目前，英国已提出议案，计划要将海洋区划逐渐融合到现行体制中。

### 5.7.3　MZIS的具体分析

#### 1. 发展历程

英国政府目前采用的海洋管理体制已不适应当前形势。近年来，英国的海洋开发活动日益踊跃，但目前英国还没有合适的战略规划和空间区划来决定各海区的优先开发次序与开发权属，所以只能遵守“先开发先受益”的准则。

MZIS是一种基于英国现状设计的通用管理方案。实行该方案，有利于协调不同海洋管理机构的矛盾和冲突，提供全面性、整体性的指导意见；有利于明确自然文化遗产、敏感区或其他可能有重要价值的海域，让人类得以可持续利用这些海域的价值；有利于指导各类开发与保护活动的开展，优先发展部分区域或部分功能，使海洋开发强度与地区环境承载力相适应，既保证了经济的增长，又保护了环境，从而实现又好又快发展。此外，MZIS可根据现行的栖息地与物种指导规范、野生鸟类指导规范和自然资源部的有关规定，进一步确定重要自然资源的地理位置，增加保护区的覆盖面积，更好地满足英国环境保护机构的要求。

目前，MZIS是通过将现有的、主要的部门措施结合起来形成实际存在的一个区划方案，但未进一步提出新的政策或新的目标。这是因为英国环境、食品和农村事务署对之有更高的要求，更大范围的工作将会逐渐展开。

### 2. 研究区域

MZIS的北部边界为从苏格兰金都列半岛低潮位到爱尔兰北部菲尔岬的连线，南部边界为从威尔士林尼岬到爱尔兰和大不列颠中间线的连线。因此研究区域涉及英格兰、威尔士、苏格兰、北爱尔兰和马恩岛的行政权限。

值得注意的是，MZIS仅针对那些低潮线以下的区域，不包括潮间带部分，但以后可能延伸到高潮线与低潮线之间的区域。

MZIS涉及的海洋活动类型范围包括：矿产资源开采、海洋调查、航道开挖与疏浚物的处置、海洋军事、自然保护、石油与天然气的开采、港口与航道建设、海上娱乐休闲、海洋捕捞、海洋交通运输、海底电缆管线以及海洋风能的发展。

### 3. 区划的初步方案

MZIS根据受保护水平的程度，将多用途区划结构从低到高排列如下。

（1）一般功能区，分为最小化管理与对象管理两个子区域。

（2）优先保护区。

（3）专属区，分为有限专属和重点专属两个子区域。

（4）保护区。

具体见图5.3。

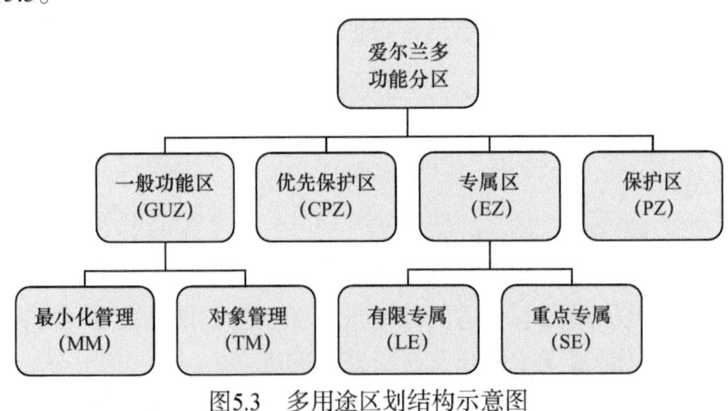


图5.3　多用途区划结构示意图

通过初步方案的实施，很多设想都得到了证实，其中一项重要结论尤其值得关注——自然保护区与MZIS被证实是完全兼容的。

4. 不足

MZIS定义了以上四种区划类型，并对各地区的情况进行了描述（表5.4）。但实际上，该初步方案中各分区所对应的管理对象、保护对象和功能类型实际上都已存在，不能实质性地减少或避免不同功能之间以及功能与环境条件之间的矛盾和冲突，因此，MZIS的初步方案尚不能看作真正意义上的海洋区划方案，相关工作还需进一步开展。

表5.4　多用途区划的分区简介

| 序号 | 名称 | 覆盖率/% | 区域特征 |
|---|---|---|---|
| 1A | 一般功能区——最小化管理 | 80 | 国际法律批准的活动、已在这个区域合法化的活动、易于得到相关机构法律许可和批准的活动、技术上可行又利于实现环境可持续发展的活动 |
| 1B | 一般功能区——对象管理 | | 是指根据相关法律，某种活动在本区域已得到授予、许可、批准或同意 |
| 2 | 优先保护区 | | 要在优先保护区内开展某项活动，它的实施者必须证明它对该地区的环境保护现状不构成明显的有害影响，才能得到法律批准 |
| 3A | 专属区——有限专属 | 67 | 临时设置的专属地区，限制其他的活动，或者授予临时专属地区自治的权利 |
| 3B | 专属区——重点专属 | 1 | 指可开展经法律审批活动的专属区子区域 |
| 4 | 保护区 | 0.005 | 在任何时候都禁止任何活动的开展，即使是研究等特殊的需要也得事先得到批准 |

此外，MZIS的初步方案未提出适用于英国海洋管理体制的总体建议，在现行的管理体制下，只有非常有限的空间可用来实施该海洋区划方案。从操作层面来说，区划方案的实施必须有配套的行政和法律体制协助，方案本身并不能自动有效地执行，必须建立一个完善的体制，由指定组织负责实施和管理。

### 5.7.4　对我国制定海洋规划的启示

1. 在规划衔接方面的启示

MZIS强调对过去方案的一种完全继承，并没有否定爱尔兰海域已存在的管理规定、实施细则和意见建议，且强调在进行试点时需要其他相关政府部门和管理机构的大力配合，因此该方案容易获得其他方面的支持，实施阻力较小。

我国目前在处理合作问题时有一些制度性问题，往往是在遇到紧迫问题和上级政府的强制要求下，才不得不“联合”起来[1]。对于这方面，应借鉴MZIS的做法，在制定或修编海洋功能区划和海洋主体功能区规划时，尽可能地继承和完善，避免冲突和矛盾。

2. 在组织方面的启示

MZIS中明确提出经验性建议：执行区划方案是建立在配套的组织基础上的，区划报告本身并不能自发组织并有效实施区划方案。因此要制定一个法定的、权威的组织机制，由它来制定、实施并管理区划方案。

我国学者也提出类似的观点：一项规划并不因编制出来而获得自动实施，相反，往往要经历相当长的时期和付出艰苦的努力才能实现[2]。我国制定各类海洋规划时也应考虑该建议，强化法律法规配套和组织机制建设，不应纸上谈兵，一味空谈。

3. 在海域使用管理方面的启示

MZIS指出很多规划仅仅对海域开发活动的位置和功能进行简单管理，未对强度和时间进行控制。例如，许多地区都允许捕捞，但并未拟定具体的管理标准，如次数、时间、方法、生态敏感性、区域特征和可捕捞总量。MZIS正在寻求更多的数据来细化这些内容，使方案逐步趋向完整。

对于我国来说，这可以为我国海洋规划的发展提供一个方向性的指南。我国目前的海洋空间管理仍然比较粗，很多方面考虑不够完善。以后制定海洋规划时，应重视海洋的立体三维、不断流动等特殊属性，制定一套不同海域使用活动应遵循的实施细则，更好地管理海洋。

4. 在自然特征的保护方面的启示

MZIS对爱尔兰海目前的状况进行了评估，得出的结论是现有法律和规划体系不能为爱尔兰海重要的自然环境特征（如地形、栖息地和物种）提供足够的保护，即使在优先保护区，这些重要特征也没有受到完完全全的保护，一些新兴的活动正在产生威胁。值得注意的是，美国也逐渐认识到仅仅依靠自然保护区制度在区域层次会有局限性[3]。因此，有必要采取措施。

鉴于此，我国应吸取英国MZIS和美国的经验，关注海洋自然环境特征（如地形、栖息地和物种）的保护，在未来的海洋功能区划或海洋主体功能区规划中，采取有效措施实施保护。

### 5.7.5 对策和建议

与爱尔兰海相比，我国海洋管理面临的问题更加复杂、形势更加严峻，这是我国海洋管理的难点所在，也是我国海洋工作的重点所在。总结前文的几点启示，提出如下建议。

首先，应加强各类涉海规划、区划的衔接和协调，尤其是在开展新规划时，应注意对已有法规、规划、区划的继承和衔接，尽可能减少规划之间的冲突和矛盾，更好地获取各有关部门的支持和配合。

其次，应进一步强化涉海规划的法律法规配套和组织机制建设，使规划落到实处。

再次，应加强对海洋管理方式的研究，制定一套海域使用活动应遵循的实施细则，更好地管理海洋。

最后，应关注海洋自然环境特征（如地形、栖息地和物种）的保护，在未来的海洋功能区划、海洋主体功能区规划中，采取有效措施实施保护。

## 参考文献

[1] 吴良镛. 京津冀地区城乡空间发展规划研究二期报告. 北京: 清华大学出版社, 2006.

[2] 张沛. 区域规划概论. 北京: 化学工业出版社, 2006.

[3] Pew Oceans Commission. 规划美国海洋事业的航程. 周秋麟, 牛文生, 等, 译. 北京: 海洋出版社, 2005.

# 第6章　海域管理与保护

## 6.1　海洋资源资产负债表的内涵

资源节约和环境保护是当前人类社会正面临的两个重大课题。党的十八届三中全会通过的《中共中央关于全面深化改革若干重大问题的决定》明确说明，要开展自然资源资产负债表的编制工作，并要将其应用于领导的离任审计，建立生态环境损害责任终身追究制。这项决议引发学界乃至政界对研究制定自然资源资产负债表的积极响应。在海洋领域，也掀起了海洋资源资产负债表研究的热潮。

### 6.1.1　编制海洋资源资产负债表的意义

1. 编制海洋资源资产负债表是掌握海洋自然资源家底的根本需求

我国海洋资源条件优越，海域辽阔，海岸线绵长，拥有丰富的海洋生物、海洋油气、海洋空间、海洋能源等资源。然而，目前我国对海洋资源状况的认知程度并不完全，对其存在和使用情况尚有诸多未知，还未形成针对其统计、监测的标准体系，这些主观与客观上的缺憾，严重阻碍了海洋资源资产管理体制的建立。鉴于此，国务院批准开展第一次全国海洋经济调查，这是对我国国情、海情的重要调查。海洋资源资产负债表的编制将有助于摸清我国海洋资源存量状况，掌握海洋资源增减变化的动态情况，为拓展蓝色空间和壮大海洋经济提供重要基础。

2. 编制海洋资源资产负债表是推进海洋生态文明建设的重要途径

自建设海洋强国的战略目标被正式提出以来，我国海洋经济发展势头强劲猛长。根据《2015年中国海洋经济统计公报》，2015年我国海洋生产总值已达到64 669亿元，比上一年增长7.0%，并且海洋生产总值占国内生产总值的比重达到9.6%。但在海洋经济蓬勃发展的同时，海洋资源损耗、海洋环境污染等问题日趋凸显，这在不同程度上阻碍了海洋经济的可持续发展。编制海洋资源资产负债表为解决此类问题提供科学的依据和手段，通过海洋资源的消长变动情况，实现对海洋资源的取之有道、用之有度，这是落实海洋生态文明建设的必然要求。

3. 编制海洋资源资产负债表是推进生态文明体制改革的重要内容

2015年9月，中共中央、国务院印发《生态文明体制改革总体方案》，明确将编制自然资源资产负债表、健全海洋资源开发保护制度作为主要内容，编制海洋资源资产负债表正是二者的有机结合。这一编制工作可以增强海洋资源开发利用的透明度，提高科学评估海洋生态环境抵御风险的能力，有助于构建权属清晰、权责明确、监管有效的海洋资源资产产权制度，最终服务于我国海洋资源生态文明管理体制改革。

综上所述，海洋资源资产负债表的编制对于我国摸清海洋资源家底、推进海洋生态文明建设与生态文明体制改革具有重要的战略意义和现实意义，有必要从研究背景、概念内涵、编制原则与应用范围等方面进行进一步解读。

### 6.1.2 海洋资源资产负债表的研究背景

自然资源资产负债表缘起于国家资产负债表的研制和资源与环境核算。在国家资产负债表研制方面，澳大利亚、加拿大、英国、日本等国家均已实现定期编制公布国家资产负债表；在资源与环境核算方面，国际通用的核算标准是由联合国、欧盟委员会等国际组织发布的《2012环境经济核算中心框架体系》（System of Environmental-Economic Accounting Central Framework 2012，以下简称SEEA2012），耿建新[1]、杜方[2]等多数学者认为其与我国提出的自然资源资产负债表极为相近，对我国编制自然资源资产负债表具有一定的参考意义。从具体实践上看，国内虽从1996年尝试编制国家资产负债表，但并未公布编制的结果[3]。针对自然资源资产负债表这一新的尝试，呼伦贝尔市、湖州市、娄底市、赤水市、延安市、郑州市、梅州市、荔波县、三亚市等地率先开展区域级和地市级的试编工作，其中贵州省赤水市、深圳市大鹏新区、浙江省湖州市等地已初见成效，然而受核算理论与技术的限制，目前的编制工作主要针对水、土地和林木等单项资源进行。

在国外研究方面，澳大利亚、挪威、墨西哥、英国、芬兰等都曾进行自然资源核算，但大多集中于石油、水、土地、森林等资源[4]，海洋资源核算尚处于探索阶段，也未曾提出自然资源资产负债表的明确概念。对于与其最为相近的SEEA2012，该体系由矿产和能源资产、土地资产、土壤资源资产、木材资源资产、水生资源资产、其他生物资源资产和水资源资产共7个自然资源资产账户组成，通过“资产来源=资产运用”的恒等式反映资源的形成、消耗等状态，澳大利亚曾基于SEEA框架对水资源、土地资源进行核算[1]。

从国内研究进展来看，陈艳利等[5]、孙志梅等[6]研究了自然资源资产负债表的概念、理论基础、框架设计和目标定位等基础性问题；胡文龙[7]、陈红蕊和黄卫果[8]等对报表编制的意义、目的等进行了解读；张友棠等[9]基于会计理论对确认、计量等问题展开了分析。此外，还有学者针对某种特定资源的资产负债表展开了研究，薛智超等[10]基于湖州市土地资源情况进行了实证研究；朱友干[11]从水资源价值、权益属性和相关会计信息的角度探讨了水资源资产负债表的编制路径；申成勇和李琦[12]针对森林资源对编制体系、内容与方法开展了研究。

通过整理相关的文献发现，无论是国际还是国内的研究都尚未形成统一完善的编制方法，也未将海洋资源作为单独账户进行深入研究，虽然有学者对海洋资源核算开展了大量探索，但也仍处于初级阶段。因此，应科学梳理海洋资源资产负债表的相关概念理论，为进一步探索奠定基础。

### 6.1.3　海洋资源资产负债表的概念内涵

1. 概念界定

要剖析海洋资源资产负债表的内涵，首先要明确自然资源资产负债表的概念。目前对这一概念的理解大致可分为两个角度。

一种侧重于会计学中“资产=负债+净资产”的会计恒等式，认为自然资源资产负债表是一种以自然资源为核算对象，衡量自然资源资产、净资产和负债的报表，该报表需将自然资源资产根据来源与用途，通过“资产来源=资产运用”的形式反映出各要素相互制约的平衡关系[2]；另一种侧重于自然资源核算，主张自然资源资产负债表是显示某地区自然资源情况的报表，同时反映某地区各报表要素的存量情况和流量情况，反映要素的实物量情况、质量指标情况和价值量情况[5]。

无论从何种角度来看，均可体现出对这一概念理解的相似之处，即利用会计学中资产负债表的方法，对自然资源核算情况进行展示。

综合以上研究成果，可将自然资源资产负债表定义为：以会计学中的资产负债表为工具，将全国或某地区全部的自然资源资产进行分类核算生成报表[13]，反映某时点自然资源资产的存量信息和某时段自然资源资产的流量信息。海洋资源资产负债表则是这一概念在海洋领域的延伸，即以会计学中的资产负债表为工具，对全国或某地区的全部或部分海洋资源资产进行分类核算生成报表，以展示该地区海洋资源资产在某时点的存量信息和某时段的流量信息。

由上述定义可知，编制海洋资源资产负债表的一大关键点和难点是对海洋资源进行分类，并确定哪些海洋资源适合纳入报表。海洋具有丰富的空间资源、生物资源、海水资源、矿产资源和可再生能源等多种复合型资源，这些资源往往交错富集，并且不只以物质形态存在。

再者，海洋是一个广阔的领域，海岸带等海陆交叉地带的资源归属问题又难以确定，如红树林资源属于森林资源还是海洋资源、滩涂资源属于土地资源还是海洋资源均难有定论。此外，受限于勘探等技术水平，尚存在未被探知的海洋资源。需要注意的是，并非所有的海洋资源均可纳入海洋资源资产负债表中，海洋的流动性决定海洋资源处于动态变化之中，某一时点的资源存量可能难以确定。

因此，结合海洋的自身属性和海洋资源核算的探索经验，本研究认为可考虑采用“五分法”将海洋资源分为海洋生物资源、海洋矿产资源、海洋化学资源、海洋空间资源和海洋能源资源5种[14]，以此设置5组一级账户。在确定海洋资源的分类之后，应进行二级账户的确定，即对每一大类海洋资源再分类，并选择可核算的资源纳入账户。

2. 内涵分析

在国家或企业编制资产负债表时，包含资产、负债、净资产3部分要素，并运用“资产=负债+净资产”的形式，而在自然资源资产负债表中是否全部包含这3部分要素尚存在争议，争议主要集中于是否应该存在自然资源负债。部分学者如黄溶冰和赵谦[15]

认为需要建立自然资源负债的概念，它是指为治理生态系统或恢复自然资源状态、实现可持续发展所需要付出的代价，继而自然资源净资产即自然资源资产扣除自然资源负债后的剩余权益；还有学者如耿建新等[16]主张暂不能确定自然资源负债，也无法直接得到自然资源净资产，只存在自然资源资产，应采用SEEA2012“资产来源=资产运用”的恒等式反映平衡关系。

会计要素的确认应建立在一定的会计核算制度之上，目前有权责发生制和收付实现制两种制度。其中企业采用权责发生制，以收入权利和支出义务的实际发生作为确认标准；事业单位多采用收付实现制，以款项的实际收付作为确认标准。相比之下，权责发生制能够更好地反映债权债务关系[17]，因此本研究认为海洋资源资产负债表应采用权责发生制，在此基础上，结合自然资源资产负债表及海洋资源核算相关文献研究，主张确认海洋资源负债。

一方面，海洋资源负债包括为了取得海洋资源资产所有权、变更管辖权所需承担的义务。一般来说，海洋资源所有权归国家所有，当海洋资源发生国际贸易即产生所有权的变更问题时，如海底油气资源的贸易、海产品进口等，这期间发生的费用支出应视为负债；再者，随着海洋资源产权制度的建立，海洋资源的归属问题也将进一步明确，当地区间发生海洋资源归属地、管辖权变更时，产生的相关费用应视为负债。

另一方面，海洋资源负债还包括为了保持海洋资源资产价值（数量和质量）所需承担的义务，包括已经发生的具有持续收益期的修复费用和预计未来可能发生的修复费用。海洋开发活动对海洋资源和海洋生态环境会产生极大的影响，人类为了弥补这些影响也需做出诸多努力，海洋生态文明建设对海洋生态系统的保护修复和海洋资源环境的监控监测提出了明确要求，在此过程中所发生的费用（如湿地修复、岸滩维护等治理成本）应视为负债。

综上所述，借鉴企业资产、负债、净资产的概念，根据“海洋资源资产=海洋资源负债+海洋资源净资产”恒等式，尝试给出海洋资源资产、海洋资源负债、海洋资源净资产的初步定义。

海洋资源资产——由国家或政府拥有或控制，预期能够带来经济效益或生态效益的稀缺性海洋资源。

海洋资源负债——为取得海洋资源资产并保持其价值所需承担的义务。

海洋资源净资产——海洋资源资产扣除海洋资源负债后可为权益主体拥有或控制的剩余权益，即“海洋资源净资产=海洋资源资产–海洋资源负债”，反映权益主体对海洋资源的掌控情况。

### 6.1.4 海洋资源资产负债表的编制原则

海洋资源资产负债表的编制与海洋、经济、会计等多个领域有密切联系，需结合多种学科思想与方法，既要符合资产负债表编制规范，又要结合海洋自身属性，更要具有实用性和可操作性。因此，编制海洋资源资产负债表应遵循以下3点原则。

（1）全面性原则。完整的海洋资源资产负债表应全面反映海洋资源的状况，由浅入深，逐步推动，既包括对海洋资源的实物核算，也包括对海洋资源的价值核算；既包括海洋资源的存量信息，也包括海洋资源的流量信息；既包括各大类海洋资源的分类核算，也包括整体海洋资源的综合核算[18]。

（2）兼顾数量与质量原则。海洋资源资产负债表不仅应以数据形式显示海洋资源的数量信息，还应显示海洋资源的质量信息。海洋开发活动不仅引起海洋资源数量变化，还在一定程度上造成海洋资源质量改变。因此，兼顾数量与质量才能客观全面地反映海洋资源使用情况。

（3）科学性与可行性原则。编制海洋资源资产负债表应建立在科学合理的理论基础之上，结合国内外多领域的研究经验，逐渐探索形成科学的理论体系。并且，编制该报表应为合理有效开发利用海洋提供指导，需有切实的实用价值和可操作性，因此在量化和核算方法的选取上要结合海洋资源的特点，客观真实地反映海洋资源利用状况。

### 6.1.5　编制海洋资源资产负债表的意义

随着陆地资源的日益减少，海洋作为一个巨大的资源宝库逐渐走进人们的视野，发展海洋经济已成为各国普遍重视的重要战略。然而在海洋经济高速发展的同时，盲目不合理的开发活动深刻影响着海洋资源利用的效率和海洋经济发展的质量。在这样的背景下，编制海洋资源资产负债表意义重大，可在多重领域发挥作用。

#### 1. 从海洋资源管理的角度来看，它是对传统海洋资源管理方式的创新[19]

长期以来，海洋资源利用相对粗放，海洋资源的核算管理体系尚不完善，而编制海洋资源资产负债表将推动相关部门对海洋资源进行系统的调查统计，整合完备现有的海洋资源数据，真正做到摸清海洋资源家底，推动海洋生态文明建设与体制改革，这不仅是对第一次全国海洋经济调查的有力补充，更有助于海洋资源产权制度和有偿使用制度的建立。

#### 2. 从海洋资源开发的角度考虑，许多未被利用的海洋资源借此进行挖掘

人类目前所开发的海洋只是一小部分，尚存在许多未知的或限于开发技术未被利用的海洋资源。基于资源与环境经济学的概念，自然资源价值评估的价值包括使用价值和非使用价值，使用价值又可分为直接使用价值、间接使用价值和选择价值[20]。目前人类所评估的大多是直接获得经济收益的海洋资源，即直接使用价值，而往往忽略对非使用价值等内容的核算评估。因此，编制海洋资源资产负债表可推动对未知海洋领域如海域海岛不动产的价值评估等，以此发掘海洋资源对经济长期增长的潜力作用。

#### 3. 海洋资源资产负债表将在海洋生态文明建设中发挥重要作用

通过对海洋资源状况的全面把控，转变海洋资源的开发利用方式，提高海洋资源的利用效率，实现海洋资源的可持续利用，这也为将海洋资源状况纳入海洋生态文明建设绩效考核机制提供一种科学合理的量化考核工具，用以衡量整治修复工程项目的成效。

4. 海洋资源资产负债表将在领导干部离任审计中发挥重要作用

可将海洋资源资产负债表应用于沿海省（区、市）领导干部离任审计，树立一种绿色科学的政绩观[21]。海洋资源资产负债表可以看作海洋资源管理者向所有者以及社会公众提交的一份关于海洋资源使用情况的报告，通过客观评价领导干部任期内海洋资源的开发利用和经济社会的可持续发展情况，量化海洋生态绩效，服务于领导干部海洋生态环境责任审计，为正确、科学地考核、任用提供重要依据。有关部门也可据此建立一种追责机制，对片面追求经济效益提供事前预警，从而实现海洋资源开发利用过程中经济效益、社会效益和生态效益相互统一，形成可持续发展的良好局面，这是生态文明体制改革的必然要求。

### 6.1.6　结论

综上所述，尝试编制海洋资源资产负债表具有重要战略意义与现实意义，任重而道远。有必要在不断地探索中明晰其应用方式、拓展其应用范围，在摸清海洋资源情况、指导海洋资源科学高效利用的基础上，发挥其在海洋生态文明建设等方面的重要作用，推动海洋经济健康有序可持续发展。本研究是对海洋资源资产负债表工作的一次探索，在概念界定、内涵分析等方面还有不足，有必要进一步开展后续应用研究，在实践中继续探索。

## 参考文献

[1] 耿建新. 我国自然资源资产负债表的编制与运用探讨: 基于自然资源资产离任审计的角度. 中国内部审计, 2014, 16(9): 15-22.
[2] 杜方. 我国编制和运用自然资源资产负债表初探. 中国内部审计, 2015, 17(11): 97-101.
[3] 姚霖, 侯冰. 我国自然资源资产负债表编制的问题与思考. 国土资源情报, 2015, 16(7): 27-30.
[4] 肖序, 王玉, 周志方. 自然资源资产负债表编制框架研究. 会计之友, 2015, 33(19): 21-29.
[5] 陈艳利, 弓锐, 赵红云. 自然资源资产负债表编制: 理论基础、关键概念、框架设计. 会计研究, 2015, 36(9): 18-26.
[6] 孙志梅, 李秀莲, 高强. 自然资源资产负债表理论基础与目标定位. 新会计(月刊), 2016, 8(1): 26-27.
[7] 胡文龙. 自然资源资产负债表基本理论问题探析. 中国经贸导刊, 2014, 31(10): 62-64.
[8] 陈红蕊, 黄卫果. 编制自然资源资产负债表的意义及探索. 环境与可持续发展, 2014, 39(1): 46-48.
[9] 张友棠, 刘帅, 卢楠. 自然资源资产负债表创建研究. 财会通讯, 2014, 35(10): 6-9.
[10] 薛智超, 闫慧敏, 杨艳昭, 等. 自然资源资产负债表编制中土地资源核算体系设计与实证. 资源科学, 2015, 37(9): 1725-1731.
[11] 朱友干. 论我国水资源资产负债表编制的路径. 财会月刊, 2015, 36(19): 22-24.
[12] 申成勇, 李琦. 关于编制森林资源资产负债表有关问题的探讨. 绿色财会, 2015, 30(2): 6-9.
[13] 林忠华. 领导干部自然资源资产离任审计探索. 河南商业高等专科学校学报, 2014, 27(4): 5-10.
[14] 孙悦民. 海洋资源分类体系研究. 海洋开发与管理, 2009, 26(5): 42-54.
[15] 黄溶冰, 赵谦. 自然资源资产负债表的编制与审计的探讨. 审计研究, 2015, 31(1): 37-43, 83.

[16] 耿建新, 胡天雨, 刘祝君. 我国国家资产负债表与自然资源资产负债表的编制与运用初探——以SNA 2008和SEEA 2012为线索的分析. 会计研究, 2015, 36(1): 15-24, 96.

[17] 林忠华. 国家和政府资产负债表研究. 科学发展, 2014, 65(4): 20-31.

[18] 刘良宏. 海洋资源价值核算体系探讨. 海洋开发与管理, 2006, 23(6): 64-66.

[19] 柏连玉. 关于编制森林资源资产负债表的探讨. 绿色财会, 2015, 30(1): 3-8.

[20] Remoundou K, Koundouri P, Kontogianni A, et al. Valuation of natural marine ecosystems: an economic perspective. Environmental Science & Policy, 2009, 12(7): 1040-1051.

[21] 彭巨水. 对领导干部实行自然资源资产离任审计的思考. 中国国情国力, 2014, 23(4): 14-15.

## 6.2 海洋资源资产负债表编制框架

近年来，我国海洋资源大规模开发利用有力支撑了海洋经济的发展和壮大。不过，过去高投入、高消耗、高污染的传统发展模式导致了海洋环境污染、局部生态系统退化、海洋资源约束趋紧等一系列问题，制约了海洋经济向质量效益型转变。从资源利用与管理角度分析，以下原因不可忽视：①开发者和管理者对海洋资源可持续利用的理解还不深刻，且对海洋资源的生态、文化等价值认识严重不足，片面追求经济价值，导致资源过度消耗甚至浪费；②地方政府发展观和政绩观存在偏差，部分区域以生态环境破坏为代价换取GDP增长，各类海洋污染事件时有发生；③海洋资源产权边界不明晰，导致产权主体之间利益冲突以及监管责任重叠或缺失等，造成资源低效利用甚至被破坏。

与此同时，海洋资源管理体制正发生重大变革，随着海洋生态补偿制、“湾长制”、围填海督察制度等的实施及《围填海管控办法》《海岸线保护与利用管理办法》等系列中央全面深化改革文件的出台，基于生态系统的海洋综合管理体系正逐步完善。在此情况下，编制海洋资源资产负债表成为破解新时期海洋资源环境面临难题的有效措施和推进海洋资源管理体制改革的重要内容。编制海洋资源资产负债表，有利于摸清海洋资源家底，掌握海洋资源开发利用和生态环境损害现状，推进海洋资源科学配置，实现海洋资源精细化管理，提高海洋开发质量和效率，同时还有利于厘清和追究海洋资源环境损害责任，量化领导干部海洋生态绩效，发挥海域管理对海洋经济的导向作用。

自然资源资产负债表是近年来我国推进生态文明建设进程中提出的新举措，国外虽无相同概念，但在自然资源与环境核算方面的研究与实践却早于我国。挪威早在20世纪70年代就开始了以实物量为主的自然资源核算体系研究，对能源、鱼类、土地利用、森林和矿产资源进行核算，并推动了全球对自然资源评估与国民经济核算体系对接的探索[1]。此后，多国政府和国际组织借鉴挪威经验各自开展不同领域自然资源核算的研究，并逐步用于资源管理。其中，联合国于1993年发布了《环境与经济综合核算体系》（即SEEA体系），先后多次进行修订，最新的SEEA 2012已被联合国统计委员会认定为环境经济核算的国际标准[2]，对我国编制自然资源资产负债表具有重要参考意义。到目前，美国、日本、加拿大、新西兰等发达国家以及印度尼西亚、菲律宾、印度等发展中国家均开展了自然资源核算的研究与实践，自然资源价值核算体系不断发展和完善。

20世纪80年代，国内学者对资源价格与价值严重背离的现实开展了研究和探讨，但尚未达到资源核算的高度。以李金昌为代表的学者学习国外经验，呼吁尽早开展国内自然资源核算工作。此后，我国逐步重视对自然资源核算的研究与实践，21世纪初开展绿色GDP研究，并于2006年率先发布《中国绿色国民经济核算研究报告2004》。自十八届三中全会提出"探索编制自然资源资产负债表"以来，我国学术界再一次掀起自然资源核算研究的热潮，开始逐步探索森林、土地、草原等自然资源资产负债表的编制研究，编制思路逐渐清晰，湖州、承德等多地已完成市县级负债表编制工作[3, 4]。

在海洋领域，自然资源资产负债表的研究相对薄弱、分散，且存在诸多争议之处。一是资源核算范围不同，如刘大海等[5]建议核算海洋生物、海洋矿产、海洋化学、海洋空间和海洋能源等5类资源，商思争[6]建议核算海洋生物、海洋空间和海洋旅游资源，高阳等[7]建议核算海洋生物资源、海洋矿产资源和海域资源。二是对负债的确认及核算不同，刘大海等[5]认为取得海洋资源资产并保持其价值所需承担的义务为负债；商思争[6]认为红线内被开发的资源即为负债，以海水增养殖区和海水浴场面积作为负债实物量；高阳等[7]认为资源过耗、环境损害和生态破坏造成海洋资源负债，资源过耗包括可再生资源超过最大持续开采量和不可再生资源超过合理的开采量及浪费量，环境损害包括开发利用形成废水、废弃物，生态破坏包括海洋供给、调节、文化等服务价值减弱；付秀梅等[8]认为资源不合理利用和环境破坏造成海洋生物资源负债，前者包括应付资源修复成本和应付资源管理成本，后者包括应付环境治理成本和应付环境管理成本；王涛和何广顺[9]认为海域被过度耗减形成海域资源负债，具体表现为海水水质、沉积物和海洋生物质量下降，并以上述指标恢复到原有水平的付出成本为负债。三是负债表的报表体系各有特点，相对完善的如付秀梅等[8]设计的三级报表体系，其中第一级包括资源负债表，第二级包括资产核算表和负债核算表，第三级包括资产实物量表和价值量表；高阳等[7]设计了前两级报表体系，并设计了陆海价值流动表为附表，以对报表体系进行补充。此外，对资源价值核算、报表中具体项目设置等其他多个方面的研究也存在不完善之处。本研究经分析认为主要原因包括：一是对海洋资源中的"自然资源"和"海洋资源资产"等关键概念缺乏科学定义，导致资源核算范围、负债确认等各有差异；二是多数研究停留在理论层面，未提出可行的核算方法，实践中难以完成资源核算；三是尚未将海洋资源资产负债表编制与应用纳入海域综合管理体系，导致资产负债表的核算内容、报表体系设计等有所欠缺。

综合以上考虑，本研究以服务国家海域综合管理为目的，深入剖析海洋资源资产负债表编制中涉及的关键概念内涵，并基于此，明确资源核算范围，提出资源核算、负债确认方法，最终设计出科学合理的海洋资源资产负债表报表体系。

### 6.2.1　关键概念探讨

#### 1. 海洋资源

海洋资源资产负债表是自然资源资产负债表体系的重要组成部分，因此，本研究所探讨的海洋资源是具有自然属性的海洋资源，具体包括海水资源、海洋生物资源、海洋矿产资源、海洋空间资源、海洋化学资源、海洋可再生能源资源等。

各类海洋资源的属性、利用价值及保护要求各不相同：①海洋生物资源是重要的食物来源和工业、医药等原材料来源，是有生命、能自行增殖和不断更新的海洋资源，对海洋环境污染、海洋生态退化等具有高度敏感性，关系到国家海洋生态安全和粮食安全；②海洋空间资源是海洋开发利用活动的载体，当前围填海过度、自然岸线保有率降低等问题突出，近海海洋生态系统面临巨大压力；③海洋矿产资源具有不可再生性，尽管其本身不具备生态功能，但其开采过程带来的环境污染和生态破坏问题应予以重视；④海洋约占地球表面积的71%，海水资源丰富，海洋化学资源是存在于海水中的各类物质，海洋可再生能源指潮汐能、波浪能、温差能等能源，以上三类资源现阶段开发能力远未达到其总量上限，其稀缺性和保护迫切性尚不明显。

2. 海洋资源资产

自然资源资产负债表是自然资源资产化理念下的一种自然资源核算的新思路，在编制过程中，对自然资源资产概念的界定至关重要。目前，不同学者对此的认识各有侧重。例如，蔡春和毕铭悦[10]认为自然资源资产是特定主体拥有的能加以控制、能以货币计量、可能带来未来效用的自然资源和为降低主体对自然资源的影响而采取措施的资本化成本；陈艳利等[11]认为自然资源资产是指国家授权各级人民政府及其所属部门和单位通过过去的法定、授权或交易形成的，由国家所有、政府及其他社会主体管理、使用或者控制的，预期能给各权益主体带来经济效益或生态效益的稀缺性自然资源；肖序等[12]认为自然资源资产是指国家和政府拥有或控制，在现行情况下可取的或可探明存量的能够用货币进行计量，并且在开发使用过程中能够给政府带来经济利益流入的自然资源或者在使用自然资源过程中给政府带来经济利益流入的经济事项。

尽管各位学者对自然资源资产的认识有所不同，但均认为自然资源资产是具有明确储量或稀缺、具有特定价值且权利主体明确的自然资源。借鉴会计学中资产的概念，本研究认为海洋资源资产是权属明确、能够供人类开发利用且价值可计量的稀缺性海洋资源。根据以上分析，由于海水资源、海洋化学资源和海洋可再生能源资源稀缺性尚不明显，不应确认为海洋资源资产；海洋生物资源、海洋空间资源与海洋矿产资源会因人为因素或自然因素的影响而增加或减少，属国家所有，权属明确，其价值可有效评估，符合海洋资源资产的特点，故本研究认为海洋资源资产应包括这三类资产。

3. 海洋资源资产负债表与资源负债

资产负债表是会计学的重要概念，是反映某一会计主体在某一特定时日财务状况的财务报表。根据国务院办公厅印发的《编制自然资源资产负债表试点方案》及前人的研究成果，结合会计学理论，本研究认为海洋资源资产负债表是反映某一特定权利主体所拥有或控制的海洋资源在核算期初、期末的存量水平以及核算期间的实物量与价值量变动情况的资产负债表。

根据《企业会计准则》，负债是指企业过去的交易或者事项形成的、预期会导致经济利益流出企业的现时义务。参考这一定义，海洋资源负债的确认应满足两个条件：①负债确实存在，即过去的海洋开发利用活动引起了应付的经济义务；②负债的价值能够可靠计量。因此，本研究认为负债是指在海洋资源开发利用过程中，由人为因素造成的、对未能按预期实现的海洋资源价值所承担的偿还责任，即负债事实上是人类不当利用海洋资源所造成的不良后果。

海洋资源资产的价值包括：①海洋生物的经济价值和生态价值；②海洋空间为人类开发利用海洋资源提供载体；③海洋矿产为人类提供能源或工业原料等。综合考虑海洋资源价值受损、开发利用特点等因素，本研究认为以下三种情况会使海洋资源价值实现受到影响，形成负债：一是资源过度耗减，造成人类可利用海洋资源的数量减少；二是海洋环境破坏，使人类开发利用海洋的质量和效果下降；三是海洋生态损害，使海洋的生态价值受损。

### 6.2.2　海洋资源资产确认与计量

#### 1. 海洋资源资产实物量核算

##### 1）海洋生物资源资产

海洋生物包括海洋动物、海洋植物和海洋微生物三大类，但目前一般仅有部分海洋动物和海洋植物可供人类利用。海洋生物资源具有经济价值与生态价值，是人类重要的食物来源和生产原料，体现为经济价值；海洋植物能够进行光合作用，具有生产氧气、调节气候的生态价值。此外，全部海洋生物群落及海洋环境构成的海洋生态系统还具有历史、文化等社会文化价值，但由于统计全部海洋生物无法实现，且上述价值的实现不依托一种或一类生物资源，因此现阶段仅核算海洋生物明确的经济价值和生态价值。基于以上考虑，海洋生物资源资产核算范围包括：①现阶段应用于人类生产和生活的海洋动植物，包括鱼类、甲壳类、贝类、头足类、藻类等，一般通过捕捞方式获取；②具有生态价值的海洋植物，包括藻类、种子植物和地衣等。其中，部分海洋生物如藻类既具有经济价值，又具有生态价值。

一般情况下，海洋生物资源可自然增长，也可借助技术手段实现增长，如增殖放流促进渔业资源恢复或增加；海洋生物资源减少的因素一般包括人类开发利用、环境污染、海洋灾害等。

基于以上分析，设计海洋生物资源资产核算表，见表6.1。

表6.1　海洋生物资源资产核算表（实物账户）　（单位：t）

| 核算项目 | 海洋动物 | | | 海洋植物 | | |
|---|---|---|---|---|---|---|
| | 鱼类 | 头足类 | … | 藻类 | 种子植物 | 地衣 |
| 期初存量 | | | | | | |
| 增加量 | | | | | | |
| 自然增长 | | | | | | |
| 人工增殖 | | | | | | |
| 减少量 | | | | | | |
| 开发利用 | | | | | | |
| 海洋灾害 | | | | | | |
| 环境污染 | | | | | | |
| 期末存量 | | | | | | |

2）海洋空间资源资产

Ⅰ. 海域空间资源资产

《海域使用分类体系》将开发利用的海域分为渔业用海、工业用海等9类，一般情况下，除填海造地外，只要项目退出海域使用，融入了人类开发利用因素的海域仍可恢复自然属性。因此，本研究认为海域空间资源资产核算范围应包括：①未确权的海域，包括未开发海域和已注销使用权的海域（不包括填海造地）；②渔业用海、工业用海、交通运输用海、旅游娱乐用海、海底工程用海、排污倾倒用海、特殊用海和其他用海等8类海域中不涉及填海造地的海域。

各类海域空间资源增加或减少的因素都包括新增用海项目、海域使用类型改变和海域使用权注销，具体如下：新增某类用海项目会引起该类海域面积增加与未确权海域面积减少；海域使用类型改变，会引起某类海域面积增加且造成另一类海域面积减少；海域使用权注销则会引起该类海域面积减少与未确权海域面积增加。

基于以上分析，设计海域空间资源资产核算表，见表6.2。

表6.2　海域空间资源资产核算表（实物账户）　（单位：$hm^2$）

| 核算项目 | 渔业用海 | 工业用海 | … | 未确权 |
|---|---|---|---|---|
| 期初存量 | | | | |
| 增加量 | | | | |
| 新增用海项目 | | | | / |
| 海域使用类型改变 | | | | / |
| 海域使用权注销 | / | / | / | |
| 减少量 | | | | |
| 新增用海项目 | / | / | / | |
| 海域使用类型改变 | | | | / |
| 海域使用权注销 | | | | / |
| 期末存量 | | | | |

Ⅱ. 海岸线资源资产

海岸线包括自然岸线和人工岸线。由于人工岸线经过建设，一般短期很难恢复自然岸线面貌，因此本研究仅核算自然岸线，包括砂质岸线、淤泥质岸线、基岩岸线、河口岸线等。自然岸线存量增加的因素一般为海岸线自然恢复和整治修复，减少的因素包括新增用海项目、海岸工程建设等人为因素以及海水入侵、海岸侵蚀等自然因素，其中海岸工程建设是指丁坝、离岸堤等海岸工程使泥沙冲於环境改变，导致海岸线侵蚀的情况。

基于以上分析，设计海岸线资源资产核算表，见表6.3。

表6.3　海岸线资源资产核算表（实物账户）　（单位：km）

| 核算类型 | 砂质岸线 | 淤泥质岸线 | … |
|---|---|---|---|
| 期初存量 | | | |
| 增加量 | | | |
| 　自然恢复 | | | |
| 　整治修复 | | | |
| 减少量 | | | |
| 　新增用海项目 | | | |
| 　海岸工程建设 | | | |
| 　海水入侵 | | | |
| 　海岸侵蚀 | | | |
| 期末存量 | | | |

3）海洋矿产资源资产

海洋矿产资源一般包括海洋石油、海洋天然气、滨海砂矿、多金属结核矿、富钴结壳矿等[13]，但由于目前我国近海海域开发利用成熟的海洋矿产资源一般只包括海洋石油、海洋天然气和滨海砂矿，多金属结核矿、富钴结壳矿等基本分布在深远海，不属于国家管辖海域范围，因此本研究仅核算海洋石油、海洋天然气、滨海砂矿三类矿产。

海洋矿产资源存量增加的因素包括新发现和储量重新计算，新发现即通过调查勘探使资源储量增加，储量重新计算即根据最新储量计算结果，资源储量比前次计算结果增加；海洋矿产资源存量减少因素包括资源开采和储量重新计算，储量重新计算指根据最新储量计算结果，资源储量比前次计算结果减少。

基于以上考虑，设计海洋矿产资源资产核算表，见表6.4。

表6.4　海洋矿产资源资产核算表（实物账户）　（单位：t或$m^3$）

| 核算类型 | 海洋石油 | 海洋天然气 | 滨海砂矿 |
|---|---|---|---|
| 期初存量 | | | |
| 增加量 | | | |
| 　新发现 | | | |
| 　储量重新计算 | | | |
| 减少量 | | | |
| 　资源开采 | | | |
| 　储量重新计算 | | | |
| 期末存量 | | | |

2. 海洋资源资产价值量核算及表格设计

1）海洋生物资源资产价值量核算

海洋生物资源的价值包括经济价值和生态价值。具有经济价值的海洋生物一般进入公开市场交易，故采用市场价格法计算其价值量；具有生态价值的海洋生物应根据其实物总量计算其生产氧气、吸收二氧化碳的理论总量，并以成本法计算生产相同体积氧气的成本作为氧气生产功能的价值量，以市场价格法计算排放相同体积二氧化碳所缴纳的费用作为气候调节服务的价值量。此外，某些海洋生物既具有经济价值又具有生态价值，应将两种价值量加和作为总价值量。

2）海洋空间资源资产价值量核算

海域空间的主要价值是为海洋开发利用活动提供载体，目前海洋部门制定的海域使用金征收标准综合考虑了海域等别及用海方式，是海洋空间价值的直接体现。对于已确权海域，由于不同用海方式征收海域使用金方式不同，因此应计算统计期内海域使用金金额作为海域空间资源价值量。对于未确权海域，可根据其所在海洋功能区确定其海域用途，并对照其海域等别，确定其海域使用金上限值和下限值，取平均值为未确权海域的价值量。

由于海岸线严格意义上仅是海陆分界线，可认为其属于邻近海域的一部分，因此海岸线价值可包含在邻近海域的价值中。

3）海洋矿产资源资产价值量核算

海洋矿产资源具有重要工业价值，海洋石油和天然气是重要的能源和化工原料，滨海砂矿是重要的工业原料。海洋矿产资源一般都进入公开市场进行交易，故采用市场价格法计算其价值量。

4）海洋资源资产核算表设计

三类海洋资源资产的价值量核算账户形式同实物量账户（表6.1～表6.4），由于篇幅所限，本研究未列出。基于上述分析，设计海洋资源资产核算表，见表6.5。

表6.5　海洋资源资产核算表

| 海洋资源类型 | 期初量 | | 期末量 | |
|---|---|---|---|---|
| | 实物量 | 价值量 | 实物量 | 价值量 |
| 海洋生物资源 | | | | |
| 海洋动物 | | | | |
| 鱼类 | | | | |
| 甲壳类 | | | | |
| 贝类 | | | | |
| 头足类 | | | | |
| 海洋植物 | | | | |
| 藻类 | | | | |
| 种子植物 | | | | |
| 地衣 | | | | |
| 海洋空间资源 | | | | |
| 海域空间资源 | | | | |
| 渔业用海 | | | | |
| 工业用海 | | | | |
| 交通运输用海 | | | | |
| 旅游娱乐用海 | | | | |
| 海底工程用海 | | | | |
| 排污倾倒用海 | | | | |
| 造地工程用海 | | | | |
| 特殊用海 | | | | |
| 其他用海 | | | | |

续表

| 海洋资源类型 | 期初量 | | 期末量 | |
|---|---|---|---|---|
| | 实物量 | 价值量 | 实物量 | 价值量 |
| 海岸线资源 | | | | |
| 砂质岸线 | | | | |
| 淤泥质岸线 | | | | |
| 基岩岸线 | | | | |
| 河口岸线 | | | | |
| 海洋矿产资源 | | | | |
| 海洋石油 | | | | |
| 海洋天然气 | | | | |
| 滨海砂矿 | | | | |

注：各类资源价值量单位为亿元，实物量单位分别同表6.1～表6.4

### 6.2.3　海洋资源负债确认与计量

#### 1. 海洋资源过度耗减负债

海洋资源过度耗减的认定与其可再生能力相关。对可再生资源，资源过度耗减指人类过度开发利用造成的资源未及时得到更新和补充而导致的统计期内资源总量减少；对不可再生资源，资源过度耗减指技术或管理落后造成的资源不必要的浪费。具体分析如下。

（1）海洋生物资源属于可再生资源，在合理利用的前提下，种群能够得到不断补充，使数量达到相对稳定[14]。若人类对海洋生物资源的获取量超过其恢复能力，则认为其过度耗减。因此，以“期初量–期末量”计算海洋生物资源负债实物量，并以市场价格法计算负债价值量。

（2）海洋空间资源属于占用型非再生资源，若用海项目退出使用海洋空间后，该空间依然能保持自然属性，则不形成负债；若海洋空间自然属性完全改变，则形成负债，如通过围填海使原有海域或海岸线消失。基于以上分析，本研究以海域面积减少量和海岸线长度减少量统计海洋空间资源负债实物量，并以对应海域使用金总额计算负债价值量。

（3）海洋矿产资源属于不可再生资源，目前研究一般仅考虑生态负债[15-17]，未考虑资源过度耗减的因素。本研究认为海洋矿产资源合理开采使用不形成负债，但开采过程中造成的资源浪费即资源过度耗减形成负债，如海洋石油、海洋天然气泄漏以及滨海砂矿利用率低、尾矿回收率低等情况。负债实物量为矿产开采过程中的浪费量，可按市场价格法计算负债价值量。

#### 2. 海洋环境破坏负债

海洋环境质量以海水水质、海洋沉积物质量和海洋生物质量三项指标反映，其等级分别可划分为四等、三等和三等。三项指标质量下降形成海洋环境破坏负债，并以保持或恢复上述指标原有状态所付出的代价核算负债价值量。

### 3. 海洋生态损害负债

海洋生态损害使海洋生态系统的生态服务价值受到影响，因此，从生态服务价值受损的程度衡量海洋生态损害负债，并以损失价值的货币形式计算负债价值量。

### 4. 海洋资源负债核算表

根据以上分析，设计海洋资源负债核算表，见表6.6。

表6.6　海洋资源负债核算表

| 负债类型 | 期初量 | | 期末量 | |
|---|---|---|---|---|
| | 实物量 | 价值量 | 实物量 | 价值量 |
| 海洋资源过度耗减 | | | | |
| 　海洋生物资源过度耗减 | | | | |
| 　　鱼类资源过度耗减 | | | | |
| 　　甲壳类资源过度耗减 | | | | |
| 　　贝类资源过度耗减 | | | | |
| 　　头足类资源过度耗减 | | | | |
| 　　藻类资源过度耗减 | | | | |
| 　海洋空间资源过度耗减 | | | | |
| 　　海域面积减少 | | | | |
| 　　海岸线长度减少 | | | | |
| 　海洋矿产资源过度耗减 | | | | |
| 　　溢油 | | | | |
| 　　天然气泄漏 | | | | |
| 　　滨海砂矿开采浪费 | | | | |
| 海洋环境破坏 | | | | |
| 　　海水水质下降 | | | | |
| 　　海洋沉积物质量下降 | | | | |
| 　　海洋生物质量下降 | | | | |
| 海洋生态损害 | | | | |
| 　　氧气生产功能受损 | | | | |
| 　　气候调节功能受损 | | | | |

注：各类资源价值量单位为亿元，实物量单位分别同表6.1～表6.4

## 6.2.4　海洋资源资产负债表框架

基于以上海洋资源资产和负债核算，设计海洋资源资产负债表，见表6.7。

表6.7　海洋资源资产负债表　（单位：亿元）

| 海洋资源资产 | 期初量 | 期末量 | 海洋资源负债和净资产 | 期初量 | 期末量 |
|---|---|---|---|---|---|
| 海洋生物资源 | | | 海洋资源过度耗减 | | |
| 　海洋动物 | | | 　海洋生物资源过度耗减 | | |
| 　海洋植物 | | | 　海洋空间资源过度耗减 | | |
| | | | 　海洋矿产资源过度耗减 | | |

续表

| 海洋资源资产 | 期初量 | 期末量 | 海洋资源负债和净资产 | 期初量 | 期末量 |
|---|---|---|---|---|---|
| 海洋空间资源 | | | 海洋环境破坏 | | |
| 海域空间资源 | | | 海水水质下降 | | |
| 海岸线资源 | | | 海洋沉积物质量下降 | | |
| | | | 海洋生物质量下降 | | |
| 海洋矿产资源 | | | 海洋生态损害 | | |
| 海洋石油 | | | 氧气生产功能受损 | | |
| 海洋天然气 | | | 气候调节功能受损 | | |
| 滨海砂矿 | | | | | |
| 海洋资源资产合计 | | | 海洋资源负债合计 | | |
| | | | 海洋资源净资产 | | |

表6.1～表6.7构成了海洋资源资产负债表的报表体系。本研究认为，完善的海洋资源资产负债表报表体系至少包含三级报表：第一级为海洋资源资产负债表（表6.7），第二级包括海洋资源资产核算表（表6.5）和海洋资源负债核算表（表6.6），第三级为单项海洋资源资产核算表，并分别包括实物账户和价值账户（表6.1～表6.4为单类海洋资源的实物账户，价值账户形式同实物账户，本研究未列出）。

### 6.2.5　结语

目前，国家自然资源资产管理体制正发生较大变革，海洋资源资产负债表对海洋资源优化管理的支撑作用应得到充分发挥。本研究深入剖析了海洋资源资产负债表编制过程中关键概念的内涵，并基于此，综合考虑资源开发利用特点、利用价值和当前保护需求，明确了优先核算的海洋资源，提出了可行的实物量和价值量核算方法；根据海洋资源价值是否按预期实现，提出了负债的确认条件及核算方法；基于以上研究，设计了海洋资源资产负债表总框架。

在海洋资源资产负债表编制和应用中，还应注意：①海洋资源资产核算与海洋资源负债核算的准确性受当前海洋资源调查统计、资源核算理论及方法等研究或技术水平的制约，海洋资源资产负债表的编制要边探索、边实践、边改进，提高海洋管理技术支撑综合水平；②海洋调查统计数据是海洋资源资产负债表编制的基础，资产负债表编制牵头单位应充分利用各管理部门、各行业有效数据，海洋管理部门应建立健全海洋常态化调查制度，提高调查数据质量，保证海洋资源资产负债表的科学性；③应将海洋资源资产负债表编制纳入海洋生态文明建设体系中，并与当前海洋生态补偿、海域有偿使用、领导干部离任审计等制度实现有效衔接；④要健全海洋资源资产产权制度，结合海洋资源负债核算工作，明确海域使用者所需要承担的保护海洋生态环境、节约利用海洋资源的责任和义务，防止海洋资源被过度开发。

## 参考文献

[1] 马永欢, 陈丽萍, 沈镭, 等. 自然资源资产管理的国际进展及主要建议. 国土资源情报, 2014, 12: 2-8.

[2] 何静. 环境经济核算的最新国际规范——SEEA—2012中心框架简介. 中国统计, 2014, 6: 24-25.

[3] 闫慧敏, 封志明, 杨艳昭, 等. 湖州/安吉: 全国首张市/县自然资源资产负债表编制. 资源科学, 2017, 39(9): 1634-1645.

[4] 杨艳昭, 封志明, 闫慧敏, 等. 自然资源资产负债表编制的“承德模式”. 资源科学, 2017, 39(9): 1646-1657.

[5] 刘大海, 欧阳慧敏, 李晓璇, 等. 海洋资源资产负债表内涵解析. 海洋开发与管理, 2016, 6: 3-8.

[6] 商思争. 海洋资源资产负债表编制探微. 财会月刊, 2016, (20): 32-37.

[7] 高阳, 高江波, 潘韬, 等. 海洋资源资产负债表编制探索. 国土资源科技管理, 2017, 34(2): 86-94.

[8] 付秀梅, 苏丽荣, 王晓瑜. 海洋生物资源资产负债表编制技术框架研究. 太平洋学报, 2017, 8: 94-104.

[9] 王涛, 何广顺. 海域资源资产负债表核算框架研究. 海洋经济, 2016, 6(2): 3-12.

[10] 蔡春, 毕铭悦. 关于自然资源资产离任审计的理论思考. 审计研究, 2014, 5: 3-9.

[11] 陈艳利, 弓锐, 赵红云. 自然资源资产负债表编制: 理论基础、关键概念、框架设计. 会计研究, 2015, 9: 18-26.

[12] 肖序, 王玉, 周志方. 自然资源资产负债表编制框架研究. 会计之友, 2015, 19: 21-29.

[13] 肖业祥, 杨凌波, 曹蕾, 等. 海洋矿产资源分布及深海扬矿研究进展. 排灌机械工程学报, 2014, 32(4): 319-326.

[14] 李自珍. 生物资源的保护性利用策略——以草原放牧系统为例. 中国草地学报, 1984, (2): 61-66.

[15] 葛振华, 赵淑芹, 王国岩. 多视角的我国矿产资源资产负债表研究. 中国矿业, 2017, 26(9): 49-66.

[16] 季曦, 刘洋轩. 矿产资源资产负债表编制技术框架初探. 中国人口 · 资源与环境, 2016, 26(3): 100-108.

[17] 季曦, 熊磊. 中国石油资源的资产负债表编制初探. 中国人口 · 资源与环境, 2017, 27(6): 57-66.

## 6.3 国外海底电缆管道违法行为处罚对我国的启示——以新西兰和澳大利亚为例

海底电缆管道是关系国计民生的重要海洋基础设施，承担着跨国通信和能源传输的重要使命。近年来，随着经济全球化的发展、人类对能源的需求日益增长和科技水平的不断提高，我国海底电缆管道建设速度不断加快，规模持续扩大。与此同时，近海海域各类用海活动日益频繁，挤占了海底电缆管道的运行空间，而且破坏海底电缆管道的违法行为也日趋严重，使海底电缆管道处于突发性毁损的危险中。由于相关法律法规制定较早，针对海底电缆管道相关违法行为的处罚措施已不能达到有效保护海底电缆管道的目的。在此情况下，通过完善海底电缆管道违法行为处罚制度，充分发挥对违法行为的预防、威慑和惩罚作用，对海底电缆管道的安全运行具有重要意义。

目前，国内对海底电缆管道的保护研究多集中于技术层面，如电缆管道的动态监测[1]、危险预警[2]、铺设可行性[3]及空间布局[4]等，涵盖了电力工业、海洋学、地质学、自动化技术和物理学等领域，但从法律视角对海底电缆管道的研究相对较少，仅有部分学者从立法方面，就海底电缆的有效规制提出建议。张明慧等[5]认为相关保护法规制度的不健全，是我国海底电缆管道管理存在的主要问题之一，建议健全海底电缆管道管理法规，明确海底电缆管道保护主体责任，同时完善政策制度，从法律和行政领域加强对海底电缆管道的保护。张震等[6]从多方面对立法保护提出了建议，如完善海洋石油天然气管道弃置制度、合理划定保护区、明确主管部门和企业责任义务等。在破坏海底管道不法行为的研究方面，王赞[7]认为单纯追究破坏海底管道者的民事责任不足以有效遏制此类行为，建议在刑法分则中按照主观构成要件的不同，增设破坏海底电缆管道罪与过失损坏海底电缆管道罪，并按照罪责刑相适应原则，根据犯罪者的主观恶性程度予以量刑。

总之，在法学领域，我国学者对海底电缆管道研究涉及较少。反观欧美等海底电缆管道建设成熟的国家，相关法律法规的修订相对完善和及时，对海底电缆管道保护的重视程度较高。这些国家大多制定了专门的海底电缆管道保护法，或在部门法中设有专章规定，以立法形式对海底电缆管道进行保护。因此，本研究通过梳理我国海底电缆管道违法行为处罚规定的现状及问题，并与澳大利亚、新西兰海底电缆管道管理法律制度进行比较，以汲取国外经验，为我国完善现有规定和今后的立法活动提出可行的建议。

### 6.3.1 我国海底电缆管道处罚规定现状

#### 1. 我国海底电缆管道违法行为处罚规定概述

##### 1）相关法律法规

我国海底电缆管道管理与保护的专门性法律法规主要包括《铺设海底电缆管道管理规定》、《铺设海底电缆管道管理规定实施办法》和《海底电缆管道保护规定》，前者属于行政法规，后两者属于部门规章。此外，《中华人民共和国专属经济区和大陆架法》《中华人民共和国海洋环境保护法》《中华人民共和国石油天然气管道保护法》《电力设施保护条例》和《中华人民共和国电信条例》等法律法规中也有条款涉及海底电缆管道铺设、管理与保护。

对海底电缆管道违法行为进行处罚的法律依据主要是《铺设海底电缆管道管理规定》、《铺设海底电缆管道管理规定实施办法》和《海底电缆管道保护规定》。此外，《中华人民共和国刑法》（以下简称《刑法》）第一百一十八条和第一百二十四条分别规定了破坏电力、燃气和公用电信设施的犯罪行为处罚措施，但尚未设立针对海底电缆管道的专门罪名。

##### 2）行为主体及违法行为分类

我国海底电缆管道相关法律法规涉及的行为主体主要是电缆管道所有者、海上作业者和主管部门工作人员。《铺设海底电缆管道管理规定》及《铺设海底电缆管道管理规定实施办法》整体侧重于规范电缆管道铺设及与之相关的路由调查、勘测等活动，处罚规定主要针对电缆管道所有者和上述活动的作业者。《海底电缆管道保护规定》侧重于约束可能对海底电缆管道造成威胁的海上作业行为，以及电缆管道所有者未按照规定备案、报告、公告的行为和主管部门工作人员的违法行为，处罚规定涉及海底电缆所有者、海上作业者及主管部门工作人员。

海底电缆管道的违法行为大致有以下三类：第一类是未按照规定开展海底电缆管道施工作业的行为，发生在海底电缆管道的铺设、维修、改造和移动阶段，具体表现为施工活动未及时报备主管部门或违反行政许可、施工过程中违反程序性要求以及其他违法施工的行为；第二类是对已有的海底管道造成破坏的行为，具体表现为从事海上作业对已铺设的海底电缆管道造成破坏，造成海底电缆管道损害、扰乱海上正常秩序等；第三类是相关行政主管部门工作人员的职务违法行为，具体表现为在海底电缆管道保护工作中玩忽职守、滥用职权、徇私舞弊等。

3）违法者承担的责任

在实践中，以违法者承担的责任类型为标准，将法律责任分为民事责任、行政责任和刑事责任[8]。海底电缆管道违法行为的违法者主要承担民事责任和行政责任。依据《铺设海底电缆管道管理规定》、《铺设海底电缆管道管理规定实施办法》和《海底电缆管道保护规定》，前文述及的第一类违法行为，违法者主要承担行政责任，主要方式是行政罚款；第二类违法行为的违法者主要承担民事赔偿责任，包括承担修复电缆管道、清除因其违法行为产生污染的责任，同时补偿受害方的经济损失；第三类违法行为的行为人承担行政或刑事责任。

《海底电缆管道保护规定》明确规定了对公务人员的犯罪行为依照《刑法》追究刑事责任，对私主体严重破坏海底电缆管道的违法行为的刑事责任尚未作出明确说明。《刑法》第一百一十八条和第一百二十四条针对破坏电力、燃气和公用电信设施的构成犯罪的行为提出应追究刑事责任，在我国司法实践中也有案件参考以上规定对破坏海底电缆和海底管道的违法行为予以刑事处罚。

2. 存在的主要问题

1）法律位阶低且制定时间早

《铺设海底电缆管道管理规定》由国务院颁布，属于行政法规，法律位阶低于《中华人民共和国宪法》和其他法律；《铺设海底电缆管道管理规定实施办法》（以下简称《实施办法》）由国家海洋局发布施行，《海底电缆管道保护规定》由国土资源部发布，二者属于部门规章，位阶更低一层。在法律适用过程中，一旦《实施办法》和《海底电缆管道保护规定》与其他法律法规产生冲突，由于其位阶较低，不能获得优先适用，难以对海底电缆管道进行有效的保护。

《铺设海底电缆管道管理规定》颁布于1989年，《实施办法》于1992年发布，《海底电缆管道保护规定》颁布于2004年。目前，仅《实施办法》正处于修订过程中，其他两项规定尚未进行系统修订。近年来，海底电缆管道发展速度明显提高，在通信、工业等领域的作用日渐突出，而用海活动也呈现出多样化、复杂化的特点。在海底电缆管道发展的过程中所产生的新问题，以及我国“一带一路”发展所提出的新要求，是早期制定时无法预见的。因此，以上规章在时间上可能难以有效规制海底电缆管道铺设与保护等相关行为，存在滞后性。

2）规定较为分散

《铺设海底电缆管道管理规定》及《实施办法》和《海底电缆管道保护规定》的具体条文均涉及了海底电缆管道的主管审批部门、所有者和其他用海主体，贯穿了审批、路由勘察、施工和维护等各阶段，因此，存在对同一事项作出重复规定的情形，使得规定分散重复，难以形成合力。例如，《铺设海底电缆管道管理规定》第十三条规定“从事海上各种活动的作业者，必须保护已铺设的海底电缆、管道。造成损害的应当依法赔偿”，而《海底电缆管道保护规定》第十五条规定“单位和个人造成海底电缆管道及附属保护设施损害的，应当依法承担赔偿责任”，以上两条规定均体现了造成海底电缆管道损害的主体应当承担赔偿责任，属于重复规定。

3）个别条款存在矛盾

《铺设海底电缆管道管理规定》及《实施办法》实施年份较早，未明确“保护区”的概念，而是使用了“海底电缆管道路由两侧各两海里（港内为两侧各一百米）范围”的说法。《海底电缆管道保护规定》第七条确定了保护区的范围，比《铺设海底电缆管道管理规定实施办法》中“从事可能危及海底电缆、管道安全和使用效能的作业的，应事先与所有者协商并报经主管机关批准”的范围要小，可以认为《铺设海底电缆管道管理规定实施办法》所规定的范围包含了保护区范围，因此在范围更小也更明确的保护区内，对违法行为的处罚力度理应更大，但是事实并非如此。《铺设海底电缆管道管理规定实施办法》第二十条规定，海上作业者“从事可能危及海底电缆、管道安全和使用效能的作业的”，罚款最高额度为5万元；而《海底电缆管道保护规定》第十八条对破坏了电缆管道的具体行为罚款最高额度仅为1万元，存在法条竞合。

4）处罚依据和标准模糊

《海底电缆管道保护规定》第十八条列举了保护区内海上作业者的4类违法行为，但是对于如何判断海上作业者从事违法行为、所依据的证据都没有规定，其中第4类违法行为“未采取有效防护措施而造成海底电缆管道及其附属保护设施损害的”表述模糊，实践中难以进行认定，处罚缺乏针对性，对于违法行为的情节也没有明确区分。《铺设海底电缆管道管理规定实施办法》第二十条规定对妨碍公务的行为应处以5万元以下罚款，但并未指明具体的妨碍公务行为；虽然将罚款金额划分成了4个档次，但是仅规定了罚款上限，对于具体违法行为的处罚金额，留下了过大的自由裁量空间。

5）处罚力度小

《海底电缆管道保护规定》第八条把海底电缆管道破坏行为和从事保护区内违禁行为的罚款金额上限定为1万元；《铺设海底电缆管道管理规定实施办法》中最高罚款金额为20万元；罚款金额较少且部分行为违法成本低于守法成本。以南海某海底电缆工程为例，不考虑其他因素，静态投资的单根单千米指标高达1930万元[9]，海底电缆损害所造成的直接维修成本和经济损失也非常高昂，最高20万元的罚款与海底电缆管道高昂的铺设和维修成本相差悬殊，无法深刻影响具有较强经济实力的违法主体。

此外，对于海底电缆管道的违法行为，我国的处罚方式以经济手段为主，表现为处以行政罚款和民事损害赔偿，关于海底电缆管道的法律法规未明确规定对于情节严重的承担刑事责任，《刑法》也缺乏具体的罪名对海底电缆管道的犯罪行为加以处罚。因此，是否追究刑事责任以及如何进行刑罚裁量缺乏明确的法律依据。司法实践中，对于追究刑事责任的案例屈指可数，且缺乏影响力。刑事手段的缺失，对潜在的违法者及其违法行为缺乏有效的震慑作用。

### 6.3.2 新西兰和澳大利亚海底电缆管道违法行为处罚经验

1. 立法现状

新西兰《海底电缆管道保护法1996》（*Submarine Cables and Pipelines Protection Act 1996*）于1996年正式生效，此后被纳入了1996年《领海及经济特区修正法》、2001年《电讯法》、2004年《海运修正法》、2008年《治安法》、2011年《刑事诉讼法》、2016年《最高法院法令》，最新版本于2016年修订。主要内容包括保护区的划定和保护区内的禁止性行为、各方主体的法律责任和违法行为的处理措施。

1997年澳大利亚颁布的《澳大利亚电信法》第二十四部分作为专章对海底电缆管道作出了规定，在附表3A中对海底电缆的管理作出了具体规定，通过程序性要求对所有者和施工者予以规制，着重以保护区制度强化对海底电缆的保护。

2. 违法处罚的规定

1）新西兰

《海底电缆管道保护法1996》中的处罚措施主要针对海底电缆管道施工和投入使用阶段违反程序要求、从事保护区内禁止性活动、造成海底电缆管道损害的行为，还规定了停用、废弃现有管道的程序，其特点如下。

Ⅰ. 主体

《海底电缆管道保护法1996》明确规定了适用主体，包括海底电缆管道所有者、施工作业者（船长和船东）及执法人员，并对其概念作出了清晰界定。以“海底电缆管道所有者”为例，法案第二条规定，海底电缆管道所有者以登记为准，特定情况下指承租人或临时负责人，未登记的以管理者为准，这样的规定使责任主体明确，能够在管理和执法的过程中减少法律适用过程中对于主体适格的争议。就行为主体而言，能够根据具体的法律规定，知悉合法的行为范式，有利于避免因主体不清而产生的违法行为，有利于相关海底电缆管道保护活动执行和实施。法案第十一条规定，对故意或过失导致船舶或船舶设施损害海底电缆或管道的处罚对象，是该船舶的船长或船东。该规定明确了船长或船东在用海过程中的责任，强调了其在用海活动中的注意义务。

Ⅱ. 处罚依据和标准

《海底电缆管道保护法1996》第二部分依次规定了违法者承担民事损害赔偿责任，以及废弃海底电缆管道应当遵守的程序要求和执法者权限。第十一条规定，对故意或过失损害海底电缆或管道的，处以250 000新加坡元以下的罚款；第十三条规定，在保护区内进行捕鱼作业、抛锚的行为，属于犯罪。法案严格禁止了保护区内的渔业行为，对于执法者作出了规定，明确了执法者有权扣押保护区内的捕鱼设备。

Ⅲ. 违法者的法律责任

《海底电缆管道保护法1996》包括了追究行为人的民事责任、行政责任和刑事责任。

法案第六条至第八条规定了对海底电缆或管道保护过程中的民事责任。例如，破坏海底电缆管道的行为人对电缆管道所有者进行损害赔偿；除了海底电缆所有者的其他人为了避免破坏电缆管道而造成财产损失，可以向电缆所有者主张经济赔偿。

行政责任包括用海行为人的责任和行政执法主体的权力范围。第九条规定，停止使用的电缆管道的所有者有通知义务，违反该项规定的处以5000新加坡元以下的罚款；第十八条至第二十三条明确了执法者的权力范围，即扣押保护区内的捕鱼设备、识别船只信息、获取文件和其他相关信息。

法案规定，严重的违法行为，认定为犯罪，追究行为人的刑事责任。除第十三条规定外，第十五条规定，对认定为犯罪的行为，处以不超过100 000新加坡元的罚款。法案对海底电缆管道的犯罪行为，以财产刑处罚为主。此外，该法案含有“减轻或免除责任”条款，第十一条第三款规定“如果被告人能证明对海底电缆或管道所造成的损害是在对船舶已经采取了一切合理预防措施以避免损害的情况下发生的，或是以挽救生命为唯一目的造成的，则对该项罪行的指控可以进行免责辩护”；第十四条第二款也规定“如果被告证明他已经采取了一切合理步骤来预防犯罪行为，则构成对第十三条罪行的抗辩”，体现了合理的免责事由。

违法者民事责任、行政责任和刑事责任的追究，具体体现在其处罚手段上，按照违法主体的不同，可以将法案中的违法行为分为海底电缆管道所有者的违法行为和其他用海者的破坏行为。依据其情节的严重程度和是否产生实害，作出相应的处罚，处罚手段以罚款为主，通过额度的不同加以区分。

2）澳大利亚

澳大利亚《电信法1997》（*Telecommunications Act 1997*）附表3A部分涉及的处罚规定主要是在保护区内从事违禁或限制行为、对海底电缆造成损坏、铺设海底电缆未按照法定程序所应承担的责任。

Ⅰ. 主体和内容

法案涉及海底电缆管道的所有者、施工者、执法者和运营商，第四十五条对求偿主体的资格也作出了具体要求。第四十九条规定了咨询委员会的人员可以有澳大利亚联邦、相关利益州、澳大利亚联邦或州的管理机构或部门、利益相关行业和组织集团。法案确认了各方的主体资格。

法案内容较为丰富，涉及了铺设前的环评、审批和铺设后的管理及保护区禁止性行为，基本涵盖了海底电缆管道的各个应用环节，立法完备，可以有效适用。

Ⅱ. 处罚依据和标准

《电信法1997》中的处罚规定细致，处罚依据和标准明确。法案明确列举了违法行为的范围，如第十条和第十一条分别规定了在保护区内被禁止和被限制的活动。法案也对责任人的范围进行了明确规定，如在行为人承担毁损海底电缆的责任外，第三十九条对损害了电缆管道的船舶的船长和所有者处以监禁十年和（或）600个处罚单位。法案规定了不同的处罚标准，如根据行为人的主观过错不同，对同一行为施以不同程度的处罚，第三十六条对故意损害海底电缆管道的行为人处以监禁十年和（或）600个处罚单位，第三十七条对过失损害电缆管道的行为人处以监禁三年和（或）180个处罚单位。法案也根据行为目的对处罚方式进行了分类，如第四十条对参与被禁止或被限制活动的行为人处以监禁五年和（或）300个处罚单位，第四十一条对违反第四十条是为了谋取商业利益的行为人处以监禁七年和（或）420个处罚单位，根据是否谋取商业利益，处罚力度不同。

### 6.3.3 国内外规定对比与经验借鉴

1. 在《刑法》中增设破坏海底电缆管道罪

《联合国海洋法公约》将破坏海底电缆管道的行为认定为国际犯罪。对于严重的海底电缆管道的违法行为，澳大利亚和新西兰都有相应的罪名并予以处罚。考虑到海底电缆在我国通信和能源中的作用日益显著，而我国现有的法律法规难以对海底电缆管道起到有效的保护作用，建议将国际犯罪内化，在《刑法》中增设破坏海底电缆管道罪，明确犯罪构成要件，并根据行为人故意或过失的主观构成要件确定合理的法定刑。

2. 为海底电缆管道保护立法

与澳大利亚、新西兰相关法律相比，我国用以海底电缆管道规制的法律位阶较低，且现有法律规范，尤其是1989年制定的《铺设海底电缆管道管理规定》，制定时间早，实施时间跨度长，很难在现阶段起到有效规制作用，而后制定的相关规定虽然对之前的规定进行了补充，但存在部分法条规制内容重叠的问题，法律适用的选择较为困难。所以，建议我国海底电缆管道主管部门整合现有法律规范，结合当下海底电缆管道的发展情况和未来发展预期，制定一部法律位阶较高的专门法律用以保护海底电缆管道。在违法处罚规定中，应细化处罚分类标准，完善处罚依据，对违法行为进行细致分类，并规定对损害程度的评判细则。

1）涉及电缆管道管理全过程

澳大利亚《电信法1997》就电缆管道铺设前的审批、铺设施工的程序要求和运营的管理保护均作出了规定，基本涵盖海底电缆管道保护的全过程，立法统一。《铺设海底电缆管道管理规定》《铺设海底电缆管道管理规定实施办法》《海底电缆管道保护规定》由于立法时间跨度较大，存在法律规定分散、法条竞合的问题，因此法律选择和适用不够明确。我国应当整合以上3项法规，并结合当下实际和未来发展预期，在立法中涵盖海底电缆管道铺设、管理的不同环节。

2）对违法行为分类

海底电缆管道的违法主体大致可分为海底电缆管道的所有者、施工者、区域内其他用海活动者和行政主体。对于行政主体的违法行为，可以根据行政法规予以行政处罚，不属于本法讨论的范围。

在违法行为的分类过程中，可以分为违反禁止性规定的行为和产生实害的行为。以《电信法1997》为例，违法行为分为“损害海底电缆”和“从事保护区内禁止性的行为”两类，对于破坏海底电缆管道的行为，又根据故意和过失的主观过错，设定不同的处罚。在海域内从事禁止性的行为，虽然没有对海底电缆管道造成损害，但是产生了造成损害的危险，对于此类行为应当采取以罚款为主的处罚手段。而由于从事该行为对海底电缆管道造成损害的，按照破坏海底电缆管道的类别予以处罚。

3）明确处罚标准

对于海底电缆管道违法行为的处罚，应当综合考虑违法主体的客观事实和主观结果，辩证明确海底电缆管道违法行为，此类违法行为，不仅包括海底管道铺设期间的非法施工、导致环境破坏等常规问题，更应当涉及在海底电缆管道建成后，该海域其他用海行为对其造成的损害。在划定处罚标准时，应当充分考虑违法主体的支付能力和处罚标准的预防犯罪的作用，使得执法主体根据事实作出处罚时可发挥自由裁量权，使立法不至于僵化。

4）加大处罚力度

危害海底电缆管道安全是最重要的海底电缆管道违法行为，对其罚款金额体现了各国对违法行为的处罚力度（表6.8）。通过对比可以发现，我国对海底电缆管道违法行为的处罚力度明显不足，对违法者难以产生有力威慑；此外，较低的违法成本反而会对违法主体产生非正向的激励——即只需要支付5万元，即可在保护区内从事禁止性的行为。因此建议根据目前我国的经济发展水平重新制定罚款金额，综合考虑铺设和维护电缆的成本、经济发展水平、违法行为的损害后果和行为人的经济能力，提高罚款金额，增加违法者的违法成本，以起到预防违法的作用。

表6.8　中国、新西兰、澳大利亚危害海底电缆管道安全行为罚款对比

| 国家 | 罚款金额上限（RMB） |
| --- | --- |
| 中国 | 50 000元 |
| 新西兰 | 约1 100 000元 |
| 澳大利亚 | 约497 161元 |

注：汇率参考2018年5月，1新加坡元≈ 4.4人民币；1澳元≈4.8人民币

5）适时修订相关法律法规

新西兰《海底电缆管道保护法》颁布于1996年5月，于1996年8月、2001年、2005年、2008年、2013年进行了修订，使得法案内容符合海底电缆管道发展和保护的需要，也符合海洋法和刑事诉讼法的要求，澳大利亚《电信法1997》中关于海底电缆管道的规定于2005年以修正案形式作出了系统的修订。近年来，随着科学技术的发展和日益密切的国际交往，海底电缆管道的发展迅速，且该趋势将长期保持下去。与此同时，在相应海域其他的用海活动也日益频繁，船舶通行、捕鱼作业或其他海底施工活动，对海底电缆管道的安全产生了威胁。建议在我国的立法活动中总结前期海底电缆管道保护过程中存在的问题和漏洞，结合当下发展和保护的需要，修订和完善海底电缆管道相关法律法规，使之符合建设海洋强国的目标。

### 6.3.4　结语

海底电缆管道已成为关系国家信息和能源安全的重要基础设施，其建设和保护不

仅需要科学技术的支撑，也需要法律法规构建良好的用海秩序。我国现行的法律较为滞后，需要修订和完善，以满足未来海底电缆管道发展的要求。本研究通过中外立法对比，梳理我国、澳大利亚和新西兰立法现状，总结国内外立法成果，提出建议，为我国海底电缆管道违法行为处罚规定的完善和未来立法工作提供参考。

### 参考文献


[1] 魏巍. 海底电缆工程海域使用动态监测技术探讨. 海洋开发与管理, 2013, 30(11): 19-21.

[2] 詹燕民. 海底电缆管道管理及预警系统研究与应用. 工程勘察, 2015, (8): 68-73.

[3] 蒋俊杰. 琼州海峡海底电缆铺设可行性研究. 中国海洋大学硕士学位论文, 2008.

[4] 李彦平, 刘大海. 基于海域空间资源配置的海底电缆管理与保护研究. 广东海洋大学学报, 2017, (5): 56-60.

[5] 张明慧, 林勇, 张宪文, 等. 我国海底电缆管道管理问题分析与对策建议. 海洋开发与管理, 2015, 32(10): 26-29.

[6] 张震, 唐伟, 段康泓, 等. 海洋石油天然气管道保护条例立法问题探究. 海洋开发与管理, 2015, 32(9): 40-44.

[7] 王赞. 破坏海底电缆管道罪国内法化研究. 学术论坛, 2013, (1): 111-115.

[8] 张文显. 法理学. 4版. 北京: 高等教育出版社, 2011: 142-150.

[9] 王欢林, 秦博, 张平朗. 500kV海底电缆工程造价结构及投资水平分析. 中国电业, 2014, (10): 118.


## 6.4　我国海底电缆管道管理与保护

海底电缆通常包括海底通信光缆和海底电力电缆，是跨海通信和电力传输的重要媒介。近年来，随着沿海地区社会经济的不断发展，海底电缆建设规模持续增大，主要体现为：①由于光纤技术的飞速发展和国际通信需求的持续增长，中国国际海底光缆建设规模与空间布局发生深刻变化，自20世纪90年代以来先后建成10余条海底光缆系统，对加强我国与世界各国的联系发挥了重要作用。2015年，发展改革委、外交部、商务部联合发布的《推动共建丝绸之路经济带和21世纪海上丝绸之路的愿景与行动》明确提出要“共同推进跨境光缆等通信干线网络建设，提高国际通信互联互通水平，畅通信息丝绸之路。加快推进双边跨境光缆等建设，规划建设洲际海底光缆项目……”。目前，“一带一路”倡议得到沿线国家积极响应，可预测在不久的将来我国国际海底通信光缆建设规模将继续增长，布局将更加完善。②我国东部沿海风能资源储量丰富，近年来海上风电因具有资源持续稳定、风速高、发电量大、不占用土地资源等优势得到大规模开发[1]，海上风电场数量不断增加，场址逐步向远海推进，有力拉动了海上风电场输电电缆的大规模铺设。③近年来，我国海岛开发的步伐加快，但目前海岛供电、通信等基础设施建设薄弱，海洋能和太阳能发电尚不成熟[2]，在未来海底电缆仍会是陆—岛电力联网和通信交流的重要手段，因此陆—岛海底电缆的应用将更加广泛。④在陆地油气日益枯竭的情况下，海上油气开采将成为未来化石燃料的主要来源之一，这将带动海上平台建设规模的持续扩大。受石油平台自带柴油发电机供电缺点的限制，海上石油平台供电将主要依赖陆上电力输送[3]，从而带动海底电缆建设规模同步增大。

与此同时，滨海旅游、海水养殖、港口航运、临海工业等海洋产业对海域空间的需求不断增长，导致近海海域空间供需日益紧张[4]。在此情况下，海底电缆建设规模扩大将进一步加剧近海海域的用海矛盾，导致海底电缆路由选取困难、海底电缆保护难度增大，并且还会使其他产业用海受到更多限制。此外，海底电缆的安全性直接决定电力和信息传输的可靠性，其故障对社会经济发展的影响范围广、修复困难大、持续时间长、经济损失重，尤其是国际海底通信光缆，其影响可能会扩展到全国范围。因此，保障海底电缆用海需求，保护海底电缆免受其他用海活动威胁，是海底电缆用海管理的重要内容之一。

目前，关于海底电缆管理与保护的研究多集中于海底电缆所面临的威胁及其应对措施。以往的研究表明，我国海底电缆的破坏主要由捕捞作业、船只抛锚等人为因素造成[5-7]，针对此问题，我国诸多专家学者开展海底电缆的管理与保护研究，主要集中于海底电缆保护立法[8, 9]与执法检查[10]以及优化和改进施工技术[11-13]等方面。海底电缆的安全问题同样也受到国际社会的普遍关注，国外学者更多关注海底电缆保护的法律制度和相关部门合作等，如Wagner[14]建议政府出台相关政策保护海底电缆，并认为《联合国海洋法公约》缔约方通过国内立法执行《联合国海洋法公约》中关于海底电缆的保护规定将显著提高海底电缆的安全性；Davenport[15]认为加强海底电缆与其他用海竞争者的平衡和调节是海底电缆保护的关键问题，首要任务是加强海底电缆所有者和政府间的磋商与合作；Coffen-Smout和Herbert[16]认为管理部门在海底电缆规划、管理与监管中透明稳定的跨部门流程非常有必要，而对国际海底电缆行业来说，其行业规定应与政府管理的制度相协调。

目前国内外为保护海底电缆所采取的措施在一定程度上能够提高海底电缆的安全性，但由于海上监管难度大、海洋开发利用技术不断提高，以上措施对海底电缆的保护效果依然有限。在此情况下，本研究基于海域空间资源配置的视角研究海底电缆管理与保护的方法，以期与其他管理和保护方法互为补充，有效减少海底电缆在运营过程中受到的人为破坏。

### 6.4.1 海底电缆用海现状

#### 1. 海底电缆功能区类型和海域使用分类

2002年的《全国海洋功能区划》设“海底管线区”（二级类），属“工程用海区”，指已埋（架）设或规划近期内埋（架）设海底管线的区域。2012年批准的《全国海洋功能区划（2011—2020年）》撤销了原区划中的“工程用海区”，原纳入其中的海底管线用海，原则上仅作为现状反映在海洋功能区划图件中，不再设专门的功能区，若确实排他使用海域、需要设立专门功能区的，归入“特殊利用区”中新设的“其他特殊利用区”。

此外，《海域使用分类体系》在海域使用类型体系中，设“电缆管道用海”（二级类），属“海底工程用海”；用海方式体系设“海底电缆管道”（二级类），属“其他方式”。

## 2. 海底电缆用海特点与存在问题

### 1）工程选址难度大

海底电缆路由选取要综合考虑海域水动力、海底地形地质等环境条件，港口、航运、捕捞、油气开采等海洋开发活动，以及当地海洋功能区划、沿海地区规划等因素的综合影响，并避开军事用海区域，这使海底电缆选取路由时不得不考虑众多因素影响，从而增加了海底电缆工程选址的难度。近年来，适宜海底电缆登陆的近岸段海域因具有优良的水深和腹地条件，往往发展成大型码头、临港工业区等，海底电缆不得不与航道、锚地或其他电缆管道交越，不仅增加了施工难度，还给其安全带来潜在威胁。

### 2）施工期涉及利益相关者多

海底电缆穿越距离长，邻近或直接穿越的用海项目多，施工期可能对其他用海项目产生直接影响，如海底电缆施工船的作业会影响船只进出港口、海上游乐场正常运营等，施工过程中产生的污泥会影响海水养殖等产业活动。不过由于海底电缆施工持续时间短，上述影响一般是短暂的[17]。

### 3）运营期对其他项目影响小、受威胁大

海底电缆铺设在海床上或埋设在海床下，正常运营期间对其他用海活动基本无影响。但海底电缆受其他活动影响较大，渔船作业、船只抛锚、港池疏浚、海砂开采等很容易造成海底电缆损坏。在海底电缆发展早期，各类海洋开发活动相对分散，海洋开发利用技术不先进，各类设备、设施的使用等对海底电缆的威胁较小。随着科技水平的不断提升，海洋开发利用活动对海底电缆的威胁不断增大，如渔业捕捞的拖网对海底电缆影响的深度不断增加，即使海底电缆埋深由之前的1m增加到3m，依然不能摆脱捕捞作业的威胁。

### 4）对保护区内用海活动限制较多、范围大

尽管海底电缆运营期对周围用海项目基本无影响，但对其用海类型、作业方式等限制较大。根据《海底电缆管道保护规定》，海底电缆保护区在沿海宽阔海域、海湾等狭窄海域及海港区的范围分别为海底电缆两侧500m、100m和50m，并且在海底电缆保护区内禁止从事挖沙、钻探、打桩等可能破坏海底电缆的海上活动，这就在较大范围内限制了许多海洋开发利用活动。此外，若多条海底电缆密集分布在同一海域，海底电缆的限制范围将进一步扩大。

### 5）海底电缆保护的执法难度大

海底电缆跨越距离长、数量多且隐藏在海底下，海上执法队伍很难直接追踪到海底电缆。同时，由于海面广阔、船只流动性强，执法队伍还面临电缆破坏后取证难的问题，所以虽然我国《海底电缆管道保护规定》针对毁坏海底电缆的行为规定了处罚措施，但目前尚无针对破坏海底电缆行为定罪、赔偿的案例。

### 6.4.2 产业用海矛盾与海域空间资源配置

微观经济学认为，资源相对于人类无穷的消费欲望而言总是有限的。由于近海海域资源优势显著，海水养殖、港口、滨海旅游等众多海洋产业集聚于此，即使海洋科技水平不断提高，海域资源在数量上的有限性和经济上的稀缺性依然无法改变，不同产业竞相争夺宝贵的海域资源，近海海洋产业用海矛盾愈来愈突出。

海底电缆在运营中面临渔业捕捞、船只抛锚、航道疏浚等诸多威胁，甚至通过海上执法监管依然难以解决，究其原因，是现有海域空间难以满足各类产业活动的用海需求。为追求自身利益，其他用海者侵占了海底电缆所使用的海域空间或在海底电缆保护区内开展法律明确禁止的作业活动。因此，海底电缆面临安全威胁的主要原因其实是海底电缆与其他用海活动争夺用海空间。

随着更多海洋产业布局在近海海域，海底电缆保护的难度将进一步增大。在此情况下，合理配置海域资源无疑是缓解海域资源紧缺的重要手段。海域资源配置，可以理解为将一定量的海域资源按照某种方式分配给不同的用海产业，以满足不同产业用海需求的过程。从全局角度来看，海域资源配置的最终目标是实现海域资源保值增值，还要最大程度实现国家作为海域所有权人的政治、经济、生态、文化等利益，并推动海域资源合理开发和可持续利用[18]。曹英志和王世福[19]将海域资源配置分为要素配置、空间配置和时间配置等3类，其中要素配置主要关注海洋产业结构的优化，空间配置主要关注海域资源的空间布局，时间配置主要关注特定用海活动的开发时序问题。由于海底电缆与其他用海活动之间的矛盾主要是争夺用海空间，因此本研究从海域空间资源配置的视角来探讨保障海底电缆用海需求和保护海底电缆的用海策略，主要从海底电缆空间布局、空间需求、海域空间使用等角度探索海底电缆空间布局的新方式，以期解决或缓解海底电缆与其他产业活动的用海矛盾，达到保护海底电缆、协调用海矛盾、实现海域集约节约利用的目的。

### 6.4.3 海底电缆用海策略

鉴于以上分析，本研究基于以下原则提出海底电缆的用海策略。

首要原则是保护海底电缆。鉴于海底电缆尤其是国际海底通信光缆在国民经济发展中占据重要地位，以及其故障影响范围广、修复困难大、持续时间长、维修费用高、造成经济损失严重等特点，在配置用海空间时，应优先满足重要海底电缆当前和未来的用海需求，在为其他用海活动分配用海空间时，还应注意避免给海底电缆造成威胁。

其次是尽量减少海底电缆对其他用海活动的限制。近海海洋开发利用活动密集，海底电缆保护区的相关规定对其他用海活动的限制较多，不利于其他用海活动的正常开展。因此，在满足海底电缆用海需求和正常运营的前提下，应通过合理布局、优化海底电缆路由选取方案，减少海底电缆的“限制范围”，保证用海活动有序开展。

最后是集约节约使用海域空间。近海海域往往集中铺设多条海底电缆，破坏了海域空间的连续性和完整性，造成海域空间碎片化，不利于开展大规模的海洋开发利用活动，容易造成海域资源闲置或浪费。因此在保证电缆安全和其他用海活动正常运行的前提下，应合理布局海底电缆，尽量减少碎片化区域的范围，实现海域集约节约使用。

1. 优化海底电缆空间布局

海底电缆保护区内禁止从事挖沙、钻探、打桩等可能破坏海底电缆的海上活动，使保护区内海洋开发利用活动受到较大限制。若某海域空间存在2条或2条以上的海底电缆，将对其他产业用海的影响范围进一步增大。

因此，在铺设多条海底电缆的海域如何既避免海底电缆之间的相互影响，又减少海底电缆对其他用海活动的影响范围，是海底电缆布局需考虑的关键问题。《德国波罗的海专属经济区空间规划》和《德国北海专属经济区空间规划》规定，新铺设海底电缆的路由应尽可能平行于已有电缆路由。我国海底电缆铺设管理制度未涉及此类规定，但《海底光缆工程设计规范》（GB/T 51154—2015）[20]规定了2条海底电缆之间的最短距离。因此，同一海域需铺设多条海底电缆时，首先应确保电缆之间保持最短距离，以保证海底电缆的建设和运营互不干扰；同时为减少对其他用海活动的限制、节约海域空间，应尽可能使电缆互相平行铺设。

2. 预留未来发展空间

海底电缆在未来有更大的建设需求，若近海海洋开发活动密集程度持续增大，新建海底电缆可能面临路由选取困难的境地。因此，基于国家社会经济发展长远考虑，可探索在近海海域设置海底电缆预留区，为未来海底电缆建设预留海底空间。预留区内应严格禁止某些对海底地貌产生较大改变的海洋作业活动，如海砂开采、填海造地、建设人工渔礁等；同时为了不造成海域资源闲置和浪费，预留区允许开展不对海底电缆未来建设造成影响的用海活动，但要求在海底电缆铺设前停止对预留区的使用。

预留区设置应科学规划和严格论证，保证预选海域的水动力、海底地形地质等环境条件满足海底电缆铺设的需求。此外，为加强与海洋功能区划的衔接，海底电缆预留区可并入特殊利用区。

3. 充分利用废弃海底电缆所占用空间

海底电缆被废弃后，一般会原地弃置或进行打捞回收。以海底光缆为例，其设计寿命为25年，但由于海底电缆破坏严重或信息传输能力落后，其使用寿命一般达不到25年，如我国已经废弃的中日海底光缆和中韩海底光缆的使用时间分别为13年和9年。废弃海底光缆被弃置在原地，将永久占用海域空间，对海洋开发活动产生较大影响。此外，随着近海海洋开发利用活动密集程度提高，新建海底电缆重新选择路由也会面临较大难度。

鉴于此，在废弃海底电缆路由处重新铺设新海底电缆不失为一种优选方案。尽管需要打捞起废弃海底电缆，但该方案有如下优势：①原海底电缆铺设前已进行路由勘察，所经过海域的海洋环境条件符合海底电缆建设要求，因此该方案能够大幅降低新建海底电缆路由选取的难度，节约路由勘察时间和投资；②原海底电缆的保护区内禁止或限制某些海洋开发利用活动，新建海底电缆在建设中可以不需要或较少考虑利益相关者的利益，从而节约时间和投资；③在原路由处新建海底电缆，还可以节约海域空间，避免海域空间闲置。

4. 层叠使用海域空间

在近年来的海域使用和管理实践中，海域立体确权逐渐成为海域使用管理探索的重要方向之一，不仅可以提高海域集约利用程度和海域利用效率，还能增加国家作为海域所有权人的收益[21]。对仅使用海域底土部分的海底电缆来说，这种探索更具实践意义，除了可以实现上述目标，还能够解决路由选取时不得不穿越某些已确权海域的难题。

在海域层叠使用的探索中，两种用海活动完全兼容比较困难，多数情况下是有条件兼容，如海底电缆通过航道、锚地时，对海底电缆埋深和航道、锚地的作业都要有严格规定。有条件兼容不仅意味着海底电缆和其他用海活动在建设、运营期间要受到限制，还意味着层叠用海的双方或多方面可能受到更多的影响甚至威胁。因此，海底电缆与其他项目层叠用海时，应严格论证，积极协调，严格规范双方或多方的海上作业活动，避免相互影响。

5. 寻求其他合理空间

近年来，我国陆—岛之间跨海大桥和海底隧道的建设步伐加快，但多数设施仅发挥了交通作用。2005年发展改革委发布的《城市电力电缆线路设计技术规定》（DL/T 5221—2016）就明确规定："电缆跨越河流宜利用城市交通桥梁、交通隧道等公共设施敷设"，其实跨海大桥和海底隧道也可以作为海底电缆的载体，这样不仅可以使海底电缆免受其他海洋开发利用活动的干扰，还能够有效节约海底电缆工程建设和维护费用。通过跨海大桥或海底隧道搭载电缆，可以实现多条电缆"集束"铺设，节省大量的空间，实现海域集约节约使用。在海底电缆威胁大、保护难的海域，也可以设计电缆专用海底隧道，保证线路安全可靠运行。此外，海底隧道和跨海大桥使用寿命最高可达100年以上，而海底电缆设计寿命为25年，采用海底隧道或跨海大桥作为电缆的载体，不仅能够在更换新电缆时继续使用原载体的空间，还可以节省旧海底电缆的打捞费用。近年来，跨海大桥或海底隧道搭载海底电缆有少数应用实例，例如，2010年建成的福建厦门翔安海底隧道是亚洲第一个借助海底隧道铺设的千伏海底电缆工程，在该工程中，海底电缆通道位于隧道的两条行车主洞中间。

利用跨海大桥和海底隧道搭载电缆是一种新的建设模式，具有安全、便捷、经济等多重优势。不过这种新模式对跨海大桥或海底隧道的建设提出了更高要求，海底电缆所有者应积极与跨海大桥或海底隧道所有者沟通协调，可承担部分建设费用和海域使用金，并在规划、设计、施工的各个环节加强研究，实现海上交通与通信、输电的共赢。

### 6.4.4 结语

海底电缆与其他用海活动的矛盾主要是争夺用海空间，这也是近海海域开发与管理不可避免的问题。本研究基于我国海底电缆管理保护和近海海域空间开发利用现状，从海域空间资源配置角度提出了优化海底电缆空间布局、预留未来发展空间、充分利用废弃海底电缆所占用空间、层叠使用海域空间和寻求其他合理空间等5种海底电缆用海策略，不仅可从根本上减少海底电缆在运营期所面临的威胁，还兼顾了其他产业用海的需求，有利于协调各行业用海矛盾，实现海域集约节约利用。

## 参考文献

[1] 赵锐. 中国海上风电产业发展主要问题及创新思路. 生态经济, 2013, (3): 97-101.

[2] 包乌兰托亚. 我国海岛地区产业发展现状与优化对策. 中国渔业经济, 2013, 31(2): 132-138.

[3] 宣羿. 海上石油平台供电策略研究与故障特性分析. 浙江大学硕士学位论文, 2016.

[4] 翟伟康, 张建辉. 全国海域使用现状分析及管理对策. 资源科学, 2013, 35(2): 405-411.

[5] 陈小玲, 叶银灿, 李冬. 东海国际海底光缆故障原因分析研究. 海洋工程, 2009, 27(4): 121-125.

[6] 张效龙, 徐家声. 海缆安全影响因素评述. 海岸工程, 2003, 22(2): 1-7.

[7] 裘忠良. 保护海底通信光缆的技术措施. 航海, 2015, (6): 62-68.

[8] 王赞. 破坏海底电缆、管道罪国内法化研究. 学术论坛, 2013, 36(1): 111-115.

[9] 杜晓君. 略论破坏海底电缆管道罪. 太平洋学报, 2009, 17(9): 13-17.

[10] 王秀卫. 论南海海底电缆保护机制之完善. 海洋开发与管理, 2016, 33(9): 3-8.

[11] 袁峰, 查苗, 张鹏杨. 海底光缆的船锚威胁及其防护措施. 光纤与电缆及其应用技术, 2015, (6): 26-29.

[12] 程志远. 海底电缆抛石保护层抗锚害能力的理论与试验研究. 华中科技大学博士学位论文, 2013.

[13] 王裕霜. 500kV海底电缆后续抛石保护工程建设. 电力建设, 2012, 33(8): 116-118.

[14] Wagner E. Submarine cables and protections provided by the law of the sea. Marine Policy, 1995, 19(2): 127-136.

[15] Davenport T. Submarine communications cables and law of the sea: problems in law and practice. Ocean Development & International Law, 2012, 43(3): 201-242.

[16] Coffen-Smout S, Herbert G J. Submarine cables: a challenge for ocean management. Marine Policy, 2000, 24(6): 441-448.

[17] 张震. 海底缆线工程对海洋环境的影响及对策研究. 中国海洋大学硕士学位论文, 2015.

[18] 曹英志. 海域资源配置方法研究. 中国海洋大学博士学位论文, 2014.

[19] 曹英志, 王世福. 我国海域资源配置基本类型探析. 前沿, 2014, (Z2): 97-98.

[20] 中国移动通信集团设计院有限公司. 海底光缆工程设计规范(GB/T 51154—2015). 北京: 中国计划出版社, 2016.

[21] 赵梦, 岳奇, 徐伟, 等. 海域立体确权可行性研究. 海洋开发与管理, 2016, 33(7): 70-73, 117.

# 6.5　海洋沉积物修复

海洋沉积物是海洋底部堆积的不同性质和来源的生物或矿物的碎屑物质[1]，面积约为3.5亿km$^2$，是地球上面积最大的覆盖层，构成了地球空间覆盖中最大的单一生态系统[2]，在全球生物地球化学循环中占有重要地位[3, 4]，与人类社会生活也息息相关。本研究针对新出现的海洋沉积物污染问题进行了初步研究，并对其进展和发展方向进行探索，以期为该问题的预防和解决提供借鉴。

### 6.5.1　我国海洋沉积物及污染概况

近年来我国城市化、工业化快速发展，排入海洋中的污染物日益增多，对海洋生态系统造成了巨大的威胁。据统计，2015年我国典型海洋生态系统86%处于亚健康和不健康状态[5]，近岸海域环境污染形势严峻。更为严重的是，在海洋沉积作用下，污染物最终在海洋沉积物中富集，使其成为地球上藏污纳垢的最终场所。例如，2011年6月隶属于康菲公司的蓬莱19-3油田发生的两起重大溢油事故，不仅造成6200km$^2$的海域海水污染，还致使1600km$^2$沉积物污染，沉积物中石油类含量最大超标71倍，影响范围涉及辽宁、河北、天津、山东等多个省（区、市）。

海洋沉积物一旦遭受污染，将直接导致生态环境的恶化，威胁海底生物的生存。此外，由于沉积物与底层海水之间的交换作用，还存在对海洋产生二次污染的潜在危险[6]。沉积物能够累积各种有毒有害物质，其由于具有毒性且在生物体内累积，能够引起严重的生态问题[7]。近年来，由于珠江口海域沉积物中铜的含量升高，中华白海豚死亡数量逐年增加，2006～2015年有记录的年均死亡数近14头，整体生存状况堪忧。因此，在日益重视海洋生态环境问题的同时，不可忽视海洋沉积物所遭受或面临的污染。根据《中国海洋环境状况公报》，近年来我国管辖海域沉积物质量状况总体良好。但不可忽视的是，由于陆源污染物的大量排海，各入海排污口及邻近海域的沉积物遭受严重污染（表6.9），排污口沉积物质量不达标（排污口邻近海域沉积物质量不能满足所在海洋功能区沉积物质量要求）的约占1/3，且主要污染物种类由2010年的3类增加到2015年的7类。

表6.9　2010～2015年入海排污口海洋沉积物监测数据

| 年份 | 入海排污口/个 | 不达标排污口/个 | 海洋沉积物主要污染物 |
|---|---|---|---|
| 2010 | 100 | 36 | 铜、石油类和镉 |
| 2011 | 86 | 30 | 石油类、铜和铬 |
| 2012 | 84 | 25 | 石油类、镉、汞和粪大肠菌群 |
| 2013 | 91 | 32 | 石油类、镉、铜、铅和粪大肠菌群 |
| 2014 | 94 | 31 | 石油类、铜、铬、汞、镉、硫化物和粪大肠菌群 |
| 2015 | 93 | 32 | 石油类、铜、铬、汞、镉、硫化物和粪大肠菌群 |

### 6.5.2　海洋沉积物污染修复方法

目前，沉积物修复技术尚在发展中，尤其是国内海洋沉积物污染治理尚无大规模、常态化工程案例。本研究总结归纳了淡水、海水沉积物及部分土壤修复的技术方法，并对其进行海洋适用性探讨，以期为海洋沉积物修复提供借鉴和思路。

沉积物修复按修复地点可分为原位修复和异位修复，按修复机理可分为物理修复、化学修复、生物修复等。本研究主要从修复机理方面概述沉积物修复技术方法。

1. 物理修复

物理修复通常采用工程技术，直接或间接消除沉积物中的污染物[8]，一般包括覆盖修复、疏浚修复和底泥曝气修复等。

1）覆盖修复

覆盖修复的原理是利用覆盖材料物理性地将污染的沉积物与上覆水体隔离，以阻止其再悬浮或迁移，减少沉积物中污染物的释放通量。传统意义上的覆盖修复大多使用无污染的中性材料，如沙子、淤泥、黏土或碎石片等，并已经在河道、近海、河口区域开展过大规模工程化应用，例如，Kihama湖（细沙）和Akanoi海湾（细沙）、Eagle海湾（沙性沉积物）、Denny海湾（沙性沉积物）、塔科马港（沙性沉积物）、Sheboygan河（含石块的沙层）、Manistique河（塑料衬垫）、Stlawren河（沙、砂砾、砾石）、Hamilton海港（沙子）、Eitrheim海湾（土工织物和篾筐）等在20世纪90年代都有采用覆盖法治理沉积物污染的工程实例[9]。而近年来新发展的利用活性炭或含活性炭的材料作为覆盖层，除了能够隔离污染物，还能主动吸附污染物，更有效地防止污染物释放到水体中或被海底生物吸收。该技术将活性炭单独或与沙、土等材料混合，作为薄覆盖层覆盖在沉积物上方，修复对象基本集中在有机污染物上[10, 13]。2011年，Cornelissen等[14]在挪威特隆赫姆港通过现场试验研究了不同覆盖层对PAHs污染沉积物的吸附效果，发现“活性炭+黏土”作为覆盖层对PAHs的吸收量达60%。

采用覆盖法修复海洋沉积物污染，尽管操作简单，可以进行大规模应用，但由于该方法对底栖生物活动干扰很大，且污染物依然存在于海洋系统中，因此该方法非长久之计。

2）疏浚修复

疏浚修复，或称挖泥修复，一般采用机械方法直接将污染源清除。国内海洋沉积物疏浚一般限于港池和航道，且主要目的是改善船舶通航条件，而河流、湖泊、水库等内陆水体底泥疏浚已有大规模的使用，如天津临港经济区为减轻渤海近岸污染，2015年投入2.19亿元启动大沽排污河综合整治工程，包括河道底泥的疏浚清淤和异地深化处理等流程，至2016年6月，大沽排污河综合整治工程完成90%。

疏浚修复费用高，但能够通过转移快速减少污染物的含量，多用于沉积物遭受严重污染的情况，由于对沉积物中的生物群落及其功能影响较大，一般需要联合其他修复技术才能达到修复目的。

3）底泥曝气修复

底泥曝气与常规水体曝气技术相似，通过向沉积物中人工增氧，控制沉积物中含N、P、$H_2S$等污染物的释放。底泥曝气不仅能提高沉积物或底层水体中溶解氧的含量，还能形成由水体底部到表层的水流，将营养盐从底部带到中上部水体。目前，底泥曝气技术仅在河流沉积物修复中有相关研究，例如，李大鹏等[15]研究发现底泥曝气有利于降低河道底泥中的高锰酸盐指数，并使其在较长时间内保持较低水平，对总磷的去除效果最佳；刘波等[16]通过试验研究发现，底泥曝气对消除河道中的含氮污染物的作用明显。

尽管底泥曝气在海洋沉积物修复中尚无应用实例，但考虑到某些海域沉积物营养盐、硫化物等污染严重，且海水、淡水曝气技术已广泛应用，因此通过底泥曝气改善海水水体及底层沉积物质量具有一定可行性。

4）物理修复技术的海洋适用性

物理修复技术在修复工程量大、污染严重的海域具有显著优势。例如，在港池、航道、油气开采区等重污染海域进行疏浚修复，可以在短时间内移除污染物。此外，辅以含活性炭等新型材料的“覆盖+吸附”模式，配合疏浚工程，可进一步提高污染物的去除效果。由于对海底生物生活环境影响极大，覆盖和疏浚工程适用于沉积物遭受严重污染的海域。而底泥曝气修复在海水养殖区有较大的应用潜力，能够有效解决底泥中营养物质过剩引起的海底缺氧问题。

### 2. 化学修复

化学修复是指向沉积物中加入化学试剂，使其与污染物发生氧化、还原、沉淀、聚合等反应，使污染物分离出来或降解转化成低毒甚至无毒的化学状态[17]。

沉积物化学修复技术投放剂量难以控制，有的试剂还会造成水体和沉积物二次污染，因此一般只做应急措施，到目前为止在海洋沉积物修复中很少有应用。在土壤或河道污泥治理中，化学修复技术的应用相对成熟，包括淋洗法、底泥固定法、电动修复法、玻璃化法等。

1）淋洗法

淋洗法可以分为原位淋洗和异位淋洗，其中原位淋洗一般是将淋洗剂掺入或注入沉积物中，促使污染物溶出，然后将含有污染物的溶液抽出，进行深度处理。该方法关键在于高效淋洗剂的使用，常用的主要有酸、碱、表面活性剂、植物油和EDTA络合剂等[18]。

目前，淋洗法主要应用于土壤和河流底泥等的修复，操作方便，效率高，可以处理重金属、石油类及持久性有机污染物等多类污染物[19]。国外已发展到工程应用阶段，我国尚无应用实例，基本处于研究阶段。据报道，在实验室条件下利用极强氧化性的羟基自由基与过硫酸盐作为氧化剂，对河流有机污染物和重金属进行异位淋洗，8h即可把河流除臭，并可将80%的有机污染物去除[20]。

2）底泥固定法

底泥固定法是指向底泥中投加化学固定剂，如氯化铁、硫酸铝、氯化钙等，产生絮凝沉淀作用，使污染物固定在底泥中。采用底泥固定法，沉积物依然保留在底泥中，很可能因底泥环境变化而进入水体，因此常需要联合采用疏浚法一起彻底清除污染物。该方法常用于修复景观水体底泥污染，但由于固定剂可能污染水体，使用风险较大[21]。

3）电动修复法

电动修复技术是通过在污染沉积物介质上施加直流电压形成电场，以驱使介质中带电荷的污染物向反向电极定向迁移，并通过对溶液收集和处理，减少沉积物中的污染物[22]。电动修复法最早用来去除土壤中的污染物[23]，目前可修复的污染物主要包括重金属、放射性物质、毒性阴离子、重质非水相液体、氰化物、石油系碳氢化合物、爆炸性物质、混合有机离子化污染物、卤化碳氢化合物、非卤化有机污染物、多环芳烃等[24]。

目前，电动修复技术在国外土壤修复实践中已有为数不多的工程案例，国内尚无成功工程应用案例，但近年来我国电动修复土壤的研究已取得了阶段性突破[25]。在海洋沉积物的电动修复方面，国内暂没有相关研究，国外仅在实验室条件下研究了不同因素（如通电电压、电流、电极区域溶液、络合剂、通电时间等）[26, 27]对沉积物样品中重金属的电动修复效果的影响。

4）玻璃化法

玻璃化法一般用于疏浚底泥或修复有机污染物或重金属污染的土壤，对底泥或土壤进行高温处理（1600～2000℃），使有机污染物或部分无机物挥发或热解去除，重金属及其他物质被固定化[28]。玻璃化法最早于20世纪80年代在美国应用，90年代后，在美国、日本和欧洲等地区持久性有毒污染物（PTS）污染底泥修复中得到广泛应用。玻璃化法修复效果好，但极易对环境造成二次污染，因此需谨慎使用[29]。

5）化学修复技术的海洋适用性

化学修复是一种高效的修复方式，但化学试剂选用或使用不当，很容易引起水体二次污染，因此应谨慎应用。目前国内研究相对较少，今后高效、无污染的试剂研发将是化学修复技术的重要课题之一。

### 3. 生物修复

生物修复是指利用生物体的代谢活动将存在于沉积物中的污染物降解为$CO_2$和$H_2O$或其他无毒无害的物质，从而恢复沉积物正常的生态环境。生物修复按主体可分为微生物修复、植物修复、植物-微生物联合修复等。

1）植物修复

植物修复指利用植物对污染物的忍耐性和超量累积特性，吸收、分解、转化或固定沉积物中的有害污染物的技术，以达到部分或完全修复的目的[30]，一般通过以下3种途径实现：一是直接吸收污染物，并将其转运到植物其他部位或分解成非毒性产物；二是通过根系分泌物（包括酶），与污染物发生生化反应以降解污染物；三是通过植物与根际微生物联合作用降解污染物[31]。植物修复适用于污染范围广、污染物浓度低的区域，用于修复的植物有藻类植物、草本植物、木本植物等[32]。

目前，河道、湖泊等陆地水体沉积物植物修复的研究比较成熟，如利用黑麦草、高羊茅草、玉米修复河道底泥有机污染物[33]，利用柳树和西洋接骨木修复受污染的疏浚底泥[31]。海洋沉积物植物修复技术的研究与实践基本限于潮间带或湿地，研究发现生长在潮间带的红树植物对重金属、营养盐和有机污染物有较好的耐受性，能够通过根系吸收富集污染物，达到修复目的[34]。

利用植物的耐受性和富集性修复沉积物污染，具有成本低、易操作、环境干扰小等优势，但也存在一定缺陷，如针对不同污染情况需要选用不同生物，只适用处理轻度污染的情况，修复速度较慢，累积植物的再处理技术复杂等。

2）微生物修复

微生物修复指利用沉积物环境中的土著微生物或人工培养的功能微生物群，通过创造适宜的环境条件，促进其代谢，从而降解或消除污染物的修复技术。目前微生物修复技术主要包括3方面的内容：一是利用沉积物中土著微生物代谢能力的技术，二是活化土著微生物分解能力的方法，三是利用实验室培养特定微生物来分解难降解的化合物的方法。

微生物修复最早应用于海洋溢油处理，随后在土壤、沉积物有机污染物的修复中得到广泛应用，并扩展到无机污染物的修复。微生物主要通过两种途径修复有机污染物：一是通过分泌胞外酶降解污染物；二是将污染物吸收，通过胞内酶降解。微生物修复重金属污染的原理主要包括生物富集和生物转化。前者指微生物通过胞外络合、沉淀以及胞内积累等途径将重金属富集在体内，以减少沉积物中的重金属含量；后者指微生物通过生物氧化和还原、甲基化与去甲基化以及重金属的溶解和有机络合配位降解转化重金属[35]。

微生物修复在海洋沉积物污染治理中的研究或应用一般见于石油类污染物的修复。例如，陈小睿[36]从入海口沉积物中分离出石油烃降解菌进行模拟修复试验，发现添加鼠李糖脂、添加无机营养盐、接种高效混合菌剂及同时添加无机营养盐和接种高效混合菌剂对沉积物中石油烃的降解率分别为62.66%、69.92%、64.79%和79.02%。王丽娜[37]从近海筛选出长期受石油污染的区域的高效石油烃降解菌株，从实验室到现场进行了完整的微生物修复试验，对比了不同环境条件下降解菌的降解效果，发现表面活性剂菌株Bbai-1和营养盐实验池中的降解菌降解效果最佳。同时，在滩涂和海底现场试验中发现，利用沸石吸附微生物修复菌剂再进行现场投放的方法具有良好的可操作性。

3）植物-微生物联合修复

植物-微生物联合修复指植物与某些特定微生物协同作用，吸收和降解沉积物中的污染物，达到修复目的。植物根系能够为微生物生长提供碳源、氮源及生活场所，并通过根系分泌物提高微生物对污染物的降解活性。同时，微生物对污染物的降解，能够有效促进植物生长，从而相互作用促进污染物的降解和转化。

植物-微生物联合修复技术在土壤修复中的研究和应用较为广泛，在滩涂或潮间带地区有翅碱蓬、红树等植物与微生物联合修复的研究。例如，高世珍[38]通过研究潮间带地区翅碱蓬和多氯联苯（PCBs）特异降解菌对多氯联苯污染沉积物的联合修复发现，种植翅碱蓬可能显著提高根系微生物数量，促进PCBs的降解。

4）生物修复技术的海洋适用性

生物修复是一种生态环保型的修复方式，目前在海底区域尚无研究或应用实例，由于生物修复缓慢且生物对污染物的耐性有一定限值，因此该方法仅适用于轻微污染的情况。在未来，培育大型海底藻类植物、选育高效降解菌、研究转基因植物或微生物等将是生物修复技术发展的有效途径。

### 6.5.3 海洋沉积物修复技术发展方向展望

近岸海域是海洋事业发展的宝贵空间，作为海洋生态修复的重要组成部分，未来近岸海洋沉积物具有重大的修复需求，其修复技术和工程应用也面临考验。基于此，本研究从以下几方面对我国海洋沉积物修复的发展方向进行初探。

1. 修复技术从研究走向工程应用

目前，我国沿海地区经济社会发展高度依赖海洋，海洋环境对我国海洋强国建设和经济可持续发展的重要性不言而喻，未来海洋开发利用必须对海洋生态系统实施有效保护和积极修复。海洋沉积物修复研究在国内外已开展多年，目前能达到实际应用的成熟技术很少。2015年，国家海洋局提出实施“蓝色海湾”综合治理工程，利用污染防治、生态修复等多种手段改善16个污染严重的重点海湾和50个沿海城市毗邻重点小海湾的生态环境质量。作为海洋生态的重要组成部分，海洋沉积物修复也将会是海湾治理的重要工作之一，因此未来海洋沉积物修复的首要任务是加强沉积物污染机理、修复技术的研究，如海底污染物的迁移、扩散和沉积规律以及污染物消除机理等，着力推进修复技术在工程实践中的应用，保证修复技术安全、有效，并降低修复费用。

2. 修复工程实现大型化和规模化

由于海水流动性强，污染物在海水中扩散范围广，使海水及底部沉积物污染面积扩大。尤其是近岸的海湾、河流入海口及人类活动密集的地区，海洋沉积物污染通常比较严重且分布较为广泛。据“我国近海海洋综合调查与评价”专项调查成果，我国仅海湾面积就达27 760.58km$^2$[39]，其污染修复挑战巨大。因此，海洋沉积物还面临着修复面积广、修复工作量大的难题，这要求修复工程一定要实现大型化和规模化，提高修复效率，缩短修复时间。

3. 推动联合修复技术的应用

海洋沉积物污染修复实践表明，常规的单一修复技术很难从根本上有效解决沉积物污染问题，一般来说物理修复方法见效快但投入费用高，化学修复方法效果显著但容易造成二次污染，生物修复方法成本低、无污染，但见效慢。因此，在物理、化学及生物等各个方向进行深入研究的同时，还应有效利用各类修复方法的优势，扬长避短，提高修复效率和效果。同时，由于沉积物中通常多种污染物并存，采用联合修复技术还能够达到同时有效消除多种污染物的目的。

联合修复技术将应用物理、化学和生物修复技术，应解决两个关键问题：一是要研究有效化学试剂或高效降解菌，二是要保证污染物能够充分参与反应。除此之外，多种技术的高效聚合方式也是应解决的重要问题之一。

#### 4. 严格控制二次污染

大量研究和实践表明，传统的物理、化学修复方法常会造成沉积物或海水水体的二次污染。例如，采用淋洗法或底泥固定法，化学淋洗剂、固定剂等可能会直接污染海水环境；采用覆盖法，沉积物再悬浮导致污染物扩散到水体中会造成环境再次污染；采用疏浚修复，疏浚沉积物的再处理不当，也容易造成二次污染等。因此，未来海洋沉积物修复技术的研究和应用要标本兼治，既达到沉积物修复目的，又不影响其他生态系统的环境质量。

### 6.5.4　结语

海洋沉积物污染往往来自海水污染，同时又反作用于海水环境，且一旦遭受严重污染，将逐渐导致海洋环境服务功能和可持续利用功能衰退。由于海底生态系统自我修复能力较差，再加上近年来陆源污染物排海及海上船舶航行、油气开采等引起的溢油问题突出，海洋沉积物质量面临形势日益严峻。因此，现阶段加快发展高效、无污染的修复技术具有重要的生态、社会和经济意义。

我国修复技术与发达国家相比尚有一定差距，在未来应着力推进修复技术实现“实用化、大型化、规模化”，以缓解近岸海域承受的环境压力。此外，在探讨加快发展修复技术的同时，更应从源头对排海污染物进行预防和治理，以降低沉积物修复的难度与压力。

## 参考文献

[1] 陈锡康. 气象与海洋. 北京: 农业出版社, 1983: 191-197.

[2] Snelgrove P V R. The importance of marine sediment biodiversity in ecosystem processes. Ambio, 1997, 26(8): 578-583.

[3] 宋金明. 海洋沉积物中的生物种群在生源物质循环中的功能. 海洋科学, 2000, 24(4): 22-26.

[4] 李学刚, 宋金明. 海洋沉积物中碳的来源、迁移和转化. 海洋科学集刊, 2004, (46): 106-117.

[5] 新华社. 国家海洋局: 我国典型海洋生态系统86%处于亚健康和不健康状态. (2016-04-09)[2016-07-31]. http://news.xinhuanet.com/energy/2016-04/09/c_1118574094.htm.

[6] 李任伟. 沉积物污染和环境沉积学. 地球科学进展, 1998, 13(4): 398-402.

[7] Morillo J, Usero J, Rojas R. Fractionation of metals and As in sediments from a biosphere reserve (Odiel salt marshes) affected by acidic mine drainage. Environmental Monitoring and Assessment, 2008, 139(1): 329-337.

[8] 李明明, 甘敏, 朱建裕, 等. 河流重金属污染底泥的修复技术研究进展. 有色金属科学与工程, 2012, 3(1): 67-71.

[9] 宁寻安, 陈文松, 李萍, 等. 污染底泥修复治理技术研究进展. 环境科学与技术, 2006, 29(9): 100-102.

[10] 韩丹, 张清, 刘希涛, 等. 活性炭固定沉积物中HCHs和DDTs的研究. 环境工程学报, 2011, 5(5): 1008-1014.

[11] 孟晓东. 炭质吸附剂原位治理污染底泥技术研究. 北京交通大学硕士学位论文, 2016.

[12] Werner D, Ghosh U, Luthy R G. Modeling polychlorinated biphenyl mass transfer after amendment of contaminated sediment with activated carbon. Environmental Science & Technology, 2006, 40(13): 4211-4218.

[13] Patmont C R, Ghosh U, Larosa P, et al. In situ sediment treatment using activated carbon: a demonstrated sediment cleanup technology. Integrated Environmental Assessment & Management, 2015, 11(2): 195-207.

[14] Cornelissen G, Kruså M E, Breedveld G D, et al. Remediation of contaminated marine sediment using thin-layer capping with activated carbon: a field experiment in Trondheim harbor, Norway. Environmental Science & Technology, 2011, 45(14): 6110-6116.

[15] 李大鹏, 黄勇, 李伟光. 底泥曝气改善城市河流水质的研究. 中国给水排水, 2007, 23(5): 22-25.

[16] 刘波, 王国祥, 王风贺, 等. 不同曝气方式对城市重污染河道水体氮素迁移与转化的影响. 环境科学, 2011, 32(10): 2971-2978.

[17] 张丹. 城市河道底泥化学修复的探索与研究. 天津大学硕士学位论文, 2009.

[18] 曹金清, 王峥, 王朝旭, 等. 污染水体底泥治理技术研究进展. 环境科学与管理, 2007, 32(7): 106-109.

[19] 商丹丹. 化学淋洗方法处理城市河道污染底泥试验研究. 哈尔滨工业大学硕士学位论文, 2013.

[20] 中国新闻网. 香港学者研发河流沉积物修复技术可净水除有机物. (2014-08-21)[2016-07-31]. http://hm.people.com.cn/n/2014/0821/c230533-25511307.html.

[21] 彭祺, 郑金秀, 涂依, 等. 污染底泥修复研究探讨. 环境科学与技术, 2007, 30(2): 103-106.

[22] 杨长明, 李建华, 仓龙. 城市污泥重金属电动修复技术与应用研究进展. 净水技术, 2008, 27(4): 1-4.

[23] 陆小成, 陈露洪, 徐泉, 等. 污染土壤电动修复. 环境科学, 2004, (S1): 89-91.

[24] 张兴, 朱琨, 李丽. 污染土壤电动法修复技术研究进展及其前景. 环境科学与管理, 2008, 33(2): 64-68.

[25] 中华人民共和国国土资源部. 电动修复重金属污染土壤技术取得突破. (2015-03-02)[2016-07-31]. http://www.mlr.gov.cn/xwdt/jrxw/201503/t20150302_1344136.htm.

[26] Iannelli R, Masi M, Ceccarini A, et al. Electrokinetic remediation of metal-polluted marine sediments: experimental investigation for plant design. Electrochimica Acta, 2015, 181: 146-159.

[27] Masi M, Iannelli R, Losito G. Ligand-enhanced electrokinetic remediation of metal-contaminated marine sediments with high acid buffering capacity. Environmental Science & Pollution Research, 2015, 23(11): 10566-10576.

[28] 李立欣, 战友. 河湖底泥修复技术的研究进展. 黑龙江环境通报, 2008, 32(4): 27-29.

[29] 籍国东, 倪晋仁, 孙铁珩. 持久性有毒物污染底泥修复技术进展. 生态学杂志, 2004, 23(4): 118-121.

[30] USEPA. Introduction to Phytoremediation. EPA/600/R-99/107, Washington D. C., 2000.

[31] 汪家权, 陈晨, 郑志侠. 沉积物中重金属植物修复技术研究进展. 现代农业科技, 2013, (2): 224-226.

[32] 李思聪. 不同植物对典型重金属污染沉积物的修复及效果评价. 天津大学硕士学位论文, 2014.

[33] 李东梅. 植物对城市排污河典型有机物污染沉积物的修复研究. 天津大学硕士学位论文, 2012.

[34] 孟范平, 刘宇, 王震宇. 海水污染植物修复的研究与应用. 海洋环境科学, 2009, 28(5): 588-593.

[35] 刘志培, 刘双江. 我国污染土壤生物修复技术的发展及现状. 生物工程学报, 2015, 31(6): 901-916.

[36] 陈小睿. 胶州湾石油污染底泥的模拟微生物原位修复技术研究. 中国海洋大学硕士学位论文, 2007.

[37] 王丽娜. 海洋近岸溢油污染微生物修复技术的应用基础研究. 中国海洋大学博士学位论文, 2013.

[38] 高世珍. 植物微生物联合修复多氯联苯污染沉积物的初步研究. 内蒙古农业大学硕士学位论文, 2010.
[39] 张云, 张英佳, 景昕蒂, 等. 我国海湾海域使用的基本状况. 海洋环境科学, 2012, (5): 755-757.

## 6.6　海洋生态补偿概念内涵研究与制度设计

海洋生态补偿是在海洋资源开发利用中协同保护海洋生态的重要手段，是海洋生态文明建设的必经之路。从经济学角度看，海洋生态补偿制度的目的在于通过制度创新实现生态保护外部性的内部化[1, 2]，解决好生态产品这一特殊公共产品消费中的“搭便车”问题，即以效率作为终极价值目标，侧重围绕效率克服海洋环境外部不经济性、解决海洋环境问题；从生态学角度看，海洋生态系统在实现物质转换、能量流动和信息传递等功能的过程中，为人类提供了食品生产、气候调节、水质净化等服务[3, 4]，其服务与功能使人们逐渐认识到海洋生态补偿的重要性[5]。

然而，目前“海洋生态补偿”未有权威定义，整体逻辑体系尚不健全，且有关海洋生态补偿的内容分散于多部法律法规和规范文件，严重阻碍了我国海洋生态补偿制度的有效实施，主要表现为两个方面：①学者、政府观点各异，且对海洋生态补偿的定义多限于宏观层面，缺少针对海洋生态补偿的细化研究；②涉及海洋领域生态补偿的规定出自多门，相互交叉重叠，影响了海洋生态补偿机制作用的发挥。

针对以上问题，本研究拟从海洋生态补偿的特殊性与复杂性入手，深入挖掘海洋生态补偿的理论内涵，对其概念进行明确界定，并探讨分析目前涉及海洋领域的生态补偿相关制度之间的区别，提出建立系统的海洋生态补偿制度相关建议，以期对制定与实施海洋生态补偿制度有所助益。

### 6.6.1　问题分析

海洋生态补偿研究源于生态补偿。要分析我国海洋生态补偿存在的问题，可从生态补偿研究入手。具体来看，在学术研究层面，由于问题本身的复杂性及研究重点不同，学者对生态补偿的定义多限于宏观层面，且存在概念不明、关系不清等问题；在具体实践层面，我国对建立生态补偿机制已经进行了有益的探索和实践，但涉及海洋领域生态补偿的规定中，因管理的需要对海洋生态补偿的定义范围过于狭窄。

1）学术研究层面

张诚谦[6, 7]在1987年最早提出生态学意义上的生态补偿，强调通过人为干预修复生态系统，以维持其动态平衡。到20世纪90年代，有学者指出生态补偿即生态环境损害者付出赔偿[8]。自此生态补偿被赋予了社会经济层面的意义。

随后，生态补偿的内涵被不断拓展，较有代表性的表述包括：洪尚群等[9]认为生态补偿是一种保护资源环境的经济手段，并将生态补偿机制视为调动生态建设积极性与促进环境保护的利益驱动机制、激励机制和协调机制；王金南等[10]从环境管理的角度定义，认为生态补偿应是一种以保护生态服务功能、促进人与自然和谐相处为目的，根据生态系统服务价值及发展机会成本，运用财政、税费等手段，调节相关者经济利益关系的制度安排；章铮[11]、庄国泰等[12]认为生态补偿是一种使外部成本内部化的环境经济手段，最终目的就是通过经济调控手段，规范人的环境开发行为，担负人对环境的责任[8]。

延伸到海洋领域，海洋生态补偿一般被定义为一种手段或制度安排[13, 14]，其目的在于维护和改善海洋生态系统服务的功能[15]。也有学者指出，海洋生态补偿有两层含义，即对破坏海洋生态环境的行为进行处罚（抑损型补偿）和对保护海洋生态环境的行为进行补偿（增益型补偿）[16, 17]。而对于海洋生态的补偿者和被补偿者及两者之间复杂关系的研究，目前仅限于简单的表述，缺少具体分析。

2）具体实践层面

回望我国生态补偿实践历程，生态补偿的实施主要依靠两大手段：一是政府手段。具体包括实施生态补偿财政政策（包括财政转移支付制度、专项基金），通过经济利益诱导地区转变经济社会发展方式；实施生态建设重点工程（如退耕还林、退牧还草、自然保护区建设、生态功能区建设等），在直接改变工程区生态环境质量的同时，对为该区生态保护建设作出牺牲的组织或个人进行资金、物质和技术等方面的补偿。二是市场手段。具体有生态税费制度和市场交易模式，旨在通过市场之手向资源浪费和环境污染开刀，以减少生态破坏行为。其中，生态税费制度主要包括1978年提出的排污收费、1983年开始实施的生态环境补偿费和1994年开始实行的资源税，然而这些制度都存在征收范围不统一、征收标准过低等问题；市场交易模式主要包括排污权交易、水权交易、碳汇交易、生态建设的配额交易等。

在海洋领域，除国家的财政转移支付制度、专项基金和海洋生态建设重点工程外，海洋生态补偿相关制度还包括海域使用金、海洋排污费、海洋倾废费、海洋生态损害赔偿金、海洋生态损失补偿金和海洋生态保护补偿金。其中，海域使用金的收取依据《中华人民共和国海域使用管理法》第三十三条规定，“单位和个人使用海域，应当按照国务院的规定缴纳海域使用金。”海洋倾废费和海洋排污费的收取依据《中华人民共和国海洋环境保护法》第十二条规定，“直接向海洋排放污染物的单位和个人，必须按照国家规定缴纳排污费。”“向海洋倾倒废弃物，必须按照国家规定缴纳倾倒费。”海洋生态损害赔偿金的收取依据《海洋生态损害国家损失索赔办法》第二条规定，“因下列行为导致海洋环境污染或生态破坏，造成国家重大损失的，海洋行政主管部门可以向责任者提出索赔要求”，“下列行为”具体包括了“新建、改建、扩建海洋、海岸工程建设项目”、“海洋倾废活动”和“向海域排放污染物或者放射性、有毒有害物质”等十一条行为及“其他损害海洋生态应当索赔的活动”。海洋生态损失补偿金和海洋生态保护补偿金最先在《山东省海洋生态补偿管理办法》中被提出。可以看出，以上规定尚未对海洋生态补偿的概念及内涵进行明确界定，且各项制度间关系不明、存在交叉。

### 6.6.2 概念内涵界定

由于海洋本身的复杂性与特殊性，对海洋生态补偿概念的界定和海洋生态补偿制度的制定与实施相对于陆地更为困难。从海洋空间属性上来看，海洋经济活动在空间上具有明显的圈层性和立体性，且海洋区界难以准确地划定或分割，使得海洋生态环境的治理存在一定困难；从海洋资源属性来看，海洋具有丰富的空间资源、生物资源、海水资源、矿产资源、可再生能源资源等多种复合型资源，这些资源往往交错富集，导致海洋生态范围波及较广，海洋污染被发现时海洋生态往往已经遭受严重破坏；从海洋环境条件来看，海洋环境承载力限制海洋经济活动的强度及规模，海水的流动性导致海洋污染容易扩散且难以溯源[18]，某一海区生态环境的恶化会引起周边海域相应的生态环境变化，同时在自我修复上时间较长；从海洋交通状况来看，海洋资源开发活动往往远离大陆，交通不便，周边少有人类活动，一旦发生环境破坏等行为难以及时发现且执法成本较高。

海洋空间与海洋资源的复杂性决定了海洋生态补偿内涵涉及面之广；海洋环境条件与交通状况的特殊性决定了海洋生态的补偿者与被补偿者均难以直接确定，且海洋生态补偿的范围、方式、标准等不易统一。因此，仅从宏观层面对海洋生态补偿进行定义说明无法有效支撑海洋生态补偿制度的制定。

为更好地明晰化、具体化海洋生态补偿的概念内涵，本研究引入主体、客体等基本哲学概念，对海洋生态补偿的主体、客体、介体和环体四个基本要素开展系统研究。其中，主体即海洋生态补偿的被补偿者；客体即海洋生态补偿的补偿者；介体指海洋生态补偿的实现方法，主要包括补偿范围、补偿方式、补偿标准等；环体指海洋生态补偿的责任追究制度、保障体系等。

从海洋生态补偿行为的主体与客体来看，主要有国家、企业和个人，应存在国家补偿企业、国家补偿个人、企业补偿国家、企业补偿企业、企业补偿个人、个人补偿国家、个人补偿企业、个人补偿个人等8种情况，造成这8种情况的原因分析见表6.10。

表6.10　海洋生态补偿主体客体分析表

| 客体 | 主体 | | |
|---|---|---|---|
| | 国家 | 企业 | 个人 |
| 国家 | — | ①企业保护或修复海洋生态；②国家从企业保护或修复海洋生态中获得效益；③企业因保护或修复海洋生态放弃发展机会；④国家的破坏海洋生态行为造成企业效益损失 | ①个人保护或修复海洋生态；②国家从个人保护或修复海洋生态中获得效益；③个人因保护或修复海洋生态放弃发展机会；④国家的破坏海洋生态行为造成个人效益损失 |
| 企业 | ①企业的破坏海洋生态行为造成国家效益损失；②企业因国家保护、修复海洋生态行为获得效益 | ①补偿企业因被补偿企业保护、修复海洋生态行为获得效益；②补偿企业的破坏海洋生态行为造成被补偿企业效益损失 | ①企业因个人保护、修复海洋生态行为获得效益；②企业的破坏海洋生态行为造成个人效益损失 |
| 个人 | ①个人的破坏海洋生态行为造成国家效益损失；②个人因国家保护、修复海洋生态行为获得效益 | ①个人因企业保护、修复海洋生态行为获得效益；②个人的破坏海洋生态行为造成企业效益损失 | ①个人因他人保护、修复海洋生态行为获得效益；②个人的破坏海洋生态行为造成他人效益损失 |

从海洋生态补偿的成因类型来看，主要有保护、修复海洋生态和破坏海洋生态两种情况。其中，保护、修复海洋生态具体包括保护者、修复者为改善生态付出了成本，为

改善生态牺牲了发展机会成本；破坏海洋生态具体包括改变海洋属性造成损失，污染海洋生态环境造成损失，影响海洋生态系统服务功能造成损失。各类型的主体、客体、介体和环体分析见表6.11。

表6.11　海洋生态补偿类型的要素分析表

| 事项 | 主体（被补偿者） | 客体（补偿者） | 介体（实现方法） | 环体（责任追究制度、保障体系等） |
|---|---|---|---|---|
| 因保护或修复海洋生态而直接投入了资金 | 保护者或修复者（个人、群体、地区或者国家） | 海洋生态保护或修复的受益者（个人、群体、地区或国家） | 补偿保护或修复海洋生态的投入费用 | 加强组织领导，强化业务指导，加快标准体系制定，加大经费和政策保障，鼓励公众参与等 |
| 因保护或修复海洋生态而放弃了发展机会 | 保护者或修复者（个人、群体、地区或者国家） | 海洋生态保护或修复的受益者（个人、群体、地区或国家） | 补偿保护或修复海洋生态的机会成本 | 加强组织领导，加快标准体系制定，加大经费和政策保障，鼓励公众参与等 |
| 因改变了海域属性造成海洋生态破坏 | 海域的所有者（国家） | 改变海域属性的个人、群体或地区 | 补偿海域属性改变造成的损失（主要指海域使用金中的海域属性改变附加金） | 加强组织领导，加快标准体系制定，加大经费和政策保障，鼓励公众参与等 |
| 因污染了海洋生态环境造成海洋生态破坏 | 海洋生态环境污染的影响者（个人、群体、地区或者国家） | 污染海洋生态环境的个人、群体、地区或国家 | 补偿将海洋生态环境恢复原状所需的费用 | 加强组织领导，加快标准体系制定，加大经费和政策保障，鼓励公众参与等 |
| 因影响了海洋生态系统服务功能造成海洋生态破坏 | 海洋生态系统服务功能退化的影响者（个人、群体、地区或者国家） | 影响海洋生态系统服务功能的个人、群体、地区或国家 | 补偿恢复海洋生态服务功能的成本 | 加强组织领导，加快标准体系制定，加大经费和政策保障，鼓励公众参与等 |

基于此，本研究从广义层面提出海洋生态补偿的定义：海洋生态补偿是一种将保护或修复行为的外部经济性和破坏行为的外部不经济性内部化的机制，旨在保护或改善海洋生态。其应包括以下几方面主要内容：一是对保护、修复海洋生态行为本身的成本进行补偿；二是对因保护、修复海洋生态行为产生或损失的经济效益、社会效益和生态效益进行补偿；三是对因保护、修复海洋生态行为而放弃发展机会的损失进行补偿。

### 6.6.3　实践应用探索

结合以上概念界定与要素分析，对目前海洋生态补偿四种相关制度进行区别分析，即海洋生态损失补偿金、海洋生态保护补偿金、海洋生态损害赔偿金和海域使用金。需要说明的是，海洋排污费、海洋倾废费与海洋生态损害赔偿金存在交叉的根本原因在于管理部门职能交叉。

从理论依据来看，海洋资源和生态均具有公共物品属性，因此海洋生态补偿四种相关制度都基于生态（资源）价值论、公共产品和外部性理论。其中，海洋生态损失补偿金、海洋生态损害赔偿金和海域使用金是实现外部不经济性内部化的有效途径，海洋生态保护补偿金的收取则是为了实现外部经济的内部化。此外，海域使用权对于海域使用者是一种产权，因此海域使用金收取的理论依据还有产权理论。当前，国家对“海洋生态系统服务和海洋环境容量资源”等尚未界定产权（所有权），因此需要通过海洋生态损失补偿和海洋生态损害赔偿制度来解决公共产品消费中的“搭便车”问题。

从法律依据来看，海洋生态保护补偿、海洋生态损失补偿的法律依据散见于《中华人民共和国农业法》和《中华人民共和国渔业法》等；海洋生态损害赔偿的法律依据散见于《中华人民共和国民法通则》《中华人民共和国海洋环境保护法》《中华人民共和国海洋倾废管理条例实施办法》《中华人民共和国水污染防治法》《中华人民共和国渔业法》等法律体系。海域有偿使用制度作为一项法律制度，是由《中华人民共和国海域使用管理法》在法律层面正式确立的。

从资金属性来看，海洋生态保护补偿金和海洋生态损失补偿金是资源性国有资产收入，属于权利金的范畴；海洋生态损害赔偿金是对海洋生态进行恢复和预期可能产生费用折算成金钱的一种货币化形式。从法学角度看，海域使用金是资源性国有资产收入，属于权利金的范畴；从经济学角度看，海域使用金是一种资源租金，是国家作为海域自然资源所有者让渡海域使用权应当获得的收益[19]。

从缴纳时序来看，海洋生态损失补偿金和海域使用金在用海者申请用海获得批准后，用海前需要缴纳。其中，海域使用金的缴纳分两种：一次性交纳和按年交纳。海洋生态损害发生后，赔偿权利人（海洋行政主管部门）主动与赔偿义务人磋商，未经磋商或磋商未达成一致时，赔偿权利人可依法提起诉讼，向赔偿权利人索要海洋生态损害赔偿金，即海洋生态损害赔偿金是后置缴纳。

在对四者进行区分时，围填海等改变海域属性用海方式的海域使用金与海洋生态损失补偿资金的比较尤为关键。根据产权经济学的相关理论，海域使用金是海域资源的产权价格。对于开放性用海，因为不改变海域属性，其海域使用金反映了真实的海域使用权价格。对于围填海等改变或部分改变海域属性的用海方式，财政部门一直认可的观点是，海域使用金由两部分组成：海域使用权价格+海域自然属性改变附加金。海域自然属性改变附加金是国家根据开发利用活动引起的生态服务价值的损失，向海域使用者收取的补偿金。这个看法在理念上与众多学者的看法是一致的，但对海域自然属性改变附加金的内涵需要拓展。随着人们对海洋生态系统和海洋资源认识的不断深入，海域自然属性改变附加金不仅应包括对生态服务价值损失的补偿，还应包括开发利用活动对海洋生物资源、海洋环境容量（海域纳污能力）资源等损失的补偿。从这一角度考虑，海洋生态损失补偿金是海域使用金的一个补充。

通过以上分析，可看出海洋生态损失补偿金、海洋生态保护补偿金、海洋生态损害赔偿金和海域使用金存在明显区别。从实践来看，近年来山东省做了一些有益尝试，具体包括2010年出台的《山东省海洋生态损害赔偿费和损失补偿费管理暂行办法》、2016年制定的《山东省海洋生态补偿管理办法》和《山东省海洋生态损害赔偿和损失补偿评估方法》（DB37/T 1448—2009）。目前，山东省已基本实现并行收取海洋生态损失补偿金、海洋生态保护补偿金、海洋生态损害赔偿金和海域使用金，引起多方关注。一方面，这种尝试与本研究的思路框架基本一致；另一方面，从相关文件可以看出，这里提及的“海洋生态补偿”限于狭义含义，将补偿金与赔偿金分离开来，而本研究认为赔偿金属于广义上的补偿金。

此外，需要讨论的是，目前具体实践中与海洋生态补偿相关的主要概念还有海洋生态修复、海洋生态赔偿和生态环境服务付费等，但几者之间有明显区别。其中，海洋生态修复是指通过人工措施的辅助作用，使受损海洋生态系统恢复至原有或与原来相近的结构和功能状态。这一概念侧重于对行为的描述，而海洋生态赔偿则被定义为一种制度。国家海洋局《海洋生态损害评估技术指南（试行）》首次从官方角度提出了海洋生态赔偿的概念，指出凡是导致海洋环境污染或生态破坏，造成国家重大损失的，海洋行政主管部门可以向责任者提出索赔要求，这种情况包含于本研究中的海洋生态补偿。生态环境服务付费是指以保护和可持续利用生态系统服务为目的，根据生态系统服务价值、生态保护成本、发展机会成本，运用政府和市场手段，调节生态保护利益相关者之间利益关系的公共制度。这一概念侧重于将保护或修复海洋生态行为的外部经济性内部化。

### 6.6.4 制度设计

针对我国海洋生态补偿制度建立的迫切需求，在以上概念界定、要素分析和应用探讨等研究基础上，提出建议如下。

（1）立法是制定与实施海洋生态补偿制度的首要基础。党的十八大报告提出，要建立“体现生态价值和代际补偿的资源有偿使用制度和生态补偿制度”。2016年，国务院印发《关于健全生态保护补偿机制的意见》，将海洋领域的生态保护补偿作为重点任务之一。此外，已有部分省（区、市）因工作上的迫切需求开展了海洋生态补偿的实践工作，形成了地方立法经验，但权威性和约束性较弱，影响了海洋生态补偿机制作用的发挥。由于海洋生态补偿涉及不同主体的利益关系及责任关系，单靠过渡性的政策措施和行政手段很难形成长效机制，需要国家在理论、技术、政策上给予指导，增强系统性和可操作性[20]。因此，应尽快推动国家海洋生态补偿立法，争取早日颁布实施，完善海洋生态补偿的法律制度，使海洋生态补偿步入正规化、制度化和法制化轨道[21]。

（2）规章制度与实施细则是实施海洋生态补偿制度的重要规范。一方面，建议财政部、自然资源部从海洋管理实际出发统筹规划，制定海洋生态补偿规章制度与实施细则，有效发挥财政杠杆的调节作用，推动海洋生态环境保护工作有序开展，并加大其覆盖面。深化海洋生态补偿方面的国际交流和务实合作，先易后难、分步推进。另一方面，鼓励地方海洋行政部门因地制宜、大胆探索、大胆试验，深入有序地推进海洋生态补偿试点[20]。运用典型经验、以点带面，促进试点向广度、深度上不断发展。自然资源部要协助地方部门总结经验，深入调研，推动试点工作突出重点、攻克难点、敢于创新。此外，要坚持源头严防、过程严管、损害严惩和责任追究，建立海洋生态补偿的责任追究制度和保障体系。

（3）补偿机制是实施海洋生态补偿制度的具体参考。当前我国关于海洋生态补偿的规定分散于多部法律中，对海洋生态补偿的补偿范围、补偿内容、补偿方式和补偿标准缺乏具体规定。应鼓励海洋科研院所和高等学校结合社会经济发展与海洋生态环境状况，加强海洋生态补偿理论研究，探索建立科学合理的海洋生态补偿机制，重点突出海洋生态补偿的全面性，在实施上能够强调现实性，实现海洋生态补偿机制与海洋经济发展等因素的同步更新。

（4）宣传教育是实施海洋生态补偿制度的驱动力量。要把海洋生态补偿的重要性摆在国家的最高层面进行宣传，提高全社会海洋生态补偿的法律意识。由于海洋生态产品这一特殊公共产品消费中存在“搭便车”现象，且海洋环境条件和交通状况决定了部分海域一旦发生环境破坏等行为难以及时发现，尽管相关法律、法规、文件和技术规程都有要求和体现，但在海洋生态补偿工作具体执行过程中，遇到了相当的阻力。因此，应通过开展具体工作来进行海洋生态补偿的宣传。例如，通过业务办理、现场踏勘和监管等环节，面向涉海业主单位开展法律宣传工作，逐步强化涉海业主单位的海洋生态补偿意识。

### 6.6.5 小结

海洋生态补偿制度是海洋生态文明制度建设的重要内容，本研究分析了海洋生态补偿的基本要素，对海洋生态补偿的主体（被补偿者）、客体（补偿者）、介体（实现方法，主要包括补偿范围、补偿方式、补偿标准等）、环体（责任追究制度、保障体系等）进行了探讨。基于此，对海洋生态补偿的概念进行了明确界定。此外，从海洋生态保护补偿金、海洋生态损失补偿金、海洋生态损害赔偿金、海域使用金的理论依据、法律依据、资金属性、缴纳时序等方面对其差异进行了分析，并针对海洋生态补偿制度提出了相关建议。可以看出，当前我国已经具备了建立海洋生态补偿机制的政治意愿、实践基础和科学研究基础，且实行海洋生态补偿制度的条件日趋成熟。应立足当前海洋管理实际需求，以外部性内部化为基本原则，发挥经济杠杆作用，加快海洋生态补偿制度的建立与实施。

## 参考文献

[1] 沈满洪. 生态经济学. 北京: 中国环境科学出版社, 2008: 295.

[2] 李金昌, 等. 生态价值论. 重庆: 重庆大学出版社, 1999: 48.

[3] Costanza R, d'Arge R, de Groot R, et al. The value of the world's ecosystem services and natural capital. Nature, 1997, (387): 253-260.

[4] Millennium Ecosystem Assessment. Ecosystems and human well-being: a framework or assessment. Washington D. C.: Island Press, 2003.

[5] Brown M A, Clarkson B D, Barton B J, et al. Ecological Compensation: an evaluation of regulatory compliance in New Zealand. Impact Assessment & Project Appraisal, 2013, 31(1): 34-44.

[6] 张诚谦. 论可更新资源的有偿使用. 农业现代化研究, 1987, (5): 22-24.

[7] 中国21世纪议程管理中心. 生态补偿原理与应用. 北京: 社会科学文献出版社, 2009: 5.

[8] 毛显强, 钟瑜, 张胜. 生态补偿的理论探讨. 中国人口・资源与环境, 2002, (4): 38-41.

[9] 洪尚群, 马丕京, 郭慧光. 生态补偿制度的探索. 环境科学与技术, 2001, (5): 40-43.

[10] 王金南, 万军, 张惠远. 关于我国生态补偿机制与政策的几点认识. 环境保护, 2006, (10): 24-28.
[11] 章铮. 生态环境补偿费的若干基本问题//国家环境保护局自然保护司. 中国生态环境补偿费的理论与实践. 北京: 中国环境科学出版社, 1995: 81-87.
[12] 庄国泰, 高鹏, 王学军. 中国生态环境补偿费的理论与实践. 中国环境科学, 1995, (6): 413-418.
[13] 黄秀蓉. 我国海洋生态补偿现状与发展趋势探析. 新经济, 2016, (9): 1-2.
[14] 安然. 构建我国海洋生态补偿机制的思考. 合作经济与科技, 2016, (2): 7-8.
[15] 黄秀蓉. 共享发展中的海洋生态补偿制度构建. 决策探索, 2016, (2): 85-86.
[16] 李京梅, 杨雪. 海洋生态补偿研究综述. 海洋开发与管理, 2015, (8): 85-91.
[17] 李莹坤. 海洋生态补偿的几个关键问题研究. 科技与企业, 2015, (19): 106-107.
[18] 刘大海, 李峥, 邢文秀, 等. 海洋空间新布局理论的发展及其理论框架. 海洋经济, 2015, 25(1): 3-8.
[19] 郑冬梅. 海洋环境管理经济政策评析. 中共福建省委党校学报, 2015, (12): 51-58.
[20] 吴青. 生态补偿立法时机成熟. 中国环境报, 2016-03-09(005).
[21] 中共中央, 国务院. 生态文明体制改革总体方案. (2015-09-21)[ 2017-06-15]. http://www.gov.cn/guowuyuan/2015-09/21/content_2936327.htm.

## 6.7　立体化开发的海域资源配置方法

海域是海洋开发利用活动的空间和载体，是涉海资本、劳动力及科技等要素聚集的先决条件[1]，更是“十三五”时期壮大海洋经济的重要支撑。近年来，海域资源的持续稳定供给保障了海洋经济平稳有序增长[2]，但随着海洋开发利用的深度和广度不断拓展，近海海洋产业布局愈加密集，用海矛盾不断加剧，海域资源稀缺性日益凸显[3]。此外，随着我国海洋工程技术水平的不断提升，跨海大桥、海底隧道、海底电缆管道等大型海洋工程建设规模不断扩大，由于其穿越距离长，与其他用海活动空间很容易重叠或交叉，给海洋开发和管理带来诸多难题[4, 5]。

在此情况下，转变海域“平面化”管理思路，从立体角度布局海洋产业、配置用海空间成为解决上述问题的有效途径，如此一来，不仅可以缓解不同产业用海的空间矛盾，还能有效提高海域资源利用率，实现海域集约节约利用[6]。

### 6.7.1　研究现状与实践进展

#### 1. 海域立体化开发与管理研究现状

国内外研究海域资源配置时，如中国的海洋功能区划和海洋主体功能区规划，澳大利亚大堡礁的一般利用区、生境保护区、自然保护公园等8类分区[1]，意大利阿西纳拉岛保护区的不同区域和四个区划保护等级的评估等[2]，多把海域作为平面问题来考虑。近几年，我国海域平面化管理导致出现交叉用海、重叠用海等矛盾，部分专家学者开始对海域立体或分层确权管理进行研究，主要集中于三个方面。

一是对海域立体确权的可行性及协调机制进行研究[3-6]。一般从所有权和物权角度阐述海域立体确权的法律可行性，从多种海洋资源共生于同一海域阐述海域立体确权的经济可行性，从遥感技术、海域使用动态监视监测系统等海洋技术的成熟和发展阐述海域立体确权的技术可行性，从改进和优化海域权属管理、海域使用论证、海域管理行政体系等多角度阐述海域立体确权的管理可行性。针对立体开发和确权后的管理，学者们建议从加强用海者之间沟通、加强权属管理、规范开发秩序、完善市场配置机制、完善配套制度、加强行政管理等方面保障用海活动正常开展。

二是从立体化开发角度对海域使用权的分层设置方式进行研究。王淼和江文斌[3]、王淼等[6]根据海域开发利用活动的方式将海域使用权分为水面层使用权、水体层使用权、海床层使用权、底土层使用权和综合使用权，并对海域分层确权的协调机制进行了研究。江文斌等[4]从三维立体层面将海域空间资源分为水面资源、水体资源、海床资源和底土资源，并基于此将海域空间资源产权分为水面资源产权、水体资源产权、海床资源产权和底土资源产权。翟伟康等[7]建议通过法律明确水面以上空间、底土以下空间的权限。

三是基于海域分层确权的海域使用评估研究。王淼等[8]从海域空间层叠利用功能区划的划分依据出发，构建了海域空间层叠利用立体功能区划模型，并利用GIS技术研究了胶州湾海域层叠用海兼容方案。赵琪等[9]利用层次分析法，构建了层叠用海兼容性评估的指标体系，并以胶州湾为例进行了实证分析。

### 2. 海域立体化开发与管理实践进展

国家海洋局在海域使用管理中也遇到了海域“平面确权”带来的问题，并对此进行了相关探索。2014年，连云港海滨大道跨海大桥与田湾核电站温排水区所用海域重叠，导致前者无法确权，为此国家海洋局与地方海洋主管部门开展研究，最终提出海域立体确权的概念，把与温排水区重叠的海域同时确权给跨海大桥所有者，这也是国家海洋局审批的首例立体确权项目。2015年，国家海洋局采取同样思路，对福建宁德核电厂内的应急道路跨海桥梁用海与核电取水、港池及外围保护带用海进行立体确权。

此后，2016年发布的《国家海洋局关于进一步规范海上风电用海管理的意见》对风电项目的海底电缆提出“鼓励实施海上风电项目与其他开发利用活动使用海域的分层立体开发，最大限度发挥海域资源效益。海上风电项目海底电缆穿越其他开发利用活动海域时，在符合《海底电缆管道保护规定》且利益相关者协调一致的前提下，可以探索分层确权管理，海底电缆应适当增加埋深，避免用海活动的相互影响”，从政策角度进一步肯定了海域立体化开发和确权的管理思路。

在今后海域资源配置中，立体化开发模式将得到更为广泛的应用。由于现阶段相关研究多聚焦于海域使用权的界定、管理和评估等，而从空间布局角度的研究较少，因此，本研究从海域立体空间分层和分配入手，开展立体化海域资源配置方法研究。首先，对海域立体空间进行分层，其次，根据不同用海活动的方式和特点，确定其使用海域空间的范围；最后，基于“空间排他性”原则，并综合考虑空间连续性、安全性、环境质量、景观性等因素，设计用海活动立体化配置方案。

### 6.7.2 海域空间使用特征分析

1. 海域立体空间分层

基于立体化开发的海域资源配置属于海域资源空间结构配置的范畴[10]，是基于海域空间的三维立体属性将海域分层，并在不同层布局海洋产业的海域资源配置模式，即把分布于不同平面不同层的用海活动布局到同一平面不同层海域。因而，对海域空间进行分层是海域资源立体化配置的重要环节。《中华人民共和国海域使用管理法》规定我国海域包括内水、领海的水面、水体、海床和底土，因此多数学者建议将海域分为上述四部分[3, 4, 11]，也有学者将海域分为水面以上一定空间、水面、水体、海床和底土五部分[7]。考虑到跨海大桥桥梁部分仅使用水面上方这种特殊情况，本研究将海域空间在垂直方向上分为水面上方、水面、水体、海床和底土五部分。

2. 海域空间使用的主体及特点

海域空间分层应首先关注不同用海活动占用海域空间的主体（以下简称“用海主体”），用海主体不同决定了其占用海域空间的范围和特点各有差异，通过对《海域使用分类体系》中所列的用海活动进行归纳梳理，从用海主体角度将海域空间使用分为四种情况。

（1）填海造地使用海域空间：指为形成陆域向海中吹填、抛填的砂石、泥土等材料永久性占用海域原有空间，包括建设填海造地、农业填海造地和废弃物处置填海造地三种情形。此类使用海域空间的方式最显著的特点是彻底改变海域的自然属性，使原海域空间不复存在。

（2）构筑物和设施使用海域空间：指为达到海洋开发目的而建设或安装构筑物、设施等使用海域空间。此类使用海域空间的方式时间持久，包括码头、防波堤、栈桥等非透水构筑物或透水构筑物，网箱、灯塔等设施以及海底电缆管道、海底隧道及其他海底场馆等。采用桩基础结构形式的透水构筑物，一般需要将桩基础嵌入海床和底土中，并且构筑物上方露出水面，这种使用海域空间的方式基本占用了海域的水面、水体、海床和底土四层空间；而采用沉箱、抛石等形式的非透水构筑物，也往往要开挖海床以增加结构物的地基稳定性，因此一般占用了海域的水面、水体和海床三层空间。对于海底电缆管道等设施来说，在近海一般埋设在海床下1～3m，仅使用海床一层；而海底隧道及其他海底场馆的埋设深度往往更大，在海床下深达10m至几十米，且直接在底土层施工，对其他层用海活动基本无影响。

（3）服务对象使用海域空间：指海洋开发利用活动的服务对象开展相关活动时使用海域，如船只在航道航行、在码头靠泊，游客在海水浴场或游乐场游玩等。此类使用海域空间的方式在时间和空间上具有间断性，而且往往仅使用海域的部分空间。

（4）水体使用海域空间：指在排水口、温排水区、污水达标排放区等向海中排放水体或通过取水口从海中取水的情形。由于海域体积广阔，从海中取水或向海中排水对海域空间无明显影响，但用海活动可能对区域海水质量有严格要求或影响，包括取排水、温排水、污水达标排放等。

### 3. 用海活动使用海域空间的范围

基于用海活动需求将其所使用的海域空间分为三类。

一是主要空间，即为满足用海活动正常开展，用海主体占用海域最主要的空间，这部分空间是满足海域开发利用的最直观、最基本也是最重要的空间。

二是附占空间，即在满足运营需求的前提下，用海主体由于其物理属性（体积），除了主要空间，依然还要占用的另外的海域空间。

三是维护空间，即为满足用海活动正常开展而进行定期维护、维修时所需要使用的海域空间，在用海活动正常开展时，一般不占用维护空间。

以航道用海为例，其用海主体是船只，主要空间为海域的水面部分，但船只还有一部分淹没于上层水体，一部分占用水面上方，因此水面上方和水体就是附占空间；为满足正常航行，航道往往需要定期疏浚，海床和底土属于维护空间。

考虑到某些用海活动本身已经占用了海域多层空间，或其开发利用过程具有很强排他性，无法与其他用海活动分层使用海域空间[12, 13]，首先予以剔除，包括：①各类需要填海造地的用海活动，如码头、工业厂区、城镇（含工业园区）建设区等，用海方式包括建设填海造地、农业填海造地和废弃物处置填海造地；②各类采用透水和非透水构筑物建造的码头、栈桥、跨海道路等，用海方式为透水构筑物和非透水构筑物；③围海养殖、盐田或盐业生产用的蓄水池等，用海方式包括围海养殖、盐业；④各类固体矿产或油气开采活动，其用海方式为矿产开采、平台式油气开采、人工岛式油气开采。此外，特殊用海和其他用海也不予以考虑。

由于多数用海活动建设期的用海需求包含海域的大部分立体空间，因此不考虑建设期的用海空间需求。基于以上思路，将不同用海活动使用的海域空间列于表6.12。

表6.12　不同用海活动使用的海域空间①

| 用海活动 | 主要空间 | 附占空间 | 维护空间 | 编号 |
|---|---|---|---|---|
| 跨海桥梁及其附属设施 | 水面上方 | / | 水面、水体 | A |
| 有防浪设施圈围的渔港港池、开敞式渔业码头的港池等 | 水面 | 水面上方、水体 | 海床、底土 | B |
| 渔港航道等 | 水面 | 水面上方、水体 | 海床、底土 | B |
| 盐业码头的港池 | 水面 | 水面上方、水体 | 海床、底土 | B |
| 有防浪设施圈围的船厂港池、开敞式船厂码头的港池，船坞、滑道等的前沿水域等 | 水面 | 水面上方、水体 | 海床、底土 | B |
| 有防浪设施圈围的电厂（站）港池、开敞式电厂（站）专用码头的港池等 | 水面 | 水面上方、水体 | 海床、底土 | B |
| 有防浪设施圈围的企业专用港池、开敞式企业专用码头的港池等 | 水面 | 水面上方、水体 | 海床、底土 | B |

① 本表所列用海活动，均取自《海域使用分类体系》第5部分——海域使用类型与用海方式，并已剔除不宜进行分层使用海域的用海活动。

续表

| 用海活动 | 主要空间 | 附占空间 | 维护空间 | 编号 |
|---|---|---|---|---|
| 有防浪设施圈围的港池、开敞式码头的港池等 | 水面 | 水面上方、水体 | 海床、底土 | B |
| 交通部门划定的供船只航行使用的海域 | 水面 | 水面上方、水体 | 海床、底土 | B |
| 有防浪设施圈围的旅游专用港池、开敞式旅游码头的港池等 | 水面 | 水面上方、水体 | 海床、底土 | B |
| 船舶候潮、待泊、联检、避风及进行水上过驳作业等 | 水面 | 水面上方、水体、底土 | / | C |
| 游人游泳、嬉水 | 水面 | 水体 | / | D |
| 开展游艇、帆板、冲浪、潜水、水下观光及垂钓等海上娱乐活动 | 水面 | 水体 | / | E |
| 无须筑堤围割海域，在开敞条件下进行养殖生产 | 水体 | 水面 | / | F |
| 陆上海水养殖场延伸入海的取排水口等 | 水体 | / | / | G |
| 盐业生产用取排水口 | 水体 | / | / | G |
| 电厂（站）取排水口 | 水体 | / | / | G |
| 海水综合利用取排水口等 | 水体 | / | / | G |
| 取排水口 | 水体 | / | / | G |
| 受纳指定达标污水的海域 | 水体 | / | / | G |
| 输油管道 | 海床 | / | 水面上方、水面、水体 | H |
| 埋设海底通信光（电）缆、电力电缆、深海排污管道、输水管道及输送其他物质的管状设施等 | 海床 | / | 水面上方、水面、水体 | H |
| 海底隧道及其附属设施 | 底土 | / | / | I |
| 海底水族馆、海底仓库及储罐等及其附属设施 | 底土 | / | / | I |

### 6.7.3 海域资源立体化配置方法与评价

#### 1. 海域资源立体化配置方法

不同用海活动分层使用海域时，既要保证用海需求得到满足，又不能对其他层用海活动造成影响。本研究以空间排他性为首要原则，并综合考虑用海活动的安全性、海域空间连续性、海洋环境质量及景观性等需求，对用海活动分层使用海域的可行性进行判别。

（1）空间排他性，即不同用海活动所使用的海域空间不重叠。本研究主要考虑主要空间和附占空间，并认为不同用海活动的主要空间重合，不具有分层用海可行性；一种用海活动的主要空间或附占空间与另一种用海活动的附占空间重合，需根据实际情况判别。空间排他性是本研究判别用海活动分层使用海域首要考虑的因素。

（2）用海活动的安全性，即既要考虑用海活动中的人、构筑物、设备或设施等直接面临的危险，也要考虑用海活动开展过程中可能存在的潜在威胁。

（3）海域空间连续性，即某些用海活动集中连片使用海域的需求不受影响。大多数构筑物的建设可能会影响海域空间的连续性。

（4）海洋环境质量，即满足不同用海活动对海洋环境质量的要求，应从海水水质、海洋沉积物质量、海洋生物质量和生态环境等方面综合考虑。

（5）景观性，即用于滨海旅游海域的自然景观不被破坏。一般海洋环境污染、不合理的海洋产业布局等会影响海域的景观价值。

基于以上因素，不同用海活动分层使用海域的可行性判别结果列于表6.13。

表6.13　不同用海活动分层使用海域的可行性判别结果

| 用海活动 | A | B | C | D | E | F | G | H | I |
|---|---|---|---|---|---|---|---|---|---|
| A | $\times^1$ | $\times^2$ | $\times^2$ | $\times^3$ | $\times^3$ | $\times^3$ | √ | √ | $\times^3$ |
| B | $\times^2$ | $\times^1$ | $\times^1$ | $\times^1$ | $\times^1$ | $\times^2$ | √ | √ | √ |
| C | $\times^2$ | $\times^1$ | $\times^1$ | $\times^1$ | $\times^1$ | $\times^2$ | √ | √ | √ |
| D | $\times^3$ | $\times^1$ | $\times^1$ | $\times^1$ | $\times^1$ | $\times^2$ | $\times^3$ | √ | √ |
| E | $\times^3$ | $\times^1$ | $\times^1$ | $\times^1$ | $\times^1$ | $\times^2$ | $\times^3$ | √ | √ |
| F | $\times^3$ | $\times^2$ | $\times^2$ | $\times^2$ | $\times^2$ | $\times^1$ | $\times^1$ | √ | √ |
| G | √ | √ | √ | $\times^3$ | $\times^3$ | $\times^1$ | $\times^1$ | √ | √ |
| H | √ | √ | √ | √ | √ | √ | √ | $\times^1$ | √ |
| I | $\times^3$ | √ | √ | √ | √ | √ | √ | √ | $\times^1$ |

注：①A、B、C、D、E、F、G、H、I代表的用海活动见表6.12。②$\times^1$表示由于两种用海活动的主要空间重叠而不可行；$\times^2$表示两种用海活动的主要空间不重叠，但附占空间影响了分层用海的可行性；$\times^3$表示用海活动的安全性、空间连续性、海洋环境质量、景观性等受到影响；√表示在满足一定前提条件下，两种用海活动可以分层使用海域

### 2. 评价分析

（1）跨海桥梁及附属设施用海仅使用水面上方空间，由于船舶航行需占用水面上方空间，难以保证大型船舶通过，因此不宜与各类港池、航道和锚地等用海活动分层使用海域；跨海桥梁及附属设施与海水浴场的用海空间不重叠，但跨海大桥会影响海水浴场的空间连续性和景观性，故不建议两类用海活动分层使用海域；游艇、帆板、冲浪等海上娱乐活动容易与桥墩发生碰撞事故，且跨海大桥影响海域的空间连续性和景观性，故不建议两类用海活动分层使用海域；跨海桥梁及附属设施可与海底电缆管道等分层使用海域，但需两类用海活动严格规范施工，避免相互影响；应禁止跨海桥梁及附属设施与海底隧道及其他海底场馆等分层使用海域，以防止后者坍塌，影响双方的安全；跨海桥梁及附属设施与各类取排水口、温排水区和污水达标排放区在海域空间、海水环境等各方面基本不会相互影响，故两类用海活动可以分层使用海域，并且可行性高。

（2）所有类型的港池、航道等的服务对象为船只，除了使用水面空间，还附占水面上方和水体两层空间，因此难以与桥梁、浴场、海水游乐场、海水养殖等用海活动分层使用海域；港池、航道等对海水质量要求较低，故与取水口、温排水区甚至污水达标排放区可以分层使用海域，但对后者是否会造成港池、航道淤积需严格论证。多数港池、航道需定期疏浚，船舶候潮、待泊、联检、避风等需要抛锚，这对埋设在海床中的海底电缆管道会产生较大威胁，故建议海底电缆管道路由选址尽量避开港池、航道和锚地，确需分层使用海域时需合理增加电缆管道埋深和保护措施[14-16]，并要求船只按相关

要求作业。海底隧道及其他海底场馆等一般埋置深度较大，与港池、航道等分层使用海域基本不会相互影响。

（3）浴场和海上游乐场与海底电缆管道、海底隧道及其他海底场馆等用海活动，不存在竖向用海的冲突，可以分层使用海域，但海底电缆管道要合理增加埋设深度，并采取一定保护措施。由于各类排水口、温排水区和污水达标排放区会对水质有较大影响，且取水口对水质有较高要求，故不建议浴场和海上游乐场与上述用海活动分层使用海域。

（4）开放式养殖用海与海底电缆管道、海底隧道及其他海底场馆等用海活动不存在竖向用海的冲突，可以分层使用海域，但若采用打桩方式安装养殖设施，会对海底电缆管道产生严重威胁，应予以禁止。

（5）各类取排水口、温排水区及污水达标排放区，在空间上对其他用海活动的影响可以忽略，但需要考虑取水口对水质的要求以及排水口或温排水区对水质的影响[17]，故排水口、温排水区及污水达标排放区与跨海桥梁、港池、航道、海底电缆管道、海底隧道及其他海底场馆等可以分层使用海域，但取水口能否与上述用海活动分层使用海域需要严格论证。

（6）海底电缆管道由于埋设在海床中，可与多种用海活动分层使用海域，但必须禁止打桩行为，并且港池、航道疏浚和船舶抛锚需考虑海底电缆管道的安全性，需严格论证埋设深度，并增加保护措施等。

（7）海底隧道及其他海底场馆一般建设在海床下十几米甚至几十米[18, 19]，一般情况下与其他用海活动均能实现分层使用海域，但其上方建设跨海大桥的情况应予以禁止，以防止发生坍塌危险。

### 6.7.4 小结

海域资源立体化配置对于缓解近岸海域空间稀缺、解决不同产业用海空间交叉或重叠等问题具有重要的现实意义，同时也是海域立体确权的基础和依据。本研究从用海活动占用海域空间的特点入手，分析和评价了不同用海活动立体使用海域空间的可行性。由于影响用海活动正常开展的因素多，而且即使是同种用海活动，也会因海域自然条件、工程规模、施工技术等诸多因素影响而对其他用海活动产生不同程度、不同类型的影响，在具体的海洋开发与管理实践中，应针对具体用海项目开展针对性论证分析，严格规范用海行为，并提出协调用海方案，以避免分层用海时不同用海活动的相互影响。

## 参考文献

[1] Coffen S. Submarine cables: a challenge for ocean management. Marine Policy, 2000, 24(6): 441-448.

[2] 陈小玲, 李冬, 陈培雄, 等. 渔业活动对东海海域海底光缆安全的影响. 海洋学研究, 2010, (2): 74-80.

[3] 王淼, 江文斌. 海域多层次利用中使用权分层确权初探. 中国渔业经济, 2011, 29(4): 47-51.

[4] 江文斌, 贾欣, 袁翡翡. 海域空间三维多层产权研究. 农业经济与管理, 2012, (3): 83-89.

[5] 赵梦, 岳奇, 徐伟, 等. 海域立体确权可行性研究. 海洋开发与管理, 2016, 33(7): 70-73.

[6] 王淼, 李蛟龙, 江文斌. 海域使用权分层确权及其协调机制研究. 中国渔业经济, 2012, 30(2): 37-42.

[7] 翟伟康, 王园君, 张健. 我国海域空间立体开发及面临的管理问题探讨. 海洋开发与管理, 2015, 32(9): 25-27.
[8] 王淼, 赵琪, 范圣刚. 海域空间层叠利用的立体功能区划研究. 中国渔业经济, 2013, 31(5): 59-62.
[9] 赵琪, 王淼, 范圣刚. 层叠用海兼容性评估方法与模型研究. 中国渔业经济, 2014, 32(1): 89-95.
[10] 曹英志, 王世福. 我国海域资源配置基本类型探析. 前沿, 2014, (z2): 97-98.
[11] 张瑜, 王淼. 海洋空间资源管理研究综述. 中国渔业经济, 2015, 33(1): 106-112.
[12] 岳奇, 赵梦, 徐伟. 略论海洋功能区划兼容性的内涵、特征及判定方法. 中国海洋大学学报(社会科学版), 2016, (3): 32-36.
[13] 岳奇, 赵梦, 徐伟. 海域使用排他的类型、特征及计算方法研究. 海洋环境科学, 2015, 34(2): 206-210.
[14] Woo J, Kim D, Na W B. Damage assessment of a tunnel-type structure to protect submarine power cables during anchor collisions. Marine Structures, 2015, 44: 19-42.
[15] Yoon H S, Na W B. Anchor drop tests for a submarine power-cable protector. Marine Technology Society Journal, 2013, 47(3): 72-80.
[16] Osthoff D, Heins E, Grabe J. Impact on submarine cables due to ship anchor–soil interaction. Geotechnik, 2017, 40: 265-270.
[17] 张惠荣, 赵瀛, 杨红, 等. 象山港滨海电厂温排水温升特征及影响效应研究. 上海海洋大学学报, 2013, 22(2): 274-281.
[18] 焦建伟, 王空前. 浅覆土盾构最小埋深的正交试验分析. 现代隧道技术, 2014, 51(3): 138-143.
[19] 周书明. 青岛胶州湾海底隧道总体设计与施工. 隧道建设, 2013, 33(1): 38-44.

## 6.8　海域使用贡献率

海域是海洋开发利用活动的空间和载体，是沿海地区社会发展的资源环境基础，在推动海洋经济稳定增长中发挥着积极作用。近年来，我国海洋经济快速发展，沿海地区用海需求旺盛，用海规模不断扩大。然而，海洋资源粗放利用问题依然存在，严重影响了海域资源利用效率的提升[1]，成为海洋综合管理不可忽视的重要隐患。提高海域利用效率，实现海域集约节约利用成为沿海地区突破海洋经济发展瓶颈的必由之路。在此背景下，有必要科学测算海域使用对海洋经济增长的贡献，以真实反映海域在海洋经济发展中的地位和作用，为海域集约节约利用提供参考，为海域资源优化配置制定出合理、科学的管控依据。

### 6.8.1　研究进展与内涵探讨

经济增长是指一个国家或地区在一定时期内生产总量的增加[2]，经济学家多年来一直致力于探究经济增长的源泉。经济增长贡献的定量测算始于柯布-道格拉斯（Cobb-Douglas）生产函数，此后众多学者开始关注不同投入要素对经济增长的贡献率。主流经济学家普遍将资本、劳动、技术作为经济增长的三大要素，当前社会经济已进入新的发展阶段，学者们越来越多地讨论土地[3-6]、教育[7, 8]或能源[9]等要素对经济增长的贡献。

在海洋领域，相关学者已经开展海洋经济增长贡献率的研究[10-12]，目前普遍认为海洋经济增长要素至少包含涉海资本、劳动和技术等，但尚未涉及海域要素。

从经济发展阶段来看，在海洋经济发展早期，海域不是影响海洋经济增长的主要制约条件，而是以满足海洋经济发展所需为主，因此在此阶段不需要考虑海域要素的贡献。但随着海域开发与利用的深度和广度不断增加，各产业用海矛盾日益突出，海域资源的制约作用愈加明显，不可再忽视海域使用在海洋经济增长中所发挥的作用。鉴于此，本研究将海域作为海洋经济发展的重要投入要素之一，并以“海域使用贡献率”衡量海域使用对海洋经济增长的贡献大小。

从概念定义来看，海域使用贡献率表示海洋经济发展中，海域作为投入要素对海洋经济增长的贡献大小，具体可以通过海域面积增长对海洋经济产出增长的贡献份额来体现。

从数值特征来看，海域使用贡献率在短期内会有一定波动，这是因为海域使用对海洋经济增长的贡献存在一定滞后性，同时还可能受经济危机、国家重大政策或项目影响。此外，从长期来看，海域使用贡献率可能有所增加，这是因为海域资源具有稀缺性，对海洋经济的制约作用会逐渐增加，海域要素在海洋经济发展中的地位将进一步凸显。

### 6.8.2　测算模型构建

#### 1. 理论基础

经济增长理论认为，经济增长是由资本、劳动力、技术等多种要素共同推动的，为准确分析各要素在经济增长中的作用，多数学者采用生产函数模型进行测算。生产函数是针对经济发展过程建立的经济数学模型，是在一定假设下描述生产过程中生产要素投入与经济产出定量关系的经济学模型，它是进行生产过程数量分析的重要工具。

目前常用生产函数法来测量要素对经济增长的贡献，这种方法的优点是需要的资料少，操作比较简单。生产函数法的具体形式有很多种，如柯布-道格拉斯生产函数、CES生产函数、超越对数生产函数等，其中柯布-道格拉斯生产函数使用最为广泛。

柯布-道格拉斯（C-D）生产函数由美国数学家Cobb和经济学家Douglas共同提出，该函数反映了劳动和资本投入量与产出量之间的关系，有如下函数形式：

$$Y = AK^{\alpha}L^{\beta} \tag{6.1}$$

式中，$Y$为经济产出总量；$L$和$K$分别为劳动力和资本的投入；$A$为一定的科技水平；$\alpha$为资本投入产出弹性系数；$\beta$为劳动力投入产出弹性系数。

#### 2. 模型建立

柯布-道格拉斯生产模型中的投入要素仅包括劳动力和资本2种，而科技、海域等要素均统一归并在其他综合要素中。基于上述将海域作为海洋经济增长重要投入要素的考虑，在柯布-道格拉斯生产函数的基础上，建立包括海域供给、劳动投入、资本投入和技术进步的生产函数模型：

$$Y = f(A, K, L, T) = AK^{\alpha}L^{\beta}T^{\gamma} \quad (6.2)$$

式中，$Y$为经济产出总量；$K$、$L$和$T$分别代表资本投入、劳动力投入和海域供给；$A$为技术进步；$\alpha$、$\beta$、$\gamma$分别为资本投入、劳动力投入和海域供给的产出弹性系数。

对式（6.2）两边取对数，则模型变为

$$\ln Y = \ln A + \alpha \ln K + \beta \ln L + \gamma \ln T \quad (6.3)$$

两边同时对$t$求导，得

$$\frac{1}{Y}\frac{\mathrm{d}Y}{\mathrm{d}t} = \alpha\frac{1}{K}\frac{\mathrm{d}K}{\mathrm{d}t} + \beta\frac{1}{L}\frac{\mathrm{d}L}{\mathrm{d}t} + \gamma\frac{1}{T}\frac{\mathrm{d}T}{\mathrm{d}t} + \frac{1}{A}\frac{\mathrm{d}A}{\mathrm{d}t} \quad (6.4)$$

由于实际数据都是离散的，可用差分方程代替微分方程，并令$\Delta t$=1，得

$$\frac{\Delta Y}{Y} = \alpha\frac{\Delta K}{K} + \beta\frac{\Delta L}{L} + \gamma\frac{\Delta T}{T} + \frac{\Delta A}{A} \quad (6.5)$$

$$G_Y = \alpha G_K + \beta G_L + \gamma G_T + G_A \quad (6.6)$$

式中，$G_Y$为产出年均增长率；$G_K$为资本投入年均增长率；$G_L$为劳动力投入年均增长率；$G_T$为海域供给年均增长率；$G_A$为技术进步年均增长率。

由此，海域使用贡献率为

$$E_T = \gamma\frac{G_T}{G_Y} \quad (6.7)$$

### 6.8.3　海域使用贡献率实证分析

#### 1. 指标选取

采用生产函数法测算海域使用贡献率时，必须对产出、资本、劳动力、海域供给等指标做统一设定，否则会导致测算结果缺乏科学性和可比性。同时，需选择有代表性的指标，准确衡量各项投入要素。

（1）产出指标。从理论上讲，应当按实物量来分析产出量，在经济增长要素贡献率研究中常使用国民生产总值作为总体经济的测算指标[13]，在海洋领域即为与国民经济核算体系相对应的海洋生产总值。为科学剔除当前海洋生产总值的价格因素，准确计算其实物量变动，采用以2003年为基期的不变价海洋生产总值作为产出指标。

（2）资本投入指标。经济增长的资本要素是指机器、设备和厂房等，是经济增长的重要推动要素之一。由于目前我国海洋领域尚未全面开展固定资产投资的统计，本研究将海域使用各产业作为整体考虑，选择沿海11省（区、市）的全社会固定资产投资额作为指标。尽管沿海地区的社会固定资产投资并非全部用于海洋领域，但这些资本要素对推动海洋经济发展发挥着重要的作用。此外，考虑价格变动因素，利用固定资产投资价格指数对全社会固定资产投资额进行不变价处理。最终将沿海地区不变价全社会固定资产投资额（以2003年为基期）的10%作为资本要素的投入指标[9]，该指标具有较高的可信度。

（3）劳动力投入指标。劳动力要素投入是指生产过程中实际投入的劳动量，本研究采用涉海就业人数作为劳动力要素的投入指标。

（4）海域供给指标。海域供给是指在生产过程中，实际用于各类产业活动的海域面积，最科学的指标是海域使用的实际面积，但查清海域使用面积需要全国范围的海域使用现状调查，操作性和可行性较差。由于历年新增确权面积仅代表本年度新增加的确权海域面积，不能代表处于确权状态的海域面积，本研究以累计确权海域面积（扣除注销面积）作为海域供给指标。

海域使用投入及产出数据见表6.14。

表6.14　投入及产出数据①

| 年份 | 海洋生产总值/亿元 | 固定资产投入/亿元 | 涉海就业人数/万人 | 累计确权海域面积/万hm$^2$ |
|---|---|---|---|---|
| 2003 | 11 952 | 29 892 | 2 501 | 78 |
| 2004 | 13 972 | 37 045 | 2 674 | 84 |
| 2005 | 16 249 | 47 894 | 2 781 | 95 |
| 2006 | 19 174 | 58 354 | 2 960 | 113 |
| 2007 | 22 012 | 68 666 | 3 151 | 130 |
| 2008 | 24 191 | 80 529 | 3 218 | 147 |
| 2009 | 26 417 | 111 128 | 3 271 | 162 |
| 2010 | 30 300 | 128 911 | 3 351 | 178 |
| 2011 | 33 300 | 141 089 | 3 422 | 194 |
| 2012 | 35 997 | 175 524 | 3 469 | 201 |
| 2013 | 38 733 | 208 640 | 3 514 | 222 |
| 2014 | 41 715 | 236 877 | 3 554 | 251 |
| 2015 | 44 635 | 257 973 | 3 589 | 263 |

## 2. 弹性系数计算

弹性系数$\alpha$、$\beta$及$\gamma$值的确定是测算工作的重点和难点，目前尚不存在统一、准确的测算方法。根据以往测算经验，在不考虑海域要素的情况下，取资本投入的产出弹性系数为0.3，劳动力投入的产出弹性系数为0.7[9]。当把海域纳入海洋经济增长的投入要素时，可将现在的资本投入指标和海域供给指标共同视为不考虑海域使用情况的资本投入指标，即将弹性系数确定为$\alpha + \gamma = 0.3$，$\beta = 0.7$。$\alpha$和$\gamma$的值将采用灰色关联度法进一步确定。

利用灰色关联度法，分别测算资本投入和海域使用与海洋生产总值的关联度。实际计算结果显示，资本投入与海洋生产总值的关联度为0.59，海域使用面积与海洋生产总值的关联度为0.92。按此进行比例分配，可得$\alpha = 0.12$，$\gamma = 0.18$。

① 海洋生产总值和涉海就业人数原始数据的2003～2014年数据来自《中国海洋统计年鉴》，2015年数据来自《中国海洋经济统计公报》；固定资产投入原始数据的2003～2014年数据来自《中国统计年鉴》，2015年数据来自陕西省信息中心网站（http://www.sei.gov.cn/ShowArticle.asp?ArticleID=261083）；累计确权海域面积原始数据来自《海域使用管理公报》。

### 3. 结果分析

根据式（6.7）计算各年份和时期的海域使用贡献率，结果见表6.15和图6.1。

表6.15 2004～2015年海域使用贡献率 （单位：%）

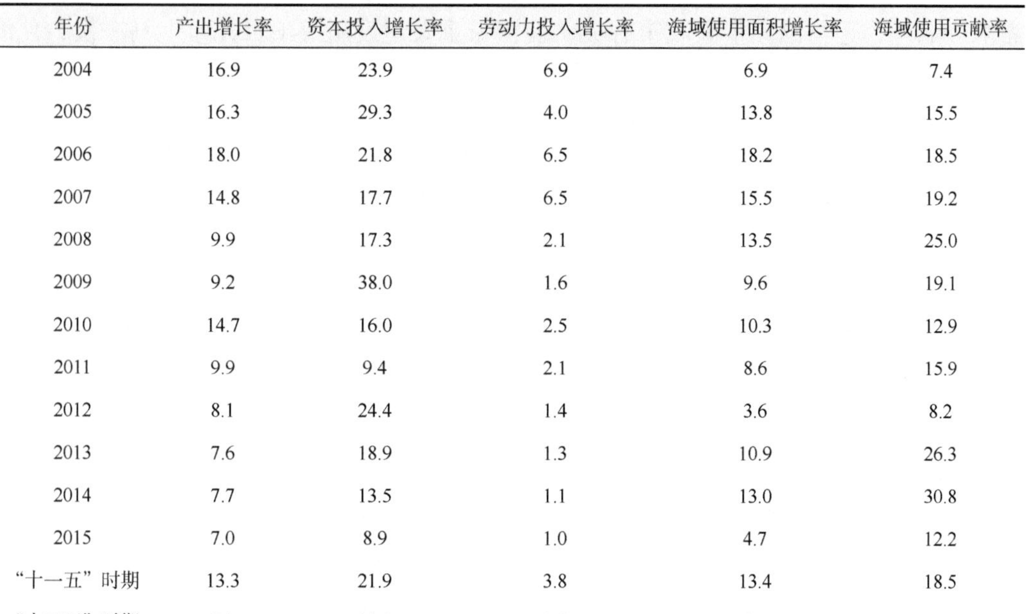

| 年份 | 产出增长率 | 资本投入增长率 | 劳动力投入增长率 | 海域使用面积增长率 | 海域使用贡献率 |
|---|---|---|---|---|---|
| 2004 | 16.9 | 23.9 | 6.9 | 6.9 | 7.4 |
| 2005 | 16.3 | 29.3 | 4.0 | 13.8 | 15.5 |
| 2006 | 18.0 | 21.8 | 6.5 | 18.2 | 18.5 |
| 2007 | 14.8 | 17.7 | 6.5 | 15.5 | 19.2 |
| 2008 | 9.9 | 17.3 | 2.1 | 13.5 | 25.0 |
| 2009 | 9.2 | 38.0 | 1.6 | 9.6 | 19.1 |
| 2010 | 14.7 | 16.0 | 2.5 | 10.3 | 12.9 |
| 2011 | 9.9 | 9.4 | 2.1 | 8.6 | 15.9 |
| 2012 | 8.1 | 24.4 | 1.4 | 3.6 | 8.2 |
| 2013 | 7.6 | 18.9 | 1.3 | 10.9 | 26.3 |
| 2014 | 7.7 | 13.5 | 1.1 | 13.0 | 30.8 |
| 2015 | 7.0 | 8.9 | 1.0 | 4.7 | 12.2 |
| “十一五”时期 | 13.3 | 21.9 | 3.8 | 13.4 | 18.5 |
| “十二五”时期 | 8.1 | 14.9 | 1.4 | 8.1 | 18.4 |
| 2004～2015 | 11.6 | 19.7 | 3.1 | 10.6 | 16.8 |

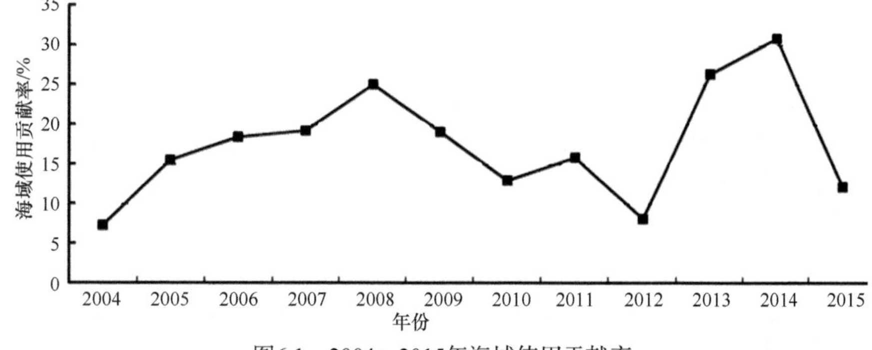

图6.1 2004～2015年海域使用贡献率

从图6.1可以看出，2004～2015年海域使用贡献率总体呈波动变化，主要分为4个阶段：①2004～2008年处于增长状态。自《中华人民共和国海域使用管理法》施行以来，我国海域使用逐步规范、有序，海域供给量保持较高增速，有效拉动了海洋经济增长，海域使用贡献率因此呈现较快增长趋势。②2008～2012年大致呈下降趋势。2008年全球金融危机对海洋经济发展造成冲击，用海需求回落，海域使用面积增速有所下降，导致海域使用贡献率减小。③2012年后随着经济逐渐复苏，海域使用贡献率有所回升，并在

2014年达到近10余年来的峰值，即30.8%；2012年国家海洋局对海域使用权证书实行全国统一配号并加强相关管理，促使当年海域确权面积出现较大增幅，推动海域使用贡献率的提高。④2015年海域使用面积增速减缓，因此海域使用贡献率有所下降。

从“十一五”和“十二五”发展阶段来看，海域使用贡献率大致相当，分别为18.5%和18.4%，均高于2004～2015年的整体水平。考虑到海域使用面积除了受用海需求影响外，还与国家重大政策有关，而国家重大建设用海项目几年上马一次，使海域使用面积增长不规律。为此，本研究采用移动平均法计算5年的海域使用贡献率，以消除数据随机波动对测算结果的影响。结果显示，各阶段海域使用贡献率稳定在15.9%～19.0%（表6.16），进一步分析发现海洋经济增速与海域使用面积增速的趋势基本保持一致，由此可以认为合理增加海域供给面积能够提高海洋经济增长速度，未来海洋经济增长离不开海域资源的持续稳定供给。

表6.16　采用移动平均法计算的5年海域使用平均贡献率　（单位：%）

| 时间阶段 | 海洋生产总值增长率 | 海域使用面积增长率 | 海域使用贡献率 |
|---|---|---|---|
| 2003～2008年 | 15.2 | 13.6 | 16.4 |
| 2004～2009年 | 13.6 | 14.1 | 19.0 |
| 2005～2010年 | 13.3 | 13.4 | 18.5 |
| 2006～2011年 | 11.7 | 11.5 | 18.0 |
| 2007～2012年 | 10.4 | 9.1 | 16.1 |
| 2008～2013年 | 9.9 | 8.6 | 15.9 |
| 2009～2014年 | 9.6 | 9.3 | 17.7 |
| 2010～2015年 | 8.1 | 8.1 | 18.5 |

### 6.8.4　结论

海域大规模确权使用支撑了海洋经济的持续高速发展，根据测算结果，“十一五”和“十二五”时期海域使用贡献率均超过了18%，在海洋经济增长中发挥了较大作用。实际上海域供给在海洋经济发展中的贡献不仅限于此。海域作为海洋开发活动的载体和空间，是涉海资本、劳动力及科技等要素聚集的先决条件，在海洋经济增长中发挥着不可忽视的“隐性贡献”。

针对海域使用贡献率现状，在“十三五”时期海域综合管理中，可以开源节流，从4个方面提升我国海域利用水平，以保障海洋经济增长的用海需求：①加大对闲置海域的清查处置力度，有效盘活海域存量资源，积极寻找融资渠道，使海域资源发挥最大效用，增强海洋经济发展后劲；②健全海域使用权招拍挂出让制度，积极推进海域使用权市场化配置，满足市场需求，促进海域资源合理使用；③优化海域资源利用的空间布局，推进海域立体确权，扩展海域使用的垂直空间，提高海域资源的利用效率；④推进海域资源集约节约利用，科学布局海洋产业，将经营粗放、利用效率低的海域进行充分整合，提高海域产出效益。

## 参考文献

[1] 王晗, 徐伟. 海域集约利用的内涵及其评价指标体系构建. 海洋开发与管理, 2015, 32(9): 45-48.
[2] 张思静, 袁太平. 浅谈我省科技进步对经济增长的贡献. 河北经济研究, 2001, (6): 27.
[3] 毛振强, 左玉强. 土地投入对中国二三产业发展贡献的定量研究. 中国土地科学, 2007, 21(3): 59-63.
[4] 丰雷, 魏丽, 蒋妍. 论土地要素对中国经济增长的贡献. 中国土地科学, 2008, 22(12): 4-10.
[5] 李名峰. 土地要素对中国经济增长贡献研究. 中国地质大学学报(社会科学版), 2010, 10(1): 60-64.
[6] 王建康, 谷国锋. 土地要素对中国城市经济增长的贡献分析. 中国人口・资源与环境, 2015, 25(8): 10-17.
[7] 戚欣. 教育对经济增长贡献率测度模型的一个改进方法. 吉林大学社会科学学报, 2005, (3): 94-98.
[8] 张方涛. 教育对我国经济增长贡献的实证研究. 山东大学硕士学位论文, 2010.
[9] 张忠斌, 蒲成毅. 能源消耗与经济增长关系的动态机理分析: 基于C-D生产函数. 科技管理研究, 2014, 34(5): 226-230.
[10] 刘大海, 李朗, 刘洋, 等. 我国“十五”期间海洋科技进步贡献率的测算与分析. 海洋开发与管理, 2008, 25(4): 12-15.
[11] 孙瑞杰, 李双建. 海洋经济领域投入要素贡献率的测算. 海洋开发与管理, 2011, 28(7): 95-99.
[12] 沈金生, 张杰. 我国主要海洋产业发展要素的贡献测度与经济分析. 中国海洋大学学报(社会科学版), 2013, (1): 35-40.
[13] 卫梦星. 中国海洋科技进步贡献率研究. 中国海洋大学硕士学位论文, 2010.

# 第7章　海岛保护规划制度

## 7.1　青岛市海岛保护与利用规划

海岛在开发海洋资源上，具备得天独厚的区位优势，在当前中国大力发展海洋经济的关键时刻，保护海岛生态环境、合理开发海岛资源、发挥海岛价值具有重要的现实意义。2009年12月《中华人民共和国海岛保护法》（以下简称《海岛保护法》）公布，海岛保护与利用得到国家有关部门的高度重视，“科学规划、保护优先、合理开发、永续利用”成为海岛保护与利用的基本原则。然而，纵观我国海岛规划管理现状，基于海岛保护法的市县级海岛保护与利用规划却迟迟未能出台。因此，有必要加强市县级海岛保护与利用规划（以下简称市县级海岛规划）编制技术研究，进一步推动海岛保护与开发利用工作，促进海岛社会经济持续发展。

因为海岛分布于广阔的海洋中，具有海陆双重属性，所以海岛保护与利用规划在考虑海洋区位因素和海洋环境资源禀赋的同时[1]，还要考虑海岛土地资源承载力，协调海岛城镇的整体发展[2-4]。由于大多数海岛面积较小、生态系统脆弱、环境资源承载力有限，海岛开发利用必须以保护生态为前提[5]，还要遵循维护国家权益和国防安全、科学合理开发、因岛制宜、依托陆域等原则[6]，通过建立可再生能源利用、有机垃圾处理等循环系统[7]，发展低碳生态旅游等方式促进海岛保护与利用[8]。

在上述研究的基础上，以青岛市为例，开展了市县级海岛规划编制技术研究，为青岛市海岛保护与开发利用提供技术依据，为市县级海岛规划编制工作提供借鉴。

### 7.1.1　规划背景与规划定位

《海岛保护法》明确指出：“国家实行海岛保护规划制度。海岛保护规划是从事海岛保护、利用活动的依据。”按照规定，我国的海岛保护规划制度分为三级三类，三级是指国家级规划、省级规划和市县级规划，三类是指海岛保护规划、海岛保护专项规划和可利用无居民海岛的保护与利用规划[9]。为落实全国海岛保护与利用工作，《省级海岛保护规划编制管理办法》和《省级海岛保护规划编制技术导则（试行）》先后出台，为沿海省（区、市）地区编制省级海岛保护规划提供了依据。2012年4月，《全国海岛保护规划》经国务院批准[10]，由国家海洋局正式公布，为全国海岛保护与利用指明了具体的方向。目前，省级海岛规划中的《福建省海岛保护规划》等已出台，部分其他沿海地区的省级海岛保护与利用规划正处于编制或报批过程中。

在全国和省级海岛保护规划相继出台的背景下，编制市县级海岛规划既有理论意义，也有实践意义。市县级海岛规划是国家级海岛保护规划和省级海岛保护规划的具体落实，通过市县级海岛规划的编制，可以明确海岛保护与利用中的具体要求和控制指标，结合海岛区位条件，将国家级和省级海岛保护规划付诸实际。

### 7.1.2　市县级海岛规划编制技术要求

1. 注重规划方案的切实可行性

市县级海岛规划编制要充分考虑海岛自身资源禀赋和区位条件，结合经济发展实际，确定现实可行的发展模式和主导功能，同时要与《海岛保护法》等法律法规、国民经济和社会发展规划、海洋功能区划、土地利用规划、海洋事业发展规划、所属省级海岛保护规划等进行衔接，从而使规划方案具备切实可行性。

2. 总体规划与单岛规划相结合

市县级海岛规划中，海岛开发要有所侧重，兼顾整体和局部。整体上，以有居民海岛为主，邻近分布的多个海岛共同发展，形成若干紧密的海岛组团，同时选择一个或少数几个地理条件优越、资源价值突出的海岛，结合其资源环境状况，作为重点海岛编制单岛规划。

3. 强化规划方案的控制性

与国家级和省级海岛保护规划不同，市县级海岛规划应对管辖范围内的海岛有明确而具体的开发管理要求，将主导功能明确到具体海岛或海岛区域，这不仅要全面、系统地掌握海岛的自然环境概况和开发利用现状等信息，更重要的是对其开发保护过程设定可量化、可审查的控制指标。

4. 应考虑海岛生态环境脆弱性

青岛市海岛多数为小岛，地域结构简单，植被覆盖少，其中生态系统食物链层次少，复杂程度低，生物多样性指数小，生物物种之间及生物与非生物之间关系简单，生态系统脆弱，稳定性差，易遭到损害，任何物种的灭失或者环境因素的改变，都将对整个海岛生态系统造成不可逆转的影响和破坏，而且其生境一旦遭到破坏就难以或根本不能恢复。因此，分析研究青岛市海岛生态环境的脆弱性，对于认识青岛市海岛生态环境状况及海岛发展潜力，推动青岛市海岛经济可持续发展有重要意义。

### 7.1.3　青岛市海岛规划编制框架

编制市县级海岛规划，在总体框架构成上，要与国家级和省级海岛规划相符，同时，兼顾市县级海岛规划技术要求。以青岛市为例进行市县级海岛保护规划研究。青岛市作为山东半岛蓝色经济区建设的龙头，其海洋经济发展在全省乃至全国海洋经济发展中具有重要作用，而保护利用海岛、发展海岛经济是未来青岛市海洋经济发展规划中的重要组成部分，值得注意的是，青岛市管辖海岛具有明显的簇状分布特征，岛群之间差异明显，边界清楚，使其案例具有技术典型性和推广意义[11]。

青岛市海岛规划编制框架分为以下三部分。

### 1. 市县级海岛功能分类

基于《全国海岛保护规划》的分类原则，《省级海岛保护规划编制技术导则（试行）》将海岛分为三级10小类，选取上述三级分类中的海洋自然保护区内海岛、旅游娱乐用岛、工业交通用岛和农林牧渔业用岛进行四级细分示范，具体如下。

#### 1）海洋自然保护区内海岛

对海洋自然保护区内海岛，细分为2个四级类：生态保护用岛和生态旅游用岛。例如，长门岩自然保护区内的七星岩岛，岛上有非常重要的生物资源，建议规划为生态保护用岛。

#### 2）旅游娱乐用岛

对旅游娱乐用岛，根据旅游类型，细分为2个四级类：风景观光用岛和休闲娱乐用岛。例如，脱岛、小石岛、竹岔岛等岛屿周边海域渔业资源丰富，是良好的垂钓场，建议规划为休闲娱乐型旅游海岛。

#### 3）工业交通用岛

对工业交通用岛，可细分为4个四级类：工业岛、港口区海岛、航道区海岛和锚地区海岛。例如，女岛位于青岛港女岛港区附近，海岛面积较大，可提供港区服务，建议规划为港口区海岛。

#### 4）农林牧渔业用岛

对农林牧渔业用岛，可细分为5个四级类：垦植业用岛、渔业基础设施建设用岛、增养殖用岛、捕捞用岛和重要品种养护用岛。例如，三平岛周围水域适宜开展养殖，建议规划为增养殖用岛。

结合上述分析，以上四级分类的定义描述如下（表7.1）。

表7.1　部分海岛功能细分及其分类描述

| 三级类 | 四级类 | 定义 |
| --- | --- | --- |
| 海洋自然保护区内海岛 | 生态保护用岛 | 是指生态系统较脆弱或是岛区生物资源极其重要，要求进行严格生态保护的海洋自然保护区内海岛 |
| | 生态旅游用岛 | 是指具备一定旅游资源，经充分论证，可适度开发生态旅游的海洋自然保护区内海岛 |
| 旅游娱乐用岛 | 风景观光用岛 | 是指海岛本身或其所在区域风景优美，以开展风景观光为主要功能的旅游娱乐类海岛 |
| | 休闲娱乐用岛 | 是指离岸较近、岛屿周围渔业垂钓资源丰富，以休闲垂钓、农家宴为主的旅游娱乐类海岛 |
| 工业交通用岛 | 工业岛 | 是指以开展船舶制造等利用活动为主的工业交通类海岛 |
| | 港口区海岛 | 是指地理区位优势明显，适宜建设港口或是为周围港口提供港区服务的工业交通类海岛 |
| | 航道区海岛 | 是指位于航道区的工业交通类海岛 |
| | 锚地区海岛 | 是指周围适宜建锚地的工业交通类海岛 |

续表

| 三级类 | 四级类 | 定义 |
|---|---|---|
| 农林牧渔业用岛 | 垦植业用岛 | 是指面积较大、具备一定农林业所需条件，适宜开展垦植业的农林牧渔类海岛 |
| | 渔业基础设施建设用岛 | 是指以建设渔业基础设施为功能的农林牧渔类海岛 |
| | 增养殖用岛 | 是指周边海域养殖条件适宜，以开展增养殖活动为主的农林牧渔类海岛 |
| | 捕捞用岛 | 是指周边水域自然渔业资源丰富，适宜开展捕捞利用活动的农林牧渔类海岛 |
| | 重要品种养护用岛 | 是指周边水域自然海珍品资源丰富或适宜开展海珍品养殖的农林牧渔类海岛 |

### 2. 市县级海岛控制指标制定

为加强海岛保护与开发利用活动的过程管理和后续监督，从人口容量控制、建设用地协调、建筑安全控制、基础设施、生态环境保护和安全防灾减灾6方面构建控制指标，示意图见图7.1。

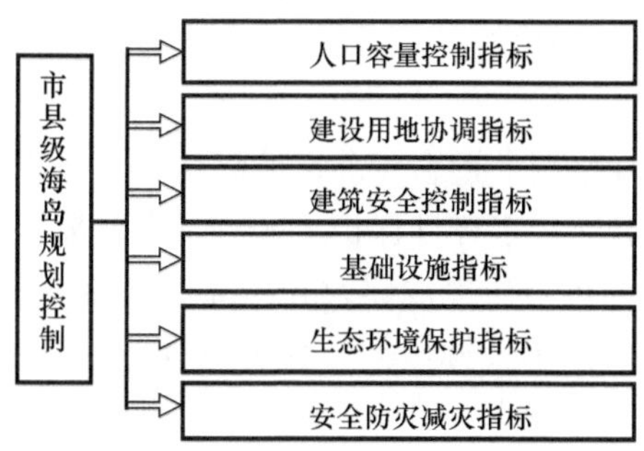


图7.1 市县级海岛规划控制指标示意图

对上述指标的解释如下。

（1）人口容量控制指标。人口容量控制值取空间容量和资源容量的最小值。空间容量的计算公式为

$$C_i = X_i \times Z_i / Y_i \tag{7.1}$$

式中，$C_i$为空间容量值；$X_i$为海岛可利用面积；$Y_i$为人均占用面积；$Z_i$为日周转率。资源容量利用总资源量除以人均需求量得到，包括水资源、电力资源、设施资源等。

（2）建设用地协调指标。建设用地应包括居住建筑用地、公共建筑用地、生产建筑用地、仓储用地、对外交通用地、道路广场用地、公用工程设施用地和绿化用地，具体指标为各建设用地占地率，例如，生产建筑占地率=生产建筑用地面积/建设用地总面积。需根据海岛主导产业类型、海岛地质环境和海岛总面积等因素对上述各项建设用地进行合理分配。

（3）建筑安全控制指标。该指标主要包括建筑物高度控制指标、建筑密度控制指标、建筑物所在坡度控制指标、建筑物离岸距离控制指标等，对上述指标设定界限值，严格控制岛上建设活动在界限值以下开展。一般情况下，基岩岛较泥沙岛能够承担更大的建筑压力，因而前者的界限值高于后者。

（4）基础设施指标。海岛基础设施包括交通道路、邮电通信设施、给水排水设施和供电设施等内容，对需要安排的各项工程设施的选址和布局提出规划建设要求，同时对各项安排设定相关达标控制值。

（5）生态环境保护指标。该指标包括大气环境质量指标、水质指标、污水排放指标和噪声指标，针对上述4项指标，分别根据各自的通用标准选取合适的等级进行控制，如大气环境质量应符合《环境空气质量标准》（GB 3095—2012）的一级标准。

（6）安全防灾减灾指标。海岛保护与利用规划应主要从防台风、洪水、风暴潮、地震、火灾、山体滑坡崩塌、泥石流和医疗疾病以保障居民和游人安全等方面采取防灾减灾措施，针对海岛所处区域灾害发生频率选取必要的指标，并设置界限值。

3. 市县级海岛重点工程布局

海岛保护规划重点工程是为解决海岛开发、建设、保护中的重大问题而提出的。《全国海岛保护规划》共设计了包括海岛资源和生态调查评估、海岛典型生态系统和物种多样性保护、领海基点海岛保护、海岛生态修复、海岛淡水资源保护与利用、海岛可再生能源建设、边远海岛开发利用、海岛防灾减灾、海岛名称标志设置和海岛监视监测系统建设等10项工程。

结合青岛市海岛的实际情况，适合青岛市的海岛重点工程包括海岛资源和生态调查评估、海岛典型生态系统和物种多样性保护、领海基点海岛保护、海岛生态修复、海岛淡水资源保护与利用、海岛可再生能源建设和海岛监视监测系统建设等7项，其中应重点开展海岛生态修复、海岛淡水资源保护与利用和海岛可再生能源建设3项工程，具体布局如下：①对岛体、岸线、沙滩、植被等破坏严重的海岛实施海岛生态修复工程，如沙滩资源损坏严重的驴岛，可作为生态修复工程试点；②主要针对有居民海岛实施海岛淡水资源保护与利用工程，如淡水资源丰富的大管岛，可作为淡水资源保护与利用工程试点；③主要对可再生能源资源丰富的海岛实施可再生能源建设工程，如风能、太阳能资源丰富的灵山岛、三平岛等，可作为海岛可再生能源建设工程试点。

### 7.1.4 建议

根据前文研究，提出政策建议如下：

第一，尽快启动第二次海岛调查，全面掌握海岛资源环境和社会经济发展状况，为市县级海岛规划编制奠定基础。

第二，加快推进市县级海岛规划编制技术研究，为开展市县级海岛保护与利用工作提供科学依据和指导，具体包括：①进一步推进海岛功能分类研究，对选取的4个三级类以外的其他三级类，研究细化分类的可能性；②在控制指标体系构建上，选取某些海岛作为试点，检验指标的科学性；③加快开展海岛重点工程试点工作，对海岛重点工程实施情况，分析其可行性，为编制市县级海岛规划中的重点工程布局提供依据。

## 参考文献

[1] 陈长青. 我国海岛规划浅谈. 中国建设信息, 2005, (11): 35-38.

[2] 田红霞, 于长英, 郑海霞. 新一轮土地利用规划中海岛土地资源承载力研究——以大连市长海县为例.

国土资源科技管理, 2010, (2): 72-76.
[3] 兰平和, 强海洋. 海岛国土规划若干问题研究初探——以广西北部湾经济区涠洲岛为例. 中国国土资源经济, 2010, (12): 17-19.
[4] 杨建军, 喻孙坤. 海岛城镇协调发展规划——以舟山市干览镇为例. 城乡建设, 2006, (10): 63-65.
[5] 于洪社, 万兵力, 王海亮, 等. 保护海岛生态环境促进长岛经济发展. 山东国土资源, 2007, (2): 1-2.
[6] 韩立民, 王爱香. 保护海岛资源科学开发和利用海岛. 海洋开发与管理, 2004, (6): 30-33.
[7] 毋瑾超, 夏小明, 滕骏华. 海岛开发与生态环境保护中的循环经济理论应用模式研究. 华中师范大学学报(人文社会科学版), 2010, (S1): 19-22.
[8] 郑青. 保护海岛旅游资源, 倡导海岛旅游低碳发展方式. 海洋信息, 2011, (3): 14-16.
[9] 刘大海, 刘志军, 吴丹, 等. 海岛保护规划在我国规划体系中的定位与层级研究. 海洋开发与管理, 2011, (9): 1-3.
[10] 国家海洋局. 全国海岛保护规划, 2012.
[11] 青岛市海岛资源综合调查办公室. 青岛市海岛志. 北京: 海洋出版社, 1996: 176.

## 7.2 庙岛群岛海岛保护规划

我国海岛众多，资源丰富、文化多元、产业特色鲜明，在沿海地区经济社会发展中具有重要的作用。但近年来，我国海岛面临突出的区域问题，集中体现为部分海岛发展过度，资源枯竭，亟待修复；部分海岛发展滞后，基础设施薄弱，民生得不到保障，海岛发展呈现不平衡的态势。这些问题已逐渐威胁海岛地区经济社会的和谐发展。因此，有必要加快全国海岛保护规划的工作进度，针对区域差异划分基本空间单元，科学协调发展过度与发展落后之间的矛盾，合理布局海岛区域发展，以全面规划为手段统筹海岛开发与保护工作，为海岛地区经济发展提供可靠保障。本研究借鉴英国爱尔兰海多用途区划[1]的思想，以庙岛群岛为例，进行了庙岛群岛海岛保护规划预研究，从而为全国海岛规划工作提供借鉴。

### 7.2.1 庙岛群岛区域特征分析

庙岛群岛扼渤海、黄海交汇处的渤海海峡，隶属于山东省烟台市长岛县①，由南长山岛、北长山岛、庙岛、砣矶岛等32个岛屿组成，其中有居民海岛10个，无居民海岛22个，岛陆面积56km$^2$，海域面积8700km$^2$，海岸线长146km。庙岛群岛区是渤海门户和京津地区海上航线的重要通道，关系到国家海洋权益维护，同时，该海域是渤海潮汐通道和鸟类迁徙通道，具有丰富的渔业资源、潮汐发电资源和生态旅游资源。庙岛群岛不仅有重要的海防意义，还具有独特的自然地理和历史文化特点。

第一，庙岛群岛具有重要的海防意义；第二，庙岛群岛是我国第一个海岛国家地质公园——“长山列岛国家地质公园”的主体部分，很多海岛上有深达10m多的黄土层和海蚀海积等地质遗迹景观，被地质专家称为中国最东部的“黄土高坡”和天然的地质课

① 2020年6月长岛县被撤销，与蓬莱市被合并为蓬莱区，由于在研究期内长岛县未被撤销，因此本书仍保留原名。

堂；第三，庙岛群岛历史文化遗址众多，其中北庄遗址是我国东部沿海目前发现的唯一大型原始村落遗址，与西安的半坡遗址齐名，被考古学家称为中国的“东半坡”，距今6500多年；第四，庙岛群岛有长岛国家级自然保护区，还是猛禽南迁的重要中继站，据估算庙岛群岛每年猛禽环志放飞占全国总量的70%以上；第五，大黑山岛上繁衍生息着大量黑眉蝮蛇，被称为我国的第二大蛇岛，据估算现在岛上蝮蛇数量约有1万条。

然而，由于我国长期以来缺乏对海岛的开发利用意识，根深蒂固的重陆轻海思想和闭关锁国的政策曾严重束缚庙岛群岛地区的开发利用活动[2]，因此当地经济发展滞后、管理水平低下。从居民生产生活条件来看，庙岛群岛尚存在一些实际困难，如交通不便，产业结构不合理，卫生、医疗、教育事业发展落后等，海岛社会经济发展远没有跟上大陆沿海地区的步伐，已不能满足当地的发展需要。

此外，为紧跟快速发展的经济形势，缩小岛陆之间的差距，近年来，人们对庙岛群岛的部分海岛进行掠夺性开发，使海岛资源面临严峻的形势。例如，人们在某些海岛进行大量的开山取石、伐木平地以晾晒海带，其景象甚至可以用满目疮痍来形容，不仅严重破坏了海岛的自然生态，影响了岛体完整，甚至威胁了海岛的地下淡水。

结合以上意义和问题，应对庙岛群岛进行高起点的规划定位，通过多用途区划的方式，引导产业发展，加强环境保护，最终实现庙岛群岛的又好又快发展。

### 7.2.2　海岛保护规划研究背景

世界上很多国家和地区都在研究或实施各式各样的涉海区划方案，目的是在确保经济发展的基础上，通过安排海洋及海岛资源保护开发的优先次序，最大限度地保护自然生态环境，这为我国提供了一些宝贵的经验和教训。

英国在这方面有很多的成果，例如，法尔茅斯湾和塞文河口这些小面积的涉海区划，其中最出名的是爱尔兰海MZIS初步方案[3]。与其他区划不同，MZIS是以通用管理工具为目标而设计的，其主旨就是协调不同海洋管理机构和涉海行业部门之间的矛盾，从而为涉海管理决策提供全面性、整体性的战略指导意见。

爱尔兰海MZIS初步方案的管理范围涉及英国马恩岛及周边海域。该方案被公布以后在国际上受到广泛关注，这是因为该规划是一种基于英国现行法律的，适用于管理海洋开发利用活动的通用型多用途区划，具有很强的适用性。该方案基于英国的现行体制进行了深入剖析，指出英国现行的国家体制在面对海洋环境恶化、海洋开发增多的压力时，已经力不从心，暴露出很多问题。为此，该方案的研究者重点考察了涉海活动的各种类型以及相关的法律法规，运用地理信息系统对这些法律法规的功能和权限进行了数字化的体现，在空间上将其展示出来，并赋予其相关属性信息。在以上研究基础上，经反复试验，MZIS的初步方案被设计出来。与之前的区划相比，该区域所强调的继承、兼容与协调的原则，更适合海洋和海岛的历史情况和发展方向。目前英国已经提出议案，计划要将其融合到现行体制中。

### 7.2.3　多用途分区的初步方案、边界和分区方法

#### 1. 基于多用途分区的初步方案

根据海岛的自然地理属性、资源环境特征、生态特征、地理区位条件、开发利用条件等方面的特殊性，依据《海岛保护法》的有关精神，参照英国爱尔兰海MZIS初步方案的理念，借鉴主体功能区的理论和方法[4]，统筹我国海岛保护与利用的形势和需求[5]，将海岛划分为严格保护区、一般保护区、适度保护区和保留区4种主要类型区。

（1）严格保护区。严格保护区海岛是指具有特殊用途或者重要保护价值的海岛或区域，如位于海洋类自然保护区的海岛。

（2）一般保护区。一般保护区海岛是指海岛开发强度较高或城镇化、工业化对海岛压力过大，海岛资源环境问题逐渐凸显的区域，如政府驻地所在的有居民海岛。

（3）适度保护区。适度保护区分为适度保护区Ⅰ和适度保护区Ⅱ两类。适度保护区Ⅰ是指海岛资源环境承载力较弱或关系较大海域范围内生态安全的海岛或区域；适度保护区Ⅱ是指区位条件优越、海岛资源环境承载力较强、对社会经济支撑条件较好的海岛或区域。

（4）保留区。无法纳入以上区域的，归为保留区。

#### 2. 边界

庙岛群岛海岛保护规划的北部边界为北隍城岛，南部边界为南长山岛，研究区域为山东省烟台市长岛县所辖的全部海岛。

值得注意的是，此次初步方案主要针对那些低潮线以上的区域，不包括潮间带部分，但以后可能延伸到周边海区。

此次海岛保护功能分区涉及的海岛利用方式包括：典型海岛生态系统保护、特殊用途、保留类、旅游、养殖、教育科研、矿产开发、交通运输建设、水产品加工、可再生能源利用、中转补给、石油化工等。

#### 3. 分区方法

本方案按受保护的程度，自高到低排列如下。

（1）严格保护区，可分为特殊用途海岛整岛和其他海岛的特殊用途区域。

（2）保留区。

（3）一般保护区。

（4）适度保护区，可分为适度保护区Ⅰ和适度保护区Ⅱ。

具体如图7.2和表7.2所示。

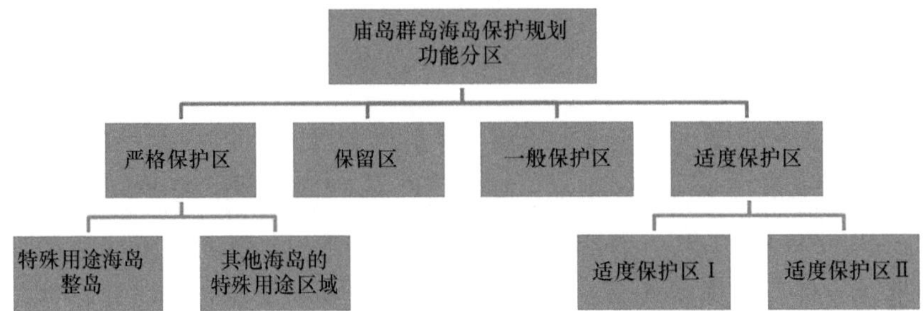


图7.2　多用途区划结构示意图

表7.2　多用途区划的区域特征

| 序号 | 类型 | 区域特征 |
|---|---|---|
| 1 | 严格保护区 | 在任何时候都禁止任何活动的开展，即使是研究等特殊的需要也得事先得到批准 |
| 2 | 一般保护区 | 一般保护区将对人类活动进行严格控制，可以开展的活动包括：国际法律批准的活动、已在这个区域合法化的活动、易于得到相关机构法律许可和批准的活动、技术上可行且利于实现环境可持续发展的活动 |
| 3A | 适度保护区Ⅰ | 在适度保护区Ⅰ内开展某项活动，它的实施者必须经过相关法律程序证明它对海岛保护现状不构成明显的有害影响，才能得到批准 |
| 3B | 适度保护区Ⅱ | 适度保护区Ⅱ应在保护海岛生态的前提下，可持续利用海岛的自然资源，合理规划发展相关的海洋产业，促使海岛地区的自然资源和社会经济的和谐发展 |
| 4 | 保留区 | 保留区在报有关部门批准前，应严格控制人类活动 |

### 7.2.4　庙岛群岛功能分区

#### 1. 进行功能分区的原则

按照以下原则进行功能分区。

（1）继承性原则。分区时应尽量考虑历史情况和发展方向，更好地将其他规划、区划吸纳融合进来，多继承，少突破。

（2）兼容性原则。附属小岛礁功能尽量与大岛兼容；严格保护区可与其他兼容，但不能交叉。

（3）协调性原则。在考虑功能分区和政策制定时，要注重与其他政府部门相关政策的衔接和协调，减少冲突和矛盾。

（4）科学性原则。评价方法和评价过程应科学合理，尽量采用定量评价，减少定性评价。

（5）可持续原则。应尊重海岛生态系统的特殊性，强调因岛、因地制宜，根据各个海岛的实际情况，科学选择开发利用模式，加强政策的引导作用，实现海岛资源可持续利用。

（6）全面性原则。在进行分区时，既要充分利用海岛资源优势，又要加强对海岛的保护和管理，全面推进海岛的开发利用和保护。

### 2. 海岛基本功能分区

根据以上功能分区原则，参照英国爱尔兰海MZIS初步方案的理念，结合庙岛群岛海岛保护与利用的形势和需求，对庙岛群岛的主要海岛[6]进行基本功能分区（表7.3）。

表7.3 庙岛群岛各海岛基本功能分区

| 序号 | 类型 | 海岛名称 |
| --- | --- | --- |
| 1 | 严格保护区 | 高山岛、小高山岛、小猴矶岛、猴矶岛、车由岛、大竹山岛、小竹山岛、犁犋把岛、马枪石岛 |
| 2 | 一般保护区 | 北隍城岛、南隍城岛、鳖盖山岛、小钦岛、大钦岛、砣矶岛、大黑山岛、小黑山岛、庙岛、北长山岛、南长山岛 |
| 3A | 适度保护区Ⅰ | 东咀石岛、砣子岛、南砣子岛、鱼鳞岛、蝎豚岛、羊砣子岛、牛砣子岛 |
| 3B | 适度保护区Ⅱ | 挡浪岛、螳螂岛 |
| 4 | 保留区 | 坡礁岛、烧饼岛 |

## 7.2.5 结语

根据庙岛群岛情况，对庙岛群岛海岛保护规划工作提出如下建议。

（1）应重点加强特殊海岛生态系统保护，选划并建设一批有特色的海岛特别保护区；建设生态型海岛，推进大竹山岛、车由岛、高山岛、猴矶岛等无居民海岛生态养护。

（2）应严格控制航道周边的海岛岸线开发活动，加快实施海岸带修复工程，保护设置在海岛上的助航导航设施，保障渤海门户航道安全。

（3）应以南五岛为中心，建设国际休闲度假岛。将南长山岛、北长山岛建设成为国家5A级休闲旅游区，将庙岛建设成为妈祖文化旅游区，构筑错位发展、各具特色的生态旅游版块。

（4）应发挥庙岛群岛的渔业资源优势，引进新技术，培育优良品种，逐步建成以砣矶岛、大钦岛、小钦岛、南隍城岛、北隍城岛为中心的多元、立体的现代化生态渔业基地。

（5）按照“科学规划、保护优先、合理开发、永续利用”的原则，科学适度开发螳螂岛、挡浪岛等无居民海岛，打造原生态高端精品项目，实现岛屿生态保育和资源开发利用协调并进。

## 参考文献

[1] 刘大海. 吴桑云, 张志卫, 等. 爱尔兰海域多用途区划的启示. 海洋开发与管理, 2008, 25(9): 9-13.

[2] 黄顺力. 海洋迷思: 中国海洋观的传统与变迁. 南昌: 江西高校出版社, 1999.

[3] Boyes S, Eelliott M, Thomson S, et a1. Multiple-use zoning in UK and Manx Waters of the Irish Sea: interpretation of current legislation through the use of GIS—based zoning approaches: Institute of Estuarine and Coastal Studies (IECS). Hull: University of Hull, 2005.

[4] 杜黎明. 主体功能区区划与建设. 重庆: 重庆大学出版社, 2007.
[5] 韩秋影, 黄小平, 施平. 我国海岛开发存在的问题及对策研究. 湛江海洋大学学报, 2005, (5): 7-10.
[6] 国家海洋局. 全国海岛名称与代码(HY/T119—2008). 北京: 中国标准出版社, 2009.

## 7.3 海岛开发与保护多维决策方法

海岛作为自然形成的海上陆地区域，具有资源丰富、生境脆弱、功能多样等特征，战略价值突出，是海洋开发以及海权维护的前沿阵地。2009年以来，随着《海岛保护法》的颁布实施，海岛开发得到高度重视。作为一种海陆特征兼备的特殊地域单元，海岛具有地域结构相对简单、土壤植被发育程度不高、生物多样性较低、淡水资源缺乏、稳定性和自我恢复能力差等突出问题，生态环境往往较为脆弱，极易受到自然、人为作用干扰和破坏。因此，海岛开发要以合理把握海岛生态环境脆弱性为前提。

脆弱性概念始于对自然灾害的研究，由Timmerman于1981年[1]率先提出，多用于自然灾害、气候变化等自然科学领域。随着脆弱性研究的深入，越来越多的学者尝试将脆弱性与不同研究对象结合，并由此产生了生态环境脆弱性、资源脆弱性、经济脆弱性等不同分支。海岛生态环境作为脆弱性的评价对象，源于生态过渡带（ecotone）概念的提出[2]。目前国内外海岛生态环境脆弱性评价方法可分为定性和定量两种。定性研究主要从海岛生态环境脆弱性的表现形式、驱动机制[3, 4]、适应能力[5]等角度出发进行研究，并提出了相应的脆弱性应对措施；定量研究则多以指标构建为基础，通过对海岛不同生境进行指标分类及模型构建，定量评价海岛生态环境脆弱性[6-11]。

根据已有研究发现，当前海岛生态环境脆弱性研究尚未形成系统方法，且因对脆弱性理解不同，评价方法和指标选取差异较大。除此之外，现有研究多将脆弱性作为自然和人类活动等多种因素综合作用的结果，难以剥离生态环境脆弱性与开发之间的动态协调关系，缺乏对开发适宜性、开发强度等因素的考量，导致评价结果往往比较片面。因此，本研究面向海岛开发与保护客观需求，尝试提出一套基于海岛生态环境脆弱性视角的海岛开发与保护多维决策方法，对海岛生态环境脆弱性进行科学评估，以期为海岛生态保护、有序开发和永续利用提供指导借鉴。

### 7.3.1 概念界定与方法研究

#### 1. 生态环境脆弱性概念界定

脆弱性是指由于系统或系统组分对系统内外扰动敏感以及缺乏应对能力从而容易使系统的结构和功能发生改变的一种内在属性，其产生的直接原因在于其内部本质特征，外部扰动因素仅是系统脆弱性发生变化的驱动机制[12]。基于此，结合固有脆弱性和特殊脆弱性的划分[3, 4]，可将海岛生态环境脆弱性界定为海岛自然生态环境组成结构本身在陆海相互作用下的敏感反应和恢复能力，是海岛固有属性在陆海干扰作用下表现出的因自适应而受到损害的性质，是所有海岛环境的共有属性。

### 2. 与开发适宜性、开发强度的关系矩阵

基于海岛生态环境脆弱性视角的海岛开发与保护多维决策需要重点回答以下问题：对于我国众多的待开发海岛，依据其生态环境脆弱性、开发适宜性及开发强度，哪些海岛要禁止开发？哪些海岛需重点开发？又有哪些海岛需限制开发或优化开发？

为了更好地回答上述问题，选取海岛生态环境脆弱性、开发适宜性及开发强度三个因素，初步构建海岛开发与保护多维决策矩阵（表7.4）。其中，海岛生态环境脆弱性为优先考虑层，海岛开发适宜性和开发强度为次重要考虑层。需要说明的是，为了简化决策分析，可将每一考虑层简单划分为高、低两级。在实际应用中，也可根据实际情况划分更多级别；此外，若该岛已被划为保护区或特殊用途海岛，则不参与开发决策[13]。

表7.4　基于海岛生态环境脆弱性视角的海岛开发与保护多维决策矩阵

| 优先考虑层 | 次重要考虑层 | | | 海岛开发强度 | |
|---|---|---|---|---|---|
| | | | | 高 | 低 |
| 海岛生态环境脆弱性 | 高 | 海岛开发适宜性 | 高 | 限制开发，适度退出，生态修复 | 禁止开发，完全退出 |
| | | | 低 | 限制开发，适度退出，生态修复 | 禁止开发，完全退出 |
| | 低 | 海岛开发适宜性 | 高 | 优化开发，控制规模，生态保护 | 重点开发 |
| | | | 低 | 优化开发，控制规模，生态保护 | 不作要求 |

### 3. 评价方法

#### 1）评价指标

基于上述多维决策矩阵的构建，本研究从海岛生态环境脆弱性、海岛开发适宜性和海岛开发强度三个方向建立多维评价指标体系。

在海岛生态环境脆弱性方向，结合国内外生态环境脆弱性评价方法和海岛特殊性，从地形因子、地表因子、气候因子、恢复因子四个层面选取12个指标进行评价；在海岛开发适宜性方向，基于投入产出角度构建指标体系，具体选取资源类、成本类的8项指标；在海岛开发强度方向，则从开发与保护现状角度构建指标体系，选取经济强度与污染强度的8项指标。在取值方面，指标值越大，所反映的脆弱性程度越高，则该指标功效为正，反之亦同。

综上，构建指标体系见表7.5。

表7.5　海岛生态环境脆弱性、开发适宜性及开发强度评价指标体系

| 维度 | 因子 | 评价指标 | 单位 | 指标功效 |
|---|---|---|---|---|
| 海岛生态环境脆弱性 | $G_1$地形因子 | $I_1$ 高程（海拔） | m | 正 |
| | | $I_2$ 海拔≤50m土地面积占比 | % | 正 |
| | | $I_3$ 岛屿陆地面积 | $km^2$ | 负 |
| | $G_2$地表因子 | $I_4$ 林木覆盖率 | % | 负 |
| | | $I_5$ 植被覆盖率 | % | 负 |

续表

| 维度 | 因子 | 评价指标 | 单位 | 指标功效 |
|---|---|---|---|---|
| 海岛生态环境脆弱性 | $G_3$气候因子 | $I_6$ 海平面上升速率 | mm/a | 正 |
| | | $I_7$ 最近5年每千米海岸线遭受风暴潮的次数 | 次/km | 正 |
| | | $I_8$ 降雨量 | mm/a | 负 |
| | $G_4$ 恢复因子 | $I_9$ 生物多样性指数 | / | 负 |
| | | $I_{10}$ 生物链类群结构 | 层 | 负 |
| | | $I_{11}$ 岛周潮流最大流速 | cm/s | 负 |
| | | $I_{12}$ 岛陆净初级生产力 | g/(m$^2$ · a) | 负 |
| 海岛开发适宜性 | $H_1$资源丰富度 | $S_1$ 岛周渔业资源丰富度 | / | 正 |
| | | $S_2$ 岛周油气资源丰富度 | / | 正 |
| | | $S_3$ 岛上矿产资源丰富度 | / | 正 |
| | | $S_4$ 岛上旅游资源丰富度 | / | 正 |
| | | $S_5$ 岛上淡水资源丰富度 | / | 正 |
| | | $S_6$ 风能、潮汐能利用条件 | / | 正 |
| | $H_2$开发成本 | $S_7$ 岛上建港条件 | / | 正 |
| | | $S_8$ 离大陆最短距离 | km | 负 |
| 海岛现有开发强度 | $K_1$经济强度 | $Q_1$ 人口密度 | 人/km$^2$ | 正 |
| | | $Q_2$ 接待游客数量 | 人次/（km$^2$ · a） | 正 |
| | | $Q_3$ 工业用电量 | t/（km · a） | 正 |
| | | $Q_4$ 建设用地占整岛面积比例 | % | 正 |
| | $K_2$污染强度 | $Q_5$ $SO_2$排放量 | t/（km$^2$ · a） | 正 |
| | | $Q_6$ 固体废弃物排放量 | t/（km$^2$ · a） | 正 |
| | | $Q_7$ 化肥施用强度 | kg/（km$^2$ · a） | 正 |
| | | $Q_8$ 农药使用强度 | kg/（km$^2$ · a） | 正 |

2）评价指标等级标准

借鉴2005年南太平洋应用地理科学委员会（SOPAC）和联合国环境规划署（UNEP）建立的脆弱性等级标准[11]，结合国内外其他相关研究成果，构建7个等级的海岛生态环境脆弱性、开发适宜性及开发强度评价等级标准（表7.6）。其中，级数越高，所反映的海岛生态环境脆弱性程度、海岛开发适宜性程度、海岛开发强度越高。对于现阶段无法获取数据的指标，采用模糊评价法进行测度。

表7.6　海岛生态环境脆弱性、开发适宜性及开发强度评价等级标准

| 指标 | 等级 | | | | | | |
|---|---|---|---|---|---|---|---|
| | 1 | 2 | 3 | 4 | 5 | 6 | 7 |
| $I_1$ | [0, 1500) | [1500, 3000) | [3000, 4500) | [4500, 6000) | [6000, 7000) | [7000, 8000) | [8000, +∞) |
| $I_2$ | 0 | (0, 15) | [15, 30) | [30, 45) | [45, 60) | [60, 75) | [75, +∞) |

续表

| 指标 | 等级 | | | | | | |
|---|---|---|---|---|---|---|---|
| | 1 | 2 | 3 | 4 | 5 | 6 | 7 |
| $I_3$ | $[120\times10^4, +\infty)$ | $[10.3\times10^4, 120\times10^4)$ | $[2.2\times10^4, 10.3\times10^4)$ | $[3000, 2.2\times10^4)$ | [403, 3000) | [55, 403) | [0, 55) |
| $I_4$ | [60, +∞) | [50, 60) | [30, 50) | [20, 30) | [5, 20) | (0, 5) | 0 |
| $I_5$ | [80, +∞) | [60, 80) | [40, 60) | [20, 40) | [10, 20) | (0, 10) | 0 |
| $I_6$ | 0 | (0, 1) | [1, 2) | [2, 3) | [3, 4) | [4, 5) | [5, +∞) |
| $I_7$ | 0 | (0, 1) | [1, 2) | [2, 3) | [3, 5) | [5, 10) | [10, +∞) |
| $I_8$ | [800, +∞) | [650, 800) | [500, 650) | [350, 500) | [200, 350) | [50, 200) | [0, 50) |
| $I_9$ | [60, +∞) | [50, 60) | [40, 50) | [30, 40) | [20, 30) | [10, 20) | [0, 10) |
| $I_{10}$ | 6 | 5 | 4 | 3 | 2 | 1 | 0 |
| $I_{11}$ | [80, +∞) | [70, 80) | [60, 70) | [50, 60) | [30, 50) | [20, 30) | [0, 20) |
| $I_{12}$ | [800, +∞) | [500, 800) | [400, 500) | [250, 400) | [150, 250) | [50, 150) | [0, 50) |
| $S_1$ | 极低 | 很低 | 较低 | 中等 | 较高 | 很高 | 极高 |
| $S_2$ | 极低 | 很低 | 较低 | 中等 | 较高 | 很高 | 极高 |
| $S_3$ | 极低 | 很低 | 较低 | 中等 | 较高 | 很高 | 极高 |
| $S_4$ | 极低 | 很低 | 较低 | 中等 | 较高 | 很高 | 极高 |
| $S_5$ | 极低 | 很低 | 较低 | 中等 | 较高 | 很高 | 极高 |
| $S_6$ | 极低 | 很低 | 较低 | 中等 | 较高 | 很高 | 极高 |
| $S_7$ | 极低 | 很低 | 较低 | 中等 | 较高 | 很高 | 极高 |
| $S_8$ | [1000, +∞) | [800, 1000) | [400, 800) | [100, 400) | [50, 100) | (0, 50) | 0 |
| $Q_1$ | [0, 19.1) | [19.1, 32.1) | [32.1, 53.6) | [53.6, 89.0) | [89.0, 147.4) | [147.4, 243.7) | [243.7, +∞) |
| $Q_2$ | [0, 19.1) | [19.1, 32.1) | [32.1, 53.6) | [53.6, 89.0) | [89.0, 147.4) | [147.4, 243.7) | [243.7, +∞) |
| $Q_3$ | [0, 5) | [5, 10) | [10, 20) | [20, 50) | [50, 100) | [100, 200) | [200, +∞) |
| $Q_4$ | 0 | (0, 10) | [10, 20) | [20, 40) | [40, 60) | [60, 80) | [80, +∞) |
| $Q_5$ | [0, 0.28) | [0.28, 0.65) | [0.65, 1.12) | [1.12, 1.72) | [1.72, 3.48) | [3.48, 6.39) | [6.39, +∞) |
| $Q_6$ | [0, 1.7) | [1.7, 6.4) | [6.4, 19.1) | [19.1, 53.6) | [53.6, 147.4) | [147.4, 402.4) | [402.4, +∞) |
| $Q_7$ | [0, 6.4) | [6.4, 53.6) | [53.6, 402.4) | [402.4, 1095) | [1095, 2980) | [2980, 8102) | [8102, +∞) |
| $Q_8$ | 0 | (0, 0.7) | [0.7, 1.7) | [1.7, 6.4) | [6.4, 19.1) | [19.1, 53.6) | [53.6, +∞) |

### 3）指标等级赋值方法

指标等级赋值方法如下。

如果指标功效为正，采用式（7.2）计算等级：

$$R_i=\begin{cases}1 & (X_i<0)\\ n+(X_i-X_{ina})/(X_{inb}-X_{ina}) & (X_{ina}\leqslant X_i\leqslant X_{inb}\text{且}1\leqslant n<7)\\ 7 & (X_{ina}\leqslant X_i<X_{inb}\text{且}n=7)\end{cases} \tag{7.2}$$

如果指标功效为负，采用式（7.3）计算等级：

$$R_i=\begin{cases}1 & (X_i\geqslant X_{ina}\text{且}n=1)\\ n-\left(X_i-X_{ina}\right)/\left(X_{inb}-X_{ina}\right) & (X_{ina}\leqslant X_i<X_{inb}\text{且}1<n<7)\\ 7 & (X_{ina}\leqslant X_i<X_{inb}\text{且}n=7)\end{cases} \tag{7.3}$$

式中，$R_i$为指标$i$的等级值；$X_i$为指标$i$的原始值；$X_{ina}$为指标$i$所属等级$n$的下限值；$X_{inb}$为指标$i$所属等级$n$的上限值。

4）指数计算公式及权重

进行各维度指标等级赋值之后，按照式（7.4）进行该维度的指数测算：

$$\mathrm{YI}=\sum_{i=1}^{m}R_iP_i \tag{7.4}$$

式中，YI为相应维度指数值；$R_i$为指标$i$的等级值；$P_i$为该评价指标对相应维度的作用轻重程度，即权重值；$m$为相应维度所设置的指标个数。

本研究采用层次分析法（AHP）确定各评价指标的权重值，主要应用“yaahp FreeSetupV6.0”层次分析软件进行分析。此次分析按照相对重要性分为九级标度，具体见表7.7。

表7.7　层次分析法相对重要性九级标度

| 标度值 | 1 | 3 | 5 | 7 | 9 | 2, 4, 6, 8 |
|---|---|---|---|---|---|---|
| $x_i$对于$x_j$的相对重要性 | 同等重要 | 稍微重要 | 比较重要 | 十分重要 | 绝对重要 | 相邻标度中值 |

注：元素$i$对元素$j$的标度为$a_{ij}$，反之为$1/a_{ij}$

本研究构建的判断矩阵一致性均小于0.1，通过该软件的一致性检验，判断矩阵结果可行。表7.8为利用该软件计算得出的各个维度评价指标权重数据。

表7.8　海岛生态环境脆弱性、开发适宜性和开发强度评价指标权重分配

| 生态环境脆弱性评价指标 | 权重 | 开发适宜性评价指标 | 权重 | 开发强度评价指标 | 权重 |
|---|---|---|---|---|---|
| $I_1$ | 0.0219 | $S_1$ | 0.0952 | $Q_1$ | 0.1913 |
| $I_2$ | 0.0807 | $S_2$ | 0.1371 | $Q_2$ | 0.1608 |
| $I_3$ | 0.2379 | $S_3$ | 0.0449 | $Q_3$ | 0.0561 |
| $I_4$ | 0.1303 | $S_4$ | 0.1321 | $Q_4$ | 0.2584 |
| $I_5$ | 0.0261 | $S_5$ | 0.2181 | $Q_5$ | 0.0949 |
| $I_6$ | 0.0093 | $S_6$ | 0.0393 | $Q_6$ | 0.1486 |
| $I_7$ | 0.0488 | $S_7$ | 0.0556 | $Q_7$ | 0.0548 |
| $I_8$ | 0.0213 | $S_8$ | 0.2778 | $Q_8$ | 0.0350 |
| $I_9$ | 0.2034 | | | | |
| $I_{10}$ | 0.0515 | | | | |
| $I_{11}$ | 0.0515 | | | | |
| $I_{12}$ | 0.1174 | | | | |

5）多维决策流程

在具体进行岛屿评价时，应按照标准流程进行多维决策，具体如下。

第一步：结合评价指标体系和标准，收集和调研相关海岛数据。

第二步：应用指标等级赋值方法和指数计算公式及权重，测算海岛生态环境脆弱性指数（GI）、海岛开发适宜性指数（HI）和海岛开发强度指数（KI）三个维度指数值。

第三步：对海岛生态环境脆弱性指数（GI）、海岛开发适宜性指数（HI）和海岛开发强度指数（KI）三个维度指数值进行分析比较，为决策提供技术支撑。本研究假设分值4为各维度高、低划分界限。

### 7.3.2　案例应用

由于海岛统计数据严重匮乏，为验证海岛开发多维决策方法的适用性，选取统计资料相对丰富的南长山岛、崇明岛及厦门岛进行案例应用。南长山岛位于山东省烟台市长岛县的南端，岛屿面积为12.8km$^2$，岛岸线长21.60km，是长岛县乃至山东省最大的岛屿；崇明岛地处长江口，是中国第三大岛，也是世界上最大的河口冲积岛，属热带海洋性季风气候，岛屿面积为1267km$^2$，全岛地势平坦，物产富饶，是有名的鱼米之乡；厦门岛位于中国福建省东南端，与大金门岛和小金门岛毗邻，属亚热带海洋性气候，岛屿面积约为132.5km$^2$，岛内人口达100万以上，是我国东南沿海的重要港口之一。

上述三岛的研究数据均取自国家以及各地区统计年鉴、公报，力求所用数据在相近的时间截面上。定性指标和无法获取数据的指标，采取专家打分法予以赋值。

综上，按照式（7.2）、式（7.3）计算各指标值的等级值，指标值及其等级值计算结果如表7.9所示。

表7.9　南长山岛、崇明岛及厦门岛各指标值及其等级值

| 指标 | 南长山岛 | | 崇明岛 | | 厦门岛 | |
|---|---|---|---|---|---|---|
| | 指标值 | 等级值 | 指标值 | 等级值 | 指标值 | 等级值 |
| $I_1$ | 156.0 | 1.1 | 4.5 | 1.0 | 339.6 | 1.2 |
| $I_2$ | 63.0 | 6.2 | 100.0 | 7.0 | 79.0 | 7.0 |
| $I_3$ | 12.8 | 7.0 | 1267.0 | 4.7 | 132.5 | 5.8 |
| $I_4$ | 45.0 | 2.3 | 16.8 | 4.2 | 42.8 | 2.4 |
| $I_5$ | 75.0 | 1.3 | 35.0 | 3.3 | 67.0 | 1.7 |
| $I_6$ | 2.9 | 4.9 | 3.2 | 5.2 | 2.5 | 4.5 |
| $I_7$ | 4.0 | 5.5 | 6.5 | 6.3 | 13.4 | 7.0 |
| $I_8$ | 549.5 | 2.7 | 1 025.0 | 1.0 | 1 200.0 | 1.0 |
| $I_9$ | 36.5 | 3.4 | 43.7 | 2.6 | 52.0 | 1.8 |
| $I_{10}$ | 5.0 | 2.0 | 6.0 | 1.0 | 6.0 | 1.0 |
| $I_{11}$ | 62.0 | 2.8 | 287.0 | 1.0 | 98.0 | 1.0 |
| $I_{12}$ | 48.1 | 7.0 | 89.2 | 5.6 | 234.5 | 4.2 |

续表

| 指标 | 南长山岛 | | 崇明岛 | | 厦门岛 | |
|---|---|---|---|---|---|---|
| | 指标值 | 等级值 | 指标值 | 等级值 | 指标值 | 等级值 |
| $S_1$ | 5.0 | 5.0 | 5.0 | 5.0 | 6.0 | 6.0 |
| $S_2$ | 1.0 | 1.0 | 4.0 | 4.0 | 5.0 | 5.0 |
| $S_3$ | 2.0 | 2.0 | 1.0 | 1.0 | 4.0 | 4.0 |
| $S_4$ | 4.0 | 4.0 | 5.0 | 5.0 | 6.0 | 6.0 |
| $S_5$ | 3.0 | 3.0 | 4.0 | 4.0 | 6.0 | 6.0 |
| $S_6$ | 4.0 | 4.0 | 5.0 | 5.0 | 6.0 | 6.0 |
| $S_7$ | 4.0 | 4.0 | 6.0 | 6.0 | 6.0 | 6.0 |
| $S_8$ | 6.5 | 5.9 | 1.8 | 6.0 | 1.1 | 6.0 |
| $Q_1$ | 512.0 | 7.0 | 501.0 | 7.0 | 9371.0 | 7.0 |
| $Q_2$ | 1 132.0 | 7.0 | 3 414.0 | 7.0 | 311 278.0 | 7.0 |
| $Q_3$ | 112.3 | 6.1 | 152.3 | 6.5 | 617.8 | 7.0 |
| $Q_4$ | 5.6 | 2.6 | 16.8 | 3.7 | 22.0 | 4.1 |
| $Q_5$ | 2.1 | 5.2 | 0.95 | 3.6 | 26.5 | 7.0 |
| $Q_6$ | 89.7 | 5.4 | 662.3 | 7.0 | 1 350.9 | 7.0 |
| $Q_7$ | 27 800.0 | 7.0 | 38 300.0 | 7.0 | 44 440.1 | 7.0 |
| $Q_8$ | 473.2 | 7.0 | 1 234.0 | 7.0 | 304.2 | 7.0 |

在此基础上，分别计算各案例海岛3个维度相应指标等级值的加权值，得到每个维度所对应指数值，即海岛生态环境脆弱性指数GI、海岛开发适宜性指数HI及海岛开发强度指数KI，计算结果见表7.10。

表7.10　南长山岛、崇明岛及厦门岛的GI、HI、KI计算结果

| | GI | HI | KI |
|---|---|---|---|
| 南长山岛 | 4.7 | 3.9 | 5.4 |
| 崇明岛 | 4.0 | 4.8 | 5.8 |
| 厦门岛 | 3.7 | 5.8 | 6.2 |

参见表7.10的结果，以分值4为各维度高、低划分界限，则南长山岛属高脆弱性、较低适宜性和高强度开发海岛，利用政策应偏向限制开发、适度退出和实施生态修复；而崇明岛为脆弱性中等、较高适宜性和高强度开发海岛，厦门岛为低脆弱性、高适宜性和高强度开发海岛，两岛开发政策均应以优化开发、控制规模和生态保护为主，分析结果与三岛现实情况较为一致，说明构建的基于海岛生态环境脆弱性视角的海岛开发与保护多维决策方法具有较好的适用性。

### 7.3.3 结语

本研究探讨了海岛生态环境脆弱性的概念和内涵，分析了海岛生态环境脆弱性与开发适宜性、开发强度的关系，提出了一套基于海岛生态环境脆弱性视角包含三个维度评价指标体系的海岛开发与保护多维决策方法，并以南长山岛、崇明岛及厦门岛为例进行了实证研究。结果显示，该决策体系对我国海岛具有较好的适用性，在海岛保护与开发方面具有一定的借鉴和指导意义。需要指出的是，由于现阶段海岛数据相对匮乏，在指标、等级阈值完善方面还存在一定困难，下一步的深入研究急需对我国海岛进行更为全面系统的调查和数据采集，以期推动海岛科研工作，为指导海岛开发与保护提供数据支撑。

#### 参考文献

[1] Timmerman P. Vulnerability, resilience and the collapse of society: a review of models and possible climatic applications. Toronto: Institute for Environmental Studies, University of Toronto, 1981.

[2] 李莉. 长兴岛国家级经济技术开发区生态环境脆弱性分析. 辽宁师范大学硕士学位论文, 2012: 21-45.

[3] 郭晓峰, 吴耀建, 姜尚, 等. 海岛生态脆弱性驱动机制及对策措施初探——以平潭岛为例. 海峡科学, 2009, 29(3): 3-5.

[4] 冷悦山, 孙书贤, 王宗灵, 等. 海岛生态环境的脆弱性分析与调控对策. 海岸工程, 2008, 27(2): 58-63.

[5] Guillotreau P, Campling L, Robinson J. Vulnerability of small island fishery economies to climate and institutional changes. Current Opinion in Environmental Sustainability, 2012, (3): 287-291.

[6] Gornitz V. Impacts of sea level rise in the New York City metropolitan area. Global and Planetary Change, 2001, (1): 61-88.

[7] Goklany I M. Integrated strategies to reduce vulnerability and advance adaptation, mitigation, and sustainable development. Mitigation and Adaptation Strategies for Global Change, 2007, (12): 755-786.

[8] Harve N, Woodroffe C D. Australian approaches to coastal vulnerability assessment. Sustainability Science, 2008, (3): 67-87.

[9] Farhan A R, Lim S. Vulnerability assessment of ecological conditions in Seribu Islands, Indonesia. Ocean & Coastal Management, 2012, (65): 1-14.

[10] 宋延巍. 海岛生态系统健康评价方法及应用. 中国海洋大学博士学位论文, 2007: 47-109.

[11] 黄宝荣, 欧阳志云, 张慧智, 等. 海南岛生态环境脆弱性评价. 应用生态学报, 2009, 20(3): 639-646.

[12] 李鹤, 张平宇, 程叶青. 脆弱性的概念及其评价方法. 地理科学进展, 2008, 27(2): 18-23.

[13] 姚幸颖, 孙翔, 朱晓东. 中国海岛生态系统保护与开发综合权衡方法初探. 海洋环境科学, 2012, 31(1): 114-119.

## 7.4 岛群开发时序优化方法

2009年《海岛保护法》公布，海岛开发得到国家有关部门的高度重视，坚持“科学规划、保护优先、合理开发、永续利用”四项原则，防止盲目无序开发。海岛开发作为保卫国土安全、拓展发展空间的重要举措，对于统筹海陆发展、构建“第二海洋经济带”具有重要意义。海岛与海岸带及陆域地区相比，自然条件特殊，群聚分布特征明显，单个岛屿的开发往往会与邻近岛屿及陆地产生显著的关联效应。因此，在海岛开发过程中，合理确定海岛开发时序、明确海岛功能定位、优化要素空间布局，对于科学开发海岛资源、大力发展海岛经济、充分调动海岛在海陆一体化建设中的带动作用具有重要的指导意义。

目前，世界各国都对海岛开发表现出较高的关注[1-3]。海岛开发涉及经济学、地理学、生态学、环境学和国土安全学等众多领域[4]。海岛自身受自然、交通和政策等外部因素制约[5]，生态环境脆弱，生境条件复杂[6]。因此，加强海岛政策引导[7]，协调海岛开发与保护，积极开展海岛功能区划[8]，为科学开发海岛资源提供切实可行的实现途径及制度保障[9]，成为实现海岛经济可持续发展的必然要求。本研究基于经济地理学中的增长极理论，通过构建基础模型和假设条件约束，对海陆空间布局优化问题中的岛群开发时序优化问题加以系统研究。

### 7.4.1　岛群开发时序优化的理论基础

当前，中国对海岛资源的开发利用程度较低，绝大多数海岛处于尚未开发的原始状态，这一方面是由于海岛自身交通不便、淡水资源匮乏，不利于开展生产活动，另一方面与当前海岛开发需要的要素资源相对稀缺[10]密切相关。海岛地理位置特殊，分布特征显著，除少数孤岛外，绝大多数岛屿呈现链状或环状的岛群式分布。岛群内部各岛屿之间虽有海域间隔，但部分岛屿的开发活动会辐射带动周围岛屿的发展，继而实现整个岛群的经济效益。因此，从一定程度上可以说，岛群开发是提高海岛资源利用效率、发展岛群内部规模经济、实现海岛组团发展的有效途径。经济地理学中的增长极理论作为协调区域发展的经典理论，能够在海岛开发过程中指导人们科学选择岛群内部增长极，合理优化岛群内部开发时序，早日实现各岛屿以点带面、互利共赢的发展格局。

区域增长极理论最早由法国经济学家弗郎索瓦·佩鲁提出。所谓增长极，就是具有空间聚集特点的推动性经济单位的集合体。经济增长率先发生在增长极上，然后通过各种方式向外扩散，对整个经济发展产生影响[11]。增长极的形成受资源禀赋、区位条件、外部环境等众多因素影响。岛群的开发与聚集经济体具有极大的相似之处，岛屿开发过程中彼此之间的相互作用以及岛群整体综合效益的实现与区域增长极理论所论述的现象极为相似。在岛群开发过程中，通过科学论证，明确岛屿功能定位，合理选择开发时序，率先开发岛群中投入产出系数小、乘数作用大、对外扩散作用较强、拉动作用显著的岛屿，能够有效克服岛群自身区位、资源劣势，突破要素投入相对稀缺的瓶颈，以有限的要素投入在最短时间内实现岛群整体的最大效益。

### 7.4.2　岛群开发时序优化的基础模型构建及方法研究

#### 1. 岛群开发时序优化研究的总体思路

岛群开发时序优化的最终目标是实现其整体效益的最大化。根据经济地理学中的增长极理论，在岛群开发过程中，率先被开发的岛屿往往会成为增长极，对岛群中的其他岛屿产生影响，因而不同的开发时序会使岛群的整体效益产生显著差别。现实中的岛群多呈现不规则分布，为理论研究和模型构建带来了一定困难。在此，将研究对象假定为均质均匀分布的若干岛屿（以9个岛屿为例，分布如图7.3所示），并将每个岛屿抽象为点，基于经济地理学中的增长极理论，以岛屿开发过程中彼此间存在的辐射扩散作用为前提，通过岛群开发时序优化模型的建立，科学模拟岛群开发过程，并对其开发过程中存在的时空优化问题进行系统的理论探索和方法研究；在此基础上，增加海岛异质性假设条件，以岛屿生态环境脆弱性为例对基础模型加以扩展；最后，根据社会经济活动中普遍存在的循环积累因果原理，将时间变量引入其中，构建岛群开发时序优化的综合模型。

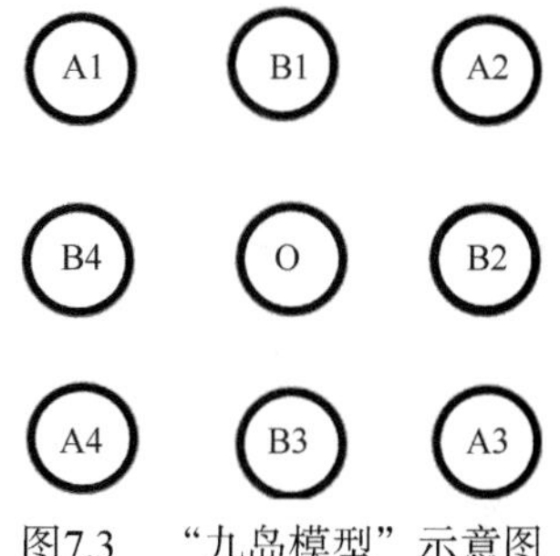


图7.3　“九岛模型”示意图

2. 岛群开发时序优化的基础模型构建

假设1：存在封闭岛群R，内部存在9个均质岛屿，分布如图7.4所示。

假设2：当前，岛群开发需要的初始要素投入有限，只能满足其中一个岛屿的要素需求，并使其成长为岛群内部的增长极。存在虚拟社会主体$C$，其初始要素投入为$T$。在一个研究周期内，增长极仅对距其最近的邻近岛屿产生辐射扩散作用，且被辐射岛屿在该周期内产生的效益为原岛屿效益的$D$倍，即作用系数为$D$。

基于以上假设，建立岛群开发时序优化的基础模型（简称ITO-0模型）$\max\sum_{i=1}^{n}M_i$ $(n=1,\ 2,\cdots,\ 9)$，得到：

$$\begin{cases}M_i=M_v\cdot D(l,\ c,\ e,\cdots)\ (0<D<1)\\ M_v=T(1+r)\end{cases} \tag{7.5}$$

式中，$M$为岛屿产生的效益；$D$为作用系数；$T$为初始要素投入；$v$为初始投资开发点标号；$r$为年收益率；$l$、$c$、$e$分别代表岛屿空间距离、要素禀赋、生态环境脆弱性等影响因素。

此模型反映了岛群开发过程中初始增长极对邻近岛屿的辐射扩散作用，并将实现岛群的整体效益最大化作为最终目标。其中，作用系数$D$作为反映岛群内部岛屿间相互作用的重要指标，其大小较为直观地反映了岛屿间的相互作用程度，且满足$0<D<1$。$D$的大小由包括岛屿空间距离、要素禀赋、生态环境脆弱性、国家相关政策等在内的诸多因素综合决定，且各因素可以作为自变量，通过与作用系数$D$建立函数关系，引入基础

模型，实现对基础模型的拓展。鉴于图7.4中的九岛均质，且其分布呈现高度的对称性特征，在此，分别选取九岛中的O、A1、B1三个岛屿作为初始要素投入点（即初始增长极），对岛群开发的整体效益加以对比研究，结果见表7.11。

表7.11 选取不同岛屿作为初始增长极的岛群整体效益比较

| 初始开发点 | 效益发生点 | 产生效益 | 总效益 | 备注 |
|---|---|---|---|---|
| O | O | $T(1+r)$ | $T(1+r)(1+4D)$ | 仅对B1、B2、B3、B4产生辐射效应 |
| | B1、B2、B3、B4 | $T(1+r)\cdot D$ | | |
| A1 | A1 | $T(1+r)$ | $T(1+r)(1+2D)$ | 仅对B1、B4产生辐射效应 |
| | B1、B4 | $T(1+r)\cdot D$ | | |
| B1 | B1 | $T(1+r)$ | $T(1+r)(1+3D)$ | 仅对O、A1、A2产生辐射效应 |
| | O、A1、A2 | $T(1+r)\cdot D$ | | |

由表7.11中的总效益比较可得，率先开发位于九岛中心的O岛所产生的辐射扩散效应最大，岛群开发的整体效益最高，B1点次之。因此，在假设1、假设2成立的条件下，可按照O、B、A的顺序对岛群R加以开发。

3. 基于生态环境异质性假设的岛群开发时序优化方法示例研究

ITO-0模型从理论角度提出了岛群开发时序优化的基本方法，并对模型中具有关键作用的作用系数$D$的决定方法进行了简单阐述。现实中，作用系数$D$的最终确定可能需要复杂的实地考察及模拟试验，这为模型方法的应用增加了一定的难度。鉴于生态环境保护在岛屿开发过程中的重要性，在此，以岛群内部岛屿生态环境脆弱性因素为例，对基础模型加以拓展，并对岛群开发时序优化的具体方法进行示范研究。

假设3（生态环境脆弱性假设）：存在单调递减函数$D=G(E)=\frac{m}{e^{\gamma}}(m>0,\ \gamma>0)$，即岛群内部岛屿间的辐射扩散效应受岛屿自身生态环境脆弱性水平（$e$）影响，且两者呈现负相关关系。岛群R开发过程中产生的环境成本完全内部化。O、A（包括A1、A2、A3、A4）、B（包括B1、B2、B3、B4）三类岛屿的生态环境脆弱性系数分别为$e_{\mathrm{O}}$、$e_{\mathrm{A}}$、$e_{\mathrm{B}}$，加入生态环境脆弱性因素的岛群开发时序优化模型（简称ITO-1模型）$\max\sum_{i=1}^{n}M_i\ (n=1,2,\cdots,9)$，得到：

$$\begin{cases} M_i = M_v \cdot \dfrac{m}{e^{\gamma}} \\ M_v = T\left(1+r\right) \end{cases} \tag{7.6}$$

式中，$M$为岛屿产生的效益；$e$为岛屿自身生态环境脆弱性水平；$D$为作用系数；$T$为初始要素投入；$v$为初始投资开发点标号；$r$为年收益率。

此时，以O、A1、B1三点作为初始要素投入点的岛群总体效益如表7.12所示。

表7.12　不同开发时序下的岛群总体效益比较

| 初始开发点（增长极点） | 总效益 |
|---|---|
| O | $T(1+r)(1+4\frac{m}{e_B^\gamma})$ |
| A1 | $T(1+r)(1+2\frac{m}{e_B^\gamma})$ |
| B1 | $T(1+r)(1+2\frac{m}{e_A^\gamma}+\frac{m}{e_O^\gamma})$ |

比较可得，在引入岛屿生态环境脆弱性因素的ITO-1模型中，岛群开发时序优化问题变得更加复杂，不同岛屿生态环境脆弱性水平的差异会对岛群开发时序优化结果产生显著影响，如表7.13所示。

表7.13　不同生态环境脆弱性水平下的岛群开发时序优化

| 岛屿生态环境脆弱性条件 | 总效益比较 | 开发时序优化 |
|---|---|---|
| $\frac{2}{e_B^\gamma}>\frac{1}{e_A^\gamma}>\frac{1}{2e_O^\gamma}>\frac{1}{e_B^\gamma}$ | O>B>A | O>B>A |
| $\frac{1}{e_A^\gamma}>\frac{1}{2e_O^\gamma}>\frac{2}{e_B^\gamma}>\frac{1}{e_B^\gamma}$ | B>O>A | B>O>A |
| $\frac{2}{e_B^\gamma}>\frac{1}{e_B^\gamma}>\frac{1}{e_A^\gamma}>\frac{1}{2e_O^\gamma}$ | O>A>B | O>A>B |

以上研究通过构建以岛屿生态环境脆弱性为自变量的影响系数函数，对岛群开发时序优化问题进行了模型拓展和方法研究。同理，可将其他因素引入ITO-0模型，从不同角度对基础模型加以拓展。

### 7.4.3　引入时间变量的岛群开发时序优化模型完善

经济学家冈纳·缪尔达尔曾提出，社会经济制度是一个不断演进的过程，遵循循环积累因果原理[12]。岛群内部岛屿之间的辐射扩散作用并非单向，其开发过程中的循环积累效果同样显著。一个岛屿的率先发展会辐射带动周围岛屿，而被带动发展起来的岛屿又会作用于其他岛屿，并反作用于最初产生辐射作用的增长极，如此循环往复，岛群的整体效益可得到不断积累，并呈现螺旋式上升趋势。该作用规律的存在，充分说明了优化岛群开发时序对岛群长远发展的重要性和必要性。为简化研究，在暂且不考虑作用系数$D$的影响的前提下，将时间因素引入ITO-0基础模型，可得如下拓展模型（简称ITO-2模型）$\max\sum_{i=1}^{n}M_i^t(n=1,\ 2,\cdots,\ 9)$，得到：

$$\begin{cases}M_i^t=M_i^{t-1}(1+r)+M_v^t\cdot D\\ M_v^t=M_v^{t-1}(1+r)+\sum_{i=1}^{i=n}M_i^{t-1}D\ (i\neq v)\end{cases}\tag{7.7}$$

引入时间因素后，岛群开发的整体效益计算变得尤为复杂，在此，仅考虑第二个研究周期末岛群的整体效益，计算结果见表7.14。

表7.14　引入时间因素后不同开发时序下的岛群整体效益比较

| 初始开发点 | 第二个研究周期末岛群的整体效益 |
|---|---|
| O（增长极点） | $T(1+r)^2+8T(1+r)^2D+4T(1+r)D^2+16T(1+r)D^3$ |
| A1 | $T(1+r)^2+4T(1+r)^2D+2T(1+r)D^2+4T(1+r)D^3$ |
| B1 | $T(1+r)^2+6T(1+r)^2D+3T(1+r)D^2+9T(1+r)D^3$ |

可见，随着研究时间和作用周期的增加，岛群的整体效益表达式也趋于复杂，但通过数学分析比较可以得出，率先开发O岛的岛群整体效益最优，而开发A岛最低。由此推测，在预测周期内，优先开发位于九岛中心的O岛的整体效益与选取其他岛屿优先开发的整体效益相比，其差距有逐步增大的趋势，见图7.4。

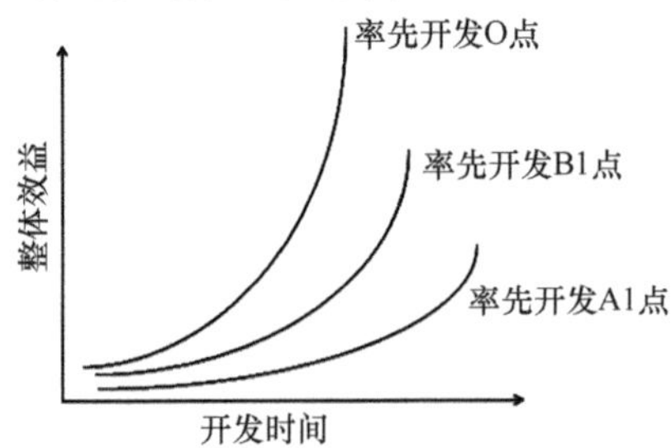


图7.4　不同开发时序下的岛群长期整体效益比较

综上，科学合理的开发时序，能够实现有限要素投入的收益最大化，并且这种开发时序优化所形成的发展优势会随时间增长日益凸显。

### 7.4.4　结语

本研究借鉴经济地理学中的增长极理论，对岛群开发过程中的时序优化问题进行了模型构建和方法研究。继ITO-0基础模型将岛屿的空间距离、资源禀赋、生态环境脆弱性等异质性因素通过函数构建引入之后，ITO-2模型又通过引入时间因素使模型愈加完善。在充分考虑现实中岛屿的非均质性及时间因素的基础上，建立岛群开发时序优化的综合模型（简称ITO-3模型）$\max\sum_{i=1}^{n}M_i^t\ (n=1,\ 2,\cdots,\ 9)$，得到：

$$\begin{cases} M_i^t = M_i^{t-1}(1+r)+M_v^t\cdot D\ (l,\ c,\ e,\cdots) \\ M_v^t = M_v^{t-1}(1+r)+\sum_{i=1}^{i=n}M_i^{t-1}D\ (i\neq v) \end{cases} \tag{7.8}$$

现实中，通过比较目标函数的结果，可依照岛群整体效益由大到小的次序确定岛群中岛屿的开发时序。因是首次建立岛群开发时序优化模型，模型拓展有限，未对岛群开发过程中各种复杂的随机因素一一探讨，且作用系数$D$的确定方法、各影响因素的权重等问题有待深入研究。这些不足之处将在今后加以深入研究。

通过以上研究可知，海岛资源不能盲目随机开发，也不能仅考虑岛群中某个潜力较大的岛屿，必须以追求岛群整体的长远效益最大化为目标，系统控制，科学规划；在开发过程中，应注意各种影响因素对岛群开发时序的影响，充分考虑包括岛群自身生态环境脆弱性因素在内的众多因素，在保护中开发，在开发中保护，注重发挥岛屿集聚分布所产生的规模经济效益，努力优化岛屿开发时序。通过合理的统筹规划和空间布局，早日实现海岛开发过程中多岛联动、共同发展的理想格局。

参考文献

[1] 满颖之. 日本经济地理. 北京: 科学出版社, 1984.
[2] 朱晓燕. 国外海岛生态环境保护立法模式与比较研究. 武汉: 2007年中国法学会环境资源法学研究会年会, 2007.
[3] 石莉. 美国海洋科技与管理发展. 海洋信息, 2006, (2): 16-18.
[4] 杨义菊, 孙丽, 王德刚, 等. 无居民海岛开发的时空顺序探讨. 海洋开发与管理, 2011, (11): 5-10.
[5] 毕远溥, 刘明, 雷利远, 等. 辽宁海岛开发与保护对策的初步研究. 海洋开发与管理, 2012, (3): 7-10.
[6] Gilliland P M, Laffoley D. Key elements and steps in the process of developing ecosystem-based marine spatial planning. Marine Policy, 2008, (32): 787-796.
[7] House C, Phillips M R. Integrating the science education nexus into coastal governance: A Mediterranean and Black Sea case study. Marine Policy, 2012, (36): 495-501.
[8] 刘大海, 吴桑云, 王晶, 等. 基于多用途分区的庙岛群岛海岛保护规划研究. 海洋开发与管理, 2010, (B11): 26-29.
[9] 姜秉国, 韩立民. 科学开发海岛资源, 拓展蓝色经济发展空间. 中国海洋大学学报(社会科学版), 2011, (6): 28-31.
[10] 毕远溥, 刘明, 雷利远, 等. 辽宁海岛开发与保护对策的初步研究. 海洋开发与管理, 2012, (3): 7-10.
[11] 李小建, 李国平, 曾刚, 等. 经济地理学. 北京: 高等教育出版社, 2011.
[12] Myrdal G. Economic Theory and Under-developed Regions. London: Duckworth, 1957.

## 7.5　岛群旅游开发资源优化配置方法

我国海岛数目众多，资源禀赋各异，开发潜力巨大。2009年，随着《海岛保护法》公布，海岛保护和开发得到社会各界的高度关注[1]，发展海岛经济势在必行。海岛旅游作为海岛经济发展的重要组成部分，对于促进海岛地区社会、经济、环境和谐发展意义重大[2]。当前，我国海岛旅游高速发展，海岛旅游资源开发呈现出由单岛开发向以岛群为单位抱团发展转变的新趋势。从岛群层面出发对海岛旅游发展中的资源配置问题加以研究，对于协调岛群内部岛屿间的相互关系，提升岛群整体开发效率，具有重要意义。

长期以来，要素资源投入相对稀缺，一直是制约我国海岛经济发展的瓶颈[3]。海岛旅游因对岛上交通、服务等基础设施要求较高，具有投资数量多、收益风险大、开发周期长、季节波动性强等典型特征，要素资源投入不足问题表现得尤为突出。与此同时，由于缺乏系统有效的岛群开发整体规划[4]和科学合理的资源优化配置方法，盲目投资、低效投资、重复投资加剧了要素资源的稀缺性，严重阻碍了海岛旅游乃至整个海岛经济的高效发展。本研究将基于典型的动力系统随机过程——马尔可夫过程，通过模型构建并辅以数学分析，建立一种岛群开发过程中优化资源要素配置的科学方法，并以岛群旅游资源优化配置为例进行应用研究。

### 7.5.1　岛群旅游资源优化配置研究的必要性

海岛是一种特殊的地貌单元，集聚性分布特征明显。当前，我国的海岛旅游发展呈现出由单岛开发向以岛群为单位多岛联合开发的模式转变，这在一定程度上是借鉴国外知名旅游岛发展模式的结果，也是当前海岛旅游市场竞争激烈，开发者决心做大做强自身品牌的必然选择。然而，“岛群旅游”与单岛旅游不同，在发挥海岛旅游活动综合性、连贯性优势的基础上，也面临一系列新挑战，它要求科学优化岛群旅游资源配置，提高其利用效率，以增加经济效益。从目前海岛旅游发展的实际情况来看，岛群开发旅游资源优化配置研究的必要性具体体现在以下3个方面。

#### 1. 提升要素利用效率，缓解资源投入不足

岛群旅游是一种将整个岛群作为一个完整的旅游目的地的旅游模式，注重发挥岛群整体效应，因此，在前期建设过程中，必须对所有潜在旅游岛屿进行开发投入，这对投资者的投资规模、资金周转周期、风险承受能力提出了极高的要求。当前，我国的海岛旅游开发活动大多由地方政府主导，企业或相关金融机构出资，要使有限的要素资源在最短时间内实现收益最大化，必须注重在不同岛屿间科学合理地配置要素资源，保证资源的高效利用，避免盲目投资带来的资源浪费和效率低下。

#### 2. 实现岛屿特色发展，避免岛间同质竞争

岛群内部岛屿地理位置接近，自然禀赋具有较大的相似性。在岛群旅游发展过程中必然会因为不同岛屿间景观差异度不大而导致相互竞争、彼此替代现象的发生。因此，在开发过程中，必须注重结合每个岛屿的自身特点，科学布局要素资源，实现岛群内部岛屿的错位发展，避免近距离重复建设行为的发生[5]，注重彰显单岛特色。这对岛群旅游资源优化配置提出了极高的要求，开发者必须对岛群内部每个岛屿的具体情况具有深入的认识才能实现。

#### 3. 注重岛群有序发展，优化岛群开发时序

岛群作为狭小地域内多个岛屿的集合体，具有典型的区域经济意义。倘若在岛群旅游资源配置过程中，能对其中地理位置相对居中、发展潜力大、扩散作用强的岛屿有所倾斜，通过配置更多的资源促使其优先发展，则会对邻近岛屿发挥显著的辐射带动作用[6]，并在一定程度上实现以点带线、以线带面的联动发展，既节约了要素投入，又提升了资源配置效率，对于岛群经济的长远发展具有重要价值。

### 7.5.2　岛群开发旅游资源配置的马尔可夫过程模型构建及优化方法研究

海岛旅游发展过程中，资源配置行为具有长期性、持续性等典型特征，从前期的初始旅游设施、旅游景观建设到伴随旅游行为而产生的旅游设施维护、完善，资源配置行为时有发生。在这个过程中，资源的优化配置显得尤为重要。鉴于旅游行为在游客的主观意识作用下具有较强的随机性，游客的旅游目的地选择、停留时间决定能在一定程度上反映出其对某旅游地点的偏好程度，这为旅游资源的优化配置提供了科学的决策依据。马尔可夫过程作为一种典型的连续时间动力系统随机过程，与游客的行为选择过程高度契合，能够对游客在海岛旅游中的随机行为进行建模分析，通过对其行为的长期观察，寻求隐藏在随机过程背后的定常态规律，这对科学指导海岛旅游资源配置、促进开发人员合理布局相关要素、实现资源利用效率最大化具有典型的应用价值。

1. 马尔可夫过程介绍

马尔可夫过程最早由俄国数学家马尔可夫于1907年提出，它是马尔可夫链模型[7]在连续时间情形下的类推。它企图寻求隐藏在随机过程背后的长期稳定性，注重揭示事物未来演变的相对确定性及其对以往行为的非依赖性。通过构造一个基于马尔可夫过程的平衡方程，可以寻求隐藏在随机过程背后的定常态分布规律，并以此为依据实现决策优化，此类研究也被称为“马尔可夫决策论”[8]。具体来说，马尔可夫过程由两个基本部分组成：状态转移和每个状态持续的时间。状态转移强调长期过程中位于每个状态的潜在稳定概率，而状态持续时间则是研究在连续时间内每个状态的停留时间。两者之间的关系可用图7.5表示。

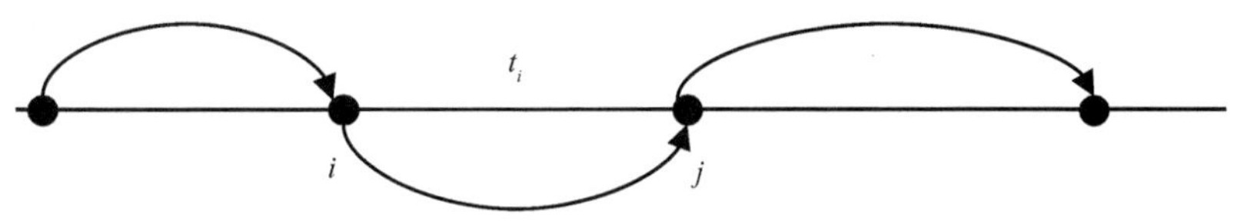


图7.5　马尔可夫过程示意图

图7.5中，实心黑点$i$、$j$分别代表马尔可夫过程中随机变量$X$的两个状态，$i$、$j$之间的箭头表示由状态$i$向状态$j$转移，$t_i$表示在$i$状态的停留时间。针对这两个基本组成部分，马尔可夫过程有如下两条基本性质[8]。

性质1：在马尔可夫过程中，下一个状态的概率分布仅仅依赖当前状态，而与其他时期的状态无关，即状态转移具有无记忆性。

性质2：在马尔可夫过程中，下一次转移的时刻不依赖于当前的状态维持多长时间。换句话说，在特定状态下维持的时间分布具有无记忆性。

性质1强调了状态转移概率$p_{ij}$（由状态$i$转移到状态$j$的概率）的确定性。由条件概率的定义知，在$n$+1期随机变量$X_{n+1}$取状态$j$的概率为

$$\Pr\{X_{n+1}=j\}=\sum_{i=1}^{n}p_{ij}\Pr\{X_n=i\} \tag{7.9}$$

性质2决定了在该过程中随机变量$X$在状态$i$维持的时间$t_i$只能服从指数分布，因为只

有指数分布是具有典型的无记忆特性的概率分布。因此，其潜在设定了某特定状态$i$的维持时间$t_i$应该具有如下密度函数：

$$F_i(t) = \lambda_i \mathrm{e}^{-\lambda_i t} \tag{7.10}$$

式中，$F_i(t)$为状态$i$的维持时间$t_i$的密度函数；e为自然底数；$\lambda_i$为参数值，且该参数值一般来说依赖状态$i$。为简化描述，现令$\pi_n(i) = \Pr\{X_n = i\}$，$\boldsymbol{\pi}_n$表示项为$\pi_n(1)$、$\pi_n(2)$、$\pi_n(3)\cdots$的向量。马尔可夫过程存在两种最终结果：①$\boldsymbol{\pi}_n$的极限$\lim\boldsymbol{\pi}_n$不存在，则该马尔可夫过程具有周期振荡性，不会在有限周期后趋于稳定；②$\lim\boldsymbol{\pi}_n \to \boldsymbol{\pi}$，则该马尔可夫过程为非周期的，即在有限周期内$X_n$趋于某一定常态。此类结果是马尔可夫过程的理想结果，对于寻求动力系统的最终平衡态至关重要。在此类结果出现的条件下，可以联立以下方程组求得该状态转移的定常态：

$$\begin{cases} \boldsymbol{\pi}_{n+1} = \boldsymbol{\pi}_n \boldsymbol{P} \\ \sum_{i=1}^{m} \pi_n(i) = 1 \end{cases} \tag{7.11}$$

式中，$\boldsymbol{P}$为状态转移概率矩阵。

2. 模型基本假设

基于马尔可夫过程的岛群开发旅游资源优化配置模型假设条件如下。

假设1（封闭系统假设）：存在封闭岛群R，内部存在$m$个可供选择的旅游目的地岛屿，游客所处的岛屿位置为$X_n \in \{1, 2, 3, \cdots, m\}$，$n$为研究周期。

假设2（状态转移模式假设）：游客在$n$期处于$X_n$岛屿的条件下，可自主选择$n$+1期的旅游目的地岛屿，$p_{ij}$表示在$n$+1期从岛屿$i$转移到岛屿$j$的概率，即$p_{ij} = \Pr\{X_{n+1} = j | X_n = i\}$ $(i \neq j)$。由于转移行为在岛群内部$m$个岛屿间均可能发生，可以将所有转移状态的$p_{ij}$写成矩阵$\boldsymbol{P}$，形式如下：

$$\boldsymbol{P} = (p_{ij}) = \begin{pmatrix} p_{11} & \cdots & p_{1m} \\ \vdots & \ddots & \vdots \\ p_{m1} & \cdots & p_{mm} \end{pmatrix} \tag{7.12}$$

鉴于状态转移必须发生于岛群内部两个不同的岛屿之间，故令$p_{ij} = 0 (i = j)$。因此，式（7.12）可写为

$$\boldsymbol{P} = (p_{ij}) = \begin{pmatrix} 0 & \cdots & p_{1m} \\ \vdots & \ddots & \vdots \\ p_{m1} & \cdots & 0 \end{pmatrix} \tag{7.13}$$

由条件概率的定义知，在$n$+1期内游客处于第$j$个岛屿的概率为

$$\Pr\{X_{n+1} = j\} = \sum_{i=1}^{n} p_{ij} \Pr\{X_n = i\} \tag{7.14}$$

假设3（马尔可夫过程定常态假设）：岛群R旅游发展的马尔可夫过程为遍历性、非周期性的，即在有限研究周期内游客可从岛屿$i$转移至岛屿$j$。这决定了经历有限周期后，游客的选择行为会趋于相对稳定的状态，此时，游客所在的岛屿$X_n$趋于同一个定常

态分布，且与其初始所在岛屿$X_1$无关。

3. 模型构建及定常态分析

根据马尔可夫过程的性质及模型假设，可以将该岛群旅游业的定常态研究分为如下两部分：①离散时间系统内的状态转移；②连续时间系统内每个状态持续的时间。首先，对该过程中离散时间系统内的状态转移开展研究。

令$\pi_n(i) = \Pr\{X_n = i\}$表示在第$n$个周期游客处于岛屿$i$的概率，则由假设2中的式（7.14）可得

$$\pi_{n+1}(i) = \sum_{i=1}^{m} p_{ij}\pi_n(i) \tag{7.15}$$

根据假设3，因为该过程为定常态，即在经历有限次状态转移之后，$\pi_n(i)$为定值，所以存在迭代函数$\boldsymbol{\pi}_{n+1}=\boldsymbol{\pi}_n P$，其中，$\boldsymbol{\pi}_n$表示项为$\pi_n(1)$、$\pi_n(2)$、$\pi_n(3)\cdots$的向量。因此，由线性方程组：

$$\begin{cases} \boldsymbol{\pi}_{n+1} = \boldsymbol{\pi}_n \boldsymbol{P} \\ \sum_{i=1}^{m} \pi_n = 1 \end{cases} \tag{7.16}$$

解得向量$\boldsymbol{\pi}_n^0 = \langle \pi_n^0(1), \pi_n^0(2), \pi_n^0(3), \cdots, \pi_n^0(m) \rangle$即为离散时间动力系统中的状态转移平衡态，它表示游客在$n$期从不同岛屿间发生的旅游地点转移相对稳定，这也可以被称为嵌入马尔可夫过程的马尔可夫链定常态分布。

接下来考虑连续时间系统内每个状态持续的时间，即游客在第$n$期选择岛屿$i$作为旅游地点后，在该岛上停留的时间$t_n(i)$。该时间服从参数为$\lambda_i$的指数分布［参见式（7.10）］，则$t_n(i)$的期望为

$$E\left(t_n(i)\right) = \int_0^{+\infty} tp(t)\mathrm{d}t = \int_0^{+\infty} t\lambda_i \mathrm{e}^{-\lambda_i t}\mathrm{d}t = \frac{1}{\lambda_i} \tag{7.17}$$

式中，$\lambda_i$的值与所处岛屿$i$密切相关，这在一定程度上反映了该岛屿对游客的吸引程度。综合上述两方面，可以计算游客在该岛群旅游期间处于各个岛屿的概率。一般来说，在某个研究周期内，若向量$\boldsymbol{\pi} = (\pi(1), \pi(2), \cdots, \pi(m))$是嵌入马尔可夫过程的马尔可夫链定常态分布，$\boldsymbol{t} = (t(1), t(2), \cdots, t(m))$是各状态停留的时间，则停留于各状态的时间比例$Q(i)$可以由下式给出：

$$Q(i) = \frac{\pi(i)t(i)}{\sum_{i=1}^{m} \pi(i)t(i)} \tag{7.18}$$

### 7.5.3 基于马尔可夫过程的岛群开发旅游资源配置优化模型应用

上文基于马尔可夫过程，对游客在海岛旅游过程中的随机行为进行了模型构建和定常态研究，得出了游客在岛群旅游过程中在每个目的地岛屿的潜在停留时间，该模型在岛群旅游发展资源优化配置过程中的重要意义在于，可以通过计算该式得出游客在该岛群内部岛屿间旅游期内在每个岛屿上停留的时间，对于停留时间较长的岛屿，意味着客

流量较大，对旅游设施的潜在需求较多，因此可以在相关资源配置过程中尽可能向该岛屿倾斜，而对于游客停留时间较少的岛屿，则表现为游客的旅游兴趣较小，这可能是由于岛屿之间景色的同质性过大或者该岛的基础设施建设、行政管理工作欠缺，应当深入寻求该问题产生的原因，并在此基础上加以改进。当然，在岛群开发要素投入有限的条件下，前者似乎更有利于岛群开发过程中资源优化配置的实现及要素投资-收益率的提升。在现实应用中，状态转移概率的选择及时间密度函数中参数$\lambda_i$的确定可以通过对大量游客的行为进行系统观察和统计分析获得。在上述研究的基础上，补充如下假设，进行应用研究。

假设4（典型岛群旅游特征假设）：存在由3个潜在旅游目的地岛屿A、B、C组成的岛群S，游客在旅游地点选择上的状态转移概率矩阵$\boldsymbol{P}=\begin{pmatrix} 0 & 1/4 & 3/4 \\ 1/2 & 0 & 1/2 \\ 2/3 & 1/3 & 0 \end{pmatrix}$，且已知A、B、C三岛屿的参数$\lambda_A$、$\lambda_B$、$\lambda_C$之间存在如下关系：

$$\lambda_A = 2\lambda_B = 3\lambda_C \tag{7.19}$$

则由状态转移概率矩阵计算嵌入该过程的马尔可夫链即离散时间系统内的状态转移定常态分布过程为

$$\begin{cases} \pi(1) = \dfrac{1}{2}\pi(2) + \dfrac{2}{3}\pi(3) \\ \pi(2) = \dfrac{1}{4}\pi(1) + \dfrac{1}{3}\pi(3) \\ \pi(3) = \dfrac{3}{4}\pi(1) + \dfrac{1}{2}\pi(2) \\ \pi(1) + \pi(2) + \pi(3) = 1 \end{cases} \tag{7.20}$$

解得

$$\boldsymbol{\pi} = (\pi(1), \pi(2), \pi(3)) = (0.3774, 0.2264, 0.3962) \tag{7.21}$$

由此可得，在较长时期内，游客选择3个岛屿作为旅游目的地的概率分别为0.3774、0.2264和0.3962。考虑到游客在这些岛屿上停留的时间期望满足式（7.17），所以游客在其旅行过程中处于三个岛屿的时间分布为（$0.3774\lambda_A$，$0.2264\lambda_B$，$0.3962\lambda_C$）。运用式（7.18）将其归一化（每一项除以它们的总和）得到（0.606，0.182，0.212）。因此，游客在该岛群旅游过程中，有60.6%的时间位于A岛，有18.2%的时间位于B岛，有21.2%的时间位于C岛。因此，为满足游客需求，避免过量投资造成的资源浪费，在该岛群旅游业发展过程中，应当将半数以上的资源配置于A岛，如投入更多资金完善包括宾馆、酒店、卫生间等在内的公共基础设施，以及布局更多的服务人员等。

### 7.5.4 结语

本研究基于马尔可夫过程对岛群旅游发展过程中的资源配置优化问题进行了模型构建及方法研究，通过计算游客在岛群内部各岛屿游览的潜在停留时间，科学指导相关部门配置要素资源。实践证明，将有限的要素资源配置在游客停留时间相对较长的地方，能够有效缓解要素使用效率低下和机会成本增加等一系列问题。当然，在岛群开发其他领域的资源配置过程中，该模型及方法也具有一定的适用性，这对优化资源配置、提升投资回报率、提高海岛开发投资热情、促进海岛经济良性发展具有重要的实践意义。

《中华人民共和国海岛保护法》明确提出，海岛开发应遵循“科学规划、保护优先、合理开发、永续利用”四项原则，防止盲目无序开发。在当前海岛开发要素投入相对有限的宏观背景下，科学布局要素资源、合理优化要素配置，是快速发展海岛经济的必然要求，也是统筹海陆发展、拓展发展空间、充分调动海岛在海陆一体化建设中重要前沿作用的理性选择。

### 参考文献

[1] 吴姗姗. 无居民海岛评估的必要性与特殊性分析. 海洋开发与管理, 2012, 29(7): 30-33.

[2] 李婉玲. 海岛旅游可持续发展研究——以上下川岛为例. 价值工程, 2011, (35): 115-116.

[3] 毕远溥, 刘明, 雷利远, 等. 辽宁海岛开发与保护对策的初步研究. 海洋开发与管理, 2012, 29(3): 7-10.

[4] 刘大海, 纪瑞雪, 仲崇峻, 等. 岛群开发时序优化模型构建及方法研究. 海洋经济, 2012, (4): 40-45.

[5] 马丽卿. 海岛型旅游目的地的特征及开发模式选择——以舟山群岛为例. 经济地理, 2011, (10): 1740-1744.

[6] 李小建, 李国平, 曾刚, 等. 经济地理学. 北京: 高等教育出版社, 2011.

[7] Giordano F R, Weir M D, Fox W P. 数学建模. 叶其孝, 姜启源, 译. 北京: 机械工业出版社, 2005.

[8] Meerschaert M M. 数学建模方法与分析. 刘来福, 黄海洋, 杨淳, 译. 北京: 机械工业出版社. 2009.

## 7.6　无居民生态岛建设评价体系

随着《无居民海岛保护与利用管理规定》的出台，以及2011年我国首批无居民海岛开发名录的公布，可以看出近年来我国政府以及相关部门对无居民海岛开发和保护的重视程度不断升温。无居民海岛数量约占我国海岛总数的94%[1]，是我国海岛的重要组成部分，虽具有生态、仓储、科研、国防、军事等多方面价值，但生态环境十分脆弱。正因如此，尽管无居民海岛远离大陆、环境恶劣、资料难以获取，但是作为该领域的研究和管理者仍不能忽视对其的研究和保护。为了实现对无居民海岛的合理开发、利用和保护，我国大力推进生态岛建设，以确保包括无居民海岛在内的海岛有序建设和适时调控。

无居民海岛生态评价方面是研究热点，也是研究难点。近年来，学者在无居民海岛开发与保护领域进行了诸多研究[2-4]，关于无居民海岛评价方面的研究也有一定的进展，构建了生态承载力评价[5]、可持续发展评价[6]、生态风险评价[7]等指标体系，现有研究还没有能够从生态岛建设的角度来对无居民海岛进行评价的内容。鉴于此，本研究在前期实地调研和资料收集的基础上，借鉴国际上通用的研究框架和评价方法，结合无居民海岛的特征和实际情况，初步研究构建了无居民生态岛建设指标体系，并利用大洲岛进行评价示范以检验其可操作性和适用性，为后续对其他无居民生态岛的评价提供较为科学的借鉴。

### 7.6.1 模型选择

在与生态相关的评价研究中常用的指标体系模型主要有“压力—状态—响应（PSR）”[8]框架模型以及由其延伸发展而来的“社会、经济、自然复合生态系统（SENCE）”[9]框架模型、“驱动力—状态—响应（DSR）”[10]框架模型和“驱动—压力—状态—影响—反应（DPSIR）”[11]框架模型等。本研究基于对相关文献的梳理和分析，研究确定以PSR作为构建指标体系的框架模型。该模型能够体现人类与环境的相互作用关系及反馈作用，具有较强的系统性，比较适合环境生态方面指标体系的构建，且模型特性与无居民生态岛建设评价的目标较为贴合。

### 7.6.2 评价方法

1. 指标选取方法

由于无居民海岛本身的特殊性以及资料普遍难以获取，对于某些评价指标难以得到准确的定量评价。因此，本研究参考已有政策、规划、文献等的与生态建设以及可持续发展相关的各类指标体系以科学性、易获取性、普适性与敏感性作为指标甄选原则，确定系统、科学、合理、应用性强的指标。拟采用的方法有文献分析法、德尔菲法、实地考察法等。

1）指标粗选

采用文献分析法，综合国内外多个关于不同尺度、不同背景的区域可持续发展指标体系（包括生态城市指标体系[12]、生态园林城市标准体系[13]、可持续发展指标体系[14, 15]），参考相关文献中关于生态岛建设的各类指标[8, 9, 16-18]，以及《崇明生态岛建设纲要（2010—2020）》中对生态岛建设的评价指标，筛选出其中出现频次较高、适用于无居民海岛或针对有特殊价值的环境和生态领域的指标。筛选得到的粗选指标详见表7.15。

表7.15 无居民生态岛建设评价粗选指标

| 生态风险（压力指标） | 生态现状（状态指标） | 生态保障（响应指标） |
| --- | --- | --- |
| E1森林覆盖率/自然植被覆盖率 | E12二氧化硫浓度年平均值 | E23水文气象稳定性 |
| E2环境保护投资占财政收入的比例 | E13地表水水质达Ⅲ类以上水域的比例 | E24区域环境噪声达标率 |
| E3沉积物质量达二级以上比例 | E14物种多样性指数 | E25实绩考核环保绩效权重 |
| E4退化土地治理（恢复）率 | E15生态保护用地占国土面积的比例 | E26二氧化氮浓度年平均值 |
| E5生物多样性指数 | E16建设用地比例 | E27危害面积超过岛屿面积30%的外来入侵物种数 |
| E6自然灾害经济损失占GDP的比例 | E17空气质量优良率 | E28本地物种受保护程度 |
| E7可吸入颗粒物浓度年平均值 | E18自然灾害损失率 | E29水面面积占国土面积的比例 |
| E8海水倒灌侵害面积超过岛屿面积60%的天数 | E19湿地保有率 | E30特殊物种稳定度 |
| E9土壤污染物含量/表层土中重金属含量 | E20滩涂面积比例 | E31人类活动影响 |

续表

| 生态风险（压力指标） | 生态现状（状态指标） | 生态保障（响应指标） |
| --- | --- | --- |
| E10珍稀濒危物种保护率 | E21生物入侵面积比例 | E32管理和保护力度 |
| E11海水水质达Ⅱ类以上水域的比例 | E22达到全球种群数量1%以上的物种数 | |

2）指标复选和分类

上一步筛选出的各项指标来源于不同的评价体系，不可避免地会出现指标层次不明确、含义重叠、逻辑关系不清等问题。因此，指标进一步的复选需要借助PSR框架模型的系统性思想，确定无居民生态岛评价的3个系统层：生态风险（压力指标）、生态现状（状态指标）、生态保障（响应指标）。然后从系统层出发，通过专家咨询法按照以上3个方面对指标进行复选和分类，使指标基本涵盖无居民生态岛关于生态环境现状及其生态建设成效显示的各个方面。复选指标详见表7.16。

表7.16　无居民生态岛建设评价复选指标

| 生态风险（压力指标） | 生态现状（状态指标） | 生态保障（响应指标） |
| --- | --- | --- |
| E30特殊物种稳定度 | E1森林覆盖率/自然植被覆盖率 | E15生态保护用地占国土面积的比例 |
| E31人类活动影响 | E11海水水质达Ⅱ类以上水域的比例 | E32管理和保护力度 |
| | E13地表水水质达Ⅲ类以上水域的比例 | |
| | E17空气质量优良率 | |
| | E22达到全球种群数量1%以上的物种数 | |

3）指标最终确定

利用专家评分、专家小组讨论、典型生态岛实地调研等方法，进一步完善各项指标，使其更符合无居民海岛的实际状况和生态建设情况，确定能够系统地评价无居民生态岛建设的各项指标。最终指标详见表7.17。

表7.17　无居民生态岛建设评价最终指标

| 生态风险（压力指标） | 生态现状（状态指标） | 生态保障（响应指标） |
| --- | --- | --- |
| C1特殊物种稳定度 | C3空气质量优良率 | C8生态保护区等级 |
| C2居民密度 | C4自然植被覆盖率 | C9用于生态保护的面积比例 |
| | C5海水水质达Ⅱ类以上水域的比例 | |
| | C6地表水水质达Ⅲ类以上水域的比例 | |
| | C7达到全球种群数量1%以上的物种数 | |

2. 指标体系构建

利用前文所述方法可以初步得出在生态风险、生态现状、生态保障3个系统层下的9项具体指标。

生态风险指标（压力指标P）用来衡量无居民海岛的生态环境脆弱性程度及其生态

环境遭受破坏的可能风险："特殊物种稳定度"指标表征海岛的特有物种、珍稀濒危物种、国家级保护物种等的生存现状；"居民密度"指标表征该岛受人类活动影响的程度大小（$居民密度=\frac{临时居民人数}{岛屿面积}$）。

生态现状指标（状态指标S）用来衡量无居民海岛生态环境主要组成部分的现状："空气质量优良率"指标是指一年内空气质量指数达到一级（AQI≤50）的天数；"自然植被覆盖率"指标是指岛屿自然植被垂直投影面积占该岛屿面积的比例（$自然植被覆盖率=\frac{自然植被垂直投影面积}{岛屿总面积}\times 100\%$）；"海水水质达Ⅱ类以上水域的比例"指标是指海岛周边海域水样达到国家海水Ⅱ类标准以上（包括Ⅱ类）的样品数占总样品数的比例（$海水水质达Ⅱ类以上比例=\frac{Ⅱ类以上海水样品数}{样品总数}\times 100\%$）；"表水水质达Ⅲ类以上水域的比例"指标是指海岛岛陆水质达Ⅲ类标准以上水域（包括Ⅲ类）的地表水面积占全部地表水面积的比例（$地表水水质达Ⅲ类以上水域的比例=\frac{Ⅲ类以上地表水水域面积}{海岛全部地表水水域面积}\times 100\%$）；"达到全球种群数量1%以上的物种数"[19]指标是指占全球生物种群数量超过1%的物种情况，参照国家、国际重要湿地认定相关的技术标准。

生态保障指标（响应指标R）用来衡量管理者对无居民海岛生态环境的保护力度和重视程度："生态保护区等级"指标是指海岛或海岛所处保护区的等级；"用于生态保护的面积比例"指标是指岛内生态环境受到保护的土地面积占全岛面积的比例（$用于生态保护的面积比例=\frac{具有生态服务功能的受保护性质的面积}{岛屿总面积}\times 100\%$）。

综合上述指标初步建立无居民生态岛建设评价指标体系（表7.18）。其中，各指

表7.18　无居民生态岛建设评价指标体系

| 系统层 | 指标层 | 单位 | 指标参考得分 | | | |
|---|---|---|---|---|---|---|
| | | | 优（5分） | 良（4分） | 及格（3分） | 差（1分） |
| 生态风险（P） | C1特殊物种稳定度 | — | 稳定 | 较稳定 | 一般稳定 | 不稳定 |
| | C2居民密度 | 人/km$^2$ | [0, 1) | [1, 5) | [5, 10) | [10, +∞) |
| 生态现状（S） | C3空气质量优良率 | % | [80, 100] | [50, 80) | [20, 50) | [0, 20) |
| | C4自然植被覆盖率 | % | [80, 100] | [75, 80) | [65, 75) | [0, 65) |
| | C5海水水质达Ⅱ类以上水域的比例 | % | [95, 100] | [85, 95) | [75, 85) | [0, 75) |
| | C6地表水水质达Ⅲ类以上水域的比例 | % | [95, 100] | [90, 95) | [80, 90) | [0, 80) |
| | C7达到全球种群数量1%以上的物种数 | — | 全球性珍稀濒危物种 | 国家重点保护Ⅰ类动物或Ⅰ、Ⅱ类植物 | 国家重点保护Ⅱ类动物或Ⅲ类植物 | 区域性珍稀濒危物种 |

续表

| 系统层 | 指标层 | 单位 | 指标参考得分 | | | |
|---|---|---|---|---|---|---|
| | | | 优（5分） | 良（4分） | 及格（3分） | 差（1分） |
| 生态保障（R） | C8生态保护区等级 | — | 国家级自然保护区 | 省级自然保护区 | 市级和县市级自然保护区 | 不属于自然保护区 |
| | C9用于生态保护的面积比例 | % | [90, 100] | [80, 90) | [70, 80) | [0, 70) |

标参考得分及其范围划分，是在国家相关标准的基础上，参考生态岛建设相关案例资料[19]，结合实地调研以及召开研讨会征询专家意见所得的结果。另外，由于各指标的值与该项表达的含义程度关系并不是线性的，存在复杂的内部机制，因此在咨询专家意见的基础上，研究选择利用模糊评价法对此类指标进行分数的划定。

### 3. 指标评价方法

#### 1）数据标准化

利用模糊评价法确定指标参考得分，既避免了各个指标取值单位不同的情况，也避免了因各指标精度不一致需要归一化的问题，因此在本研究中不需要对数据进行标准化处理。

#### 2）权重确定

由于研究对象为无居民海岛，无居民海岛的特殊性决定了在对其的资料收集和分析过程中，存在各方面横向数据匮乏、纵向连续数据难以获取等问题。加之无居民生态岛建设各方面评价相较于有居民生态岛评价，主要涉及环境和生态方面，涉及面较窄且各指标都具有重要价值，不便于采用客观赋权法或是主观赋权法。因此，为了体现在评价中的公正和客观，本研究构建的无居民生态岛建设指标体系在评价中拟采用“均权法”，以体现各指标在体系中的平等价值。权重值可由式（7.22）计算得出：

$$w_i = \frac{1}{n} \quad (i=1, 2, \cdots, n) \tag{7.22}$$

式中，$w$为权重值；$n$为指标项数。

#### 3）评价得分计算

利用指标值和权重值，可进一步由式（7.23）计算得到无居民生态岛建设综合评价指标得分：

$$S = (w_1, w_2, \cdots, w_n) \times \begin{pmatrix} s_1 \\ s_2 \\ \vdots \\ s_n \end{pmatrix} \tag{7.23}$$

式中，$S$表示无居民生态岛建设的综合评价值；$w_i(i = 1, 2, \cdots, n)$表示各项指标的权重；$s_i(i = 1, 2, \cdots, n)$表示各项指标的参考值，$n$表示指标项数。

根据现有国内外相关生态岛建设的环境生态评价，并考虑到无居民海岛的特殊性，确定无居民生态岛建设综合得分评价等级，见表7.19。

表7.19 无居民生态岛建设等级划分

| | 未达标 | | | 达标 |
|---|---|---|---|---|
| | 差 | 良 | 优 | |
| 得分 | [0, 3) | [3, 4) | [4, 5) | 5 |

### 7.6.3 示范应用——以大洲岛为例

#### 1. 研究区概况

大洲岛位于海南省万宁市东澳镇东南部，总面积70km$^2$，包括陆域面积4.2km$^2$、海域面积65.8km$^2$。为了保护大洲岛的珍稀物种——金丝燕及其生存环境，1988年万宁县政府将大洲岛划为县级自然保护区。1989年，国家海洋局提出设立海岛海域生态系统自然保护区。1990年9月30日，国务院正式批准建立大洲岛海洋生态国家级自然保护区（《国务院关于建立国家级海洋类型自然保护区的批复》），该保护区属于第一批国务院批准建立的国家级海洋自然保护区。

#### 2. 数据获取与准备

为了进一步获取资料，研究者组织调研小组于2014年9月21日对海南省三沙、万宁等市进行走访和登岛考察。前期收集资料包括相关公报[20]、高清遥感图片等，并基于遥感图片计算得到大洲岛植被覆盖率。考察期间通过座谈访问和实地踏勘，获取了保护区规划[19]、调查报告[21]、图鉴、实地影像等大量珍贵资料和数据，为研究者对大洲岛保护区建设的历史及现状的了解提供了可能。鉴于此，本研究选取大洲岛作为典型无居民海岛研究试点和评价对象，并结合资料收集情况，以大洲岛资源环境普查年——2008年为数据年份，对其无居民生态岛建设情况进行评价（表7.20）。该普查成果中与本研究联系最为密切的是关于大洲岛特殊物种——金丝雀种群数量的调查统计资料。

表7.20 大洲岛生态岛建设评价

| | 指标层 | 单位 | 原始值 | 参考得分 |
|---|---|---|---|---|
| 生态风险（P） | C1特殊物种稳定度 | — | 不稳定 | 1 |
| | C2居民密度 | 人/km$^2$ | ＜1 | 5 |
| 生态现状（S） | C3空气质量优良率 | % | 100 | 5 |
| | C4自然植被覆盖率 | % | ＞90 | 5 |
| | C5海水水质达Ⅱ类以上水域的比例 | % | 100 | 5 |
| | C6地表水水质达Ⅲ类以上水域的比例 | % | 100 | 5 |
| | C7达到全球种群数量1%以上的物种数 | — | 国家级重点保护 | 4 |
| 生态保障（R） | C8生态保护区等级 | — | 国家级自然保护区 | 5 |
| | C9用于生态保护的面积比例 | % | 100 | 5 |

注：表中大洲岛各项指标的参考得分的依据包括实地调研获取资料记载（C1、C2、C7、C8、C9）、实地调研获取资料分析（C4）、《海南省环境状况公报》（C3、C5、C6）

3. 评价结果与分析

按照上文所述将指标数值进行计算，得到大洲岛海洋生态岛建设综合评价得分为4.4。根据表7.20中对无居民生态岛建设的划分等级可知，大洲岛属于建设成效优秀的未达标无居民生态岛。

整体来看，大洲岛生态评价指标中，接近80%的指标已达标，未达标的指标里接近90%为优，仅有一项指标为差。结果表明，截至资料所示年限——2008年，大洲岛生态保护区建设阶段性成果显著，指标基本都集中在上游水平，差指标占比较小，全岛生态环境质量优良，环境建设和保护建设比较到位。

具体来看，大洲岛各项无居民生态岛建设评价指标中，处于不及格水平的指标是生态风险指标——“特殊物种稳定度”。由此可见，2008年之前，大洲岛上的特殊物种——金丝燕濒临灭绝的状况是一个制约大洲岛生态建设水平，使岛屿生态风险增加的原因。然而近年来，万宁市政府已经制定了生态保护区长期规划《海南万宁大洲岛海洋生态国家级自然保护区总体规划（2011—2020年）》（以下简称《规划》），特殊物种——金丝燕的保护是其中重要的一部分，且已取得一定成效；在《规划》实施的这些年，万宁市环保投入不断加大，建立健全生态保护区相关配套设施和机构，旨在解决保护区建设和发展中存在的问题，完善和完备大洲岛生态岛建设的方方面面。

### 7.6.4　结论

本研究通过专家咨询和实地调研的方法，并借鉴国际通用环境评价PSR框架模型，将广泛参考各相关指标体系得到的无居民生态岛建设评价指标集进行分类并筛选，一定程度上避免了指标层次不明确、含义重叠、逻辑关系不清等问题，最终建立了较为科学和系统的无居民生态岛建设评价指标体系。该指标体系能够较为全面合理地评价大洲岛的生态建设状况，且结果能够较好地反映2008年大洲岛的生态建设状况，具有一定的实际意义与实践应用价值。

无居民生态岛建设评价体系的建立和示范应用，对我国后续的海岛保护政策制定，以及生态岛建设开展都具有重要的借鉴意义和参考价值，为实现海岛经济的可持续发展、海岛生态系统的健康稳定和海岛资源环境的永续利用奠定了基础。

## 参考文献

[1] 胡增祥, 徐文君, 高月芬. 我国无居民海岛保护与利用对策. 海洋开发与管理, 2005, 21(6): 26-29.

[2] 李石斌, 陈扬乐. 海南岛周边无居民海岛开发利用适宜性探析. 海洋开发与管理, 2014, 9: 29-32.

[3] 任岳森, 翁宇斌. GIS技术在海岛保护与利用规划中的应用——以破灶屿为例. 海洋开发与管理, 2014, 31(10): 83-87.

[4] 邓小燕. 无居民海岛开发难原因及对策探析. 中国科技投资, 2013, 20: 20-21.

[5] 涂振顺, 杨顺良. 无居民海岛生态承载力评价方法构建. 海洋开发与管理, 2014, 10: 16-19, 29.

[6] 李石斌. 海南无居民海岛旅游可持续发展评价指标体系及应用研究. 海南大学硕士学位论文, 2014.

[7] 马龙, 葛清忠, 张丽婷. 浅析我国无居民海岛开发亟须引入区域生态风险评价模式. 海洋开发与管理, 2013, 30(10): 25-28.

[8] 王敏, 熊丽君, 黄沈发, 等. 崇明生态岛建设的生态环境指标体系研究. 中国人口·资源与环境, 2010, (S1): 341-344.

[9] 李华, 蔡永立. 基于ANP-PRS-SENCE框架的崇明岛生态安全评价. 地理与地理信息科学, 2009, 25(3): 90-94.

[10] 左伟, 周慧珍, 王桥. 区域生态安全评价指标体系选取的概念框架研究. 土壤, 2003, (1): 2-7.

[11] Xing Z. Coastal ecological security evaluation in nature reserve based on the DPSR model. Journal of Anhui Agricultural Sciences, 2012, 26: 115.

[12] 中华人民共和国环境保护部. 生态县、生态市、生态省建设指标(修订稿). 2007.

[13] 中华人民共和国住房和城乡建设部. 国家园林城市标准. 2010. http://www.mohurd.gov.cn/wjfb/201012/t20101228_201748.html.

[14] 中国科学院可持续发展战略研究组. 2014中国可持续发展战略报告. 北京: 科学出版社, 2014: 261-278.

[15] 中国21世纪议程管理中心, 中国科学院地理科学与资源研究所. 可持续发展指标体系的理论与实践. 北京: 社会科学文献出版社, 2004.

[16] 刘懿, 雍怡, 张湮帆, 等. 崇明生态岛可持续发展指标体系的构建研究. 北京: 中国可持续发展研究会2006学术年会, 2006.

[17] 庄怡琳, 杨海真, 郭茹, 等. 生态岛建设过程中环境类指标构建研究——以崇明岛为例. 长江流域资源与环境, 2009, 18(10): 937-942.

[18] 胡添虹, 蔡永立, 李武陵. 崇明生态岛建设生态类指标体系筛选研究. 安徽农业科学, 2011, (2): 885-888.

[19] 上海市人民政府. 崇明生态岛建设纲要(2010-2020年). 2010.

[20] 海南省国土环境资源厅. 2008年海南省环境状况公报. 2009.

[21] 海南万宁大洲岛国家级海洋生态自然保护区管理处. 大洲岛保护区生物资源调查(2008年). 2008.

# 第8章 陆海统筹

## 8.1 陆海统筹与海洋强国

泱泱中华，浩浩蓝疆，我国既是陆地大国，又是海洋大国。海洋是我国未来发展的重要资源，海洋兴，则国家兴。开发海洋是经济发展、国家繁荣的重要途径，实现海洋梦也就成为实现“中国梦”的重要部分。

党的十八大提出了“建设海洋强国”的战略目标，使我国海洋事业迈入新的发展阶段。当前，沿海地区正在筹划如何建设海洋强省、强市、强县。从强国内涵和海陆关系角度来看，实现海洋梦要站在全局的高度，海洋与内陆应功能互补、协调共进，实现海陆资源优化配置。

近年来，东部沿海地区在国家政策的大力扶持下，凭着优越的自然地理条件，在较短时间内为海洋经济的发展创造了不凡的业绩。随着海洋开发强度的不断增加，沿海地区与内陆地区经济发展差异逐步增大，在资源配置、能源开发、生态环境保护以及居民收入水平等方面均表现出海陆二元化的趋势。

共同富裕是中国特色社会主义的根本原则。在新的历史发展阶段，率先发展起来的沿海地区如何带动和帮助内陆地区，成为我国亟待解决的问题。因此，在保持东部沿海地区原有优势的同时，必须以海带陆、以东带西、海陆共进，从而有效破解海陆二元化的困境。

海陆二元形成机理在于要素分配失衡。在要素总量一定的条件下，要素的分配状况对经济体的效益水平有重要影响，一旦生产要素过度向海聚集，将会导致海陆两个经济体的非均衡化发展。要解决要素分配失衡问题，可以从3方面着手。

首先，要加强政策引导，统筹海陆发展。以海陆整合视角制定和执行产业政策、财税政策和区域政策，将海陆统筹观念内化于政策的制定、实施和完善过程中。

其次，打破壁垒，促进要素流动。通过户籍制度的改革、科学技术的进步、产业投资的转移等，打破海陆间固有的壁垒，降低生产要素在沿海与内陆间的流动成本，实现要素的市场化配置。

最后，要加大科技投入，强化技术支撑。海陆统筹的最终实现不是一蹴而就的，需要加强海陆梯度和海陆经济波动等方面的研究，从而提高陆海统筹政策手段的时效性和科学性。

海洋是我国巨大的资源优势，充分利用这一优势，推动海陆联动共进，是我国实现经济社会全面协调可持续发展的必然选择，对于我国全面建成小康社会、实现中华民族伟大复兴具有重大战略意义。因此，应立足我国当代国情和海情，以更加综合系统的视角加强、推进海洋强国建设。

## 8.2　陆海问题与陆海资源配置体系构建

### 8.2.1　引言

我国是一个海陆兼备，且大陆属性与海洋属性都十分显著的地理大国。近年来，随着我国海洋开发纵深程度和海洋经济规模逐步提升，海洋经济辐射带动作用日益增强，已成为我国社会经济快速发展的一大支柱。因此，能否进一步认识海洋经济发展与陆域经济发展的内在关系，优化海陆资源配置，实现海陆协调互动和一体化发展，已经成为影响我国经济社会可持续发展的关键问题。

### 8.2.2　问题分析

我国沿海地区经济30多年快速发展和持续增长的事实表明，资源配置在区域经济发展中起着至关重要甚至是决定性的作用。海陆经济发展过程中逐渐显现的海陆二元分异、资源开发无序、要素分配失衡、调控手段滞后等问题即是资源配置失衡在空间、时间和数量等视角下的具体表现。

1. 海陆二元分异

我国海岸带地区面积虽仅约占国土面积的13.4%，却聚集了全国40%以上的人口，提供了40%以上的就业岗位，每年创造超过全国60%的GDP[2]。巨大的发展差异不仅体现在其与内陆地区的经济总量上，还包括发展理念、社会阶层、产业结构等诸多方面，导致以资本和劳动力为代表的各类要素资源向海岸带地区高度集聚。海陆区域发展不平衡格局进一步加剧，海陆二元结构日益显现[3]。

2. 资源开发无序

科学合理的资源开发时序，能够提高资源配置效率，实现有限资源投入的最优经济收益。然而在目前海陆经济发展过程中，资源开发利用无序、无度现象仍有存在，局部地区海岸带和海域空间资源处于盲目开发和碎片式开发阶段，存在利用效益低下、布局不合理及资源开发时序混乱等问题，低水平重复开发现象时有发生，难以最大限度发挥区域溢出效应和辐射带动作用，严重制约海陆社会经济的可持续发展。

3. 资源分配失衡

资源具有稀缺性，其数量分配的多少直接关系到资源配置的导向。海陆经济在快速发展的同时，存在公平与效率均衡方面兼顾不足、资源分配方面政策性失衡等问题，整体配置效率低下，社会流动成本较高，直接影响海陆经济增长的后劲，阻碍了海陆经济一体化的进程。

#### 4. 调控手段滞后

在调控海陆经济发展过程中，由于对海陆资源配置问题缺乏足够重视和清晰认识，仍存在调控缺位。例如，规划或计划周期较长，难以适应要素流动的阶段性变化、资源要素向某些产业及区域过度流动和不合理波动、供不应求或供过于求现象屡见不鲜，造成地区经济发展不协调和不平衡。这些问题的存在不利于国民经济平稳协调运行和海陆经济协调发展。

以上问题的出现一方面体现了快速发展中必然面临的发展矛盾，另一方面也凸显出我国政府现阶段对海陆经济联动发展规律认识不足的弊端，制约着资源配置调控手段的科学性、时效性和系统性，难以有效依据市场规律实现资源配置的效益最大化和效率最优化。

海陆系统是时间、空间、经济、人与社会问题的复合体，也是海陆相互作用的复杂系统，其配置难度不同于一般的空间问题和要素问题，这种独特的定位决定了其在理论层面和管理角度的复杂性。因此，有必要尽快开展海陆资源配置理论与方法研究，为把握海陆经济发展规律、加强我国海陆资源配置管理、统筹我国海陆经济协调发展提供相应的理论基础和技术支撑。

### 8.2.3 海陆资源配置的理论和方法构架

#### 1. 概念界定

关于资源配置的研究起源很早，由于研究的领域和角度不同，对资源配置的定义也多种多样。关于资源配置的定义主要有：经济运行中的人、财、物等各种资源在各种不同利用方向之间的分配[4]；各种生产资源的类型、数量、结构以及布局的安排和组合[5]；如何对稀缺资源在多种利用方向之间进行合理分配和使用；以稀缺性为基础，使稀缺资源最大限度地保持合理的用途方向和数量比例等。从以上不同角度对资源配置定义与内涵的阐述中，可以看出资源配置涉及资源的空间布局、分配时序、数量分配等内容。其中，空间布局实质上就是要素资源的区域配置，分配时序指的是资源的开发次序，数量分配是指资源分配的比例。海陆资源配置是指在区域社会经济发展过程中，综合考虑海陆资源的特点，在海陆资源环境生态系统的承载力、社会经济系统的活力基础上，以海陆两方面协调为基础进行资源的协调配置，以便充分发挥海陆互动作用，从而促进区域社会经济和谐、健康发展[6]。

#### 2. 海陆资源配置的原则

海陆资源配置应该遵循海陆统筹协调原则、集约节约用海原则、资源有效需求原则、资源可持续利用原则、综合效益最大化原则及经济与环境相协调原则（图8.1）。

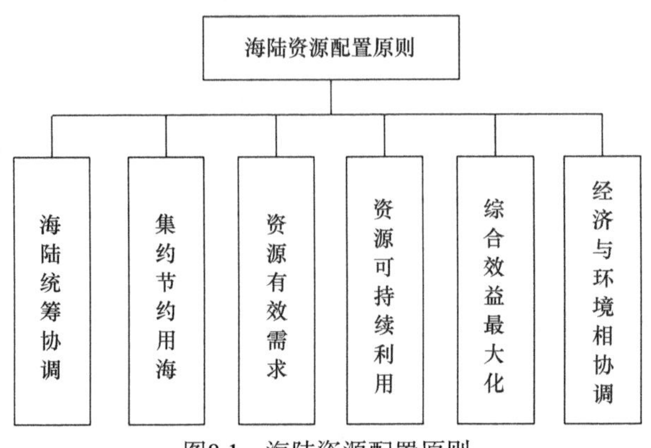


图8.1　海陆资源配置原则

（1）海陆统筹协调原则。海陆资源既涉及海洋，也涉及陆地。在考虑海陆资源配置时，应统筹协调海陆间的矛盾，实现海陆协调发展，从而更好地发挥海陆复合经济系统的整体功能。

（2）集约节约用海原则。基于我国人多海少、后备资源贫乏的客观条件，国家对资源集约节约利用尤为重视，将其作为土地、海洋管理的基本原则之一。

（3）资源有效需求原则。资源利用面临的不容忽视的现实是经过多年来的开发利用，资源利用条件较好的区域基本上已经被利用殆尽，剩余的基本上都是难以利用或者禁止开发的区域。在这种背景下，必须按照阶段内城市化与工业化用海主体的有效需求引导海域有序有度地流转，为后续的土地利用打下坚实的基础。

（4）资源可持续利用原则。资源配置既要考虑现在，也要考虑未来；既要考虑当前发展需求，也要考虑可持续性。在制定海陆资源配置方案时，要坚持可持续发展原则，协调人海关系、海陆关系、开发与保护的关系、当代人与后代人的关系，最终实现海陆资源的永续利用。

（5）综合效益最大化原则。海陆资源优化配置是在复杂结构和层次的海陆间进行时间次序、空间布局和数量分配的优化，在各个分目标间进行利弊权衡，以综合效益最大化为原则进行资源的优化配置，实现海陆一体化高效发展。

（6）经济与环境相协调原则。海岸带位于海洋与陆地交接地带，是地球四大圈层和人类相互作用地带，生态环境有其自身的脆弱性和复杂性。在海陆资源配置过程中，一定要协调好经济发展与环境保护两者之间的关系。

### 3. 海陆资源配置的基本方式

当前，我国海陆资源配置的基本方式主要分为行政配置和市场配置两种。

行政配置方式是以政府行政力为主导的资源配置利用机制，具体表现为政府通过各级各类规划、海洋功能区划、土地或海域使用审批备案等法律、行政手段对区域内的要素和空间资源进行严格控制，具有强制性、严肃性、权威性等特点，集中体现了中央政府以供给引导需求的资源供需政策。

市场配置方式则是以市场机制为主导的资源配置利用机制。具体原理是，在市场资源配置利用活动中，无论是需求者还是供给者，其行为决策均会遵循经济效益最大化或者个人效用最大化的原则，从而实现整体效益的理论最优。

然而，资源配置绝不是仅仅依靠一种治理途径就可以得到优化提升，实现配置目标。换而言之，无论是行政配置方式还是市场配置方式的单独使用，都不可能很好地完成海陆资源的有效配置利用，必须将两种配置方式结合起来，通过协调配合，才有可能实现资源配置综合效益最大化。

4. 海陆资源配置理论方法体系构建

实现资源优化配置需要综合考虑人口、经济、环境、区位、资源禀赋等因素，因此对于资源配置的研究既涉及经济学的相关理论，又与系统科学、结构主义学派等学科理论息息相关，并且离不开运筹学、计算数学的支持。这些学科理论作为资源配置强有力的支撑，为资源配置的实践提供了理论技术基础。基于资料搜集和文献回顾，从资源配置这一视角切入，通过研究海陆资源配置相关理论基础、模型方法等问题，初步构建起海陆资源配置的理论架构（图8.2），以期实现海陆资源最优化配置。

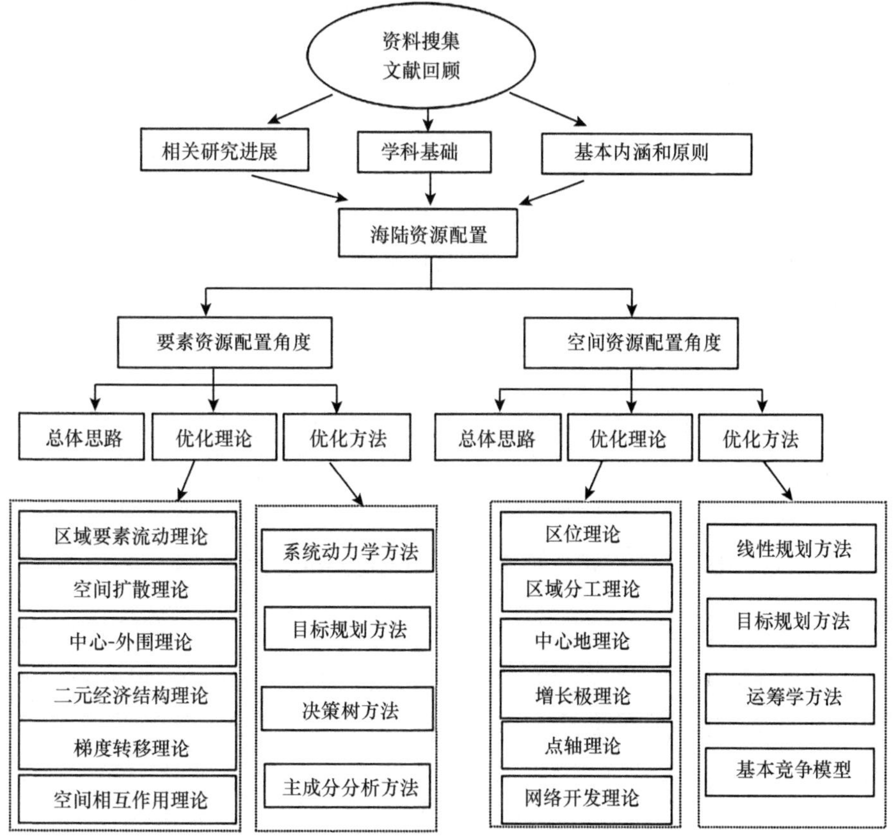

图8.2　海陆资源配置理论方法体系

关于要素资源配置的优化理论有区域要素流动理论、二元经济结构理论、梯度转移理论、中心-外围理论、空间扩散理论、空间相互作用理论。而要素资源配置优化的常用方法主要有系统动力学方法、目标规划方法、决策树方法及主成分分析方法等。而空间资源配置理论是从空间资源本身出发，研究如何根据不同地区自身的条件特点，对区域内空间进行合理区划。空间资源配置优化理论主要有区位理论、区域分工理论、增长极理论、中心地理论、点轴理论、网络开发理论等。空间资源配置优化方法有线性规划方法、运筹学方法、目标规划方法、基于土地边际效用的基本竞争模型等。

### 8.2.4　结语

基于海陆经济发展问题的分析，研究界定了海陆资源配置的内涵、范围、原则与方式，并以区域经济学、发展经济学、运筹学、系统科学等学科为基础，从理论建构角度，尝试性探讨了海陆资源配置理论的基本框架、方法体系。

海陆资源配置理论和方法体系是对海陆发展问题及其解决方法的高度凝练，其发展不仅有利于提高海洋资源开发能力，有利于推动海洋经济向质量效益型转变，同时也有利于促进海陆间的人口、经济、资源环境协调发展。当前，确实有必要关注海陆资源配置问题，认识海陆协调发展中的海陆二元分异、资源开发无序、资源分配失衡、调控手段滞后等现象，通过海陆资源配置理论研究和制度设计，从根源上解决海陆资源配置不合理问题，形成海陆资源配置的战略举措和具体抓手，加快转变海陆经济发展方式，切实推进海陆协调发展。

### 参 考 文 献

[1] 刘大海, 邹明岑, 邢文秀, 等. 海陆统筹推进海洋强国梦的实现. 中国海洋报, 2013-05-16(A1).

[2] 何振华. 环胶州湾城市扩展分析及发展预测模拟研究. 内蒙古师范大学硕士学位论文, 2009.

[3] 刘大海, 纪瑞雪, 关丽娟, 等. 海陆二元结构均衡模型的构建及其运行机制研究. 海洋开发与管理, 2012, 29(7): 112-115.

[4] 崔栋. 我国区域科技资源配置评价及优化研究. 哈尔滨工程大学硕士学位论文, 2007.

[5] 张颢静. 吉林省土地利用结构分析与资源配置研究. 吉林农业大学硕士学位论文, 2007.

[6] 叶向东. 海陆统筹发展战略研究. 海洋开发与管理, 2008, 25(8): 33-36.

## 8.3　海陆二元经济结构问题的提出

随着海洋经济的迅猛发展，“海陆二元经济结构”也悄然出现并引起学术界的关注。海陆关系如何演变，海陆二元缘何而起，又该怎样找准海陆二元结构难题的破题关键，是值得我们深入思考的问题。

### 8.3.1　海陆关系演变

我国是一个海陆兼备，且大陆属性与海洋属性都十分显著的地理大国。随着我国海洋经济的快速发展，海洋开发纵深程度和海洋经济规模逐步提升，海陆关系日渐紧密，海洋经济已成为我国经济快速发展的重要引擎。而海陆经济能否实现一体化发展，逐渐成为影响我国经济可持续发展的关键问题。

按照发展时序，我国的海陆经济一体化进程可划分为初级、高级两个阶段：初级阶段强调的是沿海经济与海洋经济的协调发展，旨在解决沿海地区如何将自身优势与海洋资源优势高效结合，通过培育海洋优势产业和优化海陆产业布局，实现生产要素和海洋产业的区域性集聚以及产业结构的优化升级，打造具有强大辐射带动作用的海岸带经济；高级阶段强调海陆联动，具体表现为海洋经济和陆地经济的高度统筹，旨在解决如何通过市场、政策机制实现生产要素在沿海与内陆间的充分流动，渐进式地完成经济技术的区域梯度转移，实现海陆优势互补，推进海陆一体化进程。

### 8.3.2 海陆二元分化

近年来，随着我国沿海地区海洋经济的迅猛发展，海洋与陆地空间割裂导致的海域与陆域经济系统固有的结构性差异在逐渐缩小，可以说海陆一体化进程的初级阶段是比较成功的。然而，随着我国海洋开发的不断深化，沿海地区与内陆地区经济发展不协调的海陆二元经济结构问题正在日益显现，并引起学术界的关注，这在一定程度上表明我国正艰难地迈入海陆一体化的高级阶段。

在海陆一体化进程中逐渐凸显的海陆二元经济结构问题主要表现在以下三方面：其一，资源配置不合理，且海陆间优势资源受地方行业壁垒、企业性质、市场发育程度等因素影响，不能充分流通或流通成本过高，难以实现优势互补，限制了资源优势转化为经济优势；其二，就业机会海陆间的不均等化、严格的户籍制度以及尚在发展完善中的社会保障体系阻碍了劳动力资源的市场化配置，造成沿海地区劳动力不足与内陆地区劳动力过剩现象并存；其三，海陆间技术转移过慢，技术差异较大，明显制约了内陆地区的经济发展。

虽然海陆二元经济结构以资源壁垒、劳动力壁垒和技术壁垒为外在表现形式，但其本质上是生产要素在海陆间的不合理分配和流通效率低下造成的。所谓“近水楼台先得月”，沿海地区凭借其区位、海洋资源等独特优势，易趋向于发展成为产业密集、人口集中、技术先进、交通便利的经济增长极，而这种要素和产业集中化趋势毫无疑问会提高资源配置的总体效率，近年来沿海地区经济整体飞速发展就是很好的证明。相较而言，内陆地区由于工业化和城市化推进缓慢，加之当前沿海地区仍处于经济要素快速集聚的过程中，受沿海经济的辐射带动作用有限，陆域经济的发展受到极大限制。此外，有研究表明，我国的经济重心目前处于东部沿海地区，且在未来较长时期内，我国生产要素将进一步向沿海地区集聚，这种现象势必会加剧海陆区域发展格局的不平衡。

当前的迫切任务是，要协调沿海与内陆经济发展，打破海陆间的技术壁垒、资源壁垒和劳动力壁垒，实现生产要素在海陆间的高效流通。

### 8.3.3 海陆统筹发展

从宏观调控角度来说，国家在制定和执行区域政策、产业政策与财税政策时应进一步强化陆海统筹观念，突破重陆轻海思想，以海陆整合视角协调海陆关系。陆海统筹是一个动态平衡过程，是全方位平衡而非平均主义，因而在特定的经济发展时期，沿海经济政策或内陆经济政策完全可以交替性优先。这是因为海陆间经济发展差异的变化会导致生产要素在海陆间流动的时空性波动。虽然我国经济发展重心长期处于东部沿海地区，但是经测算，自改革开放以来，我国生产要素流动表现出了明显的趋陆性—趋海性—趋陆性波动。类比于财政、货币政策制定与通货膨胀紧缩的关系，在市场机制调节下，生产要素趋海或趋陆流动时，宏观政策应有针对性地同向倾斜，以取得事半功倍的效果。从这个角度而言，目前的区域政策制定过程还存在一定程度的时滞性，不能对海陆经济波动规律做到实时监控和有效调控。因此，除了将陆海统筹观念内化于政策制定中，还应建立完善的海陆经济波动监测体系，从而进一步加强陆海统筹政策手段的时效性、导向性和控制性。

从具体措施来说，海陆发展差距的形成是因为海陆间生产要素流动不足，而消除海陆二元经济结构问题的原始“病灶”在于要素流通渠道的稳定程度与要素流动的顺畅程度。陆海统筹也应“对症下药”，进行要素流动渠道的制度设计，以具有巨大发展潜力和带动作用的海洋产业为突破口，不断延伸和扩展优势产业链条，实现其与陆域产业的有效链接，从而带动陆域产业的跟随式发展，继而顺利完成海陆产业在更大范围内的优化布局、互促互利、互动互补，形成海陆要素配置最优、系统产出最大化的海陆发展格局。

海陆二元经济结构难题是海陆一体化进程中的阶段性问题，其从产生、发现到最终破解有很长一段路要走，能否尽快完成这一进程是沿海和内陆经济潜力释放性发展的关键，也是我国能否从海洋大国转变为海洋强国的关键，具有重要的战略意义。因此，在充分认识当前面临的海陆二元经济结构难题的基础上，各级政府在制定政策和发展战略时应兼顾海陆差异，以更加主动和超越的姿态积极进行陆海统筹，有效推进海陆二元经济结构的一体化进程，真正实现海陆经济的腾飞。

## 8.4　海陆二元结构均衡模型构建及运行机制

近年来，我国沿海与内陆发展差异逐步扩大，形成明显的海陆二元格局[1]。减小区域发展差异，实现海陆统筹发展是我国“十二五”期间社会经济发展关注的重点问题。如何协调区域发展，充分发挥东部地区对全国经济的拉动作用，促进生产要素合理流动，引导沿海产业有序转移，成为新形势下社会经济发展的重要课题。开展海陆二元结构研究，对于解决海陆发展不平衡问题、实现海陆统筹，具有重要的理论和现实意义。

从经济学角度，针对海陆发展不平衡的现状，有两个科学问题值得关注：①海陆之间是否具有显著的二元化结构？其形成原因是什么？②我国目前的海陆二元结构内部存在怎样的生产要素运行机制？要素配置是否存在理论上的最优状态？

海陆发展差异是区域经济研究中的典型问题，从海陆空间区划角度出发加以研究很有必要[2]。海陆系统内部诸多生产要素分配不仅决定经济发展水平，更关系到海陆地区众多利益相关者的切身利益[3]。生产要素的经济价值实现离不开相关产业的发展，产业演进规律是作用于海陆二元结构的重要力量[4]，实现海陆和谐发展[5]、缩小海陆差距、实现海陆耦合共进[6]对于缩小海陆发展差异，实现海陆经济一体化具有重要意义。本研究将从海陆二元结构的形成及内部生产要素的运行机制出发，借助数学模型对上述问题进行探讨。

### 8.4.1　海陆二元结构的形成机理

近年来，我国沿海地区快速发展，资源要素大量聚集，逐步形成明显的海陆二元格局。海岸带地区聚集了我国40%以上的人口[1]，其面积虽仅约占全国的13.4%，但每年创造了超过全国60%的GDP，提供了40%以上的就业岗位。巨大的经济发展差异使得沿海与内陆地区的社会文化、发展理念、产业结构形成了较大的差异，并且这种差异呈现出逐步扩大的趋势。从经济地理学角度来看，地区间发展的联动作用大致可分为辐射与极化两种[7]，而我国目前沿海地区经济发展的极化作用远大于对相邻内陆地区的辐射带动作用，对优质社会资源呈现出过度吸纳的情形，这不仅造成了区域性资源浪费和非理性竞争，也制约了要素内流，严重影响内陆地区发展。

从我国目前的产业发展阶段不难看出，绝大多数内陆地区尚处于以自然资源和劳动力为基础的工业化初期向中期的过渡阶段，而不少沿海省（区、市）已进入以资金流、产业链、技术资本为决定要素的工业化末期，甚至是以追求区域创新、非物质性高级资源为代表的后工业化时代[8]。不同经济发展阶段的要素需求差异使得优质资源向沿海地区大量转移。该资源配置方式将内陆地区的发展限制在落后经济环境中，而沿海地区优质资源聚集，产业竞争力不断提升，“以发展促发展”的“马太效应”日益突出，从而导致海陆差异逐步加大，二元化格局日益凸显。

### 8.4.2　海陆二元结构均衡模型的构建

生产要素是社会经济发展所需要的各种社会资源的统称，可分为劳动力要素（简称人口要素）和其他资源性财产要素（简称非人口要素）两大类。海陆二元结构的形成及发展本质上是内部要素配置状况变动的结果。要深入研究海陆二元结构的形成及变化机理，必须从生产要素配置角度进行研究。下文以柯布-道格拉斯函数[9]为基础，结合我国海陆实际进行改进，构建基于生产函数的海陆二元结构均衡模型。

假设1：存在封闭经济系统R，内部存在相互独立的海陆二元经济体。

假设2：封闭经济系统经济运行中的生产要素分为两类，分别是人口要素与非人口要素，其中，人口要素总量为$N$，非人口要素总量为$K$。各生产要素按照帕累托最优原则自由流动[10]。同时，以沿海经济体作为原点，存在生产要素的逆向流动成本（由海及陆，也可简化为交通成本），而要素的正向流动成本记为0。

沿海地区：在某一时期沿海经济体的人口要素总量为$N_1$，非人口要素总量为$K_1$，生产函数为$Y_1 = A_1N_1^{\alpha}K_1^{1-\alpha}$，其拥挤成本为$CN_1^{\beta}$（其他成本忽略，要素向海流动成本为0，其中$0<\alpha<1$，$0<\beta<1$）。可知，沿海经济体的净生产收益为

$$y_1 = A_1N_1^{\alpha}K_1^{1-\alpha} - CN_1^{\beta} \tag{8.1}$$

内陆地区：在同一时期沿海经济体的人口要素总量为$N_2$，非人口要素总量为$K_2$，生产函数为$Y_2 = A_2N_2^{\alpha}K_2^{1-\alpha}$，其要素流动成本（主要为交通成本）为$DLK_2$，其中，$A_2$、$D$为系数，$L$为运输距离，$K$为非人口要素流通量，暂不考虑内陆地区的拥挤成本。可知，

内陆经济体的净生产收益为

$$y_2 = A_2 N_2^{\alpha} K_2^{1-\alpha} - DLK_2 \tag{8.2}$$

因此，该封闭经济系统的整体生产收益为

$$F(N_1, N_2, K_1, K_2) = y_1 + y_2 = A_1 N_1^{\alpha} K_1^{1-\alpha} - CN_1^{\beta} + A_2 N_2^{\alpha} K_2^{1-\alpha} - DLK_2 \tag{8.3}$$

式中，$N_2 = N - N_1$；$K_2 = K - K_1$。根据调研可知，目前沿海地区人口多于内地，沿海地区生产要素较内地更为密集，因此设定$N_1 > N_2$、$K_1 > K_2$，则追求封闭经济系统整体利益最大化的数学模型为

$$\begin{cases} \max F\left(N_1, N_2, K_1, K_2\right) \\ N_1 + N_2 = N \\ K_1 + K_2 = K \\ N_1 > N_2 \geqslant 0,\ K_1 > K_2 \geqslant 0 \end{cases} \tag{8.4}$$

鉴于$N_1$、$N_2$及$K_1$、$K_2$之间存在定量关系，为简化式（8.4），模型可变形为

$$\begin{cases} \max G\left(N_1, K_1\right) \\ N > N_1 > \dfrac{N}{2} > 0 \\ K > K_1 > \dfrac{K}{2} > 0 \end{cases} \tag{8.5}$$

式中，$G(N_1, K_1) = A_1 N_1^{\alpha} K_1^{1-\alpha} - CN_1^{\beta} + A_2 (N - N_1)^{\alpha} (K - K_1)^{1-\alpha} - DL(K - K_1)$。该模型符合库恩-塔克条件[11]，故可采取KT法求解。引入两个非负变量$\mu_1$、$\mu_2$作为广义拉格朗日乘子，令$\varphi(N_1, K_1, \mu_1, \mu_2) = G(N_1, K_1) - \mu_1 N_1 - \mu_1 K_1$，该模型的KT条件为

$$(\mathrm{KT})\begin{cases} \dfrac{\partial\varphi(N_1, K_1, \mu_1, \mu_2)}{\partial N_1} \leqslant 0, N_1 > 0 \\ \dfrac{\partial\varphi(N_1, K_1, \mu_1, \mu_2)}{\partial N_1} \cdot N_1 = 0 \\ \dfrac{\partial\varphi(N_1, K_1, \mu_1, \mu_2)}{\partial K_1} \leqslant 0, K_1 > 0 \\ \dfrac{\partial\varphi(N_1, K_1, \mu_1, \mu_2)}{\partial K_1} \cdot K_1 = 0 \\ \dfrac{\partial\varphi(N_1, K_1, \mu_1, \mu_2)}{\partial \mu_1} \geqslant 0, \mu_1 \geqslant 0 \\ \dfrac{\partial\varphi(N_1, K_1, \mu_1, \mu_2)}{\partial \mu_1} \cdot \mu_1 = 0 \\ \dfrac{\partial\varphi(N_1, K_1, \mu_1, \mu_2)}{\partial \mu_2} \geqslant 0, \mu_2 \geqslant 0 \\ \dfrac{\partial\varphi(N_1, K_1, \mu_1, \mu_2)}{\partial \mu_2} \cdot \mu_2 = 0 \end{cases} \tag{8.6}$$

由以上条件即可求得$N_1$、$K_1$的最优解（$\hat{N}_1, \hat{K}_1$）。由此可见，对于海陆二元系统来

说，在要素总量一定的条件下，要素的分配状况决定经济体的总体效益水平。与此同时，存在一个要素最佳配置，使得经济整体能够实现帕累托最优；相反，一旦生产要素向某一部分过度集聚，必将导致海陆两部分经济体的非均衡化发展以及经济整体效益的下滑。

### 8.4.3 海陆二元结构实证分析与生产要素运行机制研究

以我国为例进行实证分析。改革开放以来，沿海地区迅猛发展，内陆地区生产要素大量趋海聚集，此段时期正是海陆发展差异扩大最为显著的时期。劳动力、资本等传统要素不断向海聚集，为沿海地区提供了充裕的生产资料，而技术、信息等新型要素的加入则大大提升了沿海的生产力水平。与此同时，沿海地区良好的发展活力也反过来作用于生产要素，吸引了大量要素的继续聚集，两者相互促进，使得沿海地区生产要素的丰裕度和经济发展水平呈现出加速上升形势，与内陆地区差距越来越大。

然而，沿海地区的发展也带来了一系列社会问题。城市化的盲目扩张及高消耗、高污染的生产模式导致了资源环境超载、房价虚高、物价上涨、收入差距扩大等问题的出现。2008年金融危机以来，原本作为世界加工制造基地的沿海众多厂商面临巨大的成本压力，在沿海城市较高的生产成本和陆海经济发展梯度差异性逐步增大的作用下，一些企业选择了进军内陆。例如，富士康在河南郑州设立新工业园，惠普在重庆设立笔记本电脑出口制造基地，很多跨国制造业企业均有进军内陆省（区、市）的计划。为数众多的劳动密集型企业从东部沿海地区搬迁到中西部人口大省，带动了资金、技术等优质社会资源的向陆流动。

我国沿海经济持续快速地发展了30年，生产要素的向海集聚已达到前所未有的高度，明显偏离了最优配置，而目前国内企业向陆迁移便是市场看不见的手与外部作用因素共同作用、相互博弈的外在体现。所谓生产要素流动的外部作用因素，即生产要素流动过程中非市场自身趋利性识别作用所引发的与宏观政策因素、制度环境、经济发展背景相关的所有作用因素。在此，我们将要素流动的趋势抽象为运筹学中“流”的概念，并借用经济发展潜力研究中的内外力作用[12]，将海陆二元结构中要素流动的外部作用因素分为内源作用力与外源作用力。内源作用力具体含义是指经济发展模式和产业发展阶段，其作用机制为：不同的经济发展模式及产业发展阶段具有不同的主导型生产要素，以知识、科技为主导的经济体中的要素分配更趋于合理。外源作用力的具体含义是指海陆梯度差异和宏观政策导向，其作用机制为：海陆梯度差异越大，要素理性回流的趋势越明显，则宏观政策越有利于要素回流渠道的建立。

内源作用力和外源作用力均能对市场自身的理性选择产生干扰作用。有些是直接作用于市场决策本身（内源作用力），有些则是在市场做出选择后，通过作用于该选择的实现渠道来影响要素流动（外源作用力）。它们都不是市场自身的最初选择，其作用结果往往存在不确定性。例如，内陆产业发展阶段的提升要求更多的高端要素回流，而宏观政策导向却可能倾向于优先发展沿海，使得要素流动的最终结果不确定。因此，在多种作用力共同作用的条件下，力量间博弈的最终结果呈现出复杂性和不确定性，这使得政策制定者很难甄别市场自身作用，从而增加了政策制定的难度。

纵观当前，我国海陆间经济发展模式和产业发展阶段的差异化日益突出，沿海地区高端产业聚集，而内陆地区则以传统产业为主。海陆发展梯度差异已达到足以产生强烈外源作用力的程度，沿海与内陆地区的单位面积GDP已相差10倍有余，梯度差异为“流”的产生创造了必要条件。此外，“以海带陆、海陆联动、开发内陆”的宏观政策条件也已基本形成。在内外源力与市场自身作用的共同作用下，我国生产要素向陆回流的趋势日益明显，这既是经济主体自发选择的结果，也是生产要素理性化配置的必然要求。可以预见，在未来的沿海资源向陆回流的过程中，更多的外源作用力将被内化，新的外源作用力将会不断产生，最终的发展结果必然是经济发展模式的不断进步和产业发展阶段的持续推进，最终实现海陆联动推进、共同发展的经济格局。

### 8.4.4 结语

本研究从海陆二元结构的形成及内部要素流动变化趋势出发，尝试构建了基于生产函数理论的海陆二元结构均衡模型并辅以数学推导，证明了生产要素配置对整体经济效用的影响及最优配置方式的存在，并从内外两方面作用力出发，探讨了海陆二元结构内部生产要素配置的外部因素作用机制。由于该模型首次被提出，还有诸多不足，将在后续研究中继续完善。

通过以上研究可知，在我国当前的经济发展中，海陆二元分化现象已经十分显著，以沿海反哺内陆、以东部带动西部这一发展模式的客观经济条件已经形成。当然，要完全实现海陆二元经济一体化发展，当前的制度环境还存在诸多不足。例如，地区间的要素、产品地域性保护现象仍客观存在，运输成本高、部分税赋不合理等现象仍比较突出，这些都严重阻碍了生产要素的自由流通和高效利用，并制约了以海陆统筹为特征的蓝色经济区建设。因此，在蓝色经济区建设过程中，关键就是要消除制度阻碍，建立高效率、低成本的要素转移渠道，发展基于海陆一体化的产业布局体系，从而实现海陆统筹，促进海洋经济和陆地经济的协调发展。

## 参考文献

[1] 吴凯, 卢布, 杨敬华. 中国沿海省市海洋经济的现状及其协调发展. 中国农学通报, 2007, (6): 654-658.

[2] Douvere F. The importance of marine spatial planning in advancing ecosystem-based sea use management. Marine Policy, 2008, (32): 762-771.

[3] Pomeroy R. The engagement of stakeholders in the marine spatial planning process. Marine Policy, 2008, (32): 816-822.

[4] 韩立民. 海洋产业结构与布局的理论和实证研究. 青岛: 中国海洋大学出版社, 2007.

[5] 殷克东, 李平. 沿海省市陆海经济发展和谐度研究. 经济纵横, 2011, (6): 116-119.

[6] 孙吉亭, 孙茬元. 海陆耦合论与山东半岛蓝色经济区建设. 中国渔业经济, 2011, 29(1): 79-85.

[7] 高洪深. 区域经济学. 北京: 中国人民大学出版社, 2010.

[8] 马仁锋, 王筱春. 省域发展潜力影响要素及其作用机理分析. 云南地理环境研究, 2009, (12): 87-93.

[9] 雷勇, 蒲勇健. 两类典型生产函数条件下长期成本曲线包络特性的数理证明. 商业研究, 2003, (7): 1-3.

[10] 星芸鹏. 资源空间模型的完整性约束理论. 北京: 中科院计算机技术研究所, 2000.

[11] 魏权龄. 优化模型与经济. 北京: 科学出版社, 2011.

[12] 吕萍, 李忠富. 我国区域经济发展潜力的时空差异研究. 数量经济技术经济研究, 2010, (11): 37-52.

## 8.5 海陆二元经济结构的波动问题

近年来，在海洋经济大发展的宏观背景下，沿海与内陆地区间的经济联系日益紧密，贸易往来日趋频繁，这为统筹海陆经济发展、实现地区间产品和服务的优势互补创造了良好条件。沿海地区与内陆省（区、市）相比，区位优势突出，海洋在生产活动中的影响较为显著，相比之下，内陆地区油气矿藏资源丰富，资源密集型产业比较具有优势。沿海与内陆市场提供的产品在种类、特性上均有所不同，供需状况各异，市场出清难以同时实现，这在一定程度上导致了海陆两市场混沌现象的产生，并在由混沌趋向稳态的过程中引起潜在的市场波动。海陆二元经济正是在这样的波动中不断发展前进。

经济波动是发展经济学中的典型问题，在我国各产业中普遍存在[1]，它是各个产业波动的综合结果[2]，而技术进步则被认为是导致经济波动产生的重要原因之一[3]。此外，真实经济周期（RBC）、货币信贷、政治因素、投资等诱发波动的因素也得到诸多学者的重视和深入研究[4-8]。近年来，随着海洋经济的发展，海洋经济波动作为产业经济波动的一个分支领域，逐步得到相关学者的关注。而随着海陆间发展差异的扩大，海陆二元结构理论和模型被系统提出[9]，海洋经济波动监测预警技术[10]和海洋经济波动研究体系逐渐完善，人类对海陆经济运行规律的认识也逐步深入。本研究正是基于海陆二元经济结构中特有产品的相互贸易，从市场出清角度出发，对海陆二元经济结构内部经济波动的形成机制进行建模分析和实证研究，以寻求海陆系统内部从混沌到稳态的作用过程。

### 8.5.1 研究背景

我国沿海与内陆地区的差异自古就有。沿海地区“鱼盐之利，舟楫之便”的经济模式与内陆地区以农耕、放牧为主的经济模式显著不同。近年来，随着科学技术的快速发展和改革开放的深入，海陆间产业结构差异逐步增大，产品类型异质性日益突出。与内陆地区相比，沿海地区涉海产品丰富，高端产业聚集，服务业优势显著，以信息化、高科技为主的产品较为集中。相比而言，内陆地区以传统产业为主，主要利用当地资源或能源的先天优势，其产品往往具有资源依赖性强、深加工程度不高等典型特征。两者之间产业发展阶段的巨大差异直接导致其产品具有很强的互补性，这有效地促进了沿海与内陆地区贸易行为的产生。

然而，沿海与内陆地区的市场容量不同，产品供给各异，在生产活动进行过程中信息不对称现象突出，一方很难提前了解对方市场的产品需求信息，供求均衡情况下的市场出清难以实现。鉴于市场经济活动中信息流通的不完全性持续存在，市场出清难以达到，因此系统内部经济的平稳性很难保证。当供不应求或供大于求的非均衡状况出现时，市场“看不见的手”便会发挥作用，推动产品市场、要素市场进行相应调整，经济波动便会随之发生，并逐渐成为稳态经济条件下的触发器，促使经济从一个相对均衡状态转变到另一个非均衡状态，在波动中前行。

### 8.5.2　海陆间经济波动的模型构建、概念界定及演化过程模拟

海陆二元经济结构是以区域经济学思想为基础，结合沿海与内陆间经济社会差异化的客观事实所提出的一种经济结构。与以往我国区域经济研究中的东、中、西部区划方法相比，这种分区方法更加突出海洋对地域经济发展的重要影响。本研究将对市场出清条件下沿海与内陆两个经济体的经济波动加以研究，因此，首先需要界定市场出清的概念。

市场出清是指海陆二元经济结构中的沿海市场或内陆市场的产品恰好满足自身及对方的市场需求。当且仅当市场出清实现时，整个海陆二元经济系统达到帕累托最优，经济持续平稳发展。

#### 1. 海陆间经济波动的模型构建及相关概念界定

##### 1）模型条件假设

假设模型条件如下。

（1）封闭经济系统假设：存在封闭经济系统R，内部包含生产活动相互独立的海陆二元经济体，两经济体间的要素可以自由流动，流动成本为0。

（2）两经济体生产函数假设：封闭经济系统中两经济体的投入要素包含劳动力、资本及技术，且技术进步为希克斯中性。

沿海地区：在某一时期的劳动力要素总量为$N_1$，资本要素总量为$K_1$，技术状态指数为$A_1$，劳动力产出的弹性系数为$\alpha$，该时期沿海地区总产出为$Y_1$，其生产函数为

$$Y_1 = A_1 N_1^{\alpha} K_1^{1-\alpha} (0<\alpha<1) \tag{8.7}$$

内陆地区：在某一时期的劳动力要素总量为$N_2$，资本要素总量为$K_2$，技术状态指数为$A_2$，劳动力产出的弹性系数为$\alpha$，该时期内陆地区总产出为$Y_2$，其生产函数为

$$Y_2 = A_2 N_2^{\alpha} K_2^{1-\alpha} (0<\alpha<1) \tag{8.8}$$

鉴于R中资本和劳动力被分配到沿海与内陆两经济体，且要素市场出清，即

$$N_1 + N_2 = N \text{（}N\text{为封闭系统劳动力要素总量）} \tag{8.9}$$

$$K_1 + K_2 = K \text{（}K\text{为封闭系统资本要素总量）} \tag{8.10}$$

（3）沿海产品需求假设：沿海地区对内陆地区产品的需求$D_{1-2}$由沿海人口与人均消费需求$y_1$决定，其中人口作用弹性系数为$\beta$，且该需求占内陆地区总产出$Y_2$的比例系数为$m$，有

$$D_{1-2} = y_1 N_1^{\beta} = mY_2 \tag{8.11}$$

（4）内陆产品需求假设：内陆地区对沿海地区产品的需求$D_{2-1}$由内陆地区人口与人均消费需求$y_2$决定，其中人口作用弹性系数也为$\beta$，且该需求占沿海地区总产出$Y_1$的比例系数为$n$，有

$$D_{2-1} = y_2 N_2^{\beta} = nY_1 \tag{8.12}$$

（5）市场出清假设：沿海地区产品在满足自身消费和内陆地区消费后无剩余，内陆地区产品在满足自身消费和沿海地区消费后无剩余，有

$$D_1 = D_{1-1} + D_{2-1} = Y_1 \tag{8.13}$$

$$D_2 = D_{1-2} + D_{2-2} = Y_2 \tag{8.14}$$

式中，$D_1$为沿海地区总需求；$D_{1-1}$为沿海地区对本地产品需求；$D_2$为内陆地区总需求；$D_{2-2}$为内陆地区对本地产品需求。

2）模型构建及概念界定

综合以上假设可以看出，海陆二元经济结构中沿海经济与内陆经济通过特有产品的彼此交换产生了密切联系。在仅考虑沿海地区市场出清的条件下，联立式（8.7）、式（8.9）、式（8.10）、式（8.12）四式可得

$$y_2(N - N_1)^{\beta} = nA_1N_1^{\alpha}K_1^{1-\alpha} \tag{8.15}$$

解得

$$N_1^0 = \frac{N}{1+\alpha\sqrt{\dfrac{nA_1K_1^{1-\alpha}}{y_2}}} \quad N_2^0 = N\left(1 - \frac{1}{1+\alpha\sqrt{\dfrac{nA_1K_1^{1-\alpha}}{y_2}}}\right) \tag{8.16}$$

当且仅当$N_1 = N_1'$，$N_2 = N_2'$时，沿海地区所生产的产品既满足自身需求，又恰好满足内陆地区的需求，供需达到均衡，沿海地区市场出清实现。

在仅考虑内陆地区市场出清的条件下，联立式（8.8）～式（8.11）四式可得

$$y_1N_1^{\beta} = nA_2(N–N_1)^{\alpha}(K - K_1)^{1-\alpha} \tag{8.17}$$

解得

$$N_1' = \frac{N}{1+\alpha\sqrt{\dfrac{y_1}{mA_2(K-K_1)^{1-\alpha}}}} \quad N_2' = N\left(1 - \frac{1}{1+\alpha\sqrt{\dfrac{y_1}{mA_2(K-K_1)^{1-\alpha}}}}\right) \tag{8.18}$$

同理，当且仅当$N_1 = N_1'$，$N_2 = N_2'$时，内陆地区所生产的产品既满足自身需求，又恰好满足沿海地区的需求，供需达到均衡，内陆地区市场出清实现。为便于后续研究，在此对几个重要概念界定如下。

混沌无序：当且仅当$(N_1, N_2) \notin \{(N_1^0, N_2^0) \cup (N_1', N_2')\}$时，沿海与内陆地区均未实现市场出清，两市场产品、生产要素急需大规模调整，以努力实现供求平衡，此状态称为混沌无序状态。

混沌有序：当且仅当$(N_1, N_2) \in \{(N_1^0, N_2^0) \cup (N_1', N_2')\}$且$N_1^0 \neq N_1'$时，沿海与内陆地区仅有一方实现市场出清，另一方面临产品、生产要素调配，此状态称为混沌有序状态。

稳态：当且仅当$(N_1, N_2) \in \{(N_1^0, N_2^0) \cap (N_1', N_2')\}$且$\{(N_1^0, N_2^0) \cap (N_1', N_2')\} \notin \varnothing$同时成立时，两市场出清同时出现，沿海地区与内陆地区产品供求均衡，海陆二元经济系统达到稳态。

相关概念图示见图8.3。

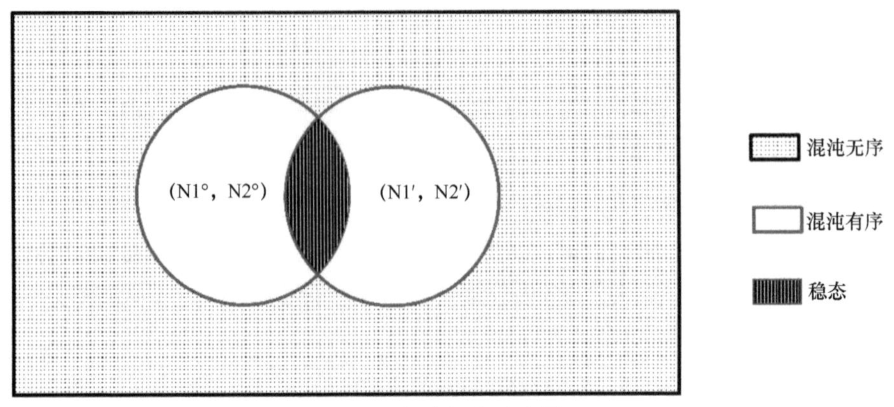


图8.3　相关概念示意图

2. 海陆二元经济系统由混沌向稳态演化的波动过程

由模型联立过程可见，仅考虑沿海地区市场出清时的劳动力要素配置与仅考虑内陆地区市场出清时的劳动力要素配置状况存在显著不同，当且仅当$N_1^0 = N_1'$成立时，两经济体的市场出清才能同时实现，使得系统达到稳定状态。然而现实中，这样的概率微乎其微。在绝大多数情况下，两市场呈现出一方均衡或双方都不均衡的非稳定混沌状态，而以劳动力为代表的要素禀赋便会在两者之间流动，呈现出此消彼长的变化，并导致经济波动的产生，使得封闭经济系统整体努力向平衡状态靠近。

劳动力在海陆间波动的过程，必然带动其他生产要素的波动，而宏观经济波动也必然发生，这成为系统由混沌无序到有序并逐步向稳态靠近的外在表现。倘若以资本为研究对象进行同样的建模和数学推导，可以得到类似的资本要素流动状况。也就是说，无论何种要素，在封闭系统内部市场信息不完全的现实条件下，为实现沿海与内陆地区两经济体市场出清，其调整活动时刻在发生。然而，即使是满足$N_1^0 = N_1'$，$N_2^0 = N_2'$的均衡点，即所谓的“稳态”点，其位置也会随着人口的增长而呈现出动态变化，也就是说，“稳态”也是相对稳定的，这极大地增加了海陆二元经济结构内部两市场同时出清的难度，因此可以说，要素通过调整自身在海陆间的配置，努力“捕捉”均衡点。伴随着要素的调整，经济波动必然发生。此外，经济波动可以说是要素配置加以调整的宏观表现，这预示着经济稳态的质的转变，使得海陆间经济的“增长型波动”得以常态化发展。

### 8.5.3　海陆二元经济结构内部经济波动的实证分析

鉴于第三产业是典型的劳动力密集型产业，且固定资产较少，移动灵活性大，可以在一定程度上显示出对经济波动的指向性，图8.4是以1978～2010年全国第三产业的产值数据为基础，运用重心公式对第三产业的经济中心加以计算得出的重心移动图像，它在一定程度上反映了重心在海陆方向的变化，直观地展现了经济波动在海陆二元经济结构中的客观存在。

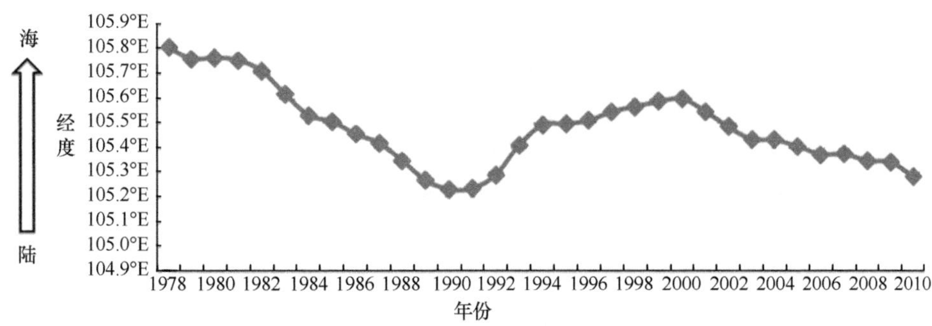


图8.4 1978～2010年全国第三产业的经济中心在海陆方向的变化①

由图8.4可知，海陆间第三产业经济波动的产生存在一定的周期性和规律性，这在一定程度上预示着相关生产要素的周期性波动。要素流动的根本原因是为实现经济效益的最大化[9]，其结果导致了经济波动的产生，使得系统内部经济状态在由混沌到稳态的波动过程中得以进步和发展。从模型的均衡解式（8.16）和式（8.18）可以看出，技术（$A_1$、$A_2$）、资本存量（$K_1$、$K_2$）及人均消费需求（$y_1$、$y_2$）成为影响市场出清条件下系统均衡解的关键因素。技术可以包含除劳动力和资本投入之外对产出有贡献的其他多种因素，而资本存量则与系统内部的信贷、投资、储蓄等经济活动密切相关。人均消费需求则更多取决于消费者的偏好，相对稳定。因此，技术进步与资本存量的变化成为诱发海陆间经济波动的本质原因。

### 8.5.4 结语

本研究以海陆二元经济结构为研究对象，从市场出清条件下沿海与内陆地区间的贸易机制出发，对海陆二元经济结构内部经济波动的形成条件及海陆二元经济系统由混沌向稳态的演化过程进行了建模分析，并通过对第三产业的经济中心在海陆间移动的实证分析证明了海陆间经济波动的客观存在。由于研究深度有限及海洋经济统计数据缺乏，关于海陆间经济波动的周期、波幅等特征值及稳态变化的具体路径未加以深入探讨，对经济波动的影响及具体作用有待深入研究，这些将在今后的研究中得到完善。

海陆二元经济结构内部市场具有自身的复杂性和特殊性，在寻求彼此市场出清的过程中混沌状态将长期存在，并将经历从无序到有序、从混沌到稳态的演进过程，而经济波动则成为伴随该过程始终的必然条件。对市场出清条件下海陆间经济波动状况加以研究，对于认知海陆经济发展规律、洞悉海陆二元系统演化过程，从而科学调控海陆发展，加快实现海陆统筹，具有重要的理论价值和现实意义。

## 参考文献

[1] 唐志军, 刘友金, 谌莹. 地方政府竞争、投资冲动和我国宏观经济波动研究. 当代财经, 2011, (8): 8-18.

[2] 李猛. 产业结构与经济波动的关联性研究. 经济评论, 2010, (6): 98-104.

[3] Eggers A, Ioannides Y. The role of output composition in the stabilization of US output growth. Journal of

① 数据来源：国家统计局网站。制图过程较为复杂，在此不予详述，可联系作者获取。

Macroeconomics, 2006, 28(3): 585-595.
[4] 卜永祥, 靳炎. 中国实际经济周期: 一个基本解释和理论扩展. 世界经济, 2002, (7): 3-11.
[5] 穆争社. 宏观经济波动的微观基础: 基于信贷配给角度的分析. 江西财经大学学报, 2009, (4): 5-8.
[6] 祝青. 地方政府行为——资本深化和经济波动的另一种解释. 经济科学, 2006, (4): 6-17.
[7] Peneder M. Industrial structure and aggregate growth. Structural Change and Economic Dynamics, 2003, 14(4): 427-448.
[8] 王少平, 胡进. 中国GDP的趋势周期分解与随机冲击的持久效应. 经济研究, 2009, (4): 65-76.
[9] 刘大海, 纪瑞雪, 关丽娟, 等. 海陆二元结构均衡模型的构建及其运行机制研究. 海洋开发与管理, 2012, (7): 112-115.
[10] 殷克东, 马景灏. 中国海洋经济波动监测预警技术研究. 统计与决策, 2010, (21): 43-46.

## 8.6 沿海沿江城市群发展规律与对策

随着我国经济发展步入新常态，沿海沿江城市群的发展备受关注。十八届五中全会提出推动形成以沿海沿江沿线经济带为主的纵横经济轴带，为沿海沿江经济发展提供了新机遇。有必要探究沿海沿江城市群的发展规律和相应对策，以实现区域协调有序发展。

### 8.6.1 文献综述

城市首位度是研究城市群的经典理论之一，最早由Jefferson[1]提出并应用于国家层面，1965年Williamson[2]将其扩展至区域研究。近年来，相关研究主要集中在三方面：在首位度与经济发展关系方面，Henderson[3]发现了最佳城市首位度与经济发展水平的关系；王家庭[4]、徐长生和周志鹏[5]分别通过变截距、Durbin模型开展研究。在城市首位度省际差异方面，许学强和叶嘉安[6]、汪明峰[7]探究了省区城市化程度、省际差异及变化趋势。在区域经济发展方面，陈维民等[8]运用广义首位度评估了青岛城市首位度；秦志琴和张平宇[9]、王军鹏等[10]从不同角度分析了辽宁沿海城市带和山东半岛蓝色经济区的空间结构。

通过梳理文献发现，学者大多按照省区划分研究首位度与经济发展的关系，我国地域辽阔，海陆差异较大，又有大量江河贯穿，情况复杂，因此有必要按照新的划分方式进行研究。

### 8.6.2 模型及相关设定

（1）两城市首位度模型

$$S_1 = P_1/P_2 \qquad (8.19)$$

式中，$S_1$为两城市首位度；$P_1$为首位城市人口数；$P_2$为第二城市人口数（即除首位城市之外，该城市群人口规模最大的城市人口数）。该模型简单实用，可衡量首位城市发展规模，反映城市群发展水平。

（2）四城市首位度模型

$$S_2 = P_1/(P_2 + P_3 + P_4) \tag{8.20}$$

式中，$S_2$为四城市首位度；$P_1$为首位城市人口数；$P_2$、$P_3$、$P_4$依次为第二、三、四城市人口数（即除首位城市之外，人口规模从大到小排序位于前三位的人口数）。与两城市首位度模型相比该模型略显复杂，但可更全面反映城市群发展状况，是两城市首位度模型的有力补充。

根据城市首位法则，一个国家或地区首位城市的人口数通常比这个国家或地区第二城市人口数大，即$S_1>1$。本模型与传统城市首位度模型有所不同，首位城市是固定的，存在个别年份$S_1<1$。根据位序—规模法则和首位度界限指标[11]，两城市首位度标准值为2，四城市首位度标准值为1。本研究将我国各城市群两城市首位度分为五个层次：$S_1<1$，不存在首位分布；$1\leqslant S_1<2$，低度首位分布；$2\leqslant S_1<4$，中度首位分布；$4\leqslant S_1<8$，高度首位分布；$S_1\geqslant 8$，极度首位分布。

首位城市设定：首位城市是指一定区域内人口规模最大的城市。从全国省会城市、副省级城市、计划单列市、全国经济五十强城市中选取26个城市作为首位城市，将4个直辖市外其余22个城市按地理位置分为沿海首位城市、沿江首位城市、内陆首位城市①。沿海首位城市为拥有海岸线的首位城市；沿江首位城市为长江沿岸的首位城市；内陆首位城市为非沿海、非沿江的首位城市。

全国省会城市、副省级城市、计划单列市、全国经济五十强城市共计61个（城市属性有重叠），去掉拉萨等10个统计数据不完全的城市和经济特区深圳，去掉唐山等24个人口规模（以《2014中国城市统计年鉴》市辖区人口数为依据）相对较小的城市（以邻近城市为衡量标准，如唐山邻近天津且人口少于天津）。剩余26个城市均具有经济发达、政治地位特殊、人口规模较大的特点。

周边城市设定：根据首位城市确定相应城市群，城市群中除首位城市外还包含3个周边城市，其均与首位城市接壤或邻近，排位以《2014中国城市统计年鉴》市辖区人口数为依据，按从大到小顺序定义为第二、三、四位城市。在本研究的分析中，首位城市和周边城市均不因城市区划和人口规模的变动而变化。

城市边界设定：本研究数据采用1985～2014年《中国城市统计年鉴》市辖区人口数。城市首位度是用于衡量城市发展的指标，市辖区是指城市的市区部分，最符合城市人口的定义。

### 8.6.3　实证分析②

经测算发现城市首位度存在明显差异。我国城市众多，受海陆位置、行政地位等因素影响，城市规模和发展水平差异巨大，通过进一步分析得出以下四个命题。

① 沿海首位城市：海口、广州、厦门、杭州、大连、青岛。沿江首位城市：武汉、南京、长沙、南昌。内陆首位城市：哈尔滨、郑州、成都、西安、太原、昆明、沈阳、石家庄、长春、徐州、济南、合肥。

② 图表数据采用跨越期数为3的移动平均法处理。

1. 海陆差异论

从空间布局角度观察，沿海、沿江和内陆地区首位度存在明显差异，差异与经济发展水平密切相关。如图8.5所示，沿海地区两城市首位度在1～2，趋近标准值2，为低度首位分布。沿海地区较内陆而言经济更发达，对外开放程度高，城市普遍处于协同发展状态，人口相差不大，因此首位度整体较低，首位城市带动功能不明显。

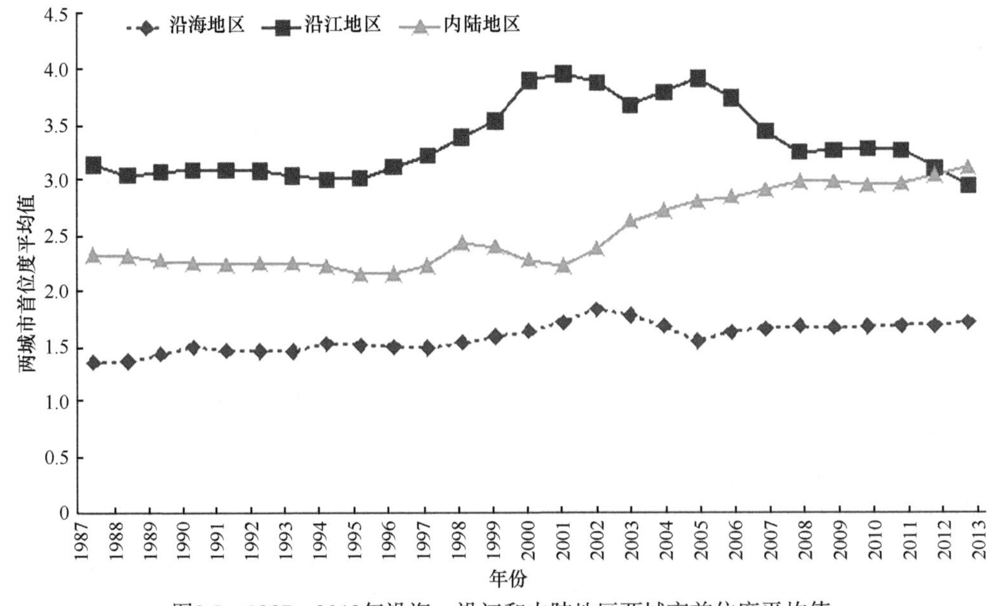

图8.5　1987～2013年沿海、沿江和内陆地区两城市首位度平均值

沿江地区整体经济发展水平处于中等程度，两城市首位度在2～4，是中度首位分布。一方面，长江沿岸自然资源丰富，水道航运发达，首位城市利用自然禀赋及政策优势快速发展，人口不断增长；另一方面，首位城市的经济发展吸引大量劳动力，非首位城市规模下降，进一步提高沿江地区首位度。然而，随着人口不断集聚，首位城市出现饱和，劳动力回流，非首位城市经济水平进一步发展，首位度呈下降趋势，但整体仍处于2～4的中等水平。

内陆地区两城市首位度在2～4，也属于中度首位分布，但在1987～2012年整体水平低于沿江地区，2012年后赶超，目前仍有上升趋势。内陆地区区位优势不显著，首位城市大多为具有特殊行政地位的省会，在政策支持下得到一定发展。非首位城市较为落后，劳动力大量外流，人口规模减小，首位城市发挥了一定辐射作用，从而形成低于沿江地区的中度首位分布。目前内陆大部分地区仍处于首位城市发展较快、非首位城市发展落后的阶段，各城市发展水平差距较大，劳动力不断向发达城市流动，呈现首位度不断增长甚至向高度首位分布发展的局面。

四城市首位度呈现同样的分布规律（图8.6）。沿海发达地区首位度水平较低，沿江地区经济发展水平中等，首位度较高，内陆地区发展滞后，首位度不断升高。

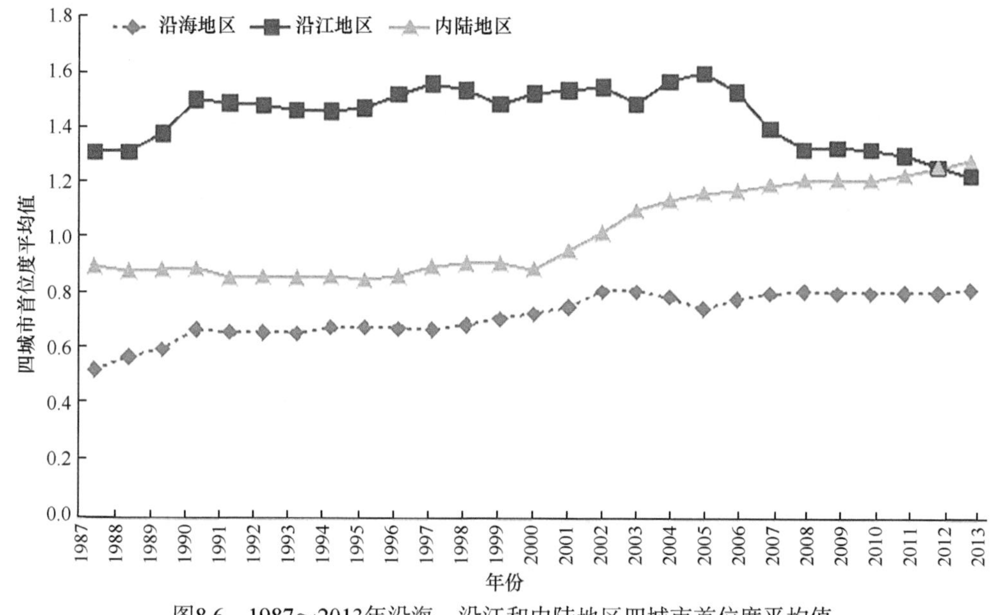


图8.6　1987～2013年沿海、沿江和内陆地区四城市首位度平均值

2. 发展阶段论

从时间发展的角度来看，城市首位度呈现先上升后下降最终趋于平稳的发展规律，可分为增长极阶段、中心-外围阶段和稳定协调发展三个发展阶段。增长极阶段首位城市经济发展水平突出，集聚作用强，吸引大量劳动力，城市人口规模壮大，在整个城市群的发展中起核心引领作用。随着城市群不断发展，首位城市的辐射带动能力逐渐增强，周边城市得到发展，经济水平提高，人口规模增大，从而首位度下降，进入中心-外围阶段。再经过一段时间，各城市形成协同发展局面，基础设施完善，交通通信网络发达，分工定位明确，人口规模相当，首位度维持在较低水平，进入稳定协调发展阶段。

如图8.5所示，沿江城市的首位度演变规律最为明显，虽然2001～2005年存在波动，但整体为先上升后下降的趋势，2001年前为增长极阶段，2005年后为中心-外围阶段。沿海地区经济发展水平高，呈现缓慢平稳的上升趋势，两城市首位度接近标准值2，为稳定协调发展阶段。内陆地区处在首位城市快速发展的增长极阶段，1987～2013年整体呈上升趋势，预计未来某一时期会增长到顶峰，首位城市集聚作用达到最大，而后将如沿江地区一样进入中心-外围阶段，最终进入类似于沿海地区的稳定协调发展阶段。

根据首位度的演变规律，各城市经过漫长过程得到全面发展，两城市首位度将趋于标准值2。图8.6的四城市首位度模型也证实了这一命题，四城市首位度最终将趋于标准值1。

3. 行政区位论

行政区位是形成目前城市群首位度现状的另一重要因素，如表8.1所示，直辖市地区首位度明显高于其他地区。在统计的26个首位城市中有18个省会城市、3个计划单列市、13个副省级城市（行政属性有重叠），完全不具备任何行政属性的只有徐州，可见行政中心具有强集聚能力。

表8.1　2000～2013年沿海、沿江、内陆及直辖市地区两城市和四城市首位度平均值

| 年份 | 沿海地区 | 沿江地区 | 内陆地区 | 直辖市地区 |
|---|---|---|---|---|
| 2000 | 1.8547/0.8133 | 3.7756/1.4712 | 2.5081/1.0630 | 7.6361/3.2113 |
| 2001 | 1.9848/0.9059 | 3.4860/1.4769 | 2.5780/1.0952 | 6.6380/3.0052 |
| 2002 | 1.4679/0.7320 | 3.7571/1.5261 | 2.7677/1.1669 | 6.4049/2.9117 |
| 2003 | 1.5648/0.7552 | 4.1272/1.7169 | 2.8006/1.1703 | 6.3108/2.8874 |
| 2004 | 1.5796/0.7757 | 3.8456/1.5672 | 2.8244/1.1706 | 6.2049/2.8694 |
| 2005 | 1.7168/0.8384 | 3.2296/1.3217 | 2.8897/1.1965 | 6.1979/2.8706 |
| 2006 | 1.6550/0.8121 | 3.2341/1.3195 | 2.9889/1.2274 | 6.7207/3.1000 |
| 2007 | 1.6459/0.8056 | 3.2688/1.3479 | 3.0624/1.2282 | 6.7249/3.0918 |
| 2008 | 1.6749/0.8131 | 3.2847/1.3375 | 2.8705/1.2073 | 6.7725/2.9183 |
| 2009 | 1.6749/0.8131 | 3.2739/1.2983 | 2.9024/1.2167 | 6.7984/2.9252 |
| 2010 | 1.6861/0.8103 | 3.2350/1.2900 | 3.0974/1.2831 | 6.8323/2.9412 |
| 2011 | 1.6759/0.8147 | 2.8032/1.2063 | 3.1137/1.2891 | 7.1089/3.0633 |
| 2012 | 1.7587/0.8473 | 2.7994/1.2062 | 3.1017/1.2949 | 6.9263/3.0423 |
| 2013 | 1.7204/0.8047 | 2.8909/1.2132 | 3.1090/1.2997 | 6.8859/3.0406 |

注：表中第一个数据为两城市首位度平均值，第二个数据为四城市首位度平均值

直辖市作为省级行政区，单位行政地位十分特殊，我国4个直辖市各具特色，首位度规律也互不相同，如图8.7所示。

北京作为我国首都，是政治、文化和国际交往中心，在普通城市和直辖市中的地位都十分特殊，“强者愈强，弱者愈弱”的马太效应更促进了优质资源向北京集聚。北京城市群在资源优势、政策优势的推动下逐渐发展形成极度首位分布，两城市首位度一直大于8，是绝对的首位城市。我国加入WTO前后，对外开放程度进一步增强，两城市首位度增大到12左右。研究认为，北京作为一个发达城市，承载力还没有达到饱和状态，首位度仍在进一步增大，集聚能力强，对各地劳动力具有强大吸引力。

天津在直辖市中的地位也较为特殊，距离北京较近，可作为北京城市群的周边城市，所以作为首位城市的作用不突出。2002年前，天津城市群两城市首位度稳定在4附近，之后受我国加入WTO影响出现下降，2005年后稳定在2.6左右。对天津来说，既不能把它看作普通首位城市，也不能看作高度发达的中心城市，所以其标准值不应是2，而是高于这一水平的值。

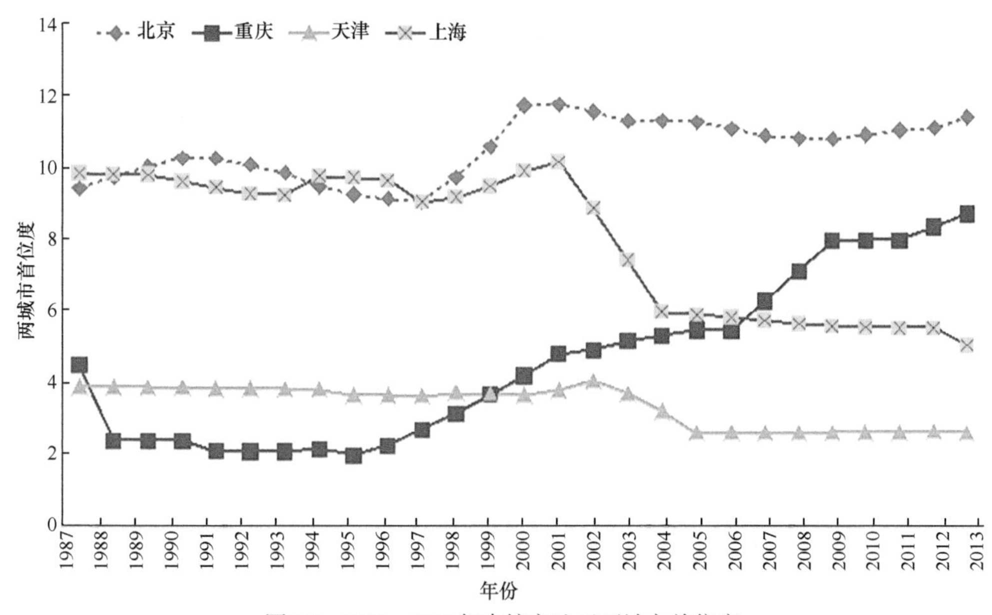


图8.7　1987～2013年直辖市地区两城市首位度

上海为沿海直辖市，地处长江入海口，政治地位特殊，发展条件优良，是我国的经济中心。上海城市群两城市首位度总体呈现明显的阶段性特征。1997年前，与北京大体相当，体现了上海作为首位城市的凝聚力；1997年后两者差距变大，分别以不同速度上升；2001年上海达到峰值，之后周边城市逐渐发展起来，首位分布程度降低。

重庆处于长江沿岸，1997年成为直辖市，晚于其他三个城市。1995年前，两城市首位度在标准值2左右波动，表现出良好的发展潜力；1995～2001年，受行政区划的影响得到大力发展，集聚能力不断增强，吸收大量劳动力，首位分布程度明显提高；2001～2006年，增长速度减慢，之后又出现大幅增长。整体来看，重庆城市群两城市首位度处于不断增长状态，说明重庆作为发展较晚的直辖市，对人才的聚集力、领导带动能力正逐步显现，现已进入极度首位分布模式。

综上，直辖市的发展和功能表现各不相同，图8.8的四城市首位度也可验证这一点。

4. 特殊事件论

重大事件往往会显著影响区域城市群的发展。2001年我国加入WTO，沿海、沿江、内陆城市两城市首位度均有不同程度的明显变动。沿海、沿江地区大致在2001年后出现下降趋势，说明这一事件促进了我国大部分地区全面开放，推动了城市经济发展，人口从首位城市向非首位城市分散，首位分布程度下降。内陆地区也以其为转折点呈现不同程度的增长，原因在于这部分地区仍不太发达，加入WTO推动了首位城市发展。

此外，1997年我国城市区划变动对部分地区首位度也有不同程度影响，如重庆、北京和其他内陆地区首位度曲线均有明显拐点。

特殊事件对首位度的影响程度首先取决于事件本身大小，我国加入WTO这类大事

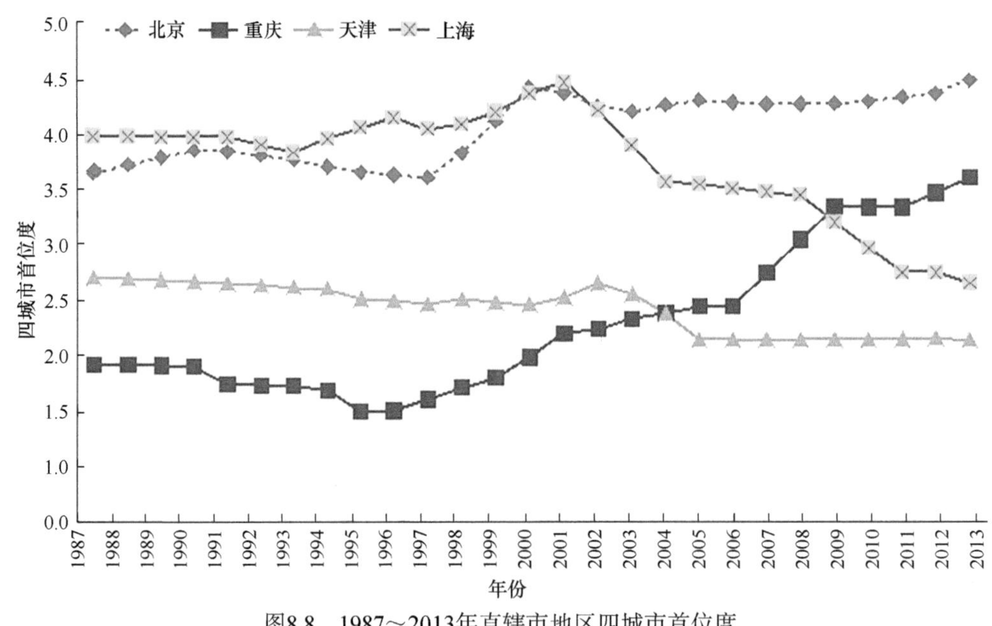


图8.8　1987～2013年直辖市地区四城市首位度

件对大部分城市都有较大程度影响，而像城市区划变动的影响则有一定区域性。除此之外，颁布政策性文件、实施规划区划也会对首位度产生影响。可以预见，《京津冀协同发展规划纲要》的实施将对京津冀地区城市发展产生一定程度影响。值得注意的是，政策的颁布与实施存在时滞性，因此首位度的变化也会相应出现时滞。

### 8.6.4　对策建议

首位城市对城市群的发展具有重要意义，根据不同发展阶段采取相应发展策略。在增长极阶段，应充分利用比较优势，发挥首位城市的集聚能力，带动资本、劳动力、技术等要素广泛流动；在中心-外围阶段，应着重发挥辐射作用，推动各城市交流合作、共同发展；在稳定协调阶段，应注重网络化、一体化建设，提高城市群整体发展水平，进而推动区域协调发展。

## 参考文献

[1] Jefferson M. The law of the primate city. Geographical review, 1939, (2): 226-232.

[2] Williamson J. Regional inequality and the process of national development: a description of the patterns. Economic Development and Cultural Change, 1965, 13(4): 1-84.

[3] Henderson V. The urbanization process and economic growth: the so-what question. Journal of Economic Growth, 2003, 8(1): 47-71.

[4] 王家庭. 城市首位度与区域经济增长——基于24个省区面板数据的实证研究. 经济问题探索, 2012, (5): 35-40.

[5] 徐长生, 周志鹏. 城市首位度与经济增长. 财经科学, 2014, (9): 59-68.

[6] 许学强, 叶嘉安. 我国城市化的省际差异. 地理学报, 1986, (1): 8-22.

[7] 汪明峰. 中国城市首位度的省际差异研究. 现代城市研究, 2001, (3): 27-30.
[8] 陈维民, 雷仲敏, 康俊杰. 青岛城市首位度评估分析及相关对策. 青岛科技大学学报(社会科学版), 2010, 26(1): 14-18.
[9] 秦志琴, 张平宇. 辽宁沿海城市带空间结构. 地理科学进展, 2011, 30(4): 491-497.
[10] 王军鹏, 刘兆德, 朱元龙, 等. 山东半岛蓝色经济区空间结构研究. 曲阜师范大学学报(自然科学版), 2013, 39(4): 84-89.
[11] Marshall J. The structure of urban systems. Toronto: University of Toronto Press, 1989: 17-32.

## 8.7 沿海、沿江、沿边城市与内陆城市经济梯度

"十三五"是我国发展重要的战略机遇期和转折期。中央提出要尽快构建沿海、沿江、沿边全方位开放的新格局，实现区域经济统筹发展新布局。回顾历史，改革开放以来，沿海地带和沿江（长江）地带逐步成为我国国土开发、经济布局的战略重点[1]。20世纪90年代，我国又提出沿海、沿边、沿江、沿路的"四沿战略"。随着西部大开发战略的提出，加快重点口岸、边境城市、边境（跨境）经济合作区和重点开发开放实验区建设逐渐得到了国家重视[2]。在这样的背景下，沿海、沿江、沿边城市经济呈现出高速增长的态势，与内陆城市发展出现明显的梯度差异，海陆发展不平衡、不协调等现象表现得尤为突出，引起关注。如何依托沿海、沿江、沿边经济带，进一步挖掘我国广阔腹地蕴含的巨大发展潜力，优化我国区域经济发展总体布局，成为实现我国未来社会经济稳步持续发展的重要议题。

为深入研究我国区域经济发展格局问题并提出战略建议，首先需要弄清两个理论问题：一是我国区域经济发展是否呈现显著的沿海、沿江、沿边与内陆城市的梯度差异？若存在，其梯度差异演变呈现什么样的走势？二是该演化过程中，除了沿海、沿江、沿边的显著地理区位优势，是否还存在资源区位和行政区位的显著差异？

目前，关于以上问题的研究主要集中在沿海、沿江或沿边城市经济发展差异和经济梯度两个方面。在沿海、沿江、沿边城市经济发展差异分析方面，李胜兰等[3]从发展条件、政策优惠、发展道路入手，将沿海地区和沿边地区进行对比，并试图寻找适合沿边地区的发展模式；陈文科[4]通过分析沿江经济带崛起在全国经济协调发展中扮演的角色，提出以互补互动为中心促进东中西部协调发展。在经济梯度分析方面，刘大海等[5]以海陆二元结构为研究对象，运用区位商理论对我国海陆间经济梯度差异的现状及发展趋势进行了剖析；郑鑫[6]基于"梯度系数"对我国的经济梯度进行了划分，并分析了我国产业梯度转移的现状及原因。

基于以上情况，本研究探索构建了衡量城市经济发展水平的新指标，用以比较我国沿海、沿江、沿边城市与内陆城市间的经济梯度差异，并对其演变趋势进行剖析，分析规律，提出建议，以期为我国区域经济战略新布局提供参考。

### 8.7.1 指标构建与测度

基于区位商定义，可构建一个衡量城市经济发展水平的量化指标——人口区位指数，以探究我国海陆经济布局现状。需要说明的是，本研究涉及城市为《2015中国城市统计年鉴》中的290个地级以上城市，其中，沿海城市是指拥有海岸线的直辖市和地级市；沿江城市是指位于长江、黄河沿岸及拥有优越港口河运条件的直辖市和地级市；沿边城市是指地处我国边界的地级市；内陆城市是指除以上三类城市以外的其他地级以上城市。

1. 指标说明

区位商（亦称区位熵）原指一个地区特定部门的产值在地区工业总产值中所占的比重与全国该部门产值在全国工业总产值中所占比重的比值，它是区域经济研究中用于地区生产专业化部门判定的重要指标[7]。本研究基于区位商定义，构建“人口区位指数”，定义和公式如下。

人口区位指数是指一个地区特定时期内的GDP在全国GDP中所占比重与该地区人口数在全国总人口数中所占比重的比值，用公式表示为

$$Q_i^t = \frac{\mathrm{GDP}_i^t/\mathrm{GDP}^t}{N_i^t/N^t} \tag{8.21}$$

式中，$Q_i^t$为$t$时期内第$i$个地区的区位商；$\mathrm{GDP}_i^t$、$N_i^t$分别为$t$时期内第$i$个地区的国民生产总值和人口数；$\mathrm{GDP}^t$、$N^t$分别为$t$时期内全国国民生产总值和总人口数。若$Q_i^t>1$，则表示该城市的经济发展水平较高，单位比重人口能创造更多的GDP；反之，则该城市的经济发展水平较低。$Q_i^t$的值越大，该城市的经济发展水平越高。

实际上，式（8.21）通过变形可以转换为

$$Q_i^t = \frac{\mathrm{GDP}^t{}_i / N_i^t}{\mathrm{GDP}^t / N^t} \tag{8.22}$$

也就是说，人口区位指数的实际意义是指一个地区特定时期内的人均GDP与全国人均GDP的比值。若$Q_i^t>1$，则表示该城市的经济发展水平高于全国平均水平；反之，则该城市的经济发展水平低于全国平均水平。

2. 测度结果

根据《2015中国城市统计年鉴》的统计数据，2014年我国拥有290个地级以上城市。通过测算2014年我国地级以上城市的人口区位指数，得出人口区位指数较高的前30个地级以上城市（表8.2）。

表8.2　2014年人口区位指数值较高的前30个地级以上城市

| 排名 | 城市名称 | 城市属性 | 排名 | 城市名称 | 城市属性 |
|---|---|---|---|---|---|
| 1 | 深圳市 | 沿海城市 | 16 | 天津市 | 沿海城市 |
| 2 | 东莞市 | 沿海城市 | 17 | 大庆市 | 内陆城市 |
| 3 | 鄂尔多斯市 | 内陆城市 | 18 | 南京市 | 沿江城市 |
| 4 | 克拉玛依市 | 内陆城市 | 19 | 常州市 | 沿江城市 |
| 5 | 苏州市 | 沿江城市 | 20 | 宁波市 | 沿海城市 |
| 6 | 广州市 | 沿海城市 | 21 | 大连市 | 沿海城市 |
| 7 | 佛山市 | 沿江城市 | 22 | 杭州市 | 沿海城市 |
| 8 | 东营市 | 沿海城市 | 23 | 武汉市 | 沿江城市 |
| 9 | 中山市 | 沿海城市 | 24 | 呼和浩特市 | 沿边城市 |
| 10 | 无锡市 | 沿江城市 | 25 | 镇江市 | 沿江城市 |
| 11 | 珠海市 | 沿海城市 | 26 | 长沙市 | 沿江城市 |
| 12 | 上海市 | 沿海城市 | 27 | 青岛市 | 沿海城市 |
| 13 | 包头市 | 沿江城市 | 28 | 威海市 | 沿海城市 |
| 14 | 厦门市 | 沿海城市 | 29 | 乌海市 | 沿江城市 |
| 15 | 北京市 | 内陆城市 | 30 | 舟山市 | 沿海城市 |

可以看到，2014年人口区位指数较高的前30个地级以上城市中有26个城市属于沿海、沿江、沿边城市，说明沿海、沿江、沿边城市确实正在引领我国经济发展。其他4个城市中，北京市为我国首都，鄂尔多斯市、大庆市和克拉玛依市为资源型城市，同样具有得天独厚的发展优势。

### 8.7.2　分析与讨论

#### 1. 梯度差异分析

为深入研究沿海、沿江、沿边城市与内陆城市之间的经济梯度差异，对2000～2014年290个地级以上城市的人口区位指数进行系统测算，分别计算出沿海城市（52个）、沿江城市（68个）、沿边城市（17个）、内陆城市（157个）的人口区位指数均值（表8.3）①。可以看到，2000～2014年我国沿海、沿江、沿边城市的人口区位指数平均值虽有些许变化，但均明显高于内陆城市，可说明城市间存在经济梯度。其中，沿海城市的人口区位指数平均值最高，是内陆城市人口区位指数平均值的2倍多，体现了海洋这一区位因子对经济发展的重要作用；沿江城市和沿边城市的人口区位指数平均值大部分略大于1，说明这些城市经济发展水平高于全国平均水平；内陆城市人口区位指数平均值在0.7左右，与全国平均水平还存在较大差距。

① 在290个地级以上城市中，有4个城市存在两种属性，包括：呼和浩特市（沿江、沿边城市）、佳木斯市（沿江、沿边城市）、南通市（沿海、沿江城市）和嘉兴市（沿海、沿江城市）。

表8.3　2000～2014年我国城市人口区位指数平均值

| 年份 | 沿海城市 | 沿江城市 | 沿边城市 | 内陆城市 |
|---|---|---|---|---|
| 2000 | 2.0062 | 1.0578 | 1.0943 | 0.7200 |
| 2001 | 2.0166 | 1.0675 | 1.1036 | 0.7097 |
| 2002 | 2.0347 | 1.0888 | 1.0041 | 0.6968 |
| 2003 | 2.0665 | 1.0941 | 0.9824 | 0.6852 |
| 2004 | 2.0147 | 1.1089 | 1.0261 | 0.6894 |
| 2005 | 1.9875 | 1.1425 | 1.0884 | 0.6977 |
| 2006 | 2.0675 | 1.1473 | 1.0883 | 0.6926 |
| 2007 | 2.0192 | 1.1548 | 1.0236 | 0.7037 |
| 2008 | 1.9698 | 1.1819 | 1.0866 | 0.7153 |
| 2009 | 1.8685 | 1.1916 | 0.9266 | 0.7217 |
| 2010 | 1.8461 | 1.1981 | 1.0143 | 0.7307 |
| 2011 | 1.8289 | 1.2089 | 1.0223 | 0.7444 |
| 2012 | 1.7968 | 1.2099 | 1.0226 | 0.7556 |
| 2013 | 1.7791 | 1.2022 | 1.0076 | 0.7397 |
| 2014 | 1.8077 | 1.1834 | 0.9295 | 0.7938 |

以2014年为例，我国52个沿海城市的人口区位指数最高值为9.16（深圳市），人口区位指数大于1的城市有34个，占比65.38%；68个沿江城市的人口区位指数最高值为3.96（苏州市），人口区位指数大于1的有34个，占比50.00%；17个沿边城市的人口区位指数最高值为4.13（克拉玛依市），人口区位指数大于1的城市有4个，占比23.53%；157个内陆城市的人口区位指数最高值为4.94（鄂尔多斯市，资源型城市），人口区位指数大于1的城市有35个，占比22.29%（表8.4）。从人口区位指数大于1的城市占比可以看出，沿海城市中经济发展程度较高的城市比重更大。

表8.4　2014年我国城市人口区位指数分析表

| 城市属性 | 人口区位指数大于1的城市占比/% |
|---|---|
| 沿海城市 | 65.38 |
| 沿江城市 | 50.00 |
| 沿边城市 | 23.53 |
| 内陆城市 | 22.29 |

值得注意的是，不具备显著地理区位优势的内陆城市中有22.29%的城市人口区位指数大于1，也就是说，有35个内陆城市经济发展水平高于全国平均水平（表8.5）。经过分析可发现，这些城市包括直辖市（1个）、省会（10个）或资源型城市（13个）等，具有行政区位优势或自然资源优势，其人口区位指数平均值（1.61）明显高于内陆其他城市（0.52）。

表8.5　2014年内陆城市人口区位指数大于1的地级以上城市

| 城市名称 | 城市属性 | 城市名称 | 城市属性 |
|---|---|---|---|
| 北京市 | 直辖市 | 抚顺市 | 资源型城市 |
| 沈阳市 | 省会型城市 | 朔州市 | 资源型城市 |
| 乌鲁木齐市 | 省会型城市 | 辽源市 | 资源型城市 |
| 成都市 | 省会型城市 | 金昌市 | 资源型城市 |
| 长春市 | 省会型城市 | 三明市 | 资源型城市 |
| 太原市 | 省会型城市 | 莱芜市 | 资源型城市 |
| 昆明市 | 省会型城市 | 辽阳市 | 其他 |
| 西安市 | 省会型城市 | 泰州市 | 其他 |
| 贵阳市 | 省会型城市 | 松原市 | 其他 |
| 拉萨市 | 省会型城市 | 酒泉市 | 其他 |
| 哈尔滨市 | 省会型城市 | 通辽市 | 其他 |
| 鄂尔多斯市 | 资源型城市 | 柳州市 | 其他 |
| 大庆市 | 资源型城市 | 玉溪市 | 其他 |
| 嘉峪关市 | 资源型城市 | 湘潭市 | 其他 |
| 本溪市 | 资源型城市 | 龙岩市 | 其他 |
| 榆林市 | 资源型城市 | 株洲市 | 其他 |
| 鞍山市 | 资源型城市 | 西宁市 | 其他 |
| 新余市 | 资源型城市 | | |

2. 演变趋势分析

根据以上分析，我国城市间确实存在沿海、沿江、沿边、内陆城市发展的经济梯度，且直辖市、省会或资源型城市的经济梯度差异较大。图8.9为2000～2014年我国沿海、沿江、沿边城市及内陆城市的人口区位指数平均值变化情况。

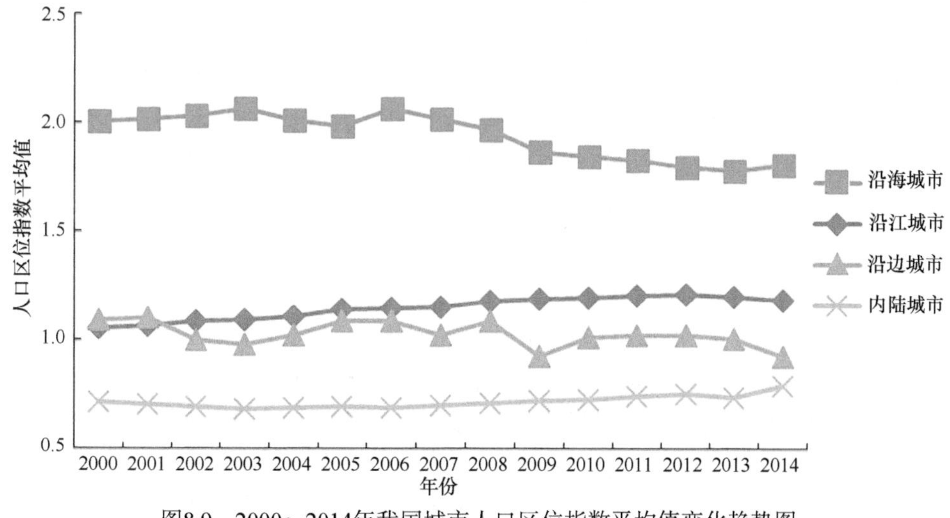


图8.9　2000～2014年我国城市人口区位指数平均值变化趋势图

从整体上看，我国城市人口区位指数平均值的变化曲线有收敛趋势，在一定程度上说明我国城市间经济梯度差异正在下降。具体来看，沿海城市的人口区位指数平均值逐渐减小，沿江城市的人口区位指数平均值持续增大，沿边城市的人口区位指数平均值在全国平均水平上下波动。本研究认为：①海洋赋予了沿海地区得天独厚的自然区位优势，使其优先获得改革开放发展机遇的巨大政策红利，但是随着要素资源的日趋饱和，沿海城市的发展优势在逐渐减小；②在沿江综合运输大通道的支撑下，沿江经济带逐渐实现了上、中、下游要素合理流动、产业分工协作，基本实现了沿江城镇布局与产业发展有机融合，区域现代农业、特色农业优势得到持续增强，促进了沿江经济带中上游广阔腹地的经济发展；③我国改革开放30多年后，“兴边富民”政策取得显著成效，边疆交通、水利等基础设施落后的状况得到根本扭转，社会保障体系初步建立，边民教育、卫生、文化等基本公共服务水平明显提升，周边关系趋于稳定。因此，进入21世纪以来，我国沿边城市经济的人口区位指数平均值在全国平均水平上下波动，但仍有待提升。

### 8.7.3 对策与建议

经济新常态下，构建沿海、沿江、沿边的全方位开放新格局、实现我国区域经济战略新布局对于当前经济结构转型升级具有重要的战略意义和现实意义。针对我国沿海、沿江、沿边城市与内陆城市之间的经济梯度差异与演变趋势，本研究从空间布局、时间次序和数量分配三个视角[8]，提出如下对策建议。

#### 1. 基于空间布局的对策建议

立足空间资源差异性，发挥辐射带动作用。“海洋强国”和“一带一路”倡议的提出为提升海洋经济开放水平提供了良好平台，沿海城市应把握新的发展机遇，突破金融投资瓶颈，加大对新亚欧大陆桥运输的支持力度，进一步提高海铁联运能力，大力发展内陆无水港，扩展沿海发展红利的前沿辐射地带；沿江城市应立足上、中、下游地区的比较优势，统筹沿江经济带人口分布、经济布局与资源环境承载力，发挥长江三角洲、珠江三角洲和黄河三角洲等地区的辐射引领作用，促进中、上游地区有序承接下游产业转移，激发内生发展活力，使中部崛起新的经济支撑带；各地方开放态势“地图”显示出沿边城市的地缘战略价值，沿边城市应加强跨境合作区的建设，积极推动各国产业向沿边合作区转移，形成边境贸易往来的开放窗口。从而把沿海地区建设成经济增长的前沿阵地，把沿江地区建设成中西部发展的新枢纽，而沿边地区则形成边境贸易的重要门户，形成经济增长、中西部崛起和对外贸易合作的有机衔接。

#### 2. 基于时间次序的对策建议

科学安排海陆开发时序，尽快增强产业集聚优势。“海洋强国”和“一带一路”倡议的实施为推动海洋产业、临港工业转型升级带来新的发展机遇。沿海城市应依托政策和区位优势，做好科学定位、明确发展优势与重点，优先发展增值空间大、产业互动性好、资源互补性强的海洋战略性新兴产业，提升海洋产业的规模和层次，同时逐步做好产业链条的拓展延伸以及与陆域产业的融合发展；沿江城市应有序提升黄金水道功能，推进干线航道系统治理，优化港口功能布局，加快多式联运发展，加快建设综合立体交通走廊，增强对沿江经济带发展的战略支撑力；沿边城市应完善管理体制机制，实现一般贸易、边境小额贸易、边民互市贸易与特殊经济合作区建设的统筹管理。

3. 基于数量分配的对策建议

预测要素流动趋势，优化海陆资源配置。新常态下，资本、人才、技术、产品、信息等要素在海陆间及与沿线国家间的流动将会更为频繁。沿海、沿江、沿边及内陆城市应利用这一契机，根据经济社会新常态发展趋势，科学预测要素流动方向、规模和速率，遵循市场发展规律，从行政、经济、社会等多方面构建资源配置策略，提升海陆资源配置的经济效益和社会效益。

完善宏观调控机制，引导战略实施。各地区要立足本土，因地制宜，完善经济社会宏观调控机制，打通资源流通渠道，引导要素资源有序流通，实现陆海联动、江海联动、边海联动，打造沿海、沿江、沿边和内陆地区优势互补、联动发展的新局面。沿海地区经济发达但是环境承载力已接近饱和，未来的发展重点是依托科技、人才等要素走“创新引领”道路，建立现代产业发展体系，实现产业集聚，大力发展外向型经济并做好相关要素的溢出和转移工作，以海带陆，海陆联动，形成经济增长的前沿辐射带；沿江地区立足上、中、下游地区的比较优势，统筹沿江经济带人口分布、经济布局与资源环境承载力，科学设计招商引资、劳动力引进、输送与培训管理体制，促进流域沿线产业优化转移；沿边城市应合理设计跨境合作园区建设，打通跨境要素流通障碍，推进自由贸易区建设，形成边境贸易的开放窗口；内陆城市应积极加强与沿海、沿江、沿边等区域战略的呼应联动，将我国参与经济全球化的发展红利引向内陆地区，形成经济崛起的后备力量。

### 8.7.4 结语

打造沿海、沿江、沿边全方位对外开放新格局，是新常态下适应经济转型发展与产业结构升级的重要举措，有利于形成陆海统筹、东西共济、协调发展的新局面。研究我国沿海、沿江、沿边城市与内陆城市之间的经济梯度差异与演变趋势，并以此为基础制定科学合理的战略对策，对区域经济新布局的形成与“海洋强国”战略的实施具有战略意义。

本研究基于区域经济学中的区位商模型，运用指标“人口区位指数”对我国沿海、沿江、沿边城市与内陆城市的经济发展水平进行了系统测算和深入分析，证明了沿海、沿江、沿边城市与内陆城市之间存在经济梯度差异。利用构建的模型，对各区域人口区位指数进行了测算，并以此为基础，对我国沿海、沿江、沿边城市与内陆城市经济梯度差异的演变趋势加以分析。结果表明，地理区位因素、资源因素和行政因素在城市经济梯度差异形成过程中发挥着重大作用，城市经济差异的逐渐缩小是经济新常态的必然要求。此外，本研究基于区位商定义探索构建的衡量城市经济发展水平的新指标——人口区位指数，经实践发现具有一定的科学性和实用性，计划在后续研究中继续加强这方面的研究和应用。

## 参 考 文 献

[1] 陆大道, 樊杰, 刘卫东, 等. 中国地域空间、功能及其发展. 北京: 中国大地出版社, 2011: 35-54.

[2] 国家发展和改革委员会. 西部大开发“十二五”规划. (2012-02-21)[2015-05-07]. http://www.agri.cn/cszy/BJ/whsh/ncwh/201202/t20120221_2486222.htm.

[3] 李胜兰, 冯锐, 申晨. 沿海开放与沿边开放: 喀什经济特区的发展定位与战略. 深圳大学学报(人文社会科学版), 2013, 30(2): 54-57.

[4] 陈文科. 沿江经济带与全国经济协调发展. 经济学家, 1997, (3): 95-103.

[5] 刘大海, 李晓璇, 邢文秀, 等. 我国海陆经济梯度差异测度及趋势研究. 海洋经济, 2015, (5): 20-25.

[6] 郑鑫. 我国产业的梯度转移与区域经济协调问题研究. 郑州大学硕士学位论文, 2005.

[7] 孙久文, 叶裕民. 区域经济学教程. 北京: 中国人民大学出版社, 2011: 81-82.

[8] 刘大海, 纪瑞雪, 邢文秀. 海陆资源配置理论与方法研究. 北京: 海洋出版社, 2014: 50-100.

# 第9章　围填海管理

## 9.1　填海造地评价体系

随着我国沿海地区经济快速发展和人口增长压力日益增大，填海造地已逐渐成为我国沿海地区拓展土地空间以缓解人地矛盾的一种方式，但填海造地又是对海洋自然环境破坏最为严重的海洋开发利用方式之一。因此，国家高度重视围填海管控的重要性。

当前我国在填海造地管理方面的主要依据有《中华人民共和国海域使用管理法》《中华人民共和国海洋环境保护法》《全国海洋功能区划》《全国海洋经济发展规划纲要》，以及各省（区、市）地方的海域管理条例和海洋功能区划等。但国内尚没有专门的针对填海造地的综合损益评价程序。为此，本研究提出一种基于会计学的比率分析法，并将其应用于综合损益评价，对社会影响、环境影响和资源影响进行量化，构建出一套填海造地综合损益评价体系，希望能对我国填海造地评价工作有所助益。

### 9.1.1　填海造地综合损益评价体系框架构建

填海造地综合损益评价体系反映的是项目的损益情况，也就是“有项目”和“无项目”两种情况下的损益比较。“有项目”是指实施填海造地项目后某一海域在计算期内的预期状况。“无项目”是指如果不实施该项目某一海域在计算期内的状况。

填海造地项目涉及面广，影响因素多，很难直接通过总量指标来全面反映其经济效果，而必须由一系列相对独立的、具有可比性的比率评价指标来反映。在建立比率评价指标的过程中应注意体现填海造地项目经济影响、社会影响和环境影响的发展方向，满足全面性、代表性、可比性和统一性的普遍要求，遵循最终影响、整体优化和动态变化的三大原则。

比率分析法是目前西方财务报表分析中应用最普遍的方法之一，该方法可以将原始的评价数据转换成可读性较强的资料，帮助综合损益评价的利益相关者正确评估项目价值[1]。评价体系中存在两类指标，即总量指标和比率评价指标。其中，总量指标包括二级总量指标和综合损益总量指标；比率评价指标包括盈利能力指标和效率能力指标。根据填海造地评价体系设计原则，结合比率分析法，可将填海造地综合损益评价体系分为三大环节来构建。第一，从财务损益、国民损益、社会损益、资源损益和生态损益5个方面选取二级总量指标，通过实物量核算和价值量核算得出填海造地综合损益评价总量指标。第二，应用核算出的填海造地综合损益评价总量指标，运用比率分析法的比率评价指标进行评价。第三，按取值方式差异将比率评价标准分为规划标准、历史标准、经验标准三种类型，应用这些标准来对比率分析法的评价结果进行更加科学合理的衡量和评判。具体流程可见图9.1。

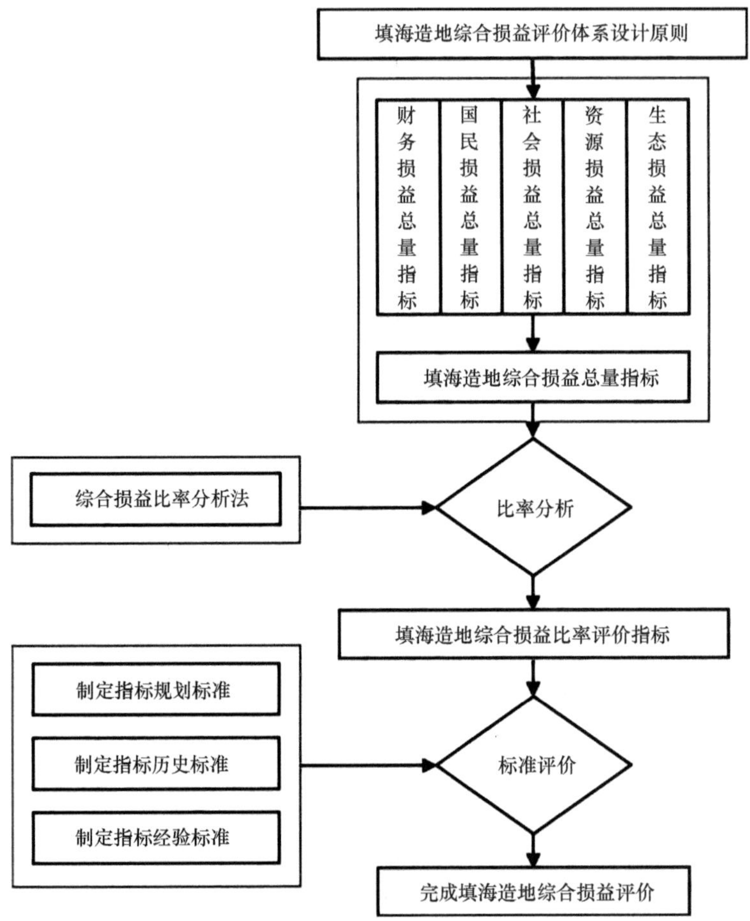


图9.1　填海造地综合损益评价体系流程图

### 9.1.2　填海造地综合损益评价体系总量指标研究

总量指标是反映总体规模或水平的统计指标，它通常是绝对数。依据海域使用论证中综合效益评价的分类方法和简德三[2]构建的项目评估体系，结合填海造地项目特点，选取财务损益、国民损益、社会损益、资源损益和生态损益5个二级总量指标构建填海造地综合损益评价总量指标。

（1）填海造地财务损益总量指标：财务损益是填海造地综合损益评价的基础。它从投资者的角度出发，分析某个填海造地项目的投资回报状况，不牵涉外部收入和外部成本。

（2）填海造地国民损益总量指标：国民损益总量指标即国民经济损益总量指标，是指某一时期因某填海造地项目而产生的国民经济增长或衰退情况总量，它主要体现在增加土地总供给、增加资本积累、提高国家总产出、提供更多就业岗位、吸引国外投资等方面。该指标定量方法可选用恢复和防护费用法、影子工程法、市场价值法、机会成本法、数量统计法等[3]。

（3）填海造地社会损益总量指标：填海造地综合损益评价体系中的社会损益总量

指标具有“隐性贡献”的特点。填海造地项目社会损益主要体现在缓解城市土地供求矛盾、缓解就业压力、优化产业结构、提高居民福利水平、影响居民健康水平、提升交通便利度、提高社会劳动生产率等方面。该指标定量方法可选用影子工程法、市场价值法、机会成本法、专家评估法、投标博弈法、数量统计法等。

（4）填海造地资源损益总量指标：填海造地资源损益是指由某一时期某填海造地项目导致的非生物自然资源损失或增加情况，主要体现在矿产资源损益、能源资源损益、空间资源损益等方面，其中空间资源体现在实现港航功能、盐业功能、休闲娱乐功能、旅游功能等方面。该指标定量方法可选用数量统计法、旅行费用法、恢复和防护费用法、影子工程法、市场价值法、机会成本法、专家评估法等。

（5）填海造地生态损益总量指标：生态损益总量指标是填海造地综合损益评价体系中的重要部分，是指某一时期某填海造地项目导致的与生物相关的自然资源损失或增加情况。生态损益主要体现在生物多样性降低、珍稀物种减少、湿地退化、水环境和大气环境恶化、纳潮量减少、（航道、港湾等）泥沙淤积、水土流失、海底稳定性降低等方面。该指标定量方法可选用恢复和防护费用法、影子工程法、市场价值法、机会成本法、专家评估法、投标博弈法等。

二级总量指标是反映填海造地项目综合损益的基础统计指标。构建过程中，应以填海造地项目前后变化的数据为基准，运用先进的数据处理和数学计算方法对数据进行统计、整理和计算，得出以货币量为单位的各二级总量指标的相关量，在此基础上对5个二级总量指标进行汇总，从而得出综合损益总量指标。总量指标按效益、资本、产出、费用、资产、利税的会计学方法进行账户处理[4]。

### 9.1.3　填海造地综合损益评价体系评价方法研究

填海造地活动是一个复杂的系统过程，近年来，费用效益法被广泛使用于各类填海造地项目评价中，但由于费用效益法只是有选择地、片面地反映经济活动，再加上损益准则自身的不完善性，费用效益法不可避免地会有许多不恰当的地方。虽然定性描述可以在一定程度上改善这一状况，但定性描述远远不能反映不同环境、不同地区、不同行业之间的差异，难以解决此类问题。

比率分析法是将项目的总量指标数据互相比较，用一个数据除以另一数据的方法求出比率，据以分析和评价填海造地项目的一种方法，它的前身是财务比率分析。最早的财务比率分析是为银行服务的信用分析（即偿债能力分析）[5]，现在的财务比率分析已经发展成为了包括获利能力比率、清偿能力比率、财务杠杆比率、投资比率、变现能力比率、资产管理能力比率、负债比率等常见比率在内的重要财务分析工具之一。运用比率分析法的最大优点是可以消除规模的影响，能够较为客观地比较填海造地的投资与收益，从而帮助投资者和政府审批部门做出理智的决策。它可以评价某项填海造地项目在各年之间收益的变化，也可以评价比较某一时点某一地区的不同用途的填海造地项目。

填海造地项目评价是一个错综复杂的过程，需要考虑多方面因素，仅自然影响因素就有海流、潮位、波浪、风速、风向、岸滩蚀淤、沉积物类型、海底稳定性、环境化学等直接关系项目是否可行的要素。另外，填海造地的不同利益相关者，包括政府、投资者和其他利益相关者，考虑问题的角度也是不同的。从政府的角度看，一方面政府既是填海造地政策法规的制定者，同时也担负着填海造地审批的调控角色；另一方面，政府作为海域资源的所有者还关心填海造地的开发强度、运营效率、使用的环保性以及填海造地对国家和社会的贡献水平。从投资者的角度看，他们侧重于关心填海造地的盈利能力、运营能力、偿债能力等。从其他利益相关者的角度看，他们更关注填海造地项目的生态影响和社会影响。比率分析法与费用效益法相比，其优势在于有更多的指标可以选择，可以兼顾不同的利益相关者。

因此，应针对项目的特殊性选择有意义的、互相关联的项目数值来进行比较。在运用比率分析法时，首先是要注意将各种比率有机联系起来进行全面分析，不可单独地看某种比率，否则便难以准确地判断填海造地项目的整体情况；其次是要考虑项目的特殊性和不同利益相关者的需求，统筹不同利益相关者的利益；最后是要结合不确定分析和指标评价标准，对该比率进行评价，这样才能对填海造地项目做出科学合理的预测分析。

基于国外财务比率分析分类方法[6]，填海造地综合损益比率评价指标大体上可分为两类：第一类是盈利能力指标，填海造地项目是否盈利是投资者和政府都关心的问题，盈利能力指标直接决定填海造地是否可行；第二类是效率能力指标，主要体现填海造地项目运营的效率状况，它牵涉到项目的可持续发展方面，是政府和利益相关者全面评价项目优劣的重要依据。常用指标见表9.1。

表9.1　填海造地综合损益比率评价指标一览表　（单位：%）

| | 名称 | 计算公式 | 五年 | 十年 | 十五年 | 二十年 |
|---|---|---|---|---|---|---|
| 盈利能力指标 | 资本金利润率 | 利润额/资本金额 | | | | |
| | 资本利润率 | 利润额/资本额 | | | | |
| | 综合资本增长率 | 资产增长总额/资产总额 | | | | |
| | 综合费用效益率 | 费用总额/效益总额 | | | | |
| | 综合资本回报率 | 效益总额/资本总额 | | | | |
| | 综合资本利润率 | 利润额/资本总额 | | | | |
| | 综合产出回报率 | 效益总额/产出总额 | | | | |
| | 综合产出利润率 | 利润额/产出总额 | | | | |
| 效率能力指标 | 资耗利润率 | 利润额/资源费用 | | | | |
| | 资耗效益率 | 效益总额/资源费用 | | | | |
| | 资耗创汇率 | 外汇收入金额/资源费用 | | | | |
| | 土地创利率 | 有项目效益总额/无项目效益总额 | | | | |
| | 行业创利率 | 本方式效益总额/其他效益总额 | | | | |
| | 社会贡献率 | 社会效益额/总资本总额 | | | | |
| | 社会积累率 | 利税总额/社会效益额 | | | | |
| | 综合资本积累率 | 积累资本/效益总额 | | | | |
| | 综合资本创汇率 | 外汇收入金额/资本总额 | | | | |
| | 综合资本利税率 | 利税总额/资本总额 | | | | |
| | 综合产出创汇率 | 外汇收入金额/产出总额 | | | | |
| | 综合产出利税率 | 利税总额/产出总额 | | | | |

科学合理的比率分析对于填海造地项目的评价和分析都有极大的帮助。比率分析法这种方式不仅可以兼顾不同的利益相关者群体，可以直观地表示出填海造地项目的损益状况，还有助于揭示填海造地项目的弱点，找出问题所在，以促进填海造地事业可持续发展。

### 9.1.4　填海造地综合损益评价标准制定

填海造地综合损益评价标准根据取值方法不同分为规划标准、历史标准、经验标准等三种类型。

（1）规划标准指以管理部门事先制定的目标、计划、预算、定额以及相关行业规定标准等预定数据作为评价支出绩效的标准，如《全国海洋功能区划》《全国海洋经济发展规划纲要》及地方的功能区划。规划标准的作用是通过将实际完成值与预定数据进行对比，发现差异并达到评价目的。

（2）历史标准是以不同地区、不同规模、不同行业或不同自然条件填海造地项目相关指标的历史数据作为样本，运用统计学方法制定的评价标准。由于历史标准具有较强的科学性、客观性和权威性，在实际操作中可得到广泛应用。需要注意的是，实际运用时也要对历史标准进行及时修订和完善，尤其要注意剔除价格变动、数据统计口径不一致和核算方法改变所导致的不可比因素，以保证历史标准符合客观实际情况。

（3）经验标准是根据长期的填海造地活动管理实践，由在填海造地管理领域有丰富经验的专家学者，在经过严密分析研究后得出的有关指标标准或惯例。当历史标准不如经验标准权威性高时，应当选择经验标准。

以上这些标准都可以作为衡量和评判的基准，具体操作上，评价实施者可以根据评价目标和评价对象的不同来确定适当的评价标准，在三种标准的基础上，结合不确定分析，对该比率进行评价，以求对填海造地项目做出科学合理的预测分析。

### 9.1.5　结语

随着“十一五”期间海洋开发秩序工作的进一步开展，作为规范海洋开发秩序工作的组成部分，填海造地综合损益评价必将在建设资源节约型社会的时代进程中扮演重要的角色。本研究将环境经济学和会计学的原理与方法应用于填海造地综合损益评价，运用比率分析评价方法建立了填海造地综合损益评价体系。与费用效益法的评价方法相比，本研究提出的比率分析法可以消除规模的影响，这清楚地体现了比率分析法相对于费用效益法的优势。通过比率分析法的比率评价指标和评价标准的衡量与评判，能够综合全面地反映填海造地项目的可持续发展状况。但需要强调指出的是，填海造地是一个复杂的系统项目，还有很多问题，如评价指标筛选问题、数据收集问题、定量技术问题等，需要做进一步的探讨和实践。

## 参考文献

[1] 杨棉之. 关于现行财务分析指标体系的思考. 合肥工业大学学报社: 社会科学版, 2004, (4): 16-19.

[2] 简德三. 项目评估与可行性研究. 上海: 上海财经大学出版社, 2004.
[3] 孙强. 环境经济学概论. 北京: 中国建材工业出版社, 2005.
[4] 中国水利经济研究会. 水利建设项目后评价理论与方法. 北京: 中国水利水电出版社, 2004.
[5] 卢占凤. 公司财务比率分析研究. 江汉大学学报: 社会科学版, 2004, (6): 67-69.
[6] 张学谦. 会计报表分析原理与方法. 北京: 对外经济贸易大学出版社, 2005.

## 9.2 围填海存量资源问题

自中华人民共和国成立到20世纪90年代，为发展盐业、农业及海水养殖业，我国先后经历了3次较大规模的围填海热潮，进入21世纪后，为破解土地资源瓶颈，沿海地区开展了更大规模的围填海造地[1]。大规模围填海工程为国家重大战略实施提供了发展空间，为区域发展优化布局提供了保障，推动了港口航运事业、临港产业等诸多产业实现跨越式发展，为沿海地区发展更高层次的开放型经济作出了巨大贡献。此外，经济波动、企业经营和地方政府管理等因素导致了围填海闲置、低效利用等问题，形成了一定规模的存量资源，不仅浪费了宝贵的近岸海域空间资源，加剧了人地（海）矛盾，还占用了大量的围填海计划指标，造成一边是大量资源闲置，另一边是地方政府每年积极申请新的围填海计划指标的现象。近年来，沿海地区围填海存量资源问题始终未得到有效解决，引起了相关学者和管理部门的重视。

十九大报告关于供给侧结构性改革一章提出“优化存量资源配置，扩大优质增量供给，实现供需动态平衡”，为我国海域使用管理和围填海监管改革指明了方向。加快围填海存量资源有效配置成为破解上述难题的有效措施，也是一举两得之举。因此，如何识别和配置全国范围内的围填海存量资源、优化围填海土地利用结构、提高围填海集约利用水平，成为我国围填海管理的重要任务之一。

### 9.2.1 研究与实践进展

#### 1. 研究进展

目前，国内对围填海存量资源管理的研究相对较少，相关研究主要集中在现状调查分析、资源利用评估、存量资源优化配置和管理政策等方面。

在资源利用现状调查与分析方面，索安宁等[2]利用遥感数据对区域围填海存量资源现状进行了研究，将围填海存量资源分为围而未填区域、填而未建区域、低密度建设区域、低洼坑塘、低效盐田和低效养殖池塘六种类型，并对各类区域所占比例、形成途径进行了分析，该研究对开展大规模围填海存量资源调查分析具有重要借鉴意义。

在利用评估方面，大多数学者选择构建指标体系进行定量评估。段金娟[3]构建了围填海分区控制评估模型，选取资源环境条件、需求压力、围填海存量和政策调控作为影响因素，根据评估模型，围填海存量越多，对区域围填海的限制力度就越大。宋德瑞等[4]采用空间叠加分析评价方法，构建了海域空间资源利用潜力评价模型，评价了适宜功能区类型的未开发利用的海域空间资源储量。王晗等[5]针对我国主要海洋产业的填海项目进行了海域集约利用评价研究，选取表征海岸线海域投资、平面设计、功能布局、运营管理等方面指标，对各个海洋产业填海项目进行了综合分析评价。这些研究对低效利用围填海区域的使用现状评价具有参考意义。

在优化存量资源配置和管理政策方面，杨华和王全弟[6]从权利承接角度研究了围填海造地形成土地过程的管理，认为围填海管理需要制定专门法律，并与其他法律法规相协调。黄新颖和雷阳[7]针对天津市围填海管理中存在的问题，提出了将围填海造地纳入土地规划管控的建议，具体包括控制围填海规模、优化空间布局、理顺围填海管理相关职能部门关系以及实行差别化政策等设想。于永海[8]从围填海适宜性评价方法、规划管理和计划管理三方面构建了基于规模控制的围填海管理方法体系，以指导优化围填海空间布局、控制围填海规模、制定围填海规划等工作，该研究对减少围填海存量继续增长和提高围填海区域利用效率具有重要参考意义。金左文等[9]依据时间、投资和面积等三要素对围填海存量资源进行了界定，并划分为批而未围、围而未填和填而未建三类，并从外部经济环境、相关利益协调、企业自身情况等方面分析了围填海存量资源形成机制，最后提出了建立围填海存量资源收储制度的具体建议。

从理论和技术角度看，我国目前海域空间资源存量研究还十分薄弱，关于海域空间资源存量的概念和内涵以及评估方法的认识尚未成型。若此种局面持续存在，一方面易导致海域管理支撑技术研究目标发散，技术体系混乱，另一方面也会影响海域资源管理对策实施的针对性和有效性，同时也会导致相关基础研究的滞后。为此，需要尽快开展海域空间资源存量评估、优化利用的理论体系和方法原理研究，科学界定海域空间资源存量概念，构建海域空间资源存量评估的理论和技术体系，提供海域空间资源优化利用管理方法，同时也为解决围填海存量资源问题拓宽思路。

### 2. 实践进展

面对海域使用权证书换发国有土地使用权证书程序复杂且缺乏实际操作指导的问题，近年来，江苏、浙江等省正积极探索解决办法，并出台了相关的地方法规和文件，初步形成了直接凭海域使用权证书按程序办理项目建设手续的“海域使用直通车”试点，通过明确海域使用权证与土地使用权证的对等性，解决了填海建设用地指标问题，缩短了审批时间，提高了节约集约用地水平，对增加项目建设融资渠道、推动招商引资工作起到了重要作用。

为解决围填海存量过剩的问题，广西壮族自治区海洋局印发的《广西壮族自治区海洋局围填海管理办法（暂行）》[10]要求各级海洋部门严格按照海洋生态红线要求，严格控制新增围填海活动，引导新增建设项目向围填海存量资源区域聚集，以消化围填海存量。

综上，沿海多个地区针对围填海存量问题开始采取相关措施，包括梳理和核查存量现状、探索消化存量办法等，但总体来说，各级海洋部门针对围填海存量问题尚未提出系统的解决方案，解决围填海存量问题依然面临较大难度。

### 9.2.2　围填海存量资源内涵探讨与成因分析

#### 1. 围填海存量资源内涵探讨

##### 1）围填海存量资源形成路径分析

在经济学领域，存量一般指某一指定的时点上过去生产与积累起来的产品、货物、储备、资产负债的结存数量，强调“过去”和“积累”，一般与流量对应。在国土规划与管理中，存量往往指因利用不当而具有再次开发的潜力资源的数量。例如，存量建设用地一般指现有城乡建设用地范围内的闲置未利用土地和利用不充分、不合理、产出低的土地，即具有开发利用潜力的现有城乡建设用地[11]。国土资源部在2004年印发的《关于开展全国城镇存量建设用地情况专项调查工作的紧急通知》[12]中，从行政管理角度明确了存量建设用地的范围，包括闲置土地、空闲土地和批而未供土地，此处存量一般与增量对应。

由此可见，存量资源最关注的是资源实际利用状态，根据围填海开发利用时序，可将其分为2个阶段：一是围填海阶段，二是新形成土地的开发建设阶段。故判别围填海存量资源的实际利用状态时，可关注以下2个因素：一是围填海工程的进展情况，分别以获得用海批复和项目完工为起止点，重点关注各阶段工程建设是否如期开展；二是项目完工后的土地利用状态，重点关注新形成的土地是否得到高效利用。

以上是在围填海项目获得用海批复的前提下展开分析，这也是目前关于围填海存量资源研究和管理中较为认可的判别方式。此外，由于围填海工程审批严格、审批周期长，往往出现未批先建、边批边建的行为，在当今国家实行最严格的围填海管控措施下，此类围填海项目依法被勒令暂停，此时，海域自然属性已发生改变，只是权属尚未发生变化。因此，本研究建议围填海存量资源的范围应考虑未批先建和边批边建等情形。

由此，本研究从海域开发时序、新形成土地利用状态及围填海工程合法性三个方面探讨围填海存量资源的形成路径。

（1）从海域开发时序角度：用海者需向海洋部门提交用海申请，获得批复后，方可开展围填海，在围填海项目竣工3个月后换发土地使用证，并进行土地利用。在此过程中，任一环节停滞使项目终止，均未达到海域资源预期利用目标，包括批而未围、围而未填和填而未建三种情形。其中，批而未围指用海者获得围填海批复后，尚未进行围填海工程建设；围而未填指用海者完成了围海工程，但尚未进行填海；填而未建指用海者完成了围填海造地，但尚未进行土地利用。

（2）从新形成土地的利用状态角度：围填海工程完工后，用海者在新形成土地上进行项目建设，由各种因素导致项目停工或已建项目不符合《建设项目用海面积控制指标（试行）》等，未达到土地高效利用目标的情况属于新形成土地低效利用。

（3）从围填海工程是否合法角度：在海域管理实际中，存在部分企业在未取得海域使用权时就已经开展围填海工程的现象，未确认海域权属。从法律角度，该区域仍属于“未确权海域”的范畴，但该区域海域自然属性已经极大改变，有的甚至已经属于“土地”范畴，此类情况属于未批先建或边批边建。

2）围填海存量资源概念界定

根据以上围填海存量资源形成的路径分析，本研究分别从狭义和广义角度对围填海存量资源概念进行界定。

狭义的围填海存量资源是已经获得围填海批复，但未按照预期目标完成开发利用的海域或新形成的土地资源，包括批而未围、围而未填、填而未建、低效利用四类情形。

广义的围填海存量资源，除了包含以上情形，还包括未获得围填海批复就已开工建设的海域资源，包括未批先建和边批边建两类情形。

## 2. 围填海存量资源成因分析

现阶段，在海洋和国土等各类规划或制度衔接不畅、围填海土地市场化配置不完善及海域开发利用依然粗放等背景下，围填海存量资源问题的出现有其必然性。本研究结合当前我国海洋和国土规划与管理、围填海资源市场化配置、海洋开发利用水平等多方面进行分析，其主要原因有以下几点。

1）海陆管理边界发生变化

海岸线是海陆分界线，也是海陆管理的边界。由于受潮汐变化、海岸线冲於、海平面上升及人类开发利用活动等因素影响，海岸线始终处于动态变化的过程中；此外，由于海岸线测量技术方法及标准不统一，海岸线修测常产生误差。以上因素导致海陆管理分界线发生变化，尚未完工的围填海工程所在区域由海域变为陆地，且管理部门尚未对上述区域提出过渡性措施，导致形成围填海存量资源。

2）地方海洋功能区划调整

地方政府在调整地方海洋功能区划时，导致原属海域的区域变为土地，将该部分区域从海域管理中去除，但又未及时纳入土地管理，因而变成围填海存量资源。例如，2012年国务院批复的《浙江省海洋功能区划（2011—2020年）》对浙江省海岸线做了较大调整，导致部分海域在新海洋功能区划中位于海岸线向陆一侧，超出了海域管理范围。这部分海域基本已经完成围填，但尚未办理海域使用审批手续，成为遗留的围填海存量资源。

3）海域使用权证与土地使用权证换发不顺畅

《中华人民共和国海域使用管理法》[13]规定："填海项目竣工后形成的土地，属于国家所有。海域使用权人应当自填海项目竣工之日起三个月内，凭海域使用权证书，向县级以上人民政府土地行政主管部门提出土地登记申请，由县级以上人民政府登记造册，换发国有土地使用权证书，确认土地使用权。"但这仅是海域使用权证换发土地使用权证的原则性规定，并未明确规定两证换发、缴费等具体实施细则，且在国家层面也没有相关法律进行保障，因此出现了换证不畅导致的填海闲置。例如，潍坊某区某围填海项目竣工验收后，因项目不符合土地利用总体规划而无法换发土地使用权证，形成围填海存量资源。

4）海域使用金征收与市场经济脱节

我国针对填海造地征收的海域使用金相对较低，围填海成本远远低于周围土地招拍挂价格。受利益驱使，部分企业在围填海造地后不进行任何建设，仅作为抵押用以申请贷款。围填海造地价格配置与市场经济脱节，又没有严格的政策法规对企业行为进行约束，由此形成围填海存量资源。

5）外部经济环境变化及企业经营不善

围填海项目建设周期长，容易受国家政策变化、经济危机等外部经济环境影响，企业出于自身效益考虑，减缓甚至停止工程建设。此外，企业因经营不善导致资金链断裂，相关方利益协调工作不到位，也会导致企业推迟或停止施工，从而导致围填海存量资源的形成。

6）围填海资源集约节约利用技术较低

多年来，我国对海域空间资源的利用比较粗放，远远达不到高水平集约节约利用的程度，再加上相关管理政策对围填海土地利用效率的约束较小，导致企业对围填海形成的新土地利用不充分、不合理，利用效率低，造成海域资源隐形浪费，形成围填海存量资源。

### 9.2.3　围填海存量资源优化利用对策建议

根据十九大报告“优化存量资源配置，扩大优质增量供给，实现供需动态平衡”的指导，解决围填海存量问题可按照“查清存量、对症下药”、“完善制度”、“优化配置”和“提质增效”四步走，坚持问题导向，从根本上消化存量，并杜绝该问题的蔓延。

1. 开展存量资源核查，实行差别化解决措施

全面查清全国范围的围填海存量资源，掌握真实的围填海存量资源基础数据，是消化围填海存量和杜绝存量增长的首要条件。一是要直面当前围填海存量过剩问题，尽快开展广泛的围填海存量专题调研，了解围填海存量资源的成因和类型，界定围填海存量资源的标准和范围，为围填海存量资源核查做好准备；二是要开展覆盖全国所有沿海省、市、县的围填海存量资源核查工作，对围填海存量资源分布进行有序梳理、统计和登记，摸清各地围填海存量现状和开发利用潜力，查清权属关系，了解所有权人意愿，全面掌握围填海存量资源现状；三是根据核查结果建立围填海存量数据库和登记台账，做到围填海存量“一本账”，夯实管理基础。

在全面掌握围填海存量资源基础数据的前提下，应针对不同类型围填海存量资源的形成路径和特点，坚持问题导向，实行差别化的解决对策。

（1）批而未围、围而未填、填而未建项目：管理部门应积极与企业沟通，敦促企业尽快按照合同或批复文件施工；同时，建议人大、政府部门制定或完善法律法规、政策文件等，对超过一定年限仍未开发的海域，强制收回并注销海域使用权。

若企业经敦促后仍未按时动工，在依法收回海域使用权后，对批而未围项目，由

于海域自然属性尚未改变，可以将海域重新纳入开发利用规划，根据当地经济社会发展需要和海域管理相关规定，进行资源重新配置；对围而未填项目，可由管理部门进行收储，并通过“招拍挂”等市场化配置方式，将海域交与有资质有能力的企业进行开发利用；对填而未建项目，建议由政府部门牵头，解决海域使用权证换发土地使用权证的问题，并将“海域”以建设用地的身份重新规划利用。

（2）低效利用项目：对于低效利用的围填海项目，首先由政府部门出台相关政策，并主动与企业沟通协调，鼓励和敦促企业改进土地利用方式，提高围填海土地的集约利用水平；若低效利用状态仍未改变，政府部门可通过要素资源调控、政策法规和管理制度制定等调节手段，如对集约利用水平不同的围填海项目施行差别化的用水、用电价格等，倒逼企业改进土地利用方式。

（3）未批先建、边批边建的项目：一是执法部门要勒令违法围填海的主体立即停止围填海行为，并依法从重处罚；二是要掌握项目进展情况。若围填海工程仅完成相关设施的搭建，则要求违法主体立即拆除相关设施，恢复海域原状。若海域无法恢复原状，则要求违法主体按规定办理项目用海申请手续，海洋行政主管部门依法进行审查：若项目符合围填海相关规定，则企业在获得用海批复并依法缴纳罚款和海域使用金后，方可继续开展围填海工程；若项目不符合围填海相关规定，则应根据自然资源空间用途管制及相关规划要求，由政府部门主导、社会参与，对海域进行生态修复。

2. 加强和完善围填海管理制度设计

目前，围填海存量资源管理制度存在两方面问题，一是相关制度或规划尚不完善，导致相关管理部门在解决围填海存量问题时无法可依；二是海洋、国土等各类制度或规划衔接不畅导致解决围填海存量的相关措施难以落实。鉴于此，有必要从两方面加强围填海存量制度建设。

（1）完善围填海管理制度，使围填海存量资源的管理利用有法可依。首先，各级海洋主管部门应出台针对性的削减政策，严格控制新增围填海项目，推进新增建设项目向围填海存量资源区域聚集。其次，对在建项目的存量问题及时采取督导、警告措施，敦促围填海责任人履行约定推进建设，对违约、超期闲置项目进行及时处罚或收回。再次，积极完善海域收储和供给制度，成立海域收储工作领导小组，组建海域收储机构，对围填海存量资源进行公平公正的价格评估、监督、管理与回收。最后，还应定期进行海岸线修测，掌握岸线动态变化，并在岸线调整时，针对岸线变化区域的围填海项目提出过渡性解决措施。

（2）建立部门间协调机制，保证围填海资源管理的各个环节制度和规划实现有效衔接。从短期来看，可针对围填海形成土地与国土管理之间衔接不通畅的问题，制定针对性政策，解决围填海形成土地与国土管理之间的衔接问题，将围填海存量资源尽快纳入土地资源管理。从长期来看，则需要结合海洋发展特征和区域差异，开展海洋与陆地相关规划间“多规合一”的体制创新研究，探讨“多规合一”的具体操作路径，构建海陆规划“一张图”编制技术框架，并从技术、体制机制和法律等层面提出规划实施的保障措施。

3. 深化围填海存量资源市场化配置机制

市场化配置是海域资源配置的必然趋势，也是解决围填海问题的重要思路。一是要完善海域使用招标拍卖挂牌机制，构建公平、公开、公正的制度体系，营造良好的投融资环境，引进资金和技术雄厚的企业参与围填海项目建设，既能应对市场环境变化，又能杜绝利用围填海形成土地进行抵押贷款等投机行为；二是在符合海域使用管理规定、相关规划和用途管制的前提下，充分发挥市场对资源配置的决定性作用，探索形式多样的围填海存量资源盘活方式，调动海域使用者的积极性，促进低效利用围填海土地二次开发，提升围填海质量；三是推进围填海资源市场化评估，大力培育海域评估中介组织和高水平评估机构，科学确定差异化的区域填海项目出让价款。

4. 全面提高围填海开发质量和效率

解决围填海资源利用效率低下的问题是当前海域使用管理的重要任务之一。应科学规划、积极引导，实现围填海资源高效利用。一是在制定围填海产业发展规划时，要充分发挥围填海所在区域的环境气候、社会经济、地理区域等优势，突出特色，因地制宜制定区域发展目标，避免各地围填海产业千篇一律、重复建设；二是要优化围填海空间布局，在围填海资源调查分析和海洋资源环境综合评估的基础上，科学划定禁止围填区、限制围填区、适度围填区，大力推进海洋经济绿色发展、循环发展、低碳发展；三是针对现阶段低效利用的围填海区域，要研究制定低效利用围填海土地项目的退出机制，淘汰落后产能和高污染、高耗能、高排放的围填海项目。

### 9.2.4　结语

围填海存量资源是具有重要开发潜力的宝贵资源，盘活围填海存量资源为缓解沿海地区用地指标紧张难题带来新思路。地方政府解决围填海存量问题不能“一刀切”，应全面开展所辖区域围填海存量资源调查，摸清围填海存量资源家底，掌握围填海存量资源的成因和特点，并结合当地经济社会发展情况提出差别化解决措施，充分盘活围填海存量资源，为海洋经济高质量发展提供保障。同时，要综合运用法律、行政和经济手段，切实转变海域粗放低效利用方式，推动海域资源可持续利用。最后，还要重视源头防控和过程监管，在项目审批阶段严格审核围填海项目投资强度、容积率、建筑密度等指标，并健全围填海项目批复后的开发利用监管机制，避免新的围填海存量资源产生。

## 参考文献

[1] 张清勇, 王梅婷, 丰雷, 等. 沧海易填, 欲海难平: 中国围填海造地的形势与对策. 财经智库, 2016, (3): 89-107.

[2] 索安宁, 王鹏, 袁道伟, 等. 基于高空间分辨率卫星遥感影像的围填海存量资源监测与评估研究——以营口市南部海岸为例. 海洋学报, 2016, 38(9): 54-63.

[3] 段金娟. 河北省围填海分区控制方案研究. 天津师范大学硕士学位论文, 2013.

[4] 宋德瑞, 郝煜, 王雪, 等. 我国海域使用发展趋势与空间潜力评价研究. 海洋开发与管理, 2012, 29(5): 14-17.

[5] 王晗, 徐伟, 岳奇. 我国主要海洋产业填海项目海域集约利用评价研究. 海洋开发与管理, 2016, 33(4): 45-51.

[6] 杨华, 王全弟. 围海造地过程中的权利承接及其法律规制. 法学, 2010, (7): 39-49.

[7] 黄新颖, 雷阳. 天津围填海造地纳入规划管控的政策设想. 中国房地产: 学术版, 2016, (4): 43-48.

[8] 于永海. 基于规模控制的围填海管理方法研究. 大连理工大学博士学位论文, 2011.

[9] 金左文, 祁少俊, 薛桂芳, 等. 围填海存量资源形成机制及其收储制度探讨——以东海区为例. 海洋环境科学, 2017, 36(6): 853-857.

[10] 广西壮族自治区海洋局. 关于印发《广西壮族自治区海洋局围填海管理办法(暂行)》的通知. (2016-07-01)[2018-06-05]. http://hyj.gxzf.gov.cn/ztzl/pfzlxc/t3474161.shtml.

[11] 罗玲. 基于土地可持续利用的我国城市土地储备投资可行性评价研究. 长安大学硕士学位论文, 2007.

[12] 中华人民共和国国土资源部. 关于开展全国城镇存量建设用地情况专项调查工作的紧急通知. (2004-12-07)[2018-06-05]. http://www.mlr.gov.cn/zwgk/zytz/200412/t20041207_52384.htm.

[13] 第九届全国人大常务委员会. 中华人民共和国海域使用管理法. 北京: 法律出版社, 2001.

## 9.3　海湾围填海适宜性评估

### 9.3.1　研究背景

海域和海岸线资源是海洋经济发展的重要载体，也是稀缺和不可再生的空间资源。科学利用岸线和近岸海域资源，适度进行填海造地活动，不仅能够保障国家能源、交通、工业等重点行业和重大建设项目的用海需求，还能够有效缓解沿海地区社会经济迅速发展与建设用地供给不足的矛盾[1]。然而，沿海地区对岸线和海域资源的开发利用却存在简单、粗放等诸多问题。一些地方随意占用稀缺的海岸资源，开展大规模的填海造地活动，不仅造成海岸资源的严重浪费，而且给海岸自然环境和生态系统带来了巨大的压力[2]。实现海岸资源的节约、集约和最优化开发利用，以获得最佳的经济效益、社会效益和生态效益，应该是海域管理的目的之一。

我国目前建立的海洋功能区划、海洋环境评价、海域使用论证等技术手段解决了某块海域是否可以围填的问题，但缺乏判定单一项目用海活动适宜性的定量方法和技术标准[3]。建立定量化的项目用海填海造地适宜性评价体系，可为海域使用审批提供参考依据，有利于推动全社会树立节约用海的理念，促进海域资源的集约利用。

### 9.3.2　体系构建

#### 1. 确定重点用海行业

根据对收集资料的全面整理和现场踏勘的综合分析，确定重点用海行业为船舶工业用海、港口用海、旅游娱乐用海、其他工业用海，并对其进行标准定义，见表9.2。

表9.2　重点控制项目用海行业分类表

| 行业名称 | 用途描述 |
| --- | --- |
| 船舶工业用海 | 填海用于船舶的修造，包括修造船所需的陆域、码头填海，不包括码头水域和船坞水域 |
| 港口用海 | 填海用于船舶的停靠、装卸、后方陆域等设置的建造，不包括港口水域 |
| 旅游娱乐用海 | 填海用于旅游娱乐设置、场地的建设，不包括游艇水域等 |
| 其他工业用海 | 填海用于电力等其他行业，包括工业设施、厂房建造等填海，不包括配套设施中的水域 |

2. 适宜性评价体系构建

为保证海湾围填海适宜性评价体系的科学性、合理性和全面性，充分考虑项目用海位置与周边环境、区位条件的适宜性，参考相关研究现状[4-6]，初步设计了8类共46个指标如下。

A类指标包括：A1，对周边保护区核心区影响系数；A2，对周边索饵场影响系数；A3，对周边洄游产卵场影响系数；A4，对周边军事用海影响系数；A5，对周边海域规划影响系数；A6，对周边遗迹景观影响系数；A7，对周边特殊海洋地貌影响系数；A8，对周边重要利益相关者影响系数。

B类指标包括：B1，对周边海域水质级别影响程度；B2，对周边海域COD影响程度；B3，对周边海域DO影响程度；B4，对周边海域固体颗粒物影响程度；B5，对周边海域悬浮泥沙影响程度；B6，对周边海域重金属含量影响程度；B7，对周边海域环境容量影响程度；B8，对周边海域N影响程度；B9，对周边海域P影响程度。

C类指标包括：C1，对周边海域生物多样性影响程度；C2，对周边海域生物量影响程度；C3，对周边海域生物优势度影响程度；C4，对周边海域生物丰度影响程度。

D类指标包括：D1，500m范围最大流速平均值；D2，500m范围流向变化；D3，500m范围波高；D4，500m范围中值粒径；D5，500m范围潮位变化；D6，500m范围纳潮量变化。

E类指标包括：E1，年冲淤程度；E2，冲淤速率。

F类指标包括：F1，行业单位面积投资强度；F2，行业单位岸线投资强度；F3，各行业填海纵深。

G类指标包括：G1，行政办公及生活服务设施用地所占比重；G2，容积率；G3，建筑系数；G4，绿化率；G5，道路建设比重。

H类指标包括：H1，对周边港口资源的影响程度；H2，对周边渔业资源的影响程度；H3，对周边海洋能源的影响程度；H4，对周边旅游资源的影响程度；H5，对周边矿产资源的影响程度；H6，对周边海水资源的影响程度。

I类指标包括：I1，周边经济现状适宜性；I2，周边规划布局适宜性；I3，周边发展需求适宜性。

采用专家咨询法对以上46个指标进行打分，最终确定海湾围填海适宜性指标体系，本指标体系将分成区位适宜性和资源环境适宜性两类一级指标，其中资源环境适宜性评价指标之下又分为5项二级指标（图9.2）。公式如下：

$$\lambda = \alpha \times \beta = \alpha \times (1+\beta_1 + \beta_2 + \beta_3 + \beta_4 + \beta_5) \quad (9.1)$$

式中，$\lambda$为适宜性参数；$\alpha$为区位适宜性参数；$\beta$为资源环境适宜性参数；$\beta_1$为海岸条件适宜度；$\beta_2$为水动力条件适宜度；$\beta_3$为冲淤条件适宜度；$\beta_4$为生物条件适宜度；$\beta_5$为水质条件适宜度。

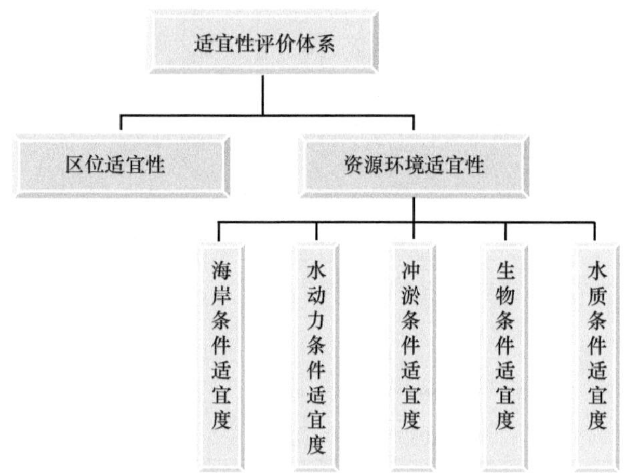


图9.2　项目用海填海造地综合评价指标体系图

## 9.3.3　测算适宜性参数评价标准

### 1. 测算资源环境适宜性参数标准

资源环境适宜性参数测算采用美国运筹学家匹茨堡大学教授萨蒂提出的层次分析法（AHP），该方法是将与决策总是有关的元素分解成目标、准则、方案等层次，在此基础之上进行定性和定量分析的一种方法。项目组通过问卷设计、调查、统计和检验，测算得出海岸条件、水动力条件、冲淤条件、生物条件、水质条件适宜度的标准，具体见表9.3～表9.7。

表9.3　海岸条件适宜度对应表[7]

| 填海行业 | 海岸类型 | | | | |
|---|---|---|---|---|---|
| | 基岩海岸 | 砂质海岸 | 淤泥海岸 | 生物海岸 | 人工海岸 |
| 船舶工业用海 | −0.1 | +0.1 | +0.1 | +0.1 | 0 |
| 旅游娱乐用海 | −0.1 | −0.1 | 0 | −0.1 | 0 |
| 港口用海 | −0.1 | 0 | +0.1 | +0.1 | 0 |
| 其他工业用海 | −0.1 | +0.1 | 0 | +0.1 | 0 |

表9.4　水动力条件适宜度对应表[8]

| 填海行业 | 平均流速/（cm/s） | | | | |
|---|---|---|---|---|---|
| | ＞80 | 50～80 | 30～50 | 15～30 | ＜15 |
| 船舶工业用海 | −0.1 | −0.05 | 0 | +0.05 | +0.1 |
| 旅游娱乐用海 | 0 | 0 | 0 | 0 | 0 |
| 港口用海 | −0.1 | −0.05 | 0 | +0.05 | +0.1 |
| 其他工业用海 | −0.1 | −0.05 | 0 | +0.05 | +0.1 |

表9.5　冲淤条件适宜度对应表[9]

| 填海行业 | 冲淤条件 | | | | |
|---|---|---|---|---|---|
| | 严重侵蚀 | 侵蚀 | 平衡 | 淤积 | 严重淤积 |
| 船舶工业用海 | –0.1 | –0.05 | 0 | +0.05 | +0.1 |
| 旅游娱乐用海 | 0 | 0 | 0 | 0 | 0 |
| 港口用海 | –0.1 | –0.05 | 0 | +0.05 | +0.1 |
| 其他工业用海 | +0.1 | +0.05 | 0 | +0.05 | +0.1 |

表9.6　生物条件适宜度对应表[10, 11]

| 填海行业 | 生物条件 | | | | |
|---|---|---|---|---|---|
| | 严重受损 | 较差 | 一般 | 较好 | 优良 |
| 船舶工业用海 | –0.05 | –0.02 | 0 | +0.02 | +0.05 |
| 旅游娱乐用海 | 0 | 0 | 0 | 0 | 0 |
| 港口用海 | –0.05 | –0.02 | 0 | +0.02 | +0.05 |
| 其他工业用海 | –0.05 | –0.02 | 0 | +0.02 | +0.05 |

表9.7　水质条件适宜度对应表[12]

| 填海行业 | 水质条件 | | | |
|---|---|---|---|---|
| | Ⅰ类 | Ⅱ类 | Ⅲ类 | Ⅳ类 |
| 船舶工业用海 | +0.1 | +0.05 | 0 | –0.05 |
| 旅游娱乐用海 | –0.05 | 0 | 0 | +0.05 |
| 港口用海 | +0.1 | +0.05 | 0 | –0.05 |
| 其他工业用海 | +0.1 | +0.05 | 0 | –0.05 |

### 2. 测算区位适宜性参数评价

以山东省为例，借鉴按照海域使用金标准制定的有关成果，确定海域等别，见表9.8。

表9.8　2011年山东省海域等别表

| 等别 | 区域 |
|---|---|
| 一等 | 青岛市（市北区、市南区、四方区） |
| 二等 | 青岛市（城阳区、黄岛区、崂山区、李沧区） |
| 三等 | 即墨市、胶州市、胶南市、龙口市、蓬莱市、日照市（东港区、岚山区）、荣成市、威海市环翠区、烟台市（福山区、莱山区、芝罘区） |
| 四等 | 莱州市、乳山市、文登市、烟台市牟平区 |
| 五等 | 长岛县、东营市（东营区、河口区）、海阳市、莱阳市、潍坊市寒亭区、招远市 |
| 六等 | 昌邑市、广饶县、垦利县、利津县、寿光市、无棣县、沾化县 |

根据专家咨询和德尔菲法调查结果，确定重点控制项目用海行业区位适宜性参数，结果见表9.9。

表9.9　重点控制项目用海行业区位适宜性参数表

| 填海行业 | 海域等别 | | | | | |
|---|---|---|---|---|---|---|
| | 一等海域 | 二等海域 | 三等海域 | 四等海域 | 五等海域 | 六等海域 |
| 船舶工业用海 | 0.9 | 0.95 | 0.98 | 1 | 1.05 | 1.1 |
| 旅游娱乐用海 | 1 | 1 | 0.98 | 1 | 1 | 1 |
| 港口用海 | 0.9 | 0.95 | 0.98 | 1 | 1.05 | 1.1 |
| 其他工业用海 | 0.9 | 0.95 | 0.98 | 1 | 1.05 | 1.1 |

### 9.3.4　示范研究

以海州湾北侧岚山电厂4×660MW超超临界机组围海工程为例进行研究。岚山电厂4×660MW超超临界机组示范工程位于海州湾北侧，厂址南距岚山约10km，东北距日照市约27km。计划建设期为2008～2013年。

因岚山电厂4×660MW超超临界机组示范工程位于山东省日照市岚山滨海工业区，由表9.8、表9.9可知，该区等别为三等，且为工业用海，适宜性参数为0.98。

根据调研与评价，可进行岚山电厂4×660MW超超临界机组示范工程的资源环境适宜性评价，结果见表9.10。

表9.10　资源环境适宜性评价表

| 项目 | 海岸条件 | 水动力条件 | 冲淤条件 | 生物条件 | 水质条件 |
|---|---|---|---|---|---|
| 项目条件 | 砂质海岸 | 26.9cm/s | 侵蚀 | 较好 | I类 |
| 测算参数 | +0.1 | +0.05 | +0.05 | +0.02 | +0.1 |

利用式（9.1）测算出项目用海的填海造地适宜性参数：

$$\lambda = \alpha \times \beta = \alpha \times (1+\beta_1+\beta_2+\beta_3+\beta_4+\beta_5) = 0.98 \times 1.32 = 1.2936 \quad (9.2)$$

因此，该项目用海的填海造地适宜性参数为1.2936。

综上所述，可以通过本方法评价每一个项目用海的适宜性参数，通过控制该参数的大小，实现对不同海域、不同产业类型、不同资源环境条件的项目用海控制。

### 9.3.5　对策和建议

海洋、海岸资源的保护和开发的矛盾与冲突已经引起了全世界的注意，各国政府都在采取措施来改善这一问题[13]。我国也陆续开展了围填海计划、海岸带保护与利用规划、区域用海规划和用海面积控制指标等工作，以有效遏制沿海地区已出现的大规模围填海热。

当前，应进一步加强海湾围填海造地项目的适宜性方面的研究，形成科学的评价与管理体系，在探索环境影响的同时，更好地满足国家与地方的管理需求，支撑我国海洋经济又好又快发展。

## 参考文献

[1] 王芳. 中国海洋资源态势与问题分析. 国土资源, 2003, (8): 27-29.
[2] 刘伟, 刘百桥. 我国围填海现状、问题及调控对策. 广州环境科学, 2008, 23(2): 26-30.
[3] 潘建纲. 国内外围填海造地的态势及对海南的启示. 新东方, 2008, (10): 32-36.
[4] 彭本荣, 洪华生, 陈伟琪, 等. 填海造地生态损害评估: 理论、方法及应用研究. 自然资源学报, 2005, 20(5): 714-726.
[5] 孟海涛, 陈伟琪, 赵晟, 等. 生态足迹方法在围填海评价中的应用初探以厦门西海域为例. 厦门大学学报(自然科学版), 2007, 46(S1): 203-208.
[6] 彭本荣, 洪华生. 海岸带生态系统服务价值评估理论与应用研究. 北京: 海洋出版社, 2008.
[7] 高宇, 赵斌. 人类围垦活动对上海崇明东滩滩涂发育的影响. 农业资源与环境科学, 2006, 22(8): 475-479.
[8] 王志勇, 赵庆良, 邓岳, 等. 围海造陆形成后对生态环境和渔业资源的影响——以天津临港工业区滩涂开发一期工程为例. 城市环境与城市生态, 2004, 17(6): 37-39.
[9] 吴英海, 朱维斌, 陈晓华, 等. 围滩吹填工程对水环境的影响分析. 水资源保护, 2005, 21(2): 53-56.
[10] 俞炜炜, 陈彬, 张珞平. 海湾围海对滩涂湿地生态服务累积影响研究——以福建兴化湾为例. 海洋通报, 2008, 27(1): 88-94.
[11] 刘育, 龚凤梅, 夏北成. 关注填海造陆的生态危害. 环境科学动态, 2003, (4): 25-27.
[12] 冯利华, 鲍毅新. 滩涂围垦的负面影响与可持续发展策略. 海洋科学, 2004, 28(4): 76-78.
[13] 徐祥民, 凌欣. 对禁止或限制围海造地的理由的思考. 中国海洋报, 2007-03-13(02).

## 9.4 围填海工程的综合影响

随着我国沿海地区社会和经济的快速发展，围填海已逐渐成为沿海各省（区、市）拓展土地空间和缓解人地矛盾的一种重要方式。但是，围填海工程往往会改变海岸地形[1]和近海水动力条件[2, 3]，对海洋生态环境也会造成复杂影响，有些甚至会导致栖息地被占用[4, 5]、海水水质改变[6, 7]、大型水生生物减少[8]等问题出现。近年来，越来越多的专家学者开始关注围填海工程对沿海社会经济和海洋生态环境造成的综合影响[9–12]，主要研究领域包括围填海工程的生态环境影响、经济损益评估、空间规划和工程优化以及政策管理等方面。其中，对于围填海工程的综合影响到底是正效应还是负效应这一问题，学者专家各执己见[2, 13, 14]。而该问题也被海洋管理部门和社会公众广泛关注，其结论将直接影响我国未来围填海工程的审批和管理，有必要运用科学的方法开展相关研究。

学术界有分歧的原因主要在于，围填海工程一方面保障了沿海经济社会发展对土地的需求，另一方面又会对生态环境产生多种复杂影响。这些影响既存在正面和负面影响，又存在直接和间接影响，还具有短期和长期影响，难以一言概之。因此，有必要从科学辩证角度入手系统梳理并深入剖析围填海工程对社会经济和生态环境等方面的综合影响，理清影响要素之间的因果关系及其相互影响、反馈和联动机制，判断出其中关键因素或关键节点，为制定围填海的相关管理政策提供有效支撑。鉴于此，本研究尝试利用系统动力学方法探索构建一套围填海工程综合影响因果反馈模型，为分析围填海工程的综合影响提供新的思路。

### 9.4.1 综合影响要素的整理及其属性分类

根据前人研究可知，围填海工程对沿海地区的环境、生态、经济、人口、社会等具有多方面影响，通过对学者观点以及相关专家意见的整理和分类，本研究将围填海工程的影响要素按照社会经济、环境生态和其他三个方面进行梳理，并按照其正面和负面属性进行归类，得到围填海工程的综合影响因素（表9.11），其中各影响因素以及下文模型中的因果关系均来自资料和文献中学者的观点。

表9.11 围填海工程的综合影响因素及其属性分类初步划分[1, 2, 4, 6, 7, 15–19]

| 分类 | | 属性 | 影响 | |
|---|---|---|---|---|
| 围填海工程 | 社会经济 | 正 | ①区域经济发展 | ②产业规模扩大布局改良 |
| | | | ③加快城市化进程 | ④提高居民生活水平 |
| | | | ⑤社会和谐稳定 | |
| | | 负 | ①养殖和捕捞业受损 | ②土地所有制矛盾增加 |
| | | | ③管理和用海矛盾 | ④海域空间占用资源丧失 |
| | | | ⑤居民生活受到不良影响 | |
| | 环境生态 | 正 | ①土壤陆相特征增强，供氮能力提高（此处仅指土壤本身，不涉及海陆概念） | |
| | | | ②改善滩涂环境 | ③防灾减灾 |
| | | | ④自然促淤 | ⑤部分工程导致纳潮量增加 |
| | | | ⑥缓解海域荒漠化 | |
| | | 负 | ①热岛效应增加 | ②海水入侵 |
| | | | ③冲淤加剧 | ④部分工程导致纳潮量减小 |
| | | | ⑤水质下降 | ⑥局部增减水加剧 |
| | | | ⑦底栖生物减少 | ⑧鸟类减少 |
| | | | ⑨浮游生物过度增加 | |
| | 其他 | 正 | 一定程度上改善海岸景观 | |
| | | 负 | ①岸线曲折度损失 | ②天然岛消失 |
| | | | ③海岛原生态系统被破坏 | ④填海地区地面沉降 |
| | | | ⑤防灾抗灾能力下降 | ⑥海岸景观和历史人文资源丧失 |

通过对围填海工程造成的各种影响进行列表整理，可以发现围填海工程在造成诸多被研究者诟病的生态环境负面影响的同时，也有相当多的正面影响。如何更好地分析围填海工程导致的各种影响因素，发现各因素间的相互作用关系，是目前需要研究的重要内容之一。本研究将利用系统动力学模型进行深层次分析。

### 9.4.2 方法介绍与模型优化

1. 系统动力学方法介绍

系统动力学是Forrester于1956年创立的[20]。其产生之初被称作工业动态学，是为了分析生产管理、库存管理等企业问题而提出的一种系统仿真方法。系统动力学方法一般具有以下特点：①适用于处理长期性、周期性问题。如自然界中的生态平衡问题、人类生命周期问题及社会经济危机问题等，具有周期性规律并需通过较长时间来观察。②适用于研究缺乏数据资料的问题。即使是建模中常遇到的数据不足或数据难于量化的问题，借由系统动力学分析要素间因果关系，利用有限的数据和一定的结构，仍可进行推算研究。③适用于处理精度低的复杂社会经济问题。此类问题的描述方程通常是动态、高阶、非线性的，很难利用一般数学方法求解。借助系统动力学的仿真技术则可以获得其中的主要信息。④强调有条件预测。系统动力学方法强调事物的前因后果，采用“如果……则”的形式，可以为预测工作提供新的手段。

围填海工程是一项完全改变海域属性的活动，其对于海岸带陆地和海域的各个要素皆会产生不同方向与不同程度的复杂影响。利用系统动力学的理论、方法和模型分析受围填海影响的海岸带复合系统的各个要素之间的相互影响、相互促进和相互制约关系，认识围填海工程的正面和负面影响，分析各影响要素发生的原因和趋势，对规范各类围填海行为有一定的积极作用。

2. 模型选择

系统动力学的基本概念之一是因果关系，因果关系也是一个系统中各个元素的最基本关系。在因果关系中如果事件甲（原因）引起事件乙（结果），甲乙便形成因果关系，如果甲的变化引起乙的同向变化，则称甲乙构成正因果关系，反之则构成负因果关系。在系统动力学中另外一个重要概念是反馈，反馈控制理论是系统动力学方法的基础。因果反馈回路由两个或者两个以上的因果关系链首尾相连构成，分为正因果反馈回路和负因果反馈回路，正因果反馈回路对要素有加强作用，负因果反馈回路对要素有削弱作用。

因果反馈关系图是一种依靠定性描述来表达系统中变量之间相互影响和相互作用关系的图示模型，是系统动力学模型的基础。本研究选择系统动力学方法中的因果反馈模型表征围填海工程各正面和负面影响要素之间的联系、体现要素之间相互作用的关系、分析正面和负面影响产生的来源及寻求解决办法，有重要的实际意义。

3. 模型改进

众所周知，围填海工程造成的各种影响种类繁多且关系复杂，仅仅利用系统动力学因果反馈模型进行描述，不足以发现在整个复合系统中起到关键作用的影响因素。

因此，为了便于找到关键影响因素，本研究在因果反馈模型的基础上引入“关键节点判别”这一理念，并给出“关键节点”的定义：造成因果反馈回路条数达到一定数量（从本研究中的复合系统实力出发，定义该数量为3条）以上的系统中的影响因素，称其为该系统中的“关键节点”，并可根据因果链方向分级。通过对模型中关键节点的选取和定义，就能够直观地找出受围填海工程影响的海岸带复合系统中的关键因素，便于进行下一步研究。

### 9.4.3 围填海工程综合影响因果反馈模型探索

为了能够清晰、直观地体现围填海工程综合影响中各要素之间的因果关系及其反馈机制，本研究将研究范围选定为受围填海工程影响的海岸带复合系统，将其分为环境生态子系统、社会经济子系统及其他影响因素三个部分，分别尝试建立并共同组成围填海工程综合影响因果反馈模型。在此基础上，根据模型反馈回路分布状况选取造成反馈回路3条及以上的影响因素作为该模型的关键节点，如果同一模型中不同关键节点存在因果关系，则按照因果链方向由高向低分级。

1. 环境生态子系统研讨

在环境生态子系统中，围填海工程的综合影响可以分为正负反馈回路，正负反馈回路又可细分为46条反馈回路。其中，正反馈回路分为2条主反馈回路，又可细分为7条反馈回路（图9.3），主要包括沿海土地面积增加量的影响回路（2条）、海岸地形改变程度的影响回路（5条）；负反馈回路从1条主反馈回路出发，可细分为39条反馈回路（图9.4）。

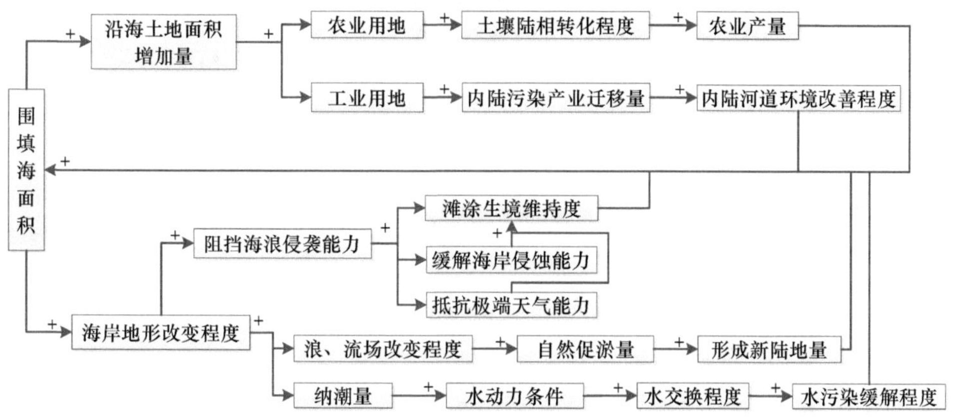


图9.3　环境生态子系统正因果反馈关系概图（图中关系引自参考文献[2, 15, 17]）

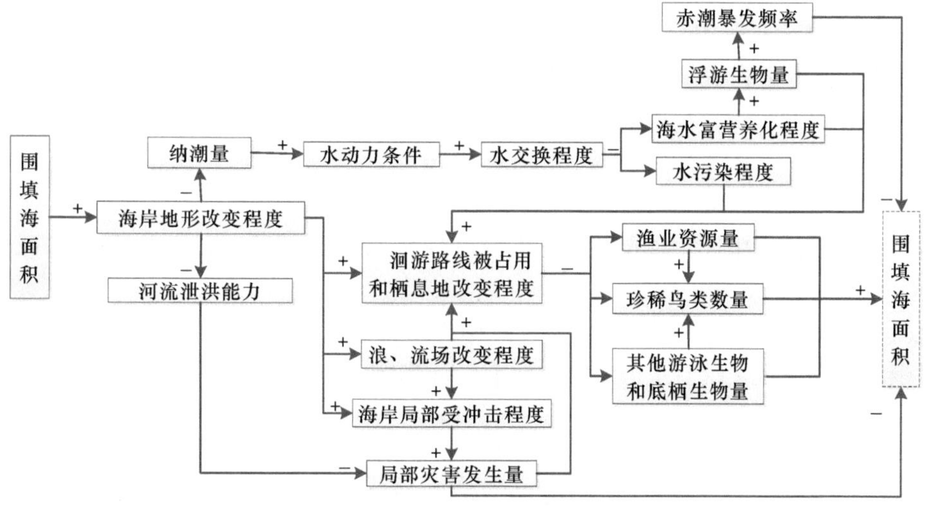


图9.4　环境生态子系统负因果反馈关系概图[4, 6, 7]

在环境生态子系统中，关键节点有“海岸地形改变程度”、“阻挡海浪侵袭能力”

及“洄游路线被占用和栖息地改变程度”，其导致的反馈回路分别有39条、3条和5条。其中“海岸地形改变程度”为一级节点，“阻挡海浪侵袭能力”与“洄游路线被占用和栖息地改变程度”为二级节点。一级关键节点“海岸地形改变程度”的增加对围填海工程数量既有正面影响，也有负面影响。由一级节点导致的二级节点中，“阻挡海浪侵袭能力”的增强表现出的正面影响最大，“洄游路线被占用和栖息地改变程度”的加剧所表现出的负面影响最大。

2. 社会经济子系统研讨

在社会经济子系统中，围填海工程的综合影响主要为正反馈回路，正反馈回路又可细分为3条反馈回路（图9.5）。

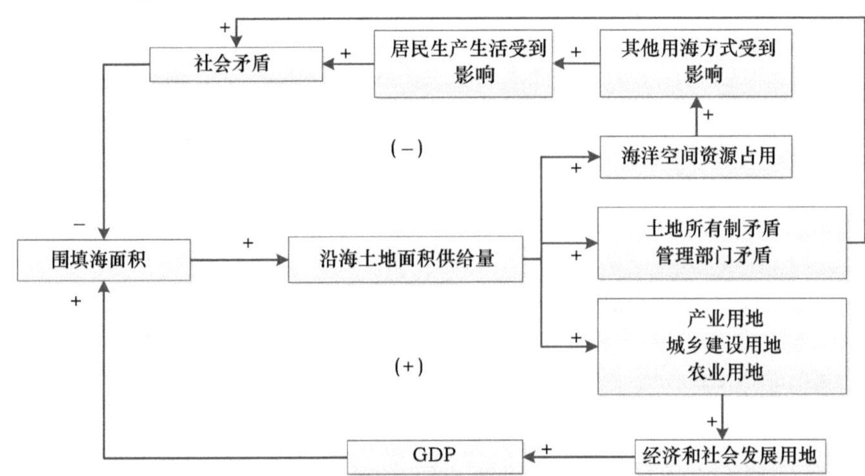


图9.5　社会经济子系统正负因果反馈关系概图（图中关系引自参考文献[17]）

在社会经济子系统中，关键节点为“沿海土地面积供给量”，其导致的反馈回路有3条，对围填海工程数量既有正面影响，也有负面影响。由于社会经济方面还涉及GDP、就业、消费、居民收入等方面的复杂变化，此处不再一一展开。

3. 其他影响因素研讨

在其他影响因素中，正负反馈回路大致可分为5条反馈回路，其中包括3条正反馈回路和2条负反馈回路（图9.6）。

在其他影响因素中，关键节点为“海岸地形改变程度”，其导致的反馈回路有5条，对围填海工程数量既有正面影响，也有负面影响。

### 9.4.4　模型初步分析

基于上述围填海工程综合影响因果反馈模型探索结果，从以下两方面进行初步分析。

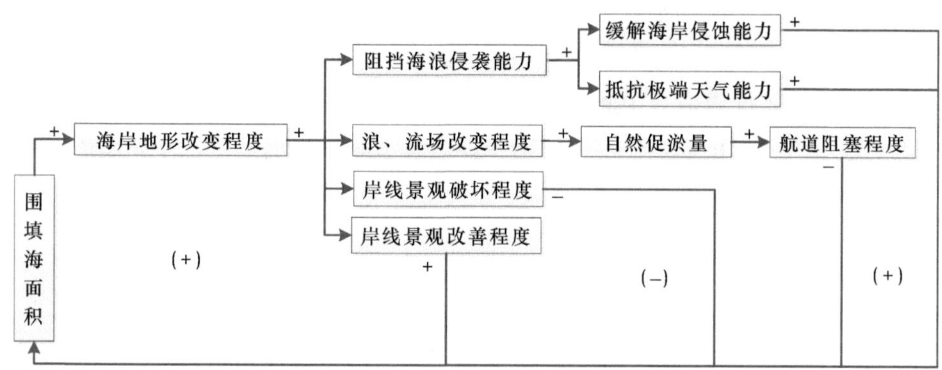


图9.6　其他影响因素正负因果反馈关系概图（图中关系引自参考文献[1, 18, 19]）

1. 正负效应分析

围填海工程数量的增加对海岸带的影响既有正效应，也有负效应。正效应包括阻挡海浪侵袭能力提高、经济和社会发展用地增加、岸线景观改善程度增加等；负效应包括海湾水污染程度增加、洄游路线被占用和栖息地改变程度增加、河流泄洪能力降低、社会矛盾增加等。这些效应既有正面和负面影响，又有直接和间接影响，还有短期和长期影响。

围填海工程的影响是复杂且综合的：正面影响和负面影响之间是存在相互联系的；不同影响因素之间关系错综复杂且存在相互促进或制约的现象；同时，不仅不同正反馈或负反馈回路中的不同要素之间存在相互影响的情况，而且正反馈和负反馈之间的要素会相互影响。

另外，从建立的围填海工程综合影响因果反馈模型得出的结果来看，负反馈回路从数量上多于正反馈回路，但是并不说明围填海工程对社会和生态环境的负面影响大于正面影响。这些正负反馈回路数量只具有定性分析的必要，并不具有定量评估的价值。

2. 关键节点分析

模型的关键节点对理解围填海工程的社会和环境影响机制，规范和改进围填海方式具有重要价值。其中，环境生态子系统模型中的关键节点包括一级关键节点“海岸地形改变程度”，二级关键节点“阻挡海浪侵袭能力”及“洄游路线被占用和栖息地改变程度”。可以看出，围填海工程影响主要来源于其导致的海岸地形的改变，并由此导致的关键正负效应分别是阻挡海浪侵袭和改变生物栖息地。如果要在围填海工程造成海岸地形改变这一角度追求正面效应和负面效应之间综合效益最大的状态，就需要在围填海工程规划和设计中既要尽可能地增强其主要正面效应，又要尽可能减弱洄游路线被占用和生物栖息地改变等负面效应。

社会经济子系统模型中的关键节点是“沿海土地面积供给量”。可以看出，对于社会经济的发展沿海土地面积的增加起主要影响作用，给农业发展、工业发展、城乡建设等提供了基础和空间，同时也造成了一定的负面影响。

其他影响因素模型中的关键节点是“海岸地形改变程度”。可以看出，围填海工程造成的海岸地形改变还会造成航道堵塞的负面影响，但同时也具有海岸景观改善和海岸防灾能力增强这些正面效应。由此可见，在围填海工程规划和建设过程中，要对周围流场和冲淤条件进行充分论证，尽量减少由地形改变引起的航道淤堵，并优化水下和水上构筑物以提高其抗灾能力和美观性。

### 9.4.5　结语

本研究尝试将系统动力学理论方法应用到围填海工程的综合影响分析中，并探索构建了围填海工程综合影响的因果反馈模型，以期为围填海综合影响的研究提供一种全面而直观的方法。该方法立足于围填海工程影响因素之间的因果关系、制约关系和联动机制，不同于以往研究中只是从围填海对其他要素影响的单方向出发，在模型中体现出了“回路”的思维，考虑到了要素对围填海的反作用，有助于从更加科学和客观的角度对围填海工程的综合影响进行分析。本研究在利用因果反馈模型的基础上，定义了“关键节点”，并引入“关键节点判别”理念，便于在研究过程中抓住模型中的关键影响因素，抓住主要矛盾，使分析和解决问题更加具有针对性。

## 参考文献

[1] 尹延鸿. 对河北唐山曹妃甸浅滩大面积填海的思考. 海洋地质动态, 2007, 23(3): 1-10.

[2] 许力源, 陈国平, 严士常, 等. 复杂动力环境海峡填海工程环境影响研究. 水运工程, 2013, 8: 25-32.

[3] 陆荣华. 围填海工程对厦门湾水动力环境的累积影响研究. 国家海洋局第三海洋研究所硕士学位论文, 2010.

[4] 李京梅, 刘铁鹰. 基于生境等价分析法的胶州湾围填海造地生态损害评估. 生态学报, 2012, 32(22): 7146-7155.

[5] 李京梅, 许志华, 姚海燕, 等. 胶州湾围填海生态损害评估——支付卡和单边界二分法的比较. 海洋环境科学, 2014, 33(4): 562-567, 575.

[6] 张一帆, 方秦华, 张珞平, 等. 开阔海域围填海规划的水质影响评价方法——以福建省湾外围填海为例. 海洋环境科学, 2012, 31(4): 586-590.

[7] 刘明, 席小慧, 雷利元, 等. 锦州湾围填海工程对海湾水交换能力的影响. 大连海洋大学学报, 2013, 28(1): 110-114.

[8] 蔡秉及, 连光山, 林茂, 等. 厦门港及邻近海域浮游动物的生态研究. 海洋学报(中文版), 1994, 16(4): 137-142.

[9] 刘大海, 丰爱平, 刘洋, 等. 围海造地综合损益评价体系探讨. 海岸工程, 2006, 25(2): 93-99.

[10] 刘大海, 陈小英, 陈勇, 等. 海湾围填海适宜性评估与示范研究. 海岸工程, 2011, 30(3): 74-81.

[11] 刘大海, 陈小英, 徐伟, 等. 1985年以来黄河三角洲孤东海岸演变与生态损益分析. 生态学报, 2014, 34(1): 115-121.

[12] 于洋, 朱庆林, 郭佩芳. 基于生态系统服务的罗源湾围填海方案的经济效益评价. 海洋湖沼通报, 2013, (2): 140-145.

[13] 韩树宗, 吴柳, 朱君. 围海建设对天津近海水动力环境的影响研究. 中国海洋大学学报(自然科学版),

2012, (S1): 18-23.

[14] 王勇智, 马林娜, 谷东起, 等. 罗源湾围填海的海洋环境影响分析. 中国人口·资源与环境, 2013, 23(11): 129-133.

[15] 卢佳, 胡正义. 围海造田长期耕种稻田和旱地土壤氮矿化速率及供氮潜力比较. 植物营养与肥料学报, 2011, 17(1): 62-70.

[16] 卢勇. 韩国新万金填海工程及其对黄河造陆规划的启发. 东北亚论坛, 2010, 19(4): 98-104.

[17] 朱高儒, 许学工. 填海造陆的环境效应研究进展. 生态环境学报, 2011, 20(4): 761-766.

[18] 陈婉, 李林军, 李宏永, 等. 深圳市蛇口半岛人工填海及其城市热岛效应分析. 生态环境学报, 2013, 22(1): 157-163.

[19] 许雪峰, 聂源, 羊天柱, 等. 浙江嵊泗青沙围填海综合开发项目的景观指数影响分析. 海岸工程, 2011, 30(4): 17-24.

[20] Lane D C, Forrester J W. Invited review and reappraisal industrial dynamics. Journal of the Operational Research Society, 1997, 48: 1037-1042.

# 第10章　其他研究

## 10.1　“海上虚拟人口”假说

### 10.1.1　研究背景

随着我国陆域经济越来越受到人口、资源、环境和空间等条件的制约，海洋经济越来越受到重视。作为解决海陆发展矛盾和推动海陆可持续发展的重要战略观念，陆海统筹理念已逐渐成为共识，并广泛应用于海洋空间管理。随着海洋功能区划、海洋主体功能区规划和海洋生态文明示范区等研究和实践的相继开展，与此相关的各类海洋空间评价指标体系和评价方法也不断完善。

对于陆地空间的评价，多以行政区划为基本单元构建评价指标体系，所依据的社会经济数据均以行政区划为单位，依托人口户籍或生产单位所在地进行统计或调查，获取数据较易。而对于海洋空间的评价，由于海洋在空间范围内自然属性的变动较大，基本单元划分方式各异，存在更多的不确定性。例如，我国海洋主体功能区规划的基本技术路线是划分基本单元—构建指标体系—综合评价结果—形成最终区划[1-3]；目前在划分基本单元时有3种方法[4]，即按自然属性划分（如根据水深划分[5]）、按行政区划划分[6, 7]（较常用）和按千米网格划分[8, 9]。在实践中，海洋基本单元的划分依据仍难以确定，不同尺度采用的划分方式也不明确，在一定程度上限制了各类海洋空间评价结果的相互参考。

具体来说，由于海上没有常住人口，缺少相应的社会经济数据，在评价海陆经济的过程中常出现难题，即海陆要素的不同导致难以对二者同时进行评价。目前相对合理地解决该难题的方法主要有3种，分别为直接套用附近陆地区域的数据、对统计数据进行空间化插值及请专家对评价指标打分赋值。然而这些方法缺少统一标准、主观性较强，在一定程度上降低了相关研究的科学性和研究结论的说服力，在很多方面只能含糊其词。基于此，本研究提出“海上虚拟人口”假说，并探索其应用方法，以期为海上社会经济数据的统一获取提供思路。

### 10.1.2　假说提出

“海上虚拟人口”假说源自“虚拟水”理论。“虚拟水”由英国学者Allan于1993年提出，指在生产产品或服务的过程中所消耗的水资源，即凝结在产品或服务中的水[10]；“虚拟水”并非真实存在的水，而是生产产品或服务所需要的水。与之类似，“海上虚拟人口”并非海洋中真实存在的人口，而是海洋社会经济数据的虚拟载体，是凝结在某一特定海域社会经济活动中的人口。其确定方法是将陆上人口数据插值到海上，由于插值具有一定的规则，某一海域的虚拟人口数据可反映该海域的社会经济情况，进而间接推导出该海域的社会经济数据。根据上述思路，本研究探索提出“海上虚拟人口”的应用方法：假设海上存在虚拟人口，可基于此对陆上人口数据进行空间化插值，按照一定的比例分配到特定海域范围内，并以该虚拟人口数据为载体，获取海上社会经济的相关数据。

该假说具有3个典型特点：①“海上虚拟人口”不是海上实际常住人口，而是对陆上人口数据进行插值后所形成的虚拟人口分布；②某一海域的虚拟人口一般按照该海域与海岸线的距离进行插值，距海岸线近的数量多，距海岸线远的数量少；③“海上虚拟人口”是海洋社会经济数据的载体之一，其数量可间接反映海洋开发利用水平和海洋社会经济情况。

### 10.1.3　假说体系

“海上虚拟人口”假说旨在解决海陆经济评价过程中海陆要素不同带来的数据获取困难的问题，可从理论依据、作用机理、插值方法和应用需求等方面探讨该假说体系的意义。

#### 1. 理论依据

“海上虚拟人口”假说以“虚拟水”理论、人口分布理论和人口数据空间化理论为主要依据。人口分布是一定时点上人口在地理空间的分布状态，具有地区差异性和不平衡性[11]；“海上虚拟人口”分布即一定时点上人口在海洋空间的分布状态，海域与海岸线的距离及相邻陆域的发展水平的差异导致“海上虚拟人口”分布的空间分异。人口数据空间化是按照一定的原则，采用某种技术手段，将以行政区划为单元的人口统计数据合理地分配到一定尺寸的规则的地理网格，从而反演人口在一定时间和空间的分布状态[12]；“海上虚拟人口”即在特定海域，采用特定方法，对陆上人口数据进行插值并合理分配到该海域范围，从而获得不同海域空间的海洋经济社会数据。

#### 2. 作用机理

沿海地区的人口可为海洋开发利用活动提供劳动生产要素，其数量在很大程度上决定了相关海域的海洋经济发展状况。不同海域沿海地区的人口密集度和经济繁荣度有较大差异，这种差异直接影响海洋开发利用的程度和价值，即人口密集度和经济繁荣度越高的沿海地区，海洋开发利用能力越强，所创造的价值越大，这也是“海上虚拟人口”假说的作用机理。因此，可运用该假说赋予不同海域相应的人口和社会经济数据，从而对不同海域进行更加科学的评价和更加合理的开发利用。

#### 3. 插值方法

根据相关研究进展，目前人口插值理论发展较成熟，模型和方法也多种多样，主要可分为基于城市地理学的人口密度模型、空间插值法及基于遥感和GIS的统计建模法3类[13]：①人口密度模型主要研究市、区、县、街道和乡镇等较小空间范围的人口分布[14-16]；②空间插值法包括面插值、点插值和地统计学等多种方法，研究领域更加广泛，包括气象要素的插值[17, 18]及核电选址中人口密度的预测[19]；③基于遥感和GIS的统计建模法主要研究省、市级别的人口数据空间化[20-22]。

从实际应用来看，3类方法的应用领域有所差异。其中，人口密度模型多用于模拟城市人口分布的演变过程；空间插值法多用于预测人口数量，以获取数据缺失区域的人口数据；基于遥感和GIS的统计建模法多用于分析人口及其影响因素统计变量之间的关系，以估算地区总人口数量。这3类方法均可用于陆上人口数据的空间化，在“虚拟水”和核电选址等研究领域均有类似的数据处理应用，并已日趋成熟。可借鉴或类比这些方法，为“海上虚拟人口”数据的空间化提供参考，以实现“海上虚拟人口”的合理分配。

4. 应用需求

随着国家对海洋空间布局优化要求的提高，海洋空间评价工作需求不断增加，主要包括对海洋发展潜力[23, 24]、海域承载力[25, 26]、海洋经济效能[27]、海洋功能区划[28]及海洋经济评价方法和指标[29]等的研究。这也意味着需要越来越多的海洋社会经济数据，亟须采用系统的数据处理方法，使研究和评价过程更加系统化和标准化。“海上虚拟人口”假说的提出将有效规范海洋社会经济数据的获取，有利于全面开展海洋空间评价及积极实施国家海洋空间布局优化方针。

以海域使用金制度为例。2007年发布的《财政部 国家海洋局关于加强海域使用金征收管理的通知》明确规定：“海域使用金统一按照用海类型、海域等别以及相应的海域使用金征收标准计算征收”；填海造地等改变海域自然属性的海域使用方式需缴纳更多的海域使用金，而教育科研和航道交通等项目用海可依法免缴海域使用金。海域使用金制度是提高海域使用效率的重要措施之一，其实施亟须划分用海类型和判断海域等别，从而对海域开发利用活动造成的潜在影响进行评估，同时制定海域使用金的征收标准，这些工作都迫切需要海洋社会经济数据。

### 10.1.4 应用方法

在海洋空间评价过程中，以往获取海洋社会经济数据的方法各异，也均有所不足。例如，采用专家打分赋值法存在很强的主观性，采用空间插值法也因海岸线形状的差异而导致评价过程不同，这些因素都影响了评价结果的科学性和严谨性。“海上虚拟人口”假说的优势在于从理论上打破了数据获取“瓶颈”，统一数据获取方法，同时按照海岸线的形状对空间插值法进行具体区分，从而促进海洋空间评价工作的标准化。

从本质上看，“海上虚拟人口”假说是利用人口这一载体，通过海洋社会经济和人口密度的直接联系，对沿海地区的陆上数据进行插值，从而获得相应海域的海洋社会经济数据的方法。例如，海洋发展潜力中的海洋科技力量（科研人员、科研机构和社会固定资产投资等）、海洋产业产值和海洋开发规模等，海域承载力中的人均海洋资源占有量和海洋经济密度及海洋功能区划等，其海洋社会经济数据的获取均可采用本研究提出的基础理论和插值方法。“海上虚拟人口”插值方法的标准化将有利于增强海洋空间评价结果的科学性、合理性和可比性，具有广泛的实践意义。

在具体实践中，可假设存在“海上虚拟人口”，基于此对陆上人口数据按照一定的方法进行空间化插值，按照一定的比例分配到特定海域范围内，并以“海上虚拟人口”为载体，获取海洋社会经济数据，具体步骤如下。

1. 确定海岸线形状

海岸线的形状直接影响人口数据插值的具体操作过程。我国海岸线形状多样，大致可分为海湾型（岸线内凹和三面环陆）、海岬型（岸线外凸和三面环海）、平直型（岸线平直）和复合型4类。其中，海湾型和海岬型海岸线即通常定义上的海湾和海岬所属岸线；凹凸程度达不到海湾型或海岬型的海岸线按平直型处理；较大尺度的海洋空间常包含多种海岸线形状，即复合型海岸线。

2. 划分网格单元

针对不同海岸线形状的不同特点，本研究探索提出网格单元的划分方法。①海湾型：根据研究海域的范围，在海湾型海岸线上选取2个点连接，作为以海岸线为圆弧的圆形区域的直径；以这条直径的中点为圆心，向海岸线引众多半径作同心圆，从而将研究海域划分为众多细小的网格单元。②海岬型：以岬角顶点为圆心，根据研究海域的范围，在海岬型海岸线上选取一定的距离为半径作圆，向作出的圆周上引众多半径作同心圆，从而将研究海域划分为众多细小的网格单元。③平直型：根据需要向海岸线作垂线和平行线，将研究海域划分为众多细小的网格单元。④复合型：根据不同的海岸线区段，分类划分网格单元。

3. 修正原始数据

“海上虚拟人口”假说提出的主要目的在于建立较客观的海洋社会经济评价体系，因此在将沿海地区人口数据进行插值时，需通过2个参数对原始陆地人口数量（$N_0$）进行预处理：①沿海地区的海洋产业及其产值可较直接地反映该地区海洋经济发展水平，因此将研究区域海洋产业产值占该地区产业总产值的比重（$r_1$）作为参数之一；②沿海地区海洋经济发展水平与其海洋科技发展水平有直接联系，因此将研究区域海洋科研机构和涉海高等院校的数量（$r_2$）作为衡量地区海洋科技发展水平的参数之一。修正后的陆地人口数量为$N=r_1r_2N_0$。

4. 插值计算

分别将沿海地区的港口、海洋科研机构和涉海高等院校的几何地理中心位置作为“海上虚拟人口”分布的虚拟中心，根据多中心人口分布特点进行插值，插值模型为

$$\ln D = A + b_1R_{\text{port}} + b_2R_{\text{institution}} + b_3R_{\text{university}} \tag{10.1}$$

式中，$D$为人口密度；$A$为常系数；$b_1$、$b_2$和$b_3$为系数；$R_{\text{port}}$、$R_{\text{institution}}$和$R_{\text{university}}$分别为各网格中心点距港口中心、海洋科研机构中心和涉海高等院校中心的距离。

将各港口的平均人口数量经预处理后得到的平均人口密度作为其中心位置的人口密度，并以相同的方法得到海洋科研机构和涉海高等院校中心位置的人口密度，再利用修

正后的陆地人口数量进行数据拟合，得到模型中的常系数和系数，进而得到人口数据插值模型，代入数据即可得到所划分网格单元内“海上虚拟人口”的数据信息：

$$N_{\text{invented}} = S \cdot e^{\ln D} \qquad (10.2)$$

式中，$S$为网格单元的面积；e为自然底数。

该插值模型的不足在于海上不存在实体，指标的确定难以避免地受主观因素的影响，且模型的准确性尚待检验，因此确定指标时应参考多方意见。此外，对于研究区域海洋科技发展水平的评估过于简化，会导致模型插值结果与实际误差过大，未来可将其修改为更加复杂的插值模型。

### 10.1.5 结语

目前海洋社会经济数据的缺失已成为海洋空间评价的“短板”，海洋社会经济数据获取方法的不统一也降低了海洋空间评价和相关研究的科学性，亟须借鉴已有研究成果，提出相对系统的理论和方法，以解决数据获取的难题。本研究提出的“海上虚拟人口”假说主要应用于海洋空间评价，旨在探索海洋社会经济数据获取的新思路，以促进海洋与陆地空间评价方法的统一化和标准化，推动海陆统筹工作的开展。“海上虚拟人口”假说是理论和方法的初步探索，未来需要在实际工作中加以应用，并在实践中不断检验和完善。

## 参考文献

[1] 何广顺, 王晓惠, 赵锐, 等. 海洋主体功能区划方法研究. 海洋通报, 2010, 29(3): 334-341.

[2] 李东旭. 海洋主体功能区划理论与方法研究. 中国海洋大学博士学位论文, 2011.

[3] 徐丛春. 海洋主体功能区划指标体系研究. 地域研究与开发, 2012, 31(1): 10-13.

[4] 张冉, 张珞平, 方秦华. 海洋空间规划及主体功能区划研究进展. 海洋开发与管理, 2011, 28(9): 16-20.

[5] Douvere F, Maes F, Vanhulle A, et al. The role of marine spatial planning in sea use management: the belgian case. Marine Policy, 2007, 31(2): 182-191.

[6] 赵亚莉, 吴群, 龙开胜. 基于模糊聚类的区域主体功能分区研究——以江苏省为例. 水土保持通报, 2009, 29(5): 127-130.

[7] 方景清, 孟伟庆, 郝翠, 等. 天津滨海新区海洋经济可持续发展潜力探讨. 海洋环境科学, 2009, 28(6): 755-759.

[8] Paxinos R, Wright A, Day V, et al. Marine spatial planning: ecosystem-based zoning methodology for marine management in South Australia. Nuclear Instruments & Methods in Physics Research, 2008, 343(2/3): 374-382.

[9] 朱高儒, 董玉祥. 基于公里网格评价法的市域主体功能区划与调整——以广州市为例. 经济地理, 2009, 29(7): 1097-1102.

[10] Allan J A. Fortunately there are substitutes for water: otherwise our hydro-political futures would be impossible. London: Conference on Priorities for Water Resources Allocation & Management: Natural Resources & Engineering Advisers Conference, 1993.

[11] 冯玉平, 沈茂英, 王庆华. 四川省人口区域分布与区域经济发展. 西北人口, 2006, 27(3): 27-29.

[12] 陈晴, 侯西勇, 吴莉. 基于土地利用数据和夜间灯光数据的人口空间化模型对比分析: 以黄河三角洲高效生态经济区为例. 人文地理, 2014, 29(5): 94-100.

[13] 柏中强, 王卷乐, 杨飞. 人口数据空间化研究综述. 地理科学进展, 2013, 32(11): 1692-1702.

[14] 米瑞华, 石英. 2000-2010年西安市人口空间结构演化研究: 基于城市人口密度模型的分析. 西北人口, 2014, 35(4): 43-47.

[15] 刘爱华, 邹哲, 刘森. 基于人口密度模型的大都市空间结构演化——以天津市为例. 城市发展研究, 2015, 22(3): C11-C14.

[16] 单卓然, 黄亚平, 张衔春. 中部典型特大城市人口密度空间分布格局——以武汉为例. 经济地理, 2015, 35(9): 33-39.

[17] 彭彬, 周艳莲, 高苹, 等. 气温插值中不同空间插值方法的适用性分析——以江苏省为例. 地球信息科学学报, 2011, 13(4): 539-548.

[18] 秦伟良, 刘悦. 空间插值法在降水分布中的应用. 南京信息工程大学学报(自然科学版), 2010, 2(2): 162-165.

[19] 谭承军, 吕媛娥, 商照荣, 等. 浅析核电厂选址及评价阶段厂址周围人口预测. 中国人口•资源与环境, 2015, 25(5): 443-445.

[20] 李静, 罗灵军, 钱文进, 等. 基于GIS的重庆市人口空间分布研究. 地理空间信息, 2013, 11(2): 42-46.

[21] 朱翠霞, 陈阿林, 刘琳. 基于GIS的区域人口统计数据空间化——以重庆都市区为例. 重庆师范大学学报(自然科学版), 2013, 30(5): 50-55.

[22] 曾祥贵, 赖格英, 易发钊, 等. 基于GIS的小流域人口数据空间化研究——以梅江流域为例. 地理与地理信息科学, 2013, 29(6): 40-44.

[23] 谭前进, 牟晓云. 辽宁海洋经济发展潜力评估方法构建研究. 价值工程, 2015, 34(16): 170-172.

[24] 王萌, 狄乾斌. 环渤海地区海洋资源承载力与海洋经济发展潜力耦合关系研究. 海洋开发与管理, 2016, 33(1): 33-39.

[25] 付会. 海洋生态承载力研究: 以青岛市为例. 中国海洋大学博士学位论文, 2009.

[26] 于谨凯, 孔海峥. 基于海域承载力的海洋渔业空间布局合理度评价——以山东半岛蓝区为例. 经济地理, 2014, 34(9): 112-117.

[27] 王晶, 刘大海, 李朗, 等. 沿海地区海洋经济投入产出效能评价与分析——以山东半岛为例. 海洋经济, 2011, (3): 24-28.

[28] 颜利, 吴耀建, 陈凤桂, 等. 福建省海岸带主体功能区划评价指标体系构建与应用研究. 应用海洋学学报, 2015, 34(1): 87-96.

[29] 齐俊婷. 海洋开发活动的经济效益评价研究. 中国海洋大学硕士学位论文, 2008.

## 10.2　从“管海”到“治海”

### 10.2.1　从海洋管理到海洋治理

从概念角度来说，“国家治理体系和治理能力现代化”是我国当前全新的政治理念。“管理”是由政府或其他国家公共权力主体，通过强制性的国家法律自上而下在政府权力所及领域内开展行政管制工作，具有明显“管”的意思和强制性特征。而“治理”则是由政府、企业组织、社会组织等构成的多元治理主体，通过法律和各种非国家强制性契约，在更为宽广的公共领域多向度开展工作。

在海洋领域，经过多年的海洋开发，我国海洋事业发展迎来了新的战略转型期。海洋在我国经济发展格局中的作用和对外开放中的作用更加重要，在维护国家主权、安全、发展利益中的地位更加突出，在国家生态文明建设中的角色更加显著，在国际政治、经济、军事、科技竞争中的战略地位也明显上升。与此同时，资源短缺和环境恶化对海洋可持续发展的约束日益凸显，海洋经济社会发展模式存在重大挑战，海陆二元分化、区域差距加大、海洋资源分配不合理等问题越发突出。

因此，必须科学研判，立足全局，坚定不移推动国家海洋治理体系的全面深化改革。在新时期海洋事业中，政府将由管理型政府转变为服务型、开放型政府，逐步完善国家海洋制度体系，充分释放各社会主体活力，最大限度地释放国家海洋治理体系的改革红利。

作为国家治理体系和治理能力的重要组成部分，国家海洋治理体系和海洋治理能力不能局限在简单的概念变化上，它需要理论与实践相结合，从多角度、多层次加以认识和把握。推进国家海洋治理体系和海洋治理能力现代化从本质上讲是一场基于我国海洋国情，由“管海”改为“治海”，实现海洋治理主体变化，全面提升海洋治理水平的创新性改革，具有重大历史价值和现实意义。

### 10.2.2　国家海洋治理体系是“五位一体”的体制机制

国家海洋治理体系在制度层面上应是政府、市场和社会的多元共治，建设并实现具有中国特色的“国家海洋治理体系现代化”，必须要正确处理和协调政府、市场、社会多元主体之间的关系。国家海洋治理体系是在党的领导下，包括海洋经济治理、海洋生态治理、海洋政治治理、海洋社会治理、海洋文化治理在内“五位一体”的体制机制，是一整套紧密相连、相互协调的国家海洋管理制度。

海洋经济治理体系是国家海洋治理体系的重中之重。在海洋经济治理体系中，应把握中国海洋经济发展新常态，按照政府调控市场、市场引导企业的逻辑深化海洋经济体制改革，发挥市场在海域与海岛资源配置中的决定性作用，着重解决海陆二元经济分异、海洋资源配置不合理、区域海洋经济发展不平衡等问题，切实转变海洋经济发展方式，实现海洋资源合理配置和海陆一体化发展。

海洋生态治理是关系沿海人民未来生存发展的长远大计。在海洋生态治理体系中，应按照集约节约、深水、绿色、安全等最新发展理念，深化海洋生态文明体制改革，加快海洋生态文明体系建设，健全基于生态文明的海洋资源集约利用、海洋生态环境保护的综合机制，强化海洋生态环境保护的底线思维，保障并提升海洋生态环境承载力，推动形成永续发展的现代化海洋开发新格局。

沿海政府海洋治理能力直接影响国家海洋治理体系的成效。在海洋政治治理体系中，应进一步深化依法治国，加快海洋法制建设步伐，调整海洋管理思路，逐步实现向依靠多元主体共治等现代治理模式的转变，促进海洋生产力快速发展和海洋生产关系和谐。

国家海洋治理体系的实现离不开有效的社会治理。在海洋社会治理中，应深化海洋社会体制改革，创新社会治理体制机制与具体方式，搭建共同的利益平台，鼓励各类社会组织依法依规参与到海洋事业发展中，激发社会发展活力，提高社会协同效率，共建共享、各尽其能，逐步实现人海关系和谐，共同建设和谐稳定的海洋社会。

海洋文化治理体系是保障国家海洋治理体系的重要构成性要素。在海洋文化治理体系中，应重点建设海洋文化核心价值体系，推进海洋文化创新，发展海洋文化产业，强化海洋文化教育与海洋科普，深化海洋文化体制改革，形成良好向上的海洋文化氛围，建成具有民族性、先进性、可以担负起海洋强国战略精神基石重任的海洋文化。

结合我国海洋实际来看，海洋事业发展已经跨越了社会普遍受益的增量改革阶段，进入深层次的攻坚克难期。应全面深化改革，进行“五位一体”的国家海洋治理体系整体改革，加强不同治理主体间的能力建设，注重各主体间协同共进，有效增强沿海经济社会发展活力，提高沿海政府治海效率和效能，逐渐形成和谐稳定的海洋事业发展新环境。

### 10.2.3 稳步推动海洋事业健康发展

实践发展永无止境，解放思想永无止境。2015年4月9日，国家海洋局党组书记、局长王宏在局机关党校第36期干部进修班开学典礼上强调：“当前海洋事业整体发展进入了非常关键的阶段，广大海洋工作者要牢固树立稳定发展的意识，正确把握和驾驭海洋工作所面临的复杂多变形势，以实事求是的态度看待成绩、问题和发展，把确保稳定协调发展作为海洋工作长期的指导方针和基本的领导理念，稳步推动海洋事业健康发展。”

## 10.3 国家海洋治理体系构建

“完善和发展中国特色社会主义制度，推进国家治理体系和治理能力现代化”作为全面深化改革的总目标，是党的十八届三中全会《中共中央关于全面深化改革若干重大问题的决定》的重大战略部署。这是“治理”思想首次进入我国最高层决策文件，成为未来引领中华民族伟大复兴、实现中国梦的总方针和重要行动纲领。作为中国梦的重要组成部分，走向海洋，建设海洋强国，也必然要以推进国家海洋治理体系和海洋治理能力现代化为根本行动纲领。而海洋治理能力的提高依托于好的海洋治理体系，因此，建立健全一套系统科学、合法有效的国家海洋治理体系成为实现海洋治理能力现代化的首要任务。

### 10.3.1 国家海洋治理体系的主体、功能与手段

从国外海洋发达国家实践结果和我国海洋发展现状出发，由上述海洋经济治理、海洋政治治理、海洋文化治理、海洋社会治理、海洋生态治理五大体系构成的国家海洋治理体系，其纵向治理的观点与海洋现行条块分割管理体制存在较大的矛盾，现阶段难以从根本上构建起海洋治理系统。因此，基于上述五大体系，可从国家海洋治理体系的主体、功能与手段角度，进一步对具有中国特色的“国家海洋治理体系”做出探讨。

1. 海洋治理主体

海洋治理体系现代化从本质上讲是一场实现海洋治理主体变化的国家级改革。传统的“全能”政府管理几乎延伸到海洋事务的各个领域，这种“一手抓”的管理模式存在高成本、低效率、难监督等很多弊端，同时在海洋公共事务的管理上容易出现权力真空和治理盲区，难以达到政府有效治理。因此，推进国家治理体系和海洋治理能力现代化，需要把市场和社会参与海洋决策的通道打通，通过再塑海洋制度基础、调整海洋治理结构，激发各涉海主体共同参与决策的活力和精神，形成多元化、负责任的海洋治理主体，构建各涉海主体之间边界清晰、分工合作、平衡互动的和谐关系。对于沿海政府来说，就是把本应属于市场的职能逐步交给市场处理，让市场来配置海域资源。政府重点履行好海洋事业宏观调控、海洋公共服务等职能，做到低成本、高效率地为公众提供服务，即建成所谓的“有限政府”和“有效政府”。

2. 海洋治理功能

国家海洋治理体系主要发挥海洋资源配置、海洋综合管理和海洋公共服务三大功能。第一，海洋资源配置功能。即海陆统筹，实现海洋资源合理配置，让市场在海洋资源配置中发挥决定性作用，全面提高海洋资源配置效率，充分挖掘海洋资源的潜力与市场的活力。第二，海洋综合管理功能。即国家海洋治理体系在构建政府、社会、市场多元化治理主体的同时，需要一套完备的措施，既要对多元主体治理实施宏观监控和指导，也要进一步加强对海洋开发活动、海洋生态环境和海洋经济社会的监测监管。第三，海洋公共服务功能。即顺应海洋经济社会发展的趋势和要求，围绕创新驱动、转型发展、改善民生的大局，从海洋观测监测、预报应急、防灾减灾、海上船舶安全保障等方面着手，不断完善海洋公共服务体系建设，构建精细化、数字化的立体服务网络，不断增强公共服务和社会保障能力。

3. 海洋治理手段

国家海洋治理是一个综合系统，与原来的海洋管理相比，参与主体更加多元，目标更加强调结果，因而需要多种方法和手段的灵活、协同使用。除了法律和行政手段，还包括经济手段、道德手段、宣传教育手段及多元主体参与和协商手段等。法律手段是首先需要采用的方法，健全海洋法律法规体系，完善海洋执法与监督机制，对违反法律的一切行动，都要依法严厉打击和制止，实现依法治海、依法护海；作为一个拥有庞大行政体系的大国，行政手段在海洋经济、社会等多个领域，依然具有一定的必要性和重要性。需要持续加强干部队伍的法治教育，不断提升海洋依法行政能力和水平，形成规范的行政决策程序，及时解决各类用海问题和矛盾。经济手段在实现海陆资源优化配置，优化海洋产业空间布局方面具有重大意义，即通过采取财政、金融等有效经济手段，引导海洋经济协调高效发展。道德手段是通过传承和发扬中国海洋文化精髓，加强沿海社会公德建设，实现沿海经济社会和谐发展。宣传教育手段是指在正规的学历和职业教育基础上，进一步面向社会公众开展海洋继续教育和基本宣传教育，让每个个体与时俱进，关心海洋、认识海洋、经略海洋。最后是多元主体参与和协商手段。在海洋经济、海洋政治、海洋社会、海洋文化、海洋生态等领域，建立健全多元主体参与和协商机制，疏通利益表达渠道，扩大涉海公众和相关利益主体参与，促进沿海社会和谐发展。

### 10.3.2　海洋治理体系的整体制度设计

如何保障治理结构有效运转是国家海洋治理体系设计的关键问题，在某种程度上直接决定国家海洋治理体系的成败。在建构好海洋治理主体，明确了海洋治理功能及具体手段后，还要建立配套的海洋法律和制度体系，确保海洋治理体系的有效运转和具体落实。根据我国海洋事业发展现状和趋势，理应从海洋法制、激励、协作三大基本制度入手进行海洋治理体系的整体制度设计。

首先，从法制制度体系入手。在海洋经济建设、海洋政治建设、海洋文化建设、海洋社会建设、海洋生态建设等领域，适时更新和建立成套的法律体系，做好顶层设计，把所有的建设活动纳入法律框架体系之下，处理好各级政府之间的权责关系，实现权责分明，政令畅通。其次，从激励制度体系入手。通过制定科学、有效的激励体系，最大限度地激发和释放涉海管理部门、企业、社会组织及公众等多元主体的潜能和活力，在海洋诸多领域开展改革创新，协同多元治理主体不断走向进步。最后，从协作制度体系入手。各领域、各层级高效运转，纵横交叉、协同合作，是国家海洋治理体系实现的根本要义之一。为此，大到全球海洋治理、次区域海洋治理、国家海洋治理，小到海洋主体功能区治理、各级地方海洋治理、特定海洋问题治理等，需要一套完善的海洋跨界协作和涉海交流制度体系，通过加强沟通和交流，化解冲突和矛盾，提高涉海行业与部门的发展协同度，在互动合作中寻找海洋利益最大化。

### 10.3.3　对策建议

推进国家海洋治理体系和海洋治理能力现代化建设，是海洋领域逐步侧重交互联动，再到致力于合作共赢善治、共同建设好海洋的思想改革，是一次各社会主体从海洋资源配置的结构性变化，到海洋管理体制变化的深刻改革。想要实现这具有重大历史转折意义的综合改革，需要一个长期而艰巨的过程，直面来自各方面的重重阻力，需重点做好以下几方面工作。

一是理清理顺政府、市场、社会等各主体之间的关系，注重协商、协调、协作、协同，这是推动海洋治理体系现代化的前提；二是理顺海洋改革的体制机制，加强顶层设计，把着力点放在总体上，考虑和规划海洋经济、海洋政治、海洋文化、海洋社会、海洋生态等各个领域的体制建设，逐步加强对国家海洋治理体系和海洋治理能力现代化的战略研究，避免管理碎片化、政出多门、短期行为及条块主义问题出现，科学制定国家海洋治理体制改革战略路线图；三是系统地总结地方各级海洋治理改革创新经验，及时将成熟优秀的地方海洋治理创新做法上升为国家海洋制度，从制度上解决改革创新的动力源泉问题；四是立足中国国情和海洋发展现状，学习借鉴国外海洋治理的先进经验。

## 10.4 国家海洋治理体系与海洋治理能力现代化

### 10.4.1 引言

制度建设是社会管理、经济建设和科技发展的重要基础，可以说“制度问题带有根本性、全局性、稳定性和长期性”的特征。一个国家或地区经济、文化、科技及军事上的落后，从深层上看是其治理体系和治理能力落后的体现。随着现代化进程的深入发展，世界多极化、经济全球化、文化多样化、社会信息化持续推进，世界不少国家积极调整其治理理念、完善其治理体系、提高其治理能力。可以预见，治理体系和治理能力现代化将成为一个国家现代化水平的重要标志，国家之间的竞争将越来越多地表现为治理体系和治理能力的竞争。

2013年11月，党的十八届三中全会通过《中共中央关于全面深化改革若干重大问题的决定》，把“完善和发展中国特色社会主义制度，推进国家治理体系和治理能力现代化”作为全面深化改革的总目标，体现了新时期党中央治国理政的新理念、新方略。因此，理清国家海洋治理体系和海洋治理能力的内涵，认识海洋治理体系建设的重要性，确定国家海洋治理体系和海洋治理能力现代化的基本措施，成为当前海洋领域需要思索探寻的重大问题。

### 10.4.2 内涵剖析

1. “治理”与“海洋治理”

“国家治理体系和治理能力现代化”是我国当前全新的政治理念。其中“治理”是20世纪末兴起的新政治概念，区别于过去讲的“统治”和“管理”的传统概念。“统治”和“管理”都是由政府或其他国家公共权力主体，通过国家法律自上而下在政府权力所及领域内开展行政管制工作，具有明显“管”的意思和强制性特征。而“治理”则是由政府、企业等构成的多元治理主体，通过法律和多种非国家强制性契约，在更为宽广的公共领域自上而下、自下而上或是平行等多向度开展社会治理工作，具有显著的协商性特征。从国家统治走向政府管理，再走向具有协商性的社会治理，是21世纪发达国家政治变革的重要特征，也是中国特色社会主义社会走向成熟、走向现代化的重大转型和成功标志。

在海洋领域，经过多年来的海洋大开发，我国海洋事业发展进入了一个新的发展阶段。海洋在我国经济发展格局中的作用更加重要，海洋科学技术进步对海洋经济发展的贡献逐步提升。与此同时，海洋经济发展也面临着海洋资源环境约束日益显现，海洋经济社会发展模式亟待转型，海陆二元分化、差距加大、资源分配不合理等问题。海洋经济社会日益增加的复杂性意味着之前强调秩序、规则、纪律、政府效率，具有统治色彩的强制管理方法已不再适用，难以跟进海洋开发现代化的步伐，无法有效满足人民日益增长的经济和社会服务需求。取而代之，需要的是政府部门更多扮演“推手”角色，由管制型政府向服务型、开放型政府转变，通过制定新型的国家海洋制度体系，创造具有灵活性、多样性和适应性的海洋社会大环境，激发各社会主体的主动性和进取心，使其切实参与到海洋治理中，进一步彰显政府海洋治理效能。

作为国家治理体系和治理能力的重要组成部分，国家海洋治理体系和海洋治理能力不能局限在简单的概念性变化上，它应是海洋领域崭新的、具有丰富和具体内涵的时代命题，需要理论与实践相结合，从多角度、多层次加以认识和把握。

2. 海洋治理能力现代化

明确和理顺海洋治理能力现代化与海洋治理体系现代化两者之间的内在逻辑关系，是推进海洋事业进一步发展的逻辑起点。海洋治理能力现代化是指把国家海洋治理体制机制转化为一种实际能力，提高海洋各方面事务的公共治理水平。在强调海洋治理的新时期，政府购买服务、中介组织提供服务、多元共治等多种治理方式将被大量采用，这种多元化、开放型的治理结构将会引起许多绩效和责任控制等问题。面对这些新情况，当前政府管理部门自上而下的纵向组织与控制方式，将不足以应对。推进海洋治理能力现代化要求各海洋治理主体治理能力的协同提升，即推进政府海洋治理能力和公民权利主体海洋治理能力的现代化有机结合。

推进沿海政府治理能力的现代化，要求沿海政府由自上而下的政策和责任目标制定能力向多维、扁平的海洋治理目标凝聚能力转化；由海陆稀缺资源的集中掌握和配置能力向多主体间资源识别与优化配置的资源整合能力转化；由过多地采用中央政府财力、党政组织等强制性工具向较多地依靠社会组织和公民个人等多种非强制性的工具转化；由权力集中引致的责任承担能力向权力共享下的责任控制能力转化。

推进公民权利主体治理能力的现代化，要求涉海社会组织在理解、贯彻国家海洋治理指导思想，充分认识和了解海洋的前提下，依法依规发挥其涉及面广、行动灵活的优势，参与到经略海洋的进程当中，为我国海洋治理作出贡献；要求沿海地区公民个人在提高海洋公众参与意识与基本知识的前提下，通过多种公民参政议政渠道，有序参与海洋治理。

综上所述，海洋治理能力的提高依托于好的海洋治理体系，只有实现了治理体系的现代化，才能培养治理能力的现代化。同时，治理能力又反作用于治理体系，海洋治理能力现代化与否会对治理结果产生直接影响。推进国家海洋治理能力现代化，需要关注不同治理主体间的能力建设，注重各主体间协同共进。

### 10.4.3 推进意义

推进国家海洋治理体系和海洋治理能力现代化从本质上讲是一场基于我国海洋国情、实现海洋治理主体变化、全面提升海洋治理水平的创新性改革，具有重大历史价值和现实意义。

（1）推进国家海洋治理体系和海洋治理能力现代化，有利于海洋事业全面发展。国家海洋治理体系是包括海洋经济、海洋政治、海洋文化、海洋社会、海洋生态文明“五位一体”、相互协调的国家海洋管理制度体系。国家海洋治理体系的推进和有效实施，必然要以巨大的勇气破除现行海洋纵向治理的观点和条块分割的管理体制，从而解放束缚海洋生产力发展的生产关系，实现各领域的协调一体发展，加快实现海洋强国建设。

（2）推进国家海洋治理体系和海洋治理能力现代化，有利于海陆资源的合理配置，真正实现海陆统筹和一体化发展。当前，我国沿海与内陆发展差异逐步扩大，形成明显的海陆二元格局。减小区域发展差异，实现海陆统筹发展已成为社会经济发展关注的重点问题。“国家海洋治理体系现代化”就是要正确处理和协调政府、市场、社会等主体之间的关系。通过消除产品地域保护、户籍歧视、税负不合理等制度障碍，充分挖掘资源潜力与市场活力，发挥市场在海陆资源配置中的决定作用，建立海陆间高效率、低成本的要素转移渠道，全面提高海陆资源配置效率。

（3）推进国家海洋治理体系和海洋治理能力现代化，有利于促进沿海社会和谐发展。国家海洋治理是一个综合系统，与原来的海洋管理相比，参与主体更加多元，目标更加强调结果，因而需要多种方法和手段的灵活、协同使用。除了法律和行政手段，国家海洋治理还包括经济手段、道德手段、宣传教育手段及多元主体参与和协商手段等。干部队伍法治教育的持续推进，海洋依法行政能力和水平的不断提升，有利于形成规范的行政决策程序，及时解决各类用海问题和矛盾；道德、教育、协商等非强制性手段的广泛运用，有利于加强沿海社会公德建设，增强海洋参与意识，疏通利益表达渠道，实现沿海经济社会和谐发展。

## 10.5 “岛长制”制度构建

海岛自然生态相对独立，兼具海洋生态系统和陆地生态系统的双重属性特征，蕴藏着丰富的生物资源，是保护海洋环境和维护海洋生态平衡的重要平台，是国家生态安全屏障的重要一环。我国共有海岛11 000余个，其中有居民海岛489个，海岛人口约1340万（不含港澳台地区）[1]；截至2016年底，我国海岛及其周边海域发现国家一级保护野生动物、植物分别为24种和5种，国家二级保护野生动物、植物分别为86种和32种。

2017年颁布的《自然生态空间用途管制办法（试行）》明确将无居民海岛列为独立自然生态单元。一方面，海岛生态系统类型丰富、发育独特；另一方面，海岛的陆域面积往往较小，物种较单一，与外部生态系统隔绝，具有十分显著的脆弱性。因此，在国家强调生态文明建设的要求下，应大力加强海岛自然生态系统保护，其重点是保持海岛原有特色，维护海岛独有生态系统平衡，保护海岛特有生物物种，维持海岛生态系统健康，着力解决海岛经济社会发展中面临的突出生态环境问题，有效体现海岛生态环境价值，增加海岛生态绿色产品供给，加快推进海洋生态文明建设和海岛地区社会经济高质量发展。

近年来，通过实施“河长制”“湖长制”“山长制”“湾长制”等制度措施，我国江河、湖泊、森林和海湾等重要生态系统得到了有效保护，可为海岛生态保护提供制度借鉴。值得指出的是，海南省三沙市近期开展了“岛长制”[2, 3]的探索实践，即通过加强岛礁景观整治、陆海污染物排放管控及海洋生态保护和修复等措施，在改善岛礁生态环境方面取得了积极成效。本研究基于现有实践，深入剖析建立“岛长制”的必要性和海岛自然生态特殊性，探索建立“岛长制”的关键环节，为我国海岛地区的生态文明建设提供参考。

### 10.5.1 研究背景

1. 国际层面

美国是较早开始进行流域管理的国家，相继成立了密西西比河管理委员会和田纳西河流域管理局等，其流域管理的成功具有里程碑意义：①美国密西西比河管理委员会成立于1879年，旨在治理洪水并通过制订计划促进当地发展，该委员会至今仍肩负这一使命，与加拿大相关部门共同维护和促进密西西比河流域的发展[4]；②美国田纳西河流域管理局成立于1933年，通过统一机构对该流域进行开发利用和管理保护，不仅实现了当地水资源的优化配置，还整合了其他资源和发展了多种产业，极大地促进了当地经济和社区的发展，该机构采用政府职能和企业经营相结合的方式，注重经济、社会和生态的协调发展，为世界各地流域的开发利用和管理保护提供了成功经验[5]。

湖泊与江河的开发利用和管理保护通常涉及跨行政区域的问题。例如，五大湖地区位于美国和加拿大交界处，美国、加拿大双方在21世纪初便建立了合作机制，进行跨界管理，共同治理五大湖地区存在的水污染等[6]；双方形成了生态系统管理思想，共同制定了《边界水资源条约》和《五大湖宪章》，并成立国际联合委员会和五大湖州长理事会等作为组织保障。在此作用下，五大湖地区的水环境问题得以有效解决，为跨区域流域管理提供了宝贵经验。

2. 国内层面

2007年，无锡市率先实行“河长制”，旨在解决水环境恶化等问题；2016年12月，中共中央办公厅、国务院办公厅正式印发《关于全面推行河长制的意见》，明确“在全国江河湖泊全面推行河长制，构建责任明确、协调有序、监管严格、保护有力的河湖管理保护机制”。2012年，湖北省在“河长制”的基础上进一步延伸和补充，率先建立“湖长制”。2018年1月，中共中央办公厅、国务院办公厅正式印发《关于在湖泊实施湖长制的指导意见》，明确“到2018年年底前在湖泊全面建立湖长制，建立健全以党政领导负责制为核心的责任体系，落实属地管理责任”。随着“河长制”和“湖长制”上升为国家行动，其实施可有效解决跨行政区和跨部门的水环境治理问题，保护自然资源资产，我国流域将得到更好的开发利用和管理保护。

2017年9月，青岛市率先推行“湾长制”，并建立三级湾长责任体系[7]。“湾长制”以改善海洋生态环境和维护海洋生态安全为目标，是海洋生态文明建设的重要举措。海湾管理同样存在跨行政区域的问题，更涉及岸线管理、海域资源保护和海湾污染防治等多项工作[8]；本着陆海统筹、河海联动的原则，通过在多个地区的试点工作，“湾长制”在解决海洋生态环境问题方面切实发挥了应有的作用。

3. 生态学层面

自然生态空间管理需遵循以自然生态系统为单元的资源自然特性，山、水、林、田、湖相互依存、相互作用，必须建立生命共同体的理念，按照自然生态系统的整体性、系统性及其内在规律，整合资源、环境、经济和社会等多要素，开展综合治理并形成良性循环。基于这一理论基础，目前制度均是从管理机制上强调环境问题的重要性，突出责任和监管的作用；同时，管理对象和范围从区域延伸至整个生态系统。

对于海洋和海岛而言亦然。海水、海底、海岛、海湾、海岸、海滩、海草、红树林和珊瑚礁等是海洋生命共同体，由于海洋水体连通，浪潮流混合，水体中溶解物和悬浮物扩散，生物立体分布，海洋资源与各环境要素之间相互依存、相互制约，呈现出明显的复合性特征，形成与陆地截然不同且资源环境高度耦合、有机统一的生态系统。因此，应遵循海洋生态系统的自然规律，对海洋空间进行统筹管控、统一规划、整体保护和系统修复，维护“大海洋”生态系统平衡。

### 10.5.2　建立“岛长制”的必要性

党的十九大报告提出“像对待生命一样对待生态环境，统筹山水林田湖草系统治理，实行最严格的生态环境保护制度”。从“河长制”和“湖长制”到“湾长制”，我国逐步建立起有效机制，对江河、湖泊和海湾等生态系统进行开发利用和管理保护。与其他自然生态空间一样，海岛自然生态同样具有复合性和整体性等特点，建立“岛长制”对海岛进行综合治理具有重要的实践价值。

#### 1. 有利于贯彻落实《中华人民共和国海岛保护法》

《中华人民共和国海岛保护法》的立法宗旨之一是保护海岛及其周边海域生态系统，并规定县级以上地方人民政府海洋管理部门和其他有关部门按照职责分工，做好海岛及其周边海域的生态保护工作。而从实践操作看，有居民海岛作为陆海统筹的典型区域，相关生态保护责任并未落实到位，海岛排污主要来源于岛陆，包括工业污染、农业污染和生活污染，而这些问题很难通过现有法律法规解决。

建立“岛长制”可突破现有法律制度和监管体制的局限，切实落实海岛及其周边海域生态保护责任，是有效贯彻落实《中华人民共和国海岛保护法》的重要举措，对于在陆海统筹角度下治理陆源污染亦有重要价值。

#### 2. 有利于健全海岛生态文明制度体系

自2010年《中华人民共和国海岛保护法》施行以来，海岛保护、海岛生态保护、海岛有偿使用、海岛监督检查和特殊用途海岛保护等制度不断完善，海岛资源环境承载力、海岛生态与发展指数、海岛保护名录、海岛生态红线及海岛统计调查与监视监测等制度不断深化。随着我国生态文明建设的不断推进，加强海岛资源资产负债表、海岛生态系统价值核算、海岛岸线保护、海岛生态环境损害赔偿和海岛地区领导干部自然资源资产离任审计等制度建设，已成为未来海岛工作的重点方向。

建立“岛长制”对于构建多元化生态保护补偿机制及全过程的生态文明绩效考核和责任追究制度体系具有重要作用，是建立健全产权清晰、多元参与、激励约束并重和系统完整的海岛生态文明制度体系的重要方式，有利于探索海岛地区生态文明建设具体途径、实践污染物排放许可制度及海岛地区经济结构调整和优化布局。

#### 3. 有利于解决海岛地区经济社会发展与环境保护之间的矛盾

近年来，随着经济社会的快速发展，海岛地区出现一些不容忽视的问题，主要包括3个方面：①缺乏具有针对性的海岛空间规划，海岛产业布局较不合理，呈现粗放型开发状态，海岛空间资源浪费严重；②海岛环境保护手段和措施较落后，乡镇级以下有居民海岛和无居民海岛污水基本直排入海，垃圾和有害物随意倾倒，海岛及其周边海域生态环境不断恶化；③偷采、滥采红树林、珊瑚礁和其他珍稀动植物资源的违法活动仍存在，致使海岛及其周边海域生物多样性降低，生态系统退化。

建立"岛长制"能明确和落实海岛生态环境保护责任，对海岛开发利用进行统筹规划，建立海岛生态环境保护机制，提高海岛自然资源资产利用效率，切实解决海岛地区经济社会发展与环境保护之间的矛盾。

### 10.5.3　海岛自然生态特殊性

建立"岛长制"对我国海岛及其周边海域生态系统的开发利用和管理保护具有重要意义，与此同时，海岛自然生态特殊性也决定了"岛长制"具有特殊之处。海岛自然生态特殊性主要包括以下4个方面。

（1）对海岛的管理和保护不仅是对海岛本身，还包括其周边海域生态系统，边界范围较大且界定责任困难。

（2）海岛生态系统具有明显的脆弱性[9]，易受各方面因素的干扰，从而影响其生态结构和功能，而且其自我调节功能有限，在受到损害后难以恢复。

（3）我国海岛可分为有居民海岛和无居民海岛，二者在政策制度、管理手段和资源开发利用程度等方面存在较大差异。相对而言，无居民海岛往往历史遗留问题较多，开发利用秩序较差。

（4）海岛具有维护区域生态平衡、调节气候和维护生物多样性等多方面的功能，具有较高的生态价值，对其管理和保护须更加严格。

### 10.5.4　"岛长制"的实施范围和相关职责

#### 1. 实施范围

参照"河长制""湖长制""山长制""湾长制"等现有制度，考虑海岛的实际情况，"岛长制"的实施范围可覆盖我国所有海岛（不含港澳台地区）。其中，有居民海岛的"岛长"可由岛上现有行政区党委或政府主要负责同志担任，村级以下有居民海岛的"岛长"可由村支书或村主任担任；无居民海岛的"岛长"可由相关企业负责人或由政府聘任责任心强、熟悉热爱海岛、具备一定工作经验和身体素质良好的人员担任。

视海岛地区的实际情况，可"一岛一长"，也可"多岛一长"（如1个有居民海岛和多个无居民海岛由1人担任"岛长"）。可从乡镇级以下（含乡镇级）有居民海岛和有成熟开发利用活动的无居民海岛开展试点，可不分层级。

2. 相关职责

“岛长”负责组织领导相应海岛的管理和保护工作，包括规划编制、资源保护、岸线管理、污染防治和环境治理等，牵头组织对超标排污、非法采砂、滥采滥伐和岸线破坏等突出问题的依法整治，协调解决重大问题；明晰跨行政区域的管理责任，协调海岛周边区域实行联防联控；对相关部门的履职情况进行督导，对目标任务完成情况进行考核，强化激励问责机制。各有关部门和单位应按照职责分工，协同推进各项工作。

### 10.5.5 主要任务

1. 加强规划编制

海岛生态系统的组成和结构复杂，保护目标多样，用途和功能各异。在“岛长制”实施前，应开展海岛生态本底调查，掌握岸线类型及其分布、植被覆盖、开发利用和生态问题等情况。在此基础上，编制具有针对性的海岛空间规划及海岛概念性景观规划图、可开发利用无居民海岛保护和利用规划图或有居民海岛控制性空间规划图。对于有居民海岛，应充分考虑产业布局、垃圾和污水处理设施布局、岸线保护及禁止和限制开发区域保护等要素；对于有开发利用活动的无居民海岛，应明确岸线和植被保护布局，做好垃圾和污水处理设施设计，科学确定资源环境承载力。

2. 加强资源环境保护

对于有居民海岛，应严格遵循主体功能区划和海洋主体功能区规划；对于无居民海岛，原则上应实施整岛保护。应落实最严格的水、耕地资源管理制度，严守资源开发红线，强化地方各级政府责任，严格考核评估和监督；科学确定和控制排污总量，落实陆源入海污染物达标排放要求，切实监管入海排污口。

3. 加强岸线管理保护

加强海岛岸线修测，摸清海岛岸线家底，严格落实海岛自然岸线保有率控制制度和岸线分类管理要求，强化岸线保护和节约集约利用。根据海岛岸线的自然资源条件和开发利用程度，将岸线分为严格保护、限制开发和优化利用3个类别：①自然形态保持完好、生态功能和资源价值显著的岸线应划为严格保护岸线，主要包括优质沙滩、典型地质地貌景观、重要滨海湿地及红树林和珊瑚礁等所在岸线；②自然形态保持基本完整、生态功能和资源价值较显著、开发利用程度较低的岸线应划为限制开发岸线；③人工化程度较高、防护和开发利用条件较好的岸线应划为优化利用岸线，主要包括工业和城镇及港口航运设施等所在岸线。无居民海岛岸线原则上应划为严格保护和限制开发岸线。

4. 加强污染防治和生态修复

落实大气、水、土壤和近岸海域污染防治行动计划，明确海岛污染防治目标和任务，统筹大气、水、土壤和近岸海域污染治理，完善入海排污管控机制和考核体系。排查入海污染源，加强综合防治，优化入海排污口布局，严格治理工矿企业污染、城镇生活污染、畜禽养殖污染、水产养殖污染、农业面源污染和船舶港口污染，改善近岸海域环境质量。以海岛生活污水处理和生活垃圾处理为重点，实施“生态岛礁”工程，积极推进建立海岛生态保护补偿机制，综合整治海岛环境，推进“和美海岛”建设。

5. 加强执法监管

建立健全法规制度和部门联合执法机制，加大海岛管理和保护执法监管力度，完善行政执法与刑事司法的衔接机制。深化海岛监视监测和日常监管巡查制度，实行海岛动态监管。落实海岛管理保护执法监管的责任主体、人员、设备和经费。严厉打击海岛违法行为，坚决整治滥采滥伐及非法排污、捕捞、养殖、采砂、采矿、围垦和侵占岸线等活动。

### 10.5.6 保障措施

1. 健全工作机制

坚持政府领导、部门联动，健全“河长”“湖长”“山长”“湾长”“岛长”相融合的工作机制，建立健全“岛长制”联席会议、问题督办、信息专报和政务简报等制度，加强横向协调，形成齐抓共管、互促共赢和全民参与的海岛环境治理、保护与发展格局。

2. 强化考核问责

根据不同海岛存在的主要问题，实行差异化绩效评价考核，将“岛长制”工作纳入乡镇党委、政府及林业、国土、安监、环保、农业和公安等相关部门的目标绩效考核，考核结果作为领导班子和有关成员综合考核评价的重要依据，同时作为领导干部自然资源资产离任审计和生态环境损害责任追究的重要内容。在“岛长制”的推进过程中，对贡献突出的人员给予奖励，对责任不落实、措施不到位和执法不严格的人员追究相应责任并通报批评，对严重失职的人员依法追究法律责任。

3. 加强社会监督

依托各级政务平台，强化“岛长制”工作信息发布。通过主要媒体向社会公布“岛长”名单，在海岛显著位置设立公示牌，标明“岛长”职责、海岛概况、管护目标和监督方式等内容，广泛接受社会监督。加强海岛监视监测和生态保护成效评价，聘请社会监督员对海岛管理保护效果进行监督评价。进一步做好宣传工作和舆论引导，提高全社会对海岛保护工作的责任意识和参与意识。

4. 统筹安排资金

如有条件，“岛长制”专项经费应列入基层财政预算予以保障。村级以下有居民海岛和无居民海岛的“岛长”可兼职担任，地方政府应给予一定补助。统筹海岛生态保护资金，做到精准使用。积极申报争取专项奖补资金，通过“生态岛礁”工程等渠道，加大海岛生态修复投入。

5. 加强宣传引导

以报纸、网络、电视和广播等多种形式，分批分类报道“岛长制”的实施进展情况，回应社会关切和人民诉求，努力形成海岛生态保护的良好氛围。鼓励海岛区县、乡镇和相关部门大胆探索、勇于创新，积极开展推行“岛长制”相关情况的跟踪调研，总结和推广好做法、好经验、好举措与好政策。

6. 利用信息化手段

借鉴“河长制”信息化平台建设经验[10]，充分利用互联网信息技术，促进海岛管理的信息化和透明化，实现共建共管。例如，开设微信公众号[11]，发布海岛治理信息和工作成果等，同时收集建议和意见反馈，更好地发挥公众参与和监督的积极作用。

### 10.5.7 结语

海岛生态环境保护是系统工程，“岛长制”并不是唯一途径，只有通过不断试点和实践，才能探索形成解决海岛地区经济社会发展与环境保护之间矛盾的有效手段。海岛生态环境保护关键在“人”和“制度”，只有严格落实《中华人民共和国海岛保护法》，坚持保护优先、陆海统筹、因岛施策、源头治理、上下联动和形成合力，夯实政府主体责任，强化部门协调机制，切记人民利益至上，才能逐步建成“生态健康、环境优美、人岛和谐、监管有效”的“生态岛礁”。

## 参考文献

[1] 国家海洋局. 2016年海岛统计调查公报. 2017.

[2] 何苏鸣, 童颖骏. 海上江南绘就新画卷. 浙江日报, 2018-01-03(04).

[3] 闫旭. 渔民当岛长 三沙岛礁有了生态管家. (2018-01-22)[2019-05-26]. http://www.ce.cn/cysc/stwm/gd/201801/22/t20180122_27828739.shtml.

[4] Mcbride M G. The origin of the Mississippi River commission. Louisiana History: The Journal of the Louisiana Historical Association, 1995, 36(4): 389-411.

[5] 谢世清. 美国田纳西河流域开发与管理及其经验. 亚太经济, 2013, (2): 68-72.

[6] 陶希东. 美加五大湖地区水质管理体制: 经验与启示. 社会科学, 2009, (6): 25-32.

[7] 常纪文, 焦一多. 实施湾长制应注意的几个问题. 中国环境报, 2017-11-08(03).

[8] 陶以军, 杨翼, 许艳, 等. 关于“效仿河长制, 推出湾长制”的若干思考. 海洋开发与管理, 2017, 34(11): 48-53.

[9] 池源, 石洪华, 郭振, 等. 海岛生态脆弱性的内涵、特征及成因探析. 海洋学报, 2015, 37(12): 93-105.

[10] 胡光磊. 充分利用信息化手段深入推进河长制工作. 南宁日报, 2017-12-01(01).

[11] 高芳芳. 水利部门加快推进信息化中小河流治理利用“互联网+”技术推进落实“河长制”. (2016-11-29)[2018-02-04]. http://www.heyuan.cn/xw/20161129/142772.htm.

## 10.6 海洋经济布局优化的思考

2015年《中共中央关于制定国民经济和社会发展第十三个五年规划的建议》（以下简称《建议》）全文发布。拓展蓝色经济空间、推进海洋生态文明建设等，成为“十三五”时期海洋事业发展的亮点。《建议》提出，要拓展发展新空间，用发展新空间培育发展新动力，用发展新动力开拓发展新空间。以区域发展总体战略为基础，以“一带一路”建设、京津冀协同发展、长江经济带建设为引领，形成以沿海沿江沿线经济带为主的纵向横向经济轴带。积极拓展蓝色经济空间，坚持陆海统筹，壮大海洋经济，科学开发海洋资源，保护海洋生态环境，维护我国海洋权益，建设海洋强国。

随着我国经济发展进入“新常态”，我国海洋经济也进入了新的发展转型期。海洋经济布局的合理性深刻影响海洋经济发展的质量和效率，关乎海洋经济提质增效及国家海洋整体战略的推进。本研究从生态文明、资源禀赋、陆海统筹、平面布局、时序优化、规模控制、空间挖掘、规划衔接、政策一致、战略抉择十个方面着眼，提出对海洋经济布局优化的思考。

从本质上看，海洋经济布局包含布局主体、布局客体、布局介体及布局环体四方面基本要素。其中，布局主体一般指的是布局者、规划者、政策制定者，在整个海洋经济布局活动中发挥组织、协调领导作用；布局客体指的是布局对象，可包括海洋经济、海洋产业、海洋开发建设活动、用海方式、人的活动等不同层面；布局介体是布局的实现方法，主要包括制定战略、规划、区划、政策、控制指标等；布局环体是指布局的客观环境、背景。各基本要素之间存在综合、复杂的作用关系，主要表现为布局主体在布局环体中通过布局介体对布局客体发挥作用，该关系正是海洋经济布局的主要内容，即实现海洋经济布局的优化。在不同划分层面中，各方关系具有不同的表现形式。例如，针对不同客体，布局者可采取不同的布局方法。结合海洋工作实际和笔者实践感触，现从生态文明、资源禀赋、陆海统筹、平面布局、时序优化、规模控制、空间挖掘、规划衔接、政策一致、战略抉择十个方面，对海洋经济布局基本组成要素及其相互关系给予初步探索分析。

（1）生态文明。目前，海洋经济发展面临海洋资源消耗过快与海洋环境污染加重的双重压力，陆源污染物的持续排放和海水自身的流动性加大了海洋污染治理的难度。在追求经济效益时，应优先考虑海洋的环境承载力，维护海洋生态系统的功能，注重其生态效益，科学合理地规划海洋经济活动，实现海洋经济发展与海洋生态保护双向共进、协同发展。

（2）资源禀赋。海洋拥有丰富的生物、矿产、空间、海洋能等多种资源，多数海洋产业都对海洋资源有一定的需求和依赖，但海洋资源不是取之不尽、用之不竭的。因此，要注重充分发挥海洋资源禀赋优势，使海洋资源得到最有效的开发利用。

（3）陆海统筹。我国海洋经济主要布局在陆海交界的海岸带区域，该区域是海洋与大陆之间的生态环境过渡区，是陆海物质交换的主要通道，受陆海共同作用及陆海生态系统生态过程共同影响。同时，海洋经济活动与陆地经济活动存在密不可分的经济技术联系。因此，海洋经济布局不能只局限于海洋内部，而应统筹陆海发展，形成陆海产业一体化的新格局。

（4）平面布局。在宏观尺度，平面布局优化是指基于对经济、社会、生态环境等多方面的综合考量，通过用海功能调整、布局整理和海域储备等方式，合理确定或改进海域开发利用活动的平面分布情况；在微观尺度，平面布局优化是指单个用海主体优化其确权海域使用的平面布局安排与设计。应针对宏观尺度和微观尺度的布局问题，综合考虑海洋经济活动及其产生的经济、社会和生态环境影响，从平面视角进行整体优化布局。

（5）时序优化。时间次序优化考虑的是不同海洋经济活动开展的先后次序及海洋经济活动进行的时长与频度。各项海洋开发活动都会对所占用海域及邻近海域产生不同程度的影响，并进一步影响占用海域的未来潜在开发活动及邻近海域进行的其他海洋开发活动。应合理协调各项海洋开发活动的时间次序，科学调整各类海洋开发活动的时长与频度，从而实现海洋经济发展的整体效益最大化。

（6）规模控制。首先，海洋自身存在其环境容量与承载极限，当海洋经济活动的数量规模超过一定限度时将会影响甚至破坏海洋原有的生态系统和资源禀赋；其次，经济活动具有集聚和辐射效应，其布局阶段的数量规模通常决定未来的经济效益、社会效益和生态效益。最后，沿海地区往往会受海岸侵蚀、地面沉降、海平面上升、海水入侵及台风、风暴潮影响，在不适宜的区域进行大规模、高强度的经济建设可能会导致巨大的经济损失与人身风险。因此，要综合考虑以上因素，合理调控海洋经济活动的开发数量与规模，提升海洋经济发展质量和效率。

（7）空间挖掘。海洋空间具有立体性，2014年，英国阿伯丁大学研究人员发现在太平洋马里亚纳海沟8145m处仍生活着狮子鱼。基于海洋的空间立体性，很多海洋经济活动可以同时进行、相互兼容并且互不影响，甚至能相互促进。因此，应在平面布局的基础上，开发三维多层的空间挖掘技术，开展海上、海面、水体、海床和底土的立体海洋经济布局，根据不同海洋经济活动的特征形成立体化利用新格局，更加充分地利用海洋空间，发挥其独特的空间价值。

（8）规划衔接。海洋的可持续开发与利用需要科学合理的规划，各类海洋规划为海洋活动的有序开展提供了重要指导。然而，由于规划往往出自不同部门，组织结构不够合理，在规划的执行过程中存在难度大、效率低等问题。因此应加强涉海规划的衔接，不仅要和国家十三五规划和全国主体功能区规划等国家重大规划衔接，还要增加各部门间的联系沟通，打破行政边界的限制，实现规划的各司其职、相互衔接，从而相互促进，协同发展。

（9）政策一致。要有“钉钉子”和“功成不必在我”的精神，应在海洋经济布局政策上保持衔接性和连贯性，做到“一张蓝图干到底”，以保证布局的长期一致性，结合新的实际，用新的思路、新的举措，脚踏实地把既定的科学目标、好的工作蓝图变为现实，使海洋经济呈现稳定发展的局面。同时，在纵向管理上，也应保持自上而下的海洋政策一致、发展目标统一，万众一心，形成合力。

（10）战略抉择。海洋经济活动种类繁多，区域发展水平各异，经济布局并非面面俱到地对每种经济活动都进行安排，而应根据现实基础和发展需要进行战略性选择，有针对性地布局。海洋经济发展通常以海洋产业发展为支撑，应选择优势支柱产业、战略先导产业进行重点布局，适当弱化某些夕阳产业和弱势产业，集中力量培育能耗小、污染轻、潜力大的海洋战略性新兴产业，以实现综合效益的最大化。

随着“一带一路”建设和“建设海洋强国”战略部署的实施，我国海洋经济已进入发展“新常态”：一是海洋经济向质量效益型转变，海洋开发领域向深远海空间拓展；二是海洋开发方式向循环利用型转变，近海资源由实物生产要素向服务生产要素演化；三是创新引领型成为科技兴海新特征，“深水、绿色、安全”、“互联网+”成为海洋产业发展新导向；四是海洋经济外向型发展，“一带一路”将引领国际海洋经济新秩序。

在海洋经济“新常态”背景下，需要沿海地区积极主动呼应和对接国家新一轮对外开放战略布局，进一步强化海洋经济发展总体规划与指导，充分发挥海洋资源和区位优势，提高海洋开发和管理水平，加快海洋经济提质增效，转变经济发展方式，增创开放型经济新优势。本研究提出了优化海洋经济布局的几点思考，以期为促进海洋经济稳步、持续、健康发展提供参考。

## 10.7　把握和适应海洋经济的“新常态”

国家海洋局发布的《2014年中国海洋经济统计公报》显示，2014年全国海洋经济生产总值为59 936亿元，同比增长7.7%，海洋生产总值占国内生产总值的比重达9.4%。在经济“新常态”背景下，我国海洋经济总体保持平稳运行，海洋产业结构进一步优化，海洋经济发展逐步从规模速度型向质量效益型转变。随着国家社会经济的发展与国际形势的变化，我国海洋经济发展所处的内部和外部环境均已发生深刻变化，发展高质量的“蓝色GDP”对于促进海洋生态文明建设、加强海洋强国建设的重要意义进一步凸显，海洋经济发展正逐渐呈现出“新常态”，具体表现为以下几方面。

### 1. 海洋经济向质量效益型转变，海洋开发领域向深远海空间拓展

我国海洋经济发展经历了改革开放前以资源依赖型为主的初级发展阶段，并以产业结构单一、经济规模小、生态影响较弱为基本特征。改革开放后，我国海洋经济进入高速发展阶段，海洋开发力度逐步加大，但海洋开发方式粗放，海洋经济发展与生态环境保护的矛盾日益凸显。现阶段，我国海洋经济发展已进入了产业结构持续优化、战略性新兴产业迅速起步、新型产业形态加速涌现的新常态。

在新阶段，海洋资源成为我国社会经济发展的重要战略资源，海洋空间成为我国拓展国土开发新的战略空间，尤其是向深远海的拓展成为推进我国海洋经济向质量效益型转变的关键。当前近海、浅海的经济发展空间逐渐缩小，开发深远海不仅可以缓解当前海洋经济发展中的用海矛盾，还可以带动一系列产业的发展。“海洋石油981”在南海深水区的开钻，首个深远海大型养殖平台的启动构建等均体现了我国海洋开发不断向深远海扩展的新常态。

### 2. 海洋开发方式向循环利用型转变，近海资源由实物生产要素向服务生产要素演化

过去海洋经济主要生产模式是一种“资源—产品—污染物”单向流动的线性经济。粗放、掠夺式的海洋资源开发利用方式使海洋资源总量迅速减少，同时也使环境污染不断加重。随着沿海地区人口密度的日趋增大、经济的进一步发展及城镇化进程的加快，海洋资源消费需求迅速增长，海洋资源供给将面临更大的压力。当前，开展海洋生态文明建设成为海洋强国战略实施的重要内容。这就要求在海洋开发利用过程中要依照生态文明的理念，形成类似于自然生态系统的“生产者—消费者—分解者”的资源节约、环境友好的生态化循环生产方式，使海洋开发利用活动与海洋资源环境承载力相协调，打造海洋生态文明新常态。

同时，随着劳动力趋海集聚和科学技术的高速发展，近海资源作为服务形式生产要素的比重逐渐增大，而实物形式生产要素比重呈现日益下降的趋势。从过去资源消耗大、污染程度高的海洋传统产业，向重视海洋一、二、三产业全面协调发展转变，尤其注重高技术、低能耗、环境友好的海洋新兴产业和服务业的发展。可预见，未来我国将大力发展以海洋要素和空间资源为依托的物流、旅游、科教管理、体育、环境监测和信息服务业等海洋产业，建设低碳型海洋产业体系，增加就业机会，从而促进整个海洋经济健康、高效、可持续发展。

### 3. 创新引领型成为科技兴海新特征，“深水、绿色、安全”成为新导向

海洋科技对于海洋经济发展的驱动作用十分显著，只有在敏感的高精尖领域掌握了核心科技，才能切实保障科技兴海战略的顺利实施。近年来，我国海洋科技创新环境和条件明显改善，海洋科技整体实力显著增强，部分领域达到国际先进水平，但我国海洋科技创新总体实力与国际先进水平之间仍存在较大差距。

当前，国家海洋经济核心竞争力的形成、海洋产业的优化升级和经济发展方式的转变对海洋科技的进步提出了更高的要求，海洋科技发展必须向以自主创新为主的创新引领型发展模式转变。其中，率先掌握“深水、绿色、安全”的海洋高技术就等于在海洋强国激烈竞争中掌握了先发主动权。当前我国在深海开发、海洋经济绿色发展及海上安全保障等方面科技创新能力明显不足，已成为我国海洋强国战略实施的薄弱环节。因此，常态化开展“深水、绿色、安全”技术的研究及应用，将成为满足我国海洋强国建设战略需求的新导向。

### 4. “和平、发展、合作、共赢”“新海上丝绸之路”重建国际经济新秩序

中国梦是“和平、发展、合作、共赢”的梦，中国坚持走和平发展的道路，推进建立合作共赢的国际关系。经济全球化的推进促使我国海洋经济的外向性特征更为明显。

建设“21世纪海上丝绸之路”将是我国全面深化改革海洋经济，优化升级海洋产业的一个强大驱动力。通过海上丝绸之路的建设，在更大范围有效拓展人才、技术、资金等市场要素的流通渠道，促使海洋经济国际交流与合作进一步深入。“21世纪海上丝绸之路”也将为亚洲整体发展提供强劲动力，通过亚洲新兴国家的共同发展，引导国际海洋新秩序的建成。